öS 320.—

Fliegen mit dem Großraum-Jet

STANLEY STEWART

400 TONNEN HEBEN AB

MOTORBUCH VERLAG STUTTGART

Einbandgestaltung: Siegfried Horn, unter Verwendung eines Dias aus dem Luft-
hansa-Bildarchiv.

Copyright © by Stanley Stewart, 1984.
Das Originalwerk ist 1984 unter dem Titel »Flying The Big Jets« erschienen bei
Airlife Publishing Ltd.

Die Übertragung ins Deutsche besorgte:
Marianne Miehe

ISBN 3-613-01271-5

1. Auflage 1989
Copyright © by Motorbuch Verlag, Postfach 10 37 43, 7000 Stuttgart 10.
Ein Unternehmen der Paul Pietsch-Verlage GmbH & Co.
Sämtliche Rechte der Verbreitung in deutscher Sprache – in jeglicher Form und
Technik– sind vorbehalten.
Satz und Druck: Rems-Druckerei, 7070 Schwäbisch Gmünd.
Bindung: E. Riethmüller, 7000 Stuttgart 1.
Printed in Germany

Inhalt

WIDMUNG

»400 Tonnen heben ab« ist allen Flugbesatzungen gewidmet, vom Senior-Kapitän bis zum Junior-Flugbegleiter, aber insbesondere meinen Kollegen im Cockpit überall in der Welt, von denen natürlich jeder, hätte er ein Großraumflugzeug geflogen und die Zeit gefunden, dieses Buch geschrieben haben könnte.

DANKSAGUNG

Meiner Schwester Dorothy Wallace möchte ich danken für das Schreiben und Umschreiben des Manuskriptes; Andrea Thomas für die unschätzbare Hilfe beim Korrigieren und Umkorrigieren meines Englisch; dem Künstler Peter Bamber für seine vorzüglichen Skizzen und Zeichnungen und Peter Pugh, dem Fotografen, für seine hervorragenden Bildvorlagen für den Druck. Ein ganz besonderes Wort des Dankes gilt Mike Chan-Choong, Pilot auf einer 747, und Simon Robinson, Flugingenieur auf einer 747, für ihre Hilfe bei der Aufbereitung des Manuskriptes. Falls sich noch Fehler eingeschlichen haben sollten, so liegt, natürlich, alle Verantwortung bei mir.

Einleitung

Es wurden unzählige Bücher über das Fliegen geschrieben, Geschichten von den Anfängen bis zum heutigen Flugzeitalter, von Raumfahrten bis zur Science-fiction-Phantasie. Zwei Weltkriege haben die Federn vieler guter Flieger inspiriert und ebenso viele Lehrbücher über das Fliegen sind erschienen. Sämtliche Neuigkeiten, von Flugkatastrophen bis zu »Concord«-Dramen, die Geschichte des Piloten, wurden erzählt und vieles bezüglich der Welt des Fliegens gedruckt. Warum deshalb ein neues Buch über das Fliegen? Ganz einfach, weil es gebraucht wird! Die Erwartungen eines interessierten Publikums haben die verfügbaren Bücher nicht befriedigen können, und dieses Buch soll deshalb die noch bestehende Lücke füllen. »Wie ist es wirklich, einen großen Jet zu fliegen?« Fast jeder scheint dies zu fragen, und dieses Buch mag hoffentlich die Antwort geben.

Viele Menschen sind bisher geflogen, und diejenigen, die dies nicht taten, haben genügend im Fernsehen oder im Kino gesehen, um ein wenig aus der Welt des Fliegens zu wissen. Sie haben recht gute Vorstellungen, was einen Passagier erwartet, wenn er, sagen wir mal, von Paris nach New York fliegt, und es sind nur wenige Worte bezüglich der Auflagen der Crew hinzuzufügen.

Die Crew kommt etwa eine Stunde vor Abflug am Flughafen an, überprüft die Papiere und das Wetter und entscheidet, wieviel Treibstoff mitzuführen ist. Man begibt sich sodann an Bord des Flugzeuges, und die Checks vor dem Abflug beginnen. Nachdem diese Checks abgeschlossen sind, begeben sich die Passagiere an Bord, die Vorflugverfahren werden geprüft, die Triebwerke gestartet. Unter Funkkontakt mit verschiedenen Lotsen und gemäß ihren Instruktionen rollt das Flugzeug hinaus auf die Startbahn, hebt ab und begibt sich auf seinen Kurs zum Zielflughafen.

Auf der Strecke wird das Flugzeug auf einem vorherbestimmten Kurs gesteuert und passiert eine Funkstation nach der anderen. Bei der Ankunft am Zielflughafen werden die Anflugverfahren überprüft, wiederum in Verbindung mit einer Reihe von Fluglotsen, das Flugzeug beginnt den Sinkflug, schließt den Anflug und die Landephasen des Fluges ab und rollt zum Abfertigungsgebäude. Die Triebwerke werden abgeschaltet und die Abschlußchecks beendet. Nach einem langen Flug hat die Crew ihren Arbeitstag beendet, aber nach einem kurzen Flug wird sie sich gleich wieder auf eine andere Strecke begeben, und so beginnen alle Checks noch einmal, und das ganze Flugverfahren wiederholt sich.

Dies ist natürlich hier alles etwas sehr einfach dargestellt, umfaßt aber die grundlegenden Verfahren, wenn ein Flugzeug von A nach B und vielleicht auch noch nach C geflogen wird. Was sich vom Boden aus als ein recht leichter Ablauf darstellt, ist tatsächlich wesentlich komplexer. Die Flugcrew muß über viel Ausbildung, Wissen und Fähigkeiten verfügen, um ihren Aufgaben sicher in einer unfreundlichen Umgebung am Himmel gerecht zu werden, die keine Fehler duldet. Obgleich die meisten Flüge Routine sind, wird mit so vielen Menschenleben an Bord Wachsamkeit und Alarmbereitschaft zur zweiten Natur werden. Murphys Gesetz trifft wahrscheinlich mehr auf das Fliegen eines Flugzeuges als auf jede andere Fähigkeit zu.

Murphys Gesetz besagt: (1) Nichts ist so leicht, wie es aussieht; (2) Alles braucht immer länger als erwartet; (3) Wenn etwas schiefgehen soll, wird es schiefgehen – und dies im unzweckmäßigsten Augenblick. Daß sich so wenig Unfälle ereignen, beruht hauptsächlich auf der Regel 3, die von allen Beteiligten in der Luftfahrt am meisten beachtet wird.

In den letzten Jahren hat sich das Interesse für die Welt der großen Jets verstärkt, und heutzutage ist sich das fliegende Publikum mehr denn je seiner Umgebung bewußt. Die geringen Informationen, die man über einen Flug oder vom Beobachten der Flugzeuge an einem Flughafen, oder auch im Film, erhält, sind ausreichend, um den Appetit nach mehr Wissen anzuregen. Und was die Leute wissen möchten, sind die Tatsachen. Sie möchten über die grundlegenden Einzelheiten eines Fluges unterrichtet werden. Jedem Verkehrspiloten ist das Problem nicht unbekannt, daß er, sobald er sich in nichtfliegender Gesellschaft befindet, mit Fragen überhäuft wird, sobald einmal sein Beruf bekannt geworden ist. Wie oft werden die Reifen gewechselt? Fliegt ein Pilot immer auf der gleichen Route? Fliegt er mehr als einen Flugzeugtyp? Überwacht er alle Instrumente zur gleichen Zeit? Und Tausende ähnliche Fragen.

Außerdem ist die Welt der Flugzeuge noch von Magik und Mystik umgeben, wo selbst die Gesetze der Natur trotzen, und für einige verzerrt das Flugmilieu Vorstellungen und verwirrt selbst helle Köpfe. Es ist für eine Crew, die den ersten Abschnitt eines langen Fluges übernimmt, vielleicht von Europa nach Australien oder von den Vereinigten Staaten zum Persischen Golf, durchaus nicht ungewöhnlich, den Kommentar von Passagieren zu hören, daß man sich freut, sie beim Aussteigen in Sydney oder Bahrein, über 30 Stunden später, wiederzusehen.

Um allerdings fair zu bleiben, Fliegen hält eine Menge Fallen für den Unwissenden bereit, da vieles unerwartet und das Offensichtliche oft gar nicht zutreffend ist. Man besehe sich einmal den Papageientaucher mit seinem unförmigen Schnabel und Körper, und zwei Tatsachen werden schnell offensichtlich – gehen kann er nur unter größten Schwierigkeiten und fliegen ist unmöglich. Niemand hat dies dem Papageientaucher natürlich gesagt!

8 Obwohl er in der Luft unbeholfen wirken mag, muß der Papageientau-

cher dennoch fliegen. Flugzeuge, obgleich sehr kompliziert, sind Gebilde aus mechanischen und elektrischen Ausrüstungen gleich einer Nähmaschine oder einer Lokomotive und müssen in der gleichen Weise gewartet und geölt werden. So ersetzen beispielsweise alle Flugzeuggesellschaften die alten Reifen, wann immer dies möglich ist, durch Runderneuern, wie bei einem Familienauto; eine Tatsache, die jeden, der es hört, in Erstaunen versetzen mag. Crewmitglieder sind ebenfalls im großen und ganzen ziemlich normale Menschen, die einer Arbeit nachgehen wie andere auch, die gleichen Interessen haben, wenn auch vielleicht manchmal mit einigen speziellen Problemen. Es ist für einen Piloten durchaus denkbar, daß er in der Notfallstation eines Krankenhauses mit einem verstauchten Fuß behandelt wird und dann zu seiner Verwunderung hört, er könne sofort wieder an seinen Arbeitsplatz zurückkehren; die Helfer im weißen Kittel nichtsahnend, daß die Steuerflächen durch Pedale und die Bremsen durch Fußballendruck betätigt werden. Sogar ein geringer Verlust der Bewegungsfähigkeit eines Fußes kann katastrophale Folgen haben. Es ist deshalb nicht verwunderlich, daß Fluggesellschaften aufgrund von Mißverständnissen dieser Art ihr eigenes, spezialisiertes medizinisches Personal beschäftigen.

Auf diesen Seiten sind so viele Fragen wie möglich beantwortet worden, jedoch sind auch noch Einzelheiten über die Schulung, das Wissen und die Fähigkeiten von Piloten mit Fakten und Zahlen hinzuzufügen, um den Leser aufzuklären und zu unterhalten. »400 Tonnen heben ab« versucht keine Geschichten zu erzählen, sondern gibt lediglich Auskünfte, die Menschen in einer einfachen und verständlichen Art erwarten. Obgleich vieles in diesem Buch technischer Natur ist, stellt es dennoch kein technisches Handbuch, sondern eine elementare Einführung des Fliegens eines Flugzeugs dar, das insbesondere für den an Düsenflugzeugen interessierten Laien gedacht ist. Erklärungen werden so gegeben, daß sie dem die grundlegenden Wissenschaften Verstehenden einleuchten, wobei Zeichnungen und Fotografien dem besseren Verständnis dienen sollen.

Das Buch wurde »aus der Sicht eines Piloten« geschrieben; und in den »Grundlagen des Fliegens« werden viele Einzelheiten aufgeführt, um den Leser auf den »Sitz des Piloten« auf einer imaginären Reise – »Dem Flug« – vorzubereiten. Aufgrund des reichen Schrifttums über die Luftfahrt wurde hier manches weggelassen, um sich ganz auf die Großraumflugzeuge zu konzentrieren, dennoch sollten wichtige Abhandlungen nicht nebenbei gelesen werden. Um die Großraumflugzeuge verstehen zu lernen, erfordert es einigen Grundwissens über die Luftfahrt; in diesem Buch wird der Leser, ausgehend davon, mit leichter Hand auf das Großraumflugzeug geführt. Bei der Natur dieses Buches sind Überlappungen selbstverständlich nicht vermeidbar, da ein Flug von so vielen unterschiedlichen, dennoch zusammenhängenden Faktoren abhängt, jedoch sind Wiederholungen von Einzelheiten so gering wie möglich gehalten worden. Wo dies erforderlich schien, wurden Hinweise in Klammern gesetzt, wenn sich der Autor auf Informationen in anderen Kapiteln bezieht.

Die Luftfahrtsprache besteht aus vielen Abkürzungen, mit denen der Leser vertraut gemacht werden muß, z. B. ADF, VOR, DME. Da jedoch das Lesen unbekannter Ausdrücke ermüdend wird, wurden Abkürzungen soweit wie möglich vermieden. Um Verwechslungen auszuschließen und den Leser zu unterstützen, werden Ausdrücke voll ausgeschrieben, wobei die Abkürzungen in Klammern erscheinen. Sie werden in regelmäßigen Abständen wiederholt, beispielsweise automatisches Peilgerät (ADF). Eine Auflistung entsprechender Abkürzungen findet sich ebenfalls am Ende des Buches.

Es wird gehofft, daß dieses Buch wenigstens einige Ansprüche derjenigen erfüllt, die nach mehr Informationen suchten, es kann natürlich nicht allen Anforderungen gerecht werden. Um zu beginnen: Verkehrspiloten fliegen meistens nur einen Flugzeugtyp, beispielsweise die Boeing 747, da die Kompliziertheit moderner Flugzeuge es für die Crew schwierig machen würde, mehr als einen Typ zur gleichen Zeit zu fliegen. Flugzeuge variieren in ihrer Konstruktion und Größe stark. Was auf einem Typ selbstverständliche Praxis ist, könnte auf einem anderen durchaus recht gefährlich werden. Meistens unterscheidet man auch Piloten auf weltweiten Langstreckenflügen und auf kontinentalen Kurzstreckenflügen; was für den einen zutrifft, muß dies nicht für den anderen tun. Fluggesellschaften arbeiten häufig auch sehr unterschiedlich zu ihren Mitbewerbern und fliegen sogar den gleichen Flugzeugtyp auf derselben Strecke.

Die Tatsachen und Zahlenwerte, wie sie im folgenden wiedergegeben sind, leiten sich zum größten Teil von der Boeing 747 und ihrem Betrieb auf weltweiter Basis ab; obgleich das Buch so ausführlich wie möglich geschrieben wurde, ergibt sich dennoch aus dem Gesagten, daß Fortlassungen und Unvollständigkeiten im Rahmen liegen. Crews werden nicht immer so wie angegeben arbeiten, und selbstverständlich leben Piloten ihr Leben nicht immer wie hier beschrieben. Wenn jedoch ein Pilot von einem nichtfliegenden Freund zu einer Dinnerparty geladen wird, kann er nun mehrere Ausgaben dieses Buches mitnehmen, sie vor dem Essen verteilen und so seine Mahlzeit in Frieden genießen!

Teil 1
Theoretische Grundlagen

Kapitel 1

Grundlagen des Fliegens

Ein geradeaus und horizontal fliegendes Flugzeug wird von vier Kräften beeinflußt, wie in Abb. 1.1 dargestellt, und befindet sich im ausgeglichenen Flugzustand, wenn diese im Gleichgewicht liegen, d. h. wenn Auftrieb und Gewicht sowie Schub und Luftwiderstand gleich sind.

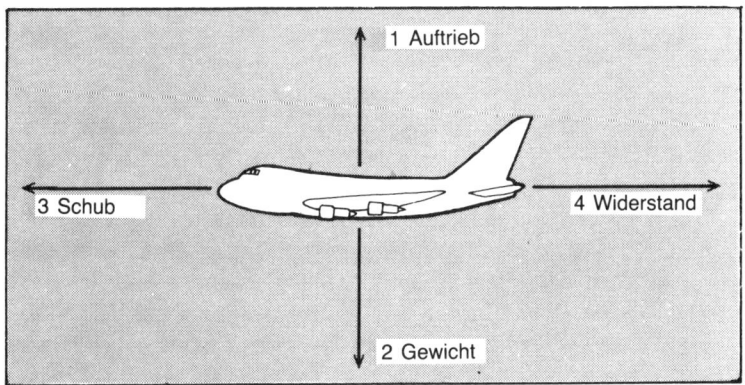

Abb. 1.1 Die vier auf das Flugzeug einwirkenden Kräfte.

1. **Auftrieb** ist die von den Tragflächen hervorgerufene nach oben gerichtete Kraft, und man geht davon aus, daß sie durch einen Mittelpunkt wirkt, der als Druckmittelpunkt bezeichnet wird.
2. **Gewicht** eines Flugzeugs wird entweder in Kilogramm oder Pfund ausgedrückt, und man geht davon aus, daß es durch einen Mittelpunkt wirkt, der als Schwerpunkt bezeichnet wird.
3. **Schub** ist die Triebwerkkraft, ausgedrückt in Kilonewton (kN), die das Flugzeug vorwärts durch die Luft antreibt, und man geht davon aus, daß sie dem Luftwiderstand entgegengesetzt wirkt.
4. **Lufwiderstand** wirkt der Bewegung des Flugzeugs entgegen. **11**

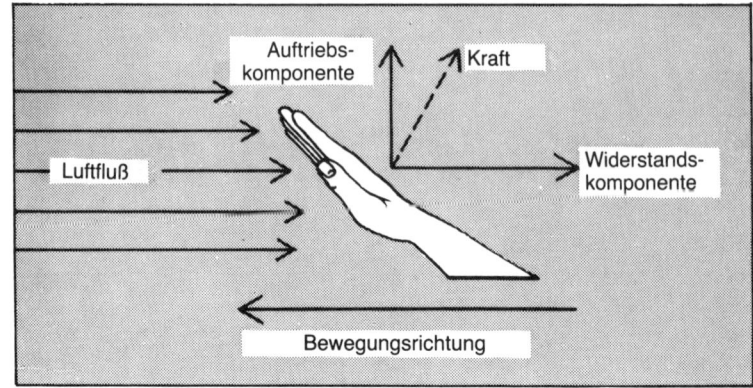

Abb. 1.2 Auftrieb und Luftwiderstand.

Auftrieb

Wenn ein Fahrer seinen Arm aus einem sich bewegenden Fahrzeug streckt und seine flache Hand in den Luftstrom hält, fließt die Luft über die Oberfläche der Hand und entwickelt so eine Kraft, die die Hand nach oben anhebt und sodann zurückdrückt (Abb. 1.2). Die nach oben gerichtete Kraftkomponente ist als Auftrieb und die nach hinten gerichtete als Luftwiderstand bekannt. Eine Tragfläche besitzt nun jedoch eine wesentlich feinere Form als eine flache Hand, erzeugt jedoch einen Auftrieb in exakt der gleichen Weise, wenn auch weit wirksamer. Eine Tragfläche liegt an der Flugzeugzelle mit einem Winkel relativ zu dem Luftstrom, wenn das Flugzeug fliegt. Luft fließt über die Tragflächenkrümmung, wobei sich die Strömungsgeschwindigkeit erhöht. Dadurch baut sich ein Bereich niedrigen Drucks – Sog – auf der oberen Seite des Tragflächenprofils auf, der somit die Tragfläche nach oben zieht. Etwas Auftrieb ergibt sich, wenn der Luftstrom auf die untere Seite der Tragfläche trifft und somit eine Druckzunahme auftritt, die die Tragfläche nach oben drückt; jedoch wird ein größerer Auftrieb durch den Unterdruck auf der Oberseite erzielt.

Die Fläche niedrigen Drucks auf der Tragfläche ist kein Vakuum, sondern einfach ein verringerter Druckwert relativ zu der umgebenden Luft

Abb. 1.3 Druckverteilung um das Flugzeug.

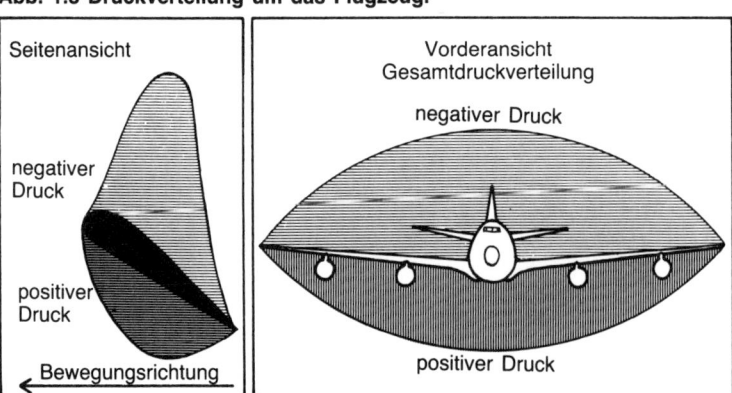

und ist als negativer Druck gezeigt. Die Fläche hohen Drucks unter der Tragfläche ist in ähnlicher Weise ein erhöhter Wert relativ zu der umgebenden Luft und ist als positiver Druck dargestellt. Die ein Flugzeug umgebende Druckverteilung (Abb. 1.3) zeigt sehr deutlich die größere Wirkung des negativen Drucks beim Auftrieb. Um den Auftrieb präziser zu beschreiben, kann man sagen, daß sich die Sog- und Druckflächen über und unter der Tragfläche an der Profilhinterkante als Abwind vereinigen, wodurch die Tragfläche eine nach oben gerichtete, entgegengesetzte Wirkung in Form des Auftriebs erfährt. Wenn man den Auftrieb jedoch in einfacher Weise betrachtet, ist es nicht so lächerlich wie es scheint, wenn man sich vorstellt, daß das Flugzeug durch einen verringerten Druck über den Tragflächen in die Luft gesaugt wird.

Auftrieb wird von einer Anzahl Faktoren bestimmt. Die Luftdichte trägt zum Auftrieb bei: je höher die Dichte, um so größer der Auftrieb. Die Fluggeschwindigkeit, d. h. die wahre Eigengeschwindigkeit (TAS) erzeugt Auftrieb: je größer die Geschwindigkeit, um so größer der Auftrieb. Der Winkel, mit dem die Tragfläche zur Luftströmung geneigt ist, bekannt als Anstellwinkel (Abb. 1.4), beeinflußt den Auftrieb; je größer der Winkel, um so größer der Auftrieb. Da die Tragflächen fest mit der Flug-

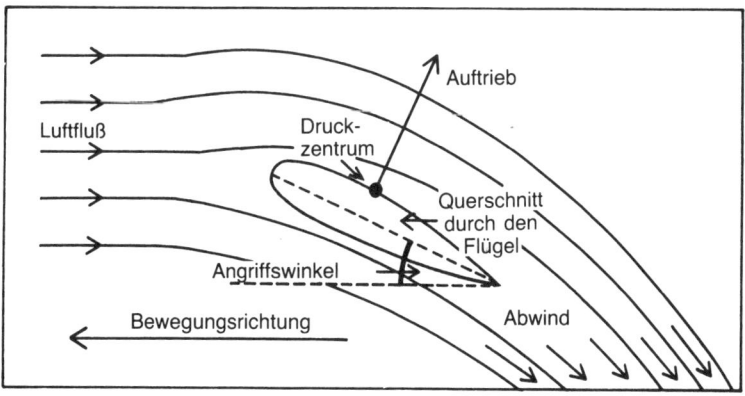

Abb. 1.4 Anstellwinkel.

zeugzelle verbunden sind, verändert sich der Winkel durch Neigung der Flugzeugnase nach oben oder nach unten und wird als Flugzeuglage bezeichnet. Um somit einen konstanten Auftrieb beizubehalten, wie beim Horizontalflug, erfordern Veränderungen der tatsächlichen Fluggeschwindigkeit eine Anpassung der Fluglage; d. h. schnellere Geschwindigkeiten erfordern ein Drücken der Nase nach unten und geringere Geschwindigkeiten ein Ziehen derselben. Die Tragflügelfläche ist ebenfalls eine Funktion des Auftriebs. Je größer die Fläche, um so größer der Auftrieb. Je größer und schwerer das Flugzeug, um so größer muß die

Vorflügel beim Anflug voll ausgefahren.

Spannweite der Tragflächen und deren Oberfläche sein, um ausreichenden Auftrieb zu produzieren. Die heutigen großen Jets besitzen Tragflächen enormer Größe. Die Boeing 747 hat eine Tragflächenspanne von 60 Metern.

Bei modernen Jets sind die Tragflächen nach hinten mit einem großen Winkel (37°) gepfeilt, um so einen Flug bei hohen Geschwindigkeiten durch Verzögern der Schockwellen möglich zu machen, wenn der Luftstrom über den Tragflächen sich der Schallgeschwindigkeit nähert (siehe Fluginstrumente S. 136). Beim Langsamflug sind die den Auftrieb der Tragfläche bewirkenden Qualitäten jedoch schlecht. Hohen Auftrieb erzeugende Vorrichtungen in Form von Vorflügeln und Hinterkantenklappen sind erforderlich, und ein Ausfahren führt zu einer Vergrößerung der Tragflügelfläche und der Krümmung der Tragfläche (Abb. 1.5). Wenn die Klappen voll ausgefahren sind, erhöht sich die Fläche um 20% und der Auftrieb um über 80%. Ein durch die Klappen bewirkter höherer Auftrieb gestattet zwar geringere Geschwindigkeiten, erhöht aber ebenfalls den Luftwiderstand, der das Flugzeug verlangsamt. Klappenwiderstand kann ebenfalls zum Erhöhen der Sinkgeschwindigkeit benutzt werden. Die kanuförmigen Verkleidungen umhüllen die Führungs- und Antriebsmechanismen, die zum Ausfahren der Klappen erforderlich sind.

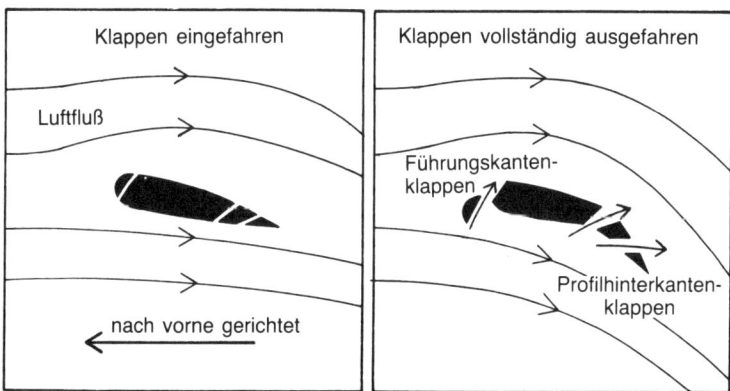

Abb. 1.5 Die Wirkung der Klappen auf die Tragflächenoberfläche und -krümmung.

Um den Auftrieb bei Start zu erhöhen, werden die Klappen in Abhängigkeit von den Erfordernissen mit 10 oder 20° gesetzt, jede Zunahme des Luftwiderstands wird durch eine Erhöhung des Auftriebs mehr als ausgeglichen. Ein Abheben ohne Klappen ist bei normalen Betriebsgewichten nicht möglich. Beim Landen werden die Klappen unter normalen Bedingungen immer mit 30° ausgefahren.

Große, vollbeladene, auf Langstreckenflug gehende Jets rollen etwa 50 Sekunden, bevor sie abheben. Ist die Abhebgeschwindigkeit erreicht, zieht der Pilot die Nase des Flugzeugs mit einem bestimmten Neigungswinkel hoch (bekannt als »Rotation«), um den Anstellwinkel gegenüber der Luftströmung zu erhöhen, wodurch sich eine Vergrößerung des Auftriebs ergibt, und das Flugzeug steigt. Bei einem maximalen Startge- **15**

Saubere Tragfläche. Zu beachten die kanuförmigen Verkleidungen, die den Landeklappenmechanismus verkleiden.

wicht benötigt die Boeing 747 eine Startgeschwindigkeit von 167 Knoten (309 km/h); die meisten Flughäfen verfügen über eine Startbahnlänge von 3,5 km. Nicht alle Starts finden natürlich mit Maximalgewicht statt, und geringere Gewichte erfordern weniger Auftrieb. Das Flugzeug hebt bei geringeren Geschwindigkeiten ab und braucht daher nur eine kürzere Rollstrecke.

Hinterkantenklappe beim Anflug zur Landung auf 20°-Stellung.

Gewicht

Obgleich Flugzeuggewichte normalerweise in Kilogramm (oder Pfund) angegeben werden, sind die enormen Gewichte heutzutage operierender Jumbos für viele Menschen kaum erfaßbar, wenn man sie in Hunderten oder Tausenden einer speziellen Einheit angibt. Zum besseren Verständnis sollen die betreffenden Gewichte daher in anderen Größenordnungen ausgedrückt werden.

Eine metrische Tonne entspricht 1000 kg. Nimmt man z. B. das maximale Startgewicht einer mit Rolls-Royce-Triebwerken ausgestatteten Boeing 747 mit etwa 370 Tonnen an (was etwa 500 VW Golf entspricht), so erkennt man die enorme Größe des Flugzeugs.

Flugzeuggewichte

Dem Grundgewicht eines Flugzeugs wird das Gewicht der Ausrüstung und das Gewicht der Crew mit ihrem Gepäck hinzugerechnet. Die sich ergebende Zahl ergibt einfach das Trockengewicht. Diesem Gewicht wird die Zuladung in Form von Fracht (einschließlich des Passagiergepäcks) und das Gewicht der Passagiere (Männer mit 78 kg, Frauen mit 68 kg, Kinder mit 43 kg und Säuglinge mit 10 kg) einschließlich Handgepäck hinzugefügt. Das Trockengewicht und die Zuladung, berechnet für

Abb. 1.6 Startgewicht.

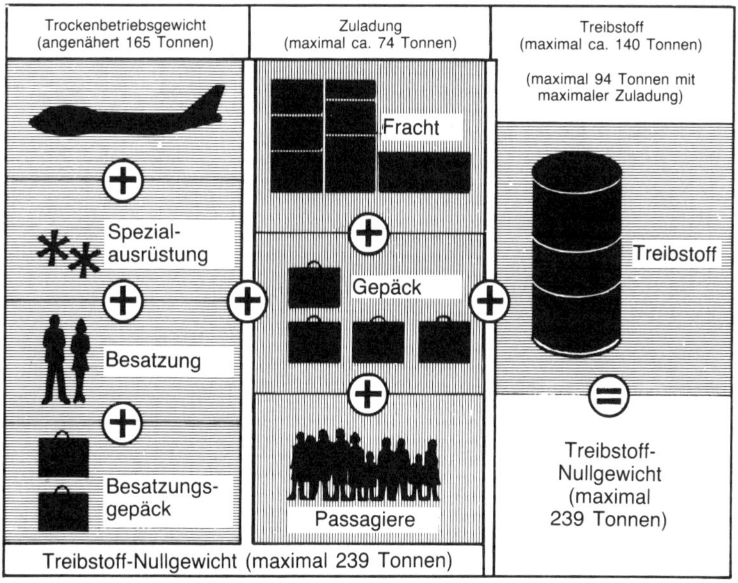

Trockenbetriebsgewicht (angenähert 165 Tonnen)	Zuladung (maximal ca. 74 Tonnen)	Treibstoff (maximal ca. 140 Tonnen)

Spezialausrüstung

Besatzung

Besatzungsgepäck

Fracht

Gepäck

Passagiere

(maximal 94 Tonnen mit maximaler Zuladung)

Treibstoff

Treibstoff-Nullgewicht (maximal 239 Tonnen)

Treibstoff-Nullgewicht (maximal 239 Tonnen)

17

Landendes Flugzeug, Fahrwerk ausgefahren und Landeklappen voll gesetzt.

das Gesamtgewicht ohne Treibstoff, ergeben die Nutzlast. Wenn diesem Wert das Treibstoffgewicht zugerechnet wird, erhält man das endgültige Abfluggewicht (Abb. 1.6). Das gesamte Gewicht des Flugzeugs in jeder Flugphase ist das Gesamtgewicht in der Luft (AUW).

Da das Eigengewicht einer Boeing 747-100-Serie 165 Tonnen beträgt, das maximal zulässige Startgewicht aber 333 Tonnen ausmacht, liegt das Maximalgewicht von 168 Tonnen für Zuladung und Treibstoff weit über dem Eigengewicht des Jumbos. Die Treibstoffladung hängt von der spezifischen Dichte des Treibstoffs und dem Fassungsvermögen der Treibstofftanks ab und beläuft sich auf etwa 140 Tonnen, was dem maximalen Startgewicht einer vollbeladenen Boeing 747 entspricht.

Die Zahl der Passagiere hängt von der zur Verfügung stehenden Sitzplatzkapazität ab, die sich, soweit Plätze für die Touristenklasse im Oberdeck installiert werden, auf 552 beläuft. (Die Quantas hält den Rekord mit den meisten beförderten Passagieren während eines Fluges. Im Jahre 1974 wurden im Rahmen einer Notevakuierung nach einem Zyklon mit einer Boeing 747 genau 674 Passagiere aus Darwin ausgeflogen.) Üblicherweise finden 400 bis 450 Passagiere auf einem planmäßigen Flug Platz.

Auf einem 8-Stunden-Flug beläuft sich das durchschnittliche Gewicht einer Boeing 747 auf: Trockengewicht 165 Tonnen, Zuladung 35−40 Tonnen, Treibstoff 105−110 Tonnen (von denen 90 Tonnen verbraucht und der Rest als Reserve gehalten wird) und ein Startgewicht von 305−315 Tonnen. Das maximale Landegewicht der Boeing 747-100 liegt bei 265 Tonnen.

Hinterkantenklappen auf 30° gesetzt (Landeklappe)

Beladung und Schwerpunkt

Die Gewichtsverteilung in einem Flugzeug stellt einen wesentlichen Faktor dar; eine falsche Beladung kann zur Kopf- oder Schwanzlastigkeit des Flugzeugs führen, das damit unkontrollierbar wird. Ladungen und Gewichtsverteilung müssen daher sorgfältig vorherberechnet werden. Der größte Teil der Fracht, einschließlich des bereits an der Abfertigung gewogenen Passiergepäcks, wird auf Paletten verladen, die dem sie aufnehmenden Raum angepaßt sind. Die Ladebehälter werden auf die Höhe der Ladeluke von besonderen Ladefahrzeugen angehoben und sodann auf Rollen von der angehobenen Ladebühne an Ort und Stelle gebracht und verzurrt. Gewicht und Lage jedes Behälters werden sorgfältig notiert. Der Flugkapitän legt die benötigte Treibstoffmenge fest; ihr Gewicht wird aufgrund des spezifischen Gewichts in Massegewicht umgerechnet. Sodann wird der Treibstoff entweder pro Liter oder Gallone in die Tanks in den Tragflächen oder im Rumpf gepumpt.

Am Abfertigungsschalter wird den Passagieren ihr Sitzplatz zugeteilt, und das entsprechend geschätzte Gewicht wird einem Computer eingegeben, der ebenfalls Informationen bezüglich der Frachtverteilung und der endgültigen Treibstoffmenge erhält. Der Computer errechnet sodann den Schwerpunkt und überprüft, ob dies im Bereich der Grenzen liegt. Das Flugzeug ist so konstruiert, daß bezüglich dieses Schwerpunktes ein Spielraum gegeben ist, so daß ein Abheben mit unterschiedlicher Gewichtsverteilung möglich ist. Während des Fluges verändert sich **19** auch mit Treibstoffabnahme die Treibstoffverteilung, wodurch der Schwerpunkt verschoben wird. Der Computer hat deshalb auch berechnet, daß sich dieser Punkt während des gesamten Fluges in Grenzen hält. Alle diese Informationen werden auf einem Beladeformular aufgezeichnet, das vom Kapitän überprüft und abgezeichnet wird, sobald die Beladung beendet ist.

Wie wichtig diese sogenannte Berechnung des Beladezustandes und der Schwerpunktlage ist, wird durch einen Zwischenfall belegt, der sich mit einem Jumbo im Jahre 1980 in Chicago ereignete. Beim Start war die Beschleunigung auf der Startbahn geringer als erwartet. Das Abheben machte den Piloten einige Mühe. Auch der Steigflug wich vom Üblichen ab. In einer Höhe von 35 000 Fuß mußte die Triebwerkleistung erhöht werden, um eine normale Fluggeschwindigkeit beizubehalten. Der Sinkflug und die Landung verliefen jedoch völlig normal. Beim Aussteigen erkundigte sich ein Passagier dann scherzhaft, ob sich das Flugzeug nicht recht schwer angefühlt habe; dann erklärte er, daß die meisten Passagiere Münzensammler seien, die zu einem Treffen unterwegs waren; ihre Münzen hatten alle im Handgepäck verstaut! Eine Überprüfung überraschte: tatsächlich belief sich das Handgepäck auf 1 1/2 Tonnen und die fehlten so beim errechneten Gewicht. Die dadurch bedingte falsche Berechnung hätte zu einem schweren Unfall führen können.

Blick auf die kanuförmige Verkleidung und den Hinterkantenklappen-Antriebsmechanismus.

Schub

Statischer Schub ist derjenige, den ein Triebwerk am Boden erzeugt, wenn maximale Startleistung gegeben wird. Schub wird in Kilonewton ausgedrückt. Da die Leistung eines Düsentriebwerks gleich der Dichte der eingesogenen Luft ist, geht man davon aus, daß sich das Flugzeug bei Standardatmosphäre über Meeresspiegel von 15 °C und einem Druck von 1013.2 hPa befindet. Die neueren Rolls-Royce-Triebwerke bei der Boeing-747-200-Serie entwickeln jeweils einen statischen Schub von 22 700 kg und somit 90 800 kg Gesamtschub für alle vier Triebwerke beim Abheben.

Luftwiderstand

Die beiden grundlegenden Arten von Luftwiderstand sind Profilwiderstand und induzierter Widerstand, eine Nebenwirkung des Auftriebs.

Profilwiderstand

Hierunter versteht man den Luftwiderstand, der durch die Formgebung des Flugzeugs als Ergebnis der um dasselbe herumgeleiteten Luftmasse erzeugt wird, und dies wird allgemein als Formwiderstand bezeichnet. Die stromlinienförmige Gestaltung eines Flugzeugs verringert diesen Formwiderstand auf ein Minimum. Luftwiderstand wird ebenfalls durch die Reibung zwischen der Flugzeugoberfläche und der Luftströmung erzeugt, was als Reibungswiderstand bekannt ist. Eine über eine Fläche fließende Luft erzeugt eine Schicht verzögerter Luft, die in direkter Berührung mit einer Oberfläche steht, über die sie streicht. (Wasser in einem Fluß fließt z. B. schneller in der Mitte als an den Ufern aufgrund des gleichen Effekts.) Diese verzögerte Schicht ist als Grenzschicht bekannt. Ihre Stärke hängt von der Art der Oberfläche ab, über die die Luft fließt. Flugzeugflächen sind poliert, um eine dünne Grenzschicht zu ergeben, die den Reibungseffekt mindert.

Profilwiderstand ist eine Kombination aus Formwiderstand und Reibungswiderstand und hängt mit der Geschwindigkeit eines Flugzeugs zusammen; er nimmt bemerkenswert zu, wenn sich die Fluggeschwindigkeit erhöht – eine Verdopplung der Flugzeuggeschwindigkeit führt zu einer Vervierfachung des erzeugten Profilwiderstandes. (Jedem Autofahrer ist dieses Problem geläufig, wenn der Wind von vorne kommt, im Gegensatz zur Windstille.)

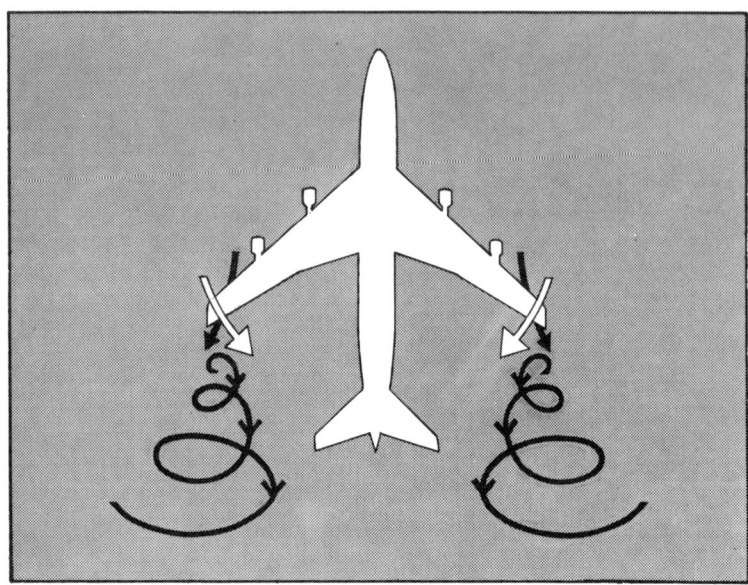

Abb. 1.7 Randwirbelzöpfe.

Induzierter Widerstand

Induzierter Widerstand ist das direkte Ergebnis des Auftriebs und wird durch das Zusammenfließen von oberen und unteren Luftströmen an der Profilhinterkante der Tragflächen bedingt. Der Luftstrom an der Oberseite der Tragfläche tendiert zu einem Fließen nach innen gegen die maximale Unterdruckfläche, die über den Flügelwurzeln erzeugt wird, und der Luftstrom unter der Tragfläche tendiert von dem unter der Flügelwurzel vorherrschenden Überdruckgebiet nach außen zu fließen. Beide Luftströme treffen mit einem Winkel an der Hinterkante der Tragfläche aufeinander und vereinigen sich zu einem an jeder Tragflächenspitze umlaufenden Luftstrom, was als Wirbelschleppe bezeichnet wird (Abb. 1.7). Diese Wirbelschleppen verlaufen in Richtung auf die Tragflächenwurzeln und erzeugen den für Großraumflugzeuge typischen Luftwirbel. Die Geschwindigkeit bei induziertem Luftwiderstand wirkt sich gegenüber dem Profilwiderstand gänzlich anders aus, weil dieser Luftwiderstand mit zunehmender Geschwindigkeit abnimmt. So treten Luftwirbel an den Tragflächenspitzen häufiger bei niedrigen Geschwindigkeiten auf, und dies gilt sowohl für den Start als auch für die Landung, sie treten jedoch vermehrt beim Endanflug auf. An einem Regentag mit hoher Luftfeuchtigkeit kann man sie bei einem landenden Flugzeug sehr gut sehen.

Gesamt-Luftwiderstand

Wie schon gesagt, erhöht sich der Profilwiderstand mit Zunahme der Geschwindigkeit und induzierter Widerstand nimmt bei Verringerung derselben zu. Der Gesamtwiderstand setzt sich somit stets als Profilwiderstand und induziertem Widerstand zusammen. Wenn der Gesamtwiderstand gegen die Geschwindigkeit durch Feststellen beider Widerstandsarten aufgezeichnet wird, ergibt sich der Effekt gemäß Abb. 1.8. Diese Darstellung ist allen Piloten als Luftwiderstandskurve bekannt.

Die Geschwindigkeit auf der Widerstandskurve für einen kleinen Luftwiderstand entspricht dem Punkt, bei dem Profil- und induzierter Widerstand gleich sind. Hieraus ergibt sich die nicht bestreitbare Tatsache, daß eine Geschwindigkeitszunahme oder -abnahme zu einer Zunahme des Luftwiderstands führt. Eine Geschwindigkeitsverringerung um nur wenige Knoten führt dazu, daß das Flugzeug die »falsche Seite« der Widerstandskurve dort erreicht, wo der Widerstand bei verringerter Luftge-

Abb. 1.8 Gesamtluftwiderstandskurve.

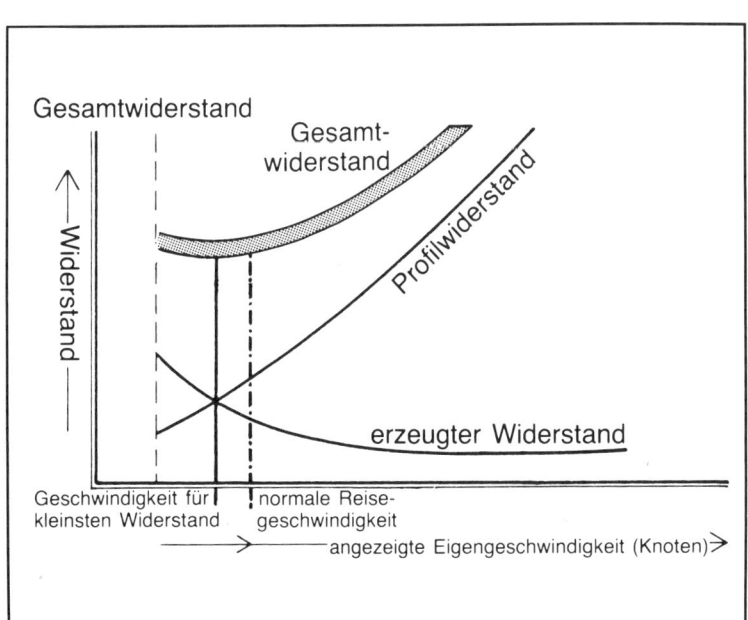

schwindigkeit rapide abnimmt. Um die Fluggeschwindigkeit zu erhöhen, sind natürlich erhebliche Schubleistungen erforderlich. Reisefluggeschwindigkeiten liegen gewöhnlich über der minimalen Geschwindigkeit des Luftwiderstandes, um das Flugzeug auf der »richtigen« Seite zu halten, wodurch ein sichererer Flugbetrieb aufrechterhalten wird.

Strömungsabriß (»stall«)

Verlangsamt ein Flugzeug seine Fahrt, um den Auftrieb beizubehalten, vergrößert sich der Anstellwinkel der Tragfläche, indem die Nase des Flugzeugs angehoben wird, wodurch sich natürlich eine Erhöhung des induzierten Luftwiderstands ergibt. Wird die Geschwindigkeit des Flugzeugs zu langsam und die Nase zu sehr angehoben, wird der Punkt erreicht, wo der Anstellwinkel ein kritisches Stadium erfährt und die glatte Luftströmung über den Tragflächen abreißt und zu einer turbulenten Strömung umschlägt (Abb. 1.9). Bei einem derartigen Strömungsabriß geht der ganze Auftrieb verloren, und der turbulente Luftwirbel erzeugt einen Luftwiderstand. Dieser Zustand ist als »stall« bekannt. Bei Verlust des Auftriebs über den Tragflächen neigt sich die Flugzeugnase nach unten (bei einem Flugzeug mit T-förmigem Leitwerk gewöhnlich nach oben, insbesondere dort, wo das Triebwerk im Heck liegt), und das Flugzeug flattert gleich einem fallenden Blatt vom Himmel. Kurz vor Beginn eines »stall« wird das Flugzeug durch den entstehenden turbulenten Luftwirbel gerüttelt und geschüttelt, begleitet von einer »Stall«-Warnung – einem häßlich knarrenden Geräusch aus dem Hintergrund. Eine Erholung aus dem »stall« wird durch einen Sturzflug eingeleitet, indem die Steuersäule nach vorne gedrückt und volle Triebwerkleistung gegeben wird, bis die vorgeschriebene Fluggeschwindigkeit stabilisiert ist.

Abb. 1.9 Kritischer Anstellwinkel beim Strömungsabriß.

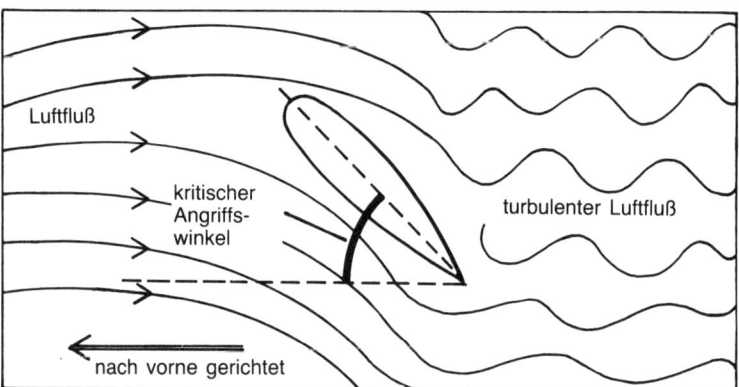

Luftfluß

kritischer
Angriffs-
winkel

turbulenter Luftfluß

nach vorne gerichtet

Sodann wird das Flugzeug wieder hochgezogen und in den Geradeaus- und Horizontalflug gebracht. Natürlich ist ein »stall« bei einem großen Jet ein extrem gefährliches Manöver; deshalb werden alle Piloten, und dies fängt schon bei den Einmots (einmotorige Propellerflugzeuge) an, gründlich mit einem »stall« und den zu treffenden Maßnahmen vertraut gemacht. Neben akustischen »stall«-Warnungen gehören auf den großen Jets natürlich auch mechanische dazu. Da gibt es den »stick pusher« (der die Steuersäule nach vorne stößt) und den »stick shaker« (der die Steuersäule kräftig rüttelt). Unverkennbare Zeichen für einen Piloten, daß ein Strömungsabriß unmittelbar bevorsteht. Bei einem Gewicht von 250 Tonnen (das durchschnittliche Landegewicht) erfolgt ein »stall« bei einer Boeing 747 bei 165 Knoten (305 km/h) angezeigter Fluggeschwindigkeit, wobei weder Fahrgestell noch Klappen ausgefahren sind, und bei 110 Knoten (205 km/h) bei voll ausgefahrenem Fahrgestell und Klappen.

GLEICHGEWICHT UND STABILITÄT WÄHREND DES FLUGES

Gleichgewicht

Man stelle sich ein im Kinderzimmer aufgehängtes Modellflugzeug vor, das an einem Faden von der Decke hängt. Das Flugzeug ist im Gleichgewicht, wenn der Faden am Schwerpunkt befestigt ist. Liegt der Faden dahinter, neigt sich die Nase nach unten, liegt er davor, hebt sich die Nase nach oben. Eine ähnliche Wirkung ergibt sich, läßt man den Faden an Ort und Stelle und den Schwerpunkt des Modells sich nach vorne oder hinter diesen Punkt bewegen.

Man übertrage dies nun auf ein Flugzeug im Geradeausflug. In der Luft wirkt der Schwerpunkt gleich einem Drehpunkt, ähnlich dem Mittelpunkt einer Wippe, und um das Flugzeug in ausgeglichenem Flug zu halten, ist ein Zusammenwirken von Gewicht und Auftrieb notwendig. Der Versuch, ein Flugzeug während des gesamten Fluges im Gleichgewicht zu halten, wäre gleich dem Versuch, das Modellflugzeug auf einer Messerkante zu balancieren. Aufgrund des Druckpunktes, der Klappenwahl während Start und Landung und des nach hinten verschobenen Schwerpunktes durch den Treibstoffverbrauch während des Fluges wirken Auftrieb und Gewicht selten zusammen. (Treibstoff wird zunächst den mittleren und inneren Haupttanks und sodann den Außentanks entnommen [vgl. hierzu Treibstoff, Seite 50].) Dieses Problem wird durch Vorsehen einer beweglichen Höhenflosse – als Stabilisator – gelöst; wobei sich die Höhenflosse so bewegen kann, daß jegliches Ungleichgewicht ausgeglichen und das Flugzeug in seine normale Fluglage zurückgeführt werden kann. (Dies ist nicht mit der Bewegung des Höhenruders zu verwechseln, das Bestandteil der Höhenflosse ist und später erklärt werden wird.) Die Anordnung der Höhenflosse in dieser Weise hat man zutreffend »horizontale Stabilisierung« genannt.

Wenn sich der Schwerpunkt hinter dem Druckpunkt befindet, wird das Flugzeug schwanzlastig, und ein weiterer Ausgleich dieses Zustandes wird erforderlich. Man erhöht den Anstellwinkel der Höhenflosse durch hydraulisch-mechanische Bewegung. Liegt der Schwerpunkt vor dem Druckpunkt, wodurch das Flugzeug kopflastig wird, verringert man den Anstellwinkel durch eine hydraulische Bewegung der Höhenflosse. Hierdurch erzielt man einen negativen Auftrieb, der nach unten wirkt und wiederum der Verschiebung entgegenwirkt und das Flugzeug „ausbalanciert«. Dieser Vorgang ist als Trimmung bekannt. Man fühlt natürlich diese ungleichgewichtigen Kräfte auf der Steuersäule. Durch Betätigen eines entsprechenden Schalters auf der Steuersäule wird der Trimmmechanismus in Gang gesetzt, der die Höhenflosse bewegt. Die Steuersäule wird nach der Trimmung von dem Druck befreit, und das Flugzeug fliegt in einem stabilen Flugzustand, ohne daß der Pilot die Steuersäule berühren muß. Während des Starts und der Landung wird ständig ausgetrimmt, weil sich die Flugbedingungen ändern. Während des Reisefluges, wenn normalerweise der Autopilot eingeschaltet ist, wird die Trimmung automatisch vorgenommen. Vor dem Abflug berechnet ein Computer die Einstellung der Höhenflosse in Abhängigkeit vom Gewicht und der Verteilung der Ladung. Dieser Wert wird kurz vor dem Start während des »ground check« in die Trimmskala eingegeben.

Stabilität

Wird ein Gegenstand verschoben und kehrt er sodann in seine ursprüngliche Lage zurück, spricht man davon, daß er stabil ist, und wenn dies nicht geschieht, von Unstabilität. Flugzeuge sind zu einem gewissen Grad mit natürlicher Stabilität entworfen worden, und sollten sie möglicherweise durch einen auffrischenden Wind oder eine starke Böe aus ihrer Bahn geworfen werden, kehren sie meist von allein in ihren Flugzustand zurück. Große Passagierjets erfordern ein gutes Maß an Stabilität. Die Eigenstabilität bei den drei Flugzeugbewegungen, nämlich Neigung (auch Nicken genannt), Rollen und Gieren, ist ein Merkmal für die nach aerodynamischen Gesichtspunkten ausgelegte Bauweise.

Natürliche Flugstabilität

Natürlich kann ein einfaches Bild jeder Bewegung gezeichnet werden,

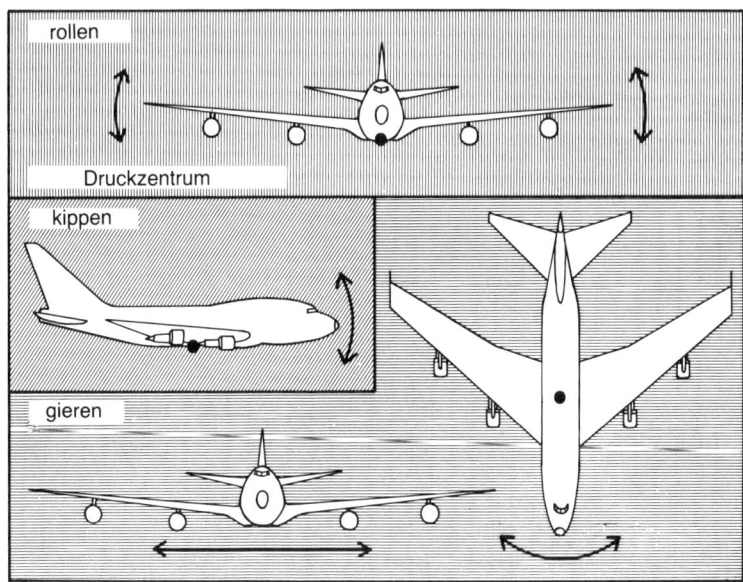

Abb. 1.10 Schwerpunkt

wenn man davon ausgeht, daß der Schwerpunkt eines Flugzeugs ein Drehpunkt ist, über den sich das Flugzeug in allen Richtungen bewegt (Abb. 1.10). Stabilität in der Nickbewegung ist eine Funktion der Höhenflosse, ebenso wie bei den Flossen einer Rakete oder eines Wurfpfeils. (Nicht zu verwechseln mit der Bewegung der Höhenflossen beim Austrimmen.) Wird die Nase eines Flugzeugs durch eine Windböe nach oben gedrückt, erhöht sich der Anstellwinkel sowohl der Tragflächen als auch der Höhenflosse. Der von der Höhenflosse erzeugte Auftrieb, der weit entfernt vom Schwerpunkt liegt, reicht aus, um das Heck anzuheben und das Flugzeug in seinen geradeausgerichteten Horizontalflug zurückzuführen. Der Gegensatz ergibt sich, wenn die Nase nach unten geneigt wird (Abb. 1.11).

Stabilität bei der Rollbewegung ist eine Funktion der V-Stellung der Tragflächen, d. h., jede Tragfläche ist mit einem kleinen Winkel (7°) bezüglich der Waagerechten ausgerichtet. Wird das Flugzeug von einer Windböe erfaßt, schiebt es seitlich in die Rollbewegung hinein. Schiebt es seitlich, drückt der Luftwiderstand unter der hängenden Tragfläche dieselbe nach oben, während die andere Fläche durch den Rumpf vor der Seitenströmung geschützt ist. Das Flugzeug kehrt in seinen Horizontalflug zurück.

Die Stabilität bei der Gierbewegung wird durch die Seitenflosse hergestellt. Wenn durch eine Windböe das Flugzeug nach rechts oder links giert, wird die Seitenflosse augenblicklich aus ihrer Lage verschoben. Die sich ergebende, wiederum weit vom Schwerpunkt entfernte Kraft reicht aus, das Heck in seine ursprüngliche Lage zu bringen.

27

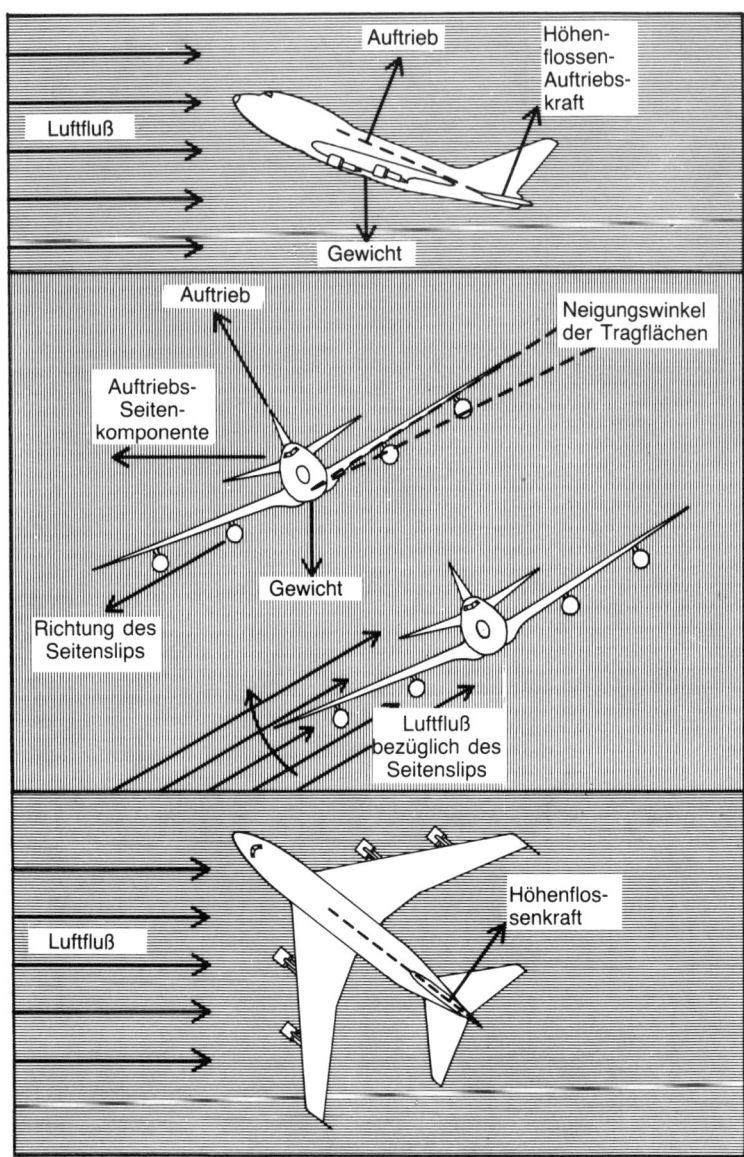

Abb. 1.11 Natürliche Flugstabilität.

Steuerflächen

Die Höhenruder steuern die Flugzeugbewegung bei der Neigung, die Querruder beim Rollen und die Seitenruder beim Gieren (Abb. 1.12). Alle Steuerflächen werden hydraulisch und elektrisch betrieben und arbeiten unabhängig voneinander. Jede wird von einem oder mehreren

28

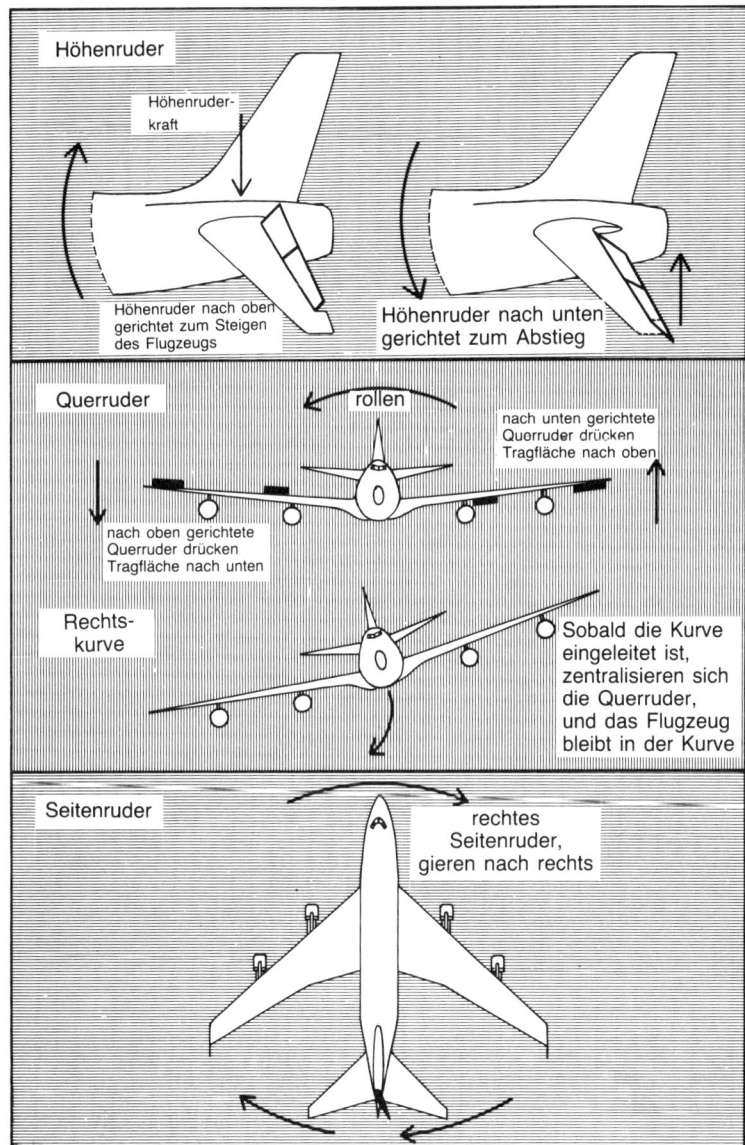

Höhenruder

Höhenruder-kraft

Höhenruder nach oben gerichtet zum Steigen des Flugzeugs

Höhenruder nach unten gerichtet zum Abstieg

Querruder — rollen

nach unten gerichtete Querruder drücken Tragfläche nach oben

nach oben gerichtete Querruder drücken Tragfläche nach unten

Rechts-kurve

Sobald die Kurve eingeleitet ist, zentralisieren sich die Querruder, und das Flugzeug bleibt in der Kurve

Seitenruder

rechtes Seitenruder, gieren nach rechts

Abb. 1.12 Steuerflächen.

Hydrauliksystemen angetrieben. Hierdurch sind mögliche Fehlerquellen in den Systemen weitgehend ausgeschlossen. Bei der Betätigung der Steuerorgane wirken sie natürlich zusammen. Eine Verlagerung der Steuerflächen aus einer zentralen Lage führt dazu, daß die Strömung über diese Flächen zu einer Bewegung des Flugzeugs in seiner vorgesehenen Richtung führt.

Linkskurve bei niedriger Geschwindigkeit (Klappen 10°, Innen- und Außenbord-Querruder in Betrieb).

Höhenruder – Steigen und Sinken

Eine nach oben gerichtete Bewegung des Höhenruders führt zu einem negativen Auftrieb, das Heck wird nach unten, die Nase nach oben geführt, und das Flugzeug steigt. Eine nach unten gerichtete Bewegung des Höhenruders führt zum Sinkflug.

Querruder – Rollen und Kurvenflug

Ein Kurvenflug nach links oder rechts wird durch die Querruder bewirkt, die zu einer Rollbewegung des Flugzeugs in eine Kurve führen. Das Rollen eines Flugzeugs in eine Kurve ist vergleichbar mit der Schräglage eines Motorrads in einer Kurve. (Kurvenflug ist nicht mit den Bewegungen eines Schiffes zu vergleichen.) Eine Querruderstellung nach oben verringert den Auftrieb, wodurch die Tragfläche nach unten gedrückt wird, während eine entgegengesetzte Stellung zu einer Bewegung nach unten führt, wodurch der Auftrieb erhöht und die Tragfläche nach oben gedrückt wird. Sobald das Flugzeug in der gewünschten Schräglage ist (je größer die Schräglage, um so schneller die Kurve), **30** werden die Querruder in Mittelstellung gebracht, und das Flugzeug setzt seinen Kurvenflug fort. Ein Geradelegen des Flugzeugs wird durch entgegengesetzte Querruderbetätigung erzielt.

Bei hohen Geschwindigkeiten wird nur wenig Querruder gegeben, und die Außenbord-Querruder wirken nicht. Werden gute Kurveneigenschaften bei geringen Geschwindigkeiten erforderlich, nach dem Start und beim Anflug, werden beide Querruderanlagen benutzt. Das System wird durch die Wahl der Klappenstellung programmiert, und bei ausgefahrenen Klappen treten beide Querrudersteuerungen in Kraft.

Seitenruder – Gieren

Das Seitenruder dient lediglich einer Richtungsführung (wie das Ruder eines Schiffes), wenn sich das Flugzeug auf der Start-/Landebahn befindet und zum Start beschleunigt oder nach der Landung abgebremst wird. Auf dem Rollweg wird das Bugrad mit einem Hebel gelenkt. Seitenruder wird während eines asymmetrischen Fluges (z. B. bei Triebwerkausfall) zum Ausgleich eines Ungleichgewichtes, bedingt durch größeren Schub auf einer Seite, gegeben (siehe Fluginstrumente S. 132). Bei hohen Geschwindigkeiten ist nur wenig Seitenruder erforderlich, und eine Regelung verringert die Seitenruderbewegung mit zunehmender Geschwindigkeit. Das Seitenruder ist mit einer Hilfssteuerung gekoppelt, die durch Wahl der Klappenstellung programmiert wird, um das Seitenruder automatisch in Kurvenrichtung und als Hilfe des Kurvenflugs bei niedrigen Geschwindigkeiten in Funktion zu setzen.

Das Seitenruder dient ebenfalls zum Dämpfen der Gierbewegung und wirkt automatisch, um eine unbeabsichtigte Bewegung des Flugzeugs beim Rollen und Gieren zu unterbinden; dies ist als »Dutch roll« allgemein bekannt (abgeleitet von der Unfähigkeit früherer holländischer Segler, aufrecht an Land zu gehen, nachdem sie monatelang auf See waren und viel Alkohol verkonsumiert hatten!). Eine »Dutch roll« wird üblicherweise durch eine Windböe hervorgerufen, die zu einer Gier-Roll-Pendel-Bewegung wegen der schlechten Dämpfungseigenschaften der nach hinten gepfeilten Tragfläche führt. Ein kleiner Kreisel-Computer nimmt die Bewegung wahr und signalisiert dem Seitenruder, sich entgegengesetzt zu bewegen, um die »Dutch roll« abzudämpfen.

Störklappen – Bremsklappen

Störklappen oder auch Spoiler (Abb. 1.13) sind so benannt, weil sie durch Unterbrechen der Strömung auf der oberen Seite der Tragfläche

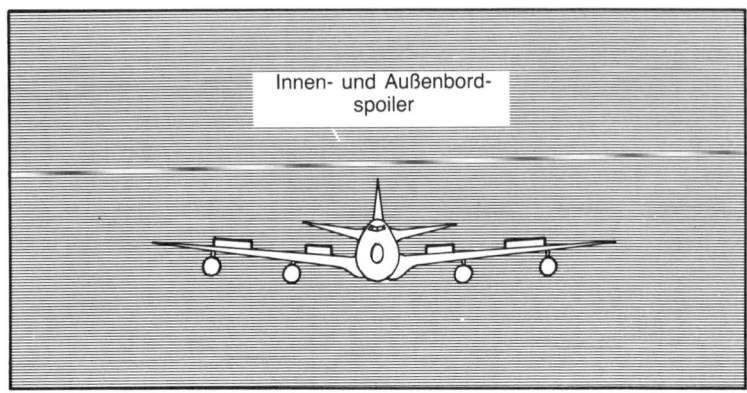

Abb. 1.13 Störklappen (Spoiler).

den Auftrieb stören. Beim Landen werden die Störklappen automatisch ausgefahren, um den Auftrieb zu mindern und das volle Flugzeuggewicht auf die Räder zu verlagern. Dies verhindert, daß das Flugzeug in die Luft zurückspringt, wie dies gelegentlich bei harten Landungen vorkommt, und verbessert ebenfalls die Bremswirkung. Bei einem Startabbruch treten mit Einlegen der Schubumkehr die Störklappen automatisch in Funktion.

Linkskurve bei hoher Geschwindigkeit. Innenbord-Querruder und Störklappen in Funktion.

Flugzeug beim Aufsetzen. Klappen voll gesetzt, Störklappen voll aufgerichtet.

Während des Fluges können die Störklappen als Bremsklappen benutzt und manuell durch Betätigen eines Hebels aufgerichtet werden. Hierdurch wird das Flugzeug rapide verlangsamt, aber auch die Sinkgeschwindigkeit läßt sich wesentlich erhöhen. In der Kabine nimmt man ein leichtes Rumpeln wahr, wenn die Bremsklappen betätigt werden. Störklappen arbeiten ebenfalls als Steuerflächen. Ist ein größeres Kurvenmoment erforderlich, werden sie auf einer Seite automatisch aufgerichtet, um den Kurvenflug eines Flugzeugs zu unterstützen. Das Aufrichten der Störklappen auf der nach unten gerichteten Tragfläche verringert den Auftrieb, wodurch diese Tragfläche weiter nach unten gezwungen wird.

Flugsteuerorgane – Steuersäule und Seitenruderpedale

Eine Bewegung der Flugsteuerorgane (Abb. 1.14) erfolgt instinktiv. Wenn die Startgeschwindigkeit erreicht ist, wird die Steuersäule herangezogen, um das Flugzeug abzuheben. Man spricht davon, daß das Flugzeug rotiert. Beim Landen wird die Steuersäule zurückgeschoben, 33 um das Flugzeug ausschweben zu lassen und Sinkgeschwindigkeit für eine weiche Landung zu erreichen. Im Flug führt das Anziehen der Steuersäule zum Anheben der Nase, und das Flugzeug steigt; nach vorne drücken bewirkt ein Sinken. Beim Bewegen der Steuersäule nach links (wie beim Steuern eines Kraftfahrzeugs) neigt sich das Flugzeug in eine Schräglage und fliegt eine Linkskurve, und umgekehrt natürlich auch. Drücken des Seitenruders bewirkt ein Gieren des Flugzeugs nach rechts oder links. Über den Seitenruderpedalen befinden sich die Fußbremsen, die durch den Druck der Fußballen wirken. Diese Bremsen verursachen einen Druck auf den entsprechenden Seiten der Radgestelle, so daß unterschiedliche Bremsen betätig werden können (wie bei der Lenkung eines Panzers – Bremsbetätigung auf der rechten Seite führt zum Wenden nach rechts etc.), um die Seitenrudersteuerungen beim Verlangsamen nach der Landung oder einem abgebrochenen Start, soweit erforderlich, zu unterstützen.

Die direkte manuelle Bewegung der Steuerorgane großer Jets liegt außerhalb menschlicher Kräfte, und so sind hydraulische Kraftsteuerungen vorgesehen, die als Servoeinheiten (PCU) bekannt sind und durch das hydraulische System des Flugzeugs betrieben werden. Die Bewegung der Steuerorgane durch den Piloten betätigt Steuerventile über Seile. Die Menge der den Servoeinheiten zugeführten hydraulischen Flüssigkeit und somit der Bewegungsgrad der Steuerorgane wird durch die Steuerventile gewählt. Da keine direkte Verbindung zwischen Steuerflächen und Steuerorganen besteht, kann die durch die Luftströmung auf eine abgelenkte Steuerfläche ausgeübte Kraft von dem Piloten nicht als Druck auf die Steuersäule oder die Seitenruderpedale wahrgenommen werden. Somit hat der Pilot kein direktes Gefühl für tatsächlichen Druck, der auf den Steuerflächen lastet, sobald er seine Steuerorgane

Abb. 1.14 Steuerorgane.

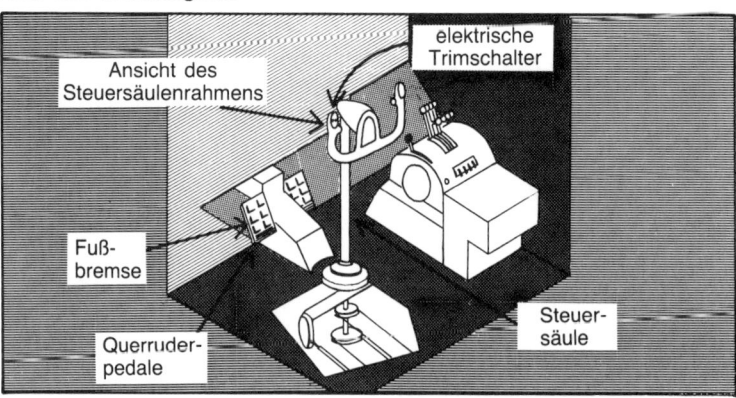

bedient. Hierdurch ergibt sich die Gefahr, daß er das Flugzeug durch übermäßige Beanspruchung großen Belastungen aussetzt.

Um diesem Problem zu begegnen, wird ein künstliches Gefühl durch »Fühl«-Einheiten erzeugt, die auf die Steuerorgane einen Druck ausüben, der proportional der Bewegung z. B. des Seitenruders ist. Dem Piloten wird hierdurch das Gefühl vermittelt, als flöge er das Flugzeug so, daß die Steuerseile direkt mit den Steuerflächen verbunden sind. Tatsächlich ist allerdings eine körperliche Anstrengung vonnöten, um die realistischen »Fühl«-Drücke, die auf die Flugsteuerorgane des Piloten übertragen werden, zu überwinden. Beim Versagen eines Außenbordtriebwerks beim Start ist das Ausbrechen aufgrund der hohen Schubkraft auf einer Seite recht fühlbar, und eine Richtungssteuerung wird durch Betätigen des Seitenruders aufrechterhalten. Es kann natürlich einige Minuten in Anspruch nehmen, bis die »drills« (z. B. Lesen der Checkliste für den Notfall) abgeschlossen sind, bevor der Pilot die Seitenrudertrimmung vornehmen kann, um den Druck abzufangen. Dies erfordert einen rechten Kraftaufwand, so daß es nicht ungewöhnlich ist, daß das den Druck ausübende Bein zu zittern beginnt.

Abb. 1.15 Die Steuerflächen des Flugzeugs.

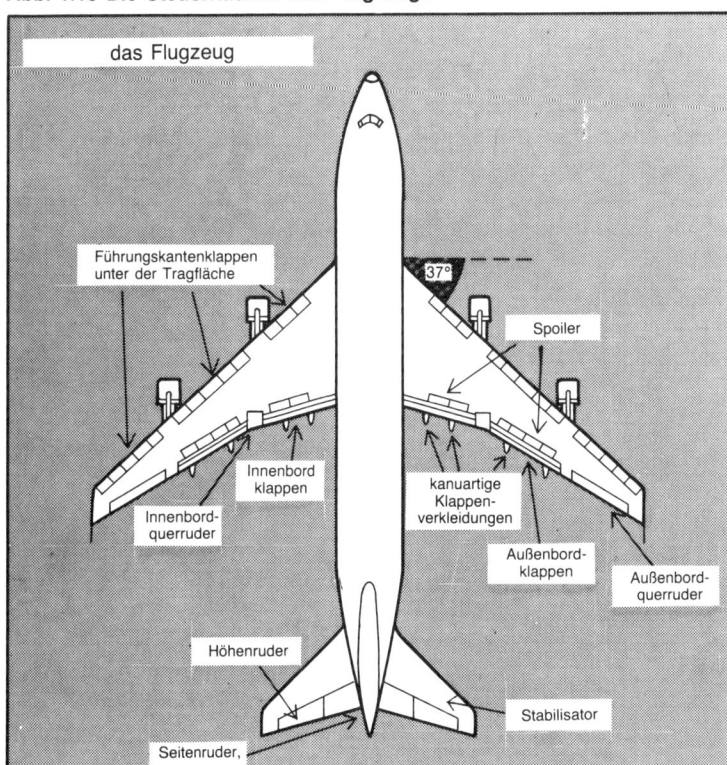

35

Kapitel 2

Das Düsentriebwerk

Die erste Erprobung eines Düsentriebwerks erfolgte im April 1937 durch Sir Frank Whittle. Das erste fliegende Düsenflugzeug war jedoch die Heinkel He 178 im August 1939. Die »Comet«, das erste Jetverkehrsflugzeug, absolvierte ihren Jungfernflug im Jahre 1949, doch dauerte es bis zum Jahre 1958, bis die ersten Transatlantik-Jets mit der »Comet-4« und der Boeing 707 auf die Reise gingen. Die Boeing 747 wurde im Jahre 1970 auf der Strecke von New York nach London in Dienst gestellt, und im Jahre 1976 begab sich die »Concorde« in entgegengesetzter Richtung auf die Reise – von London nach Washington und von Paris nach Rio de Janeiro.

Aufbau

Wenn auch ein Triebwerk als komplizierter Mechanismus erscheint, ist seine grundlegende Arbeitsweise doch tatsächlich sehr einfach (Abb. 2.1). Luft wird durch einen Kompressor in einen Einlaß gesaugt, die Luft sodann komprimiert und einer Brennkammer zugeführt. Hier trifft sie auf den Treibstoff und dehnt sich enorm aus. Als Treibstoff wird Kerosin verwendet, das sich nicht sofort entzündet, sondern vielmehr kontinuierlich verbrennt wie Heizöl oder Paraffinöl. Die expandierte Luft fließt aus der Brennkammer durch eine Turbine, die den Kompressor über eine Verbindungswelle antreibt, bevor sie mit hoher Geschwindigkeit aus der

Abb. 2.1 Das Düsentriebwerk.

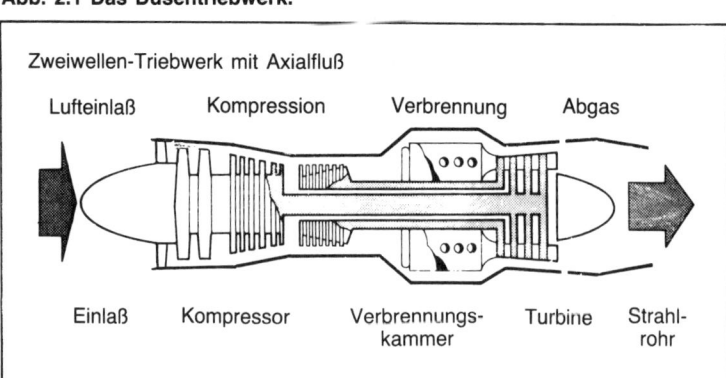

Schubdüse ausgestoßen wird. Der Luftdurchfluß durch das Triebwerk – auch im Leerlauf – ist so stark, daß ein Mann im Bereich von 8 Metern um den Einlaß herum in den Kompressor gesaugt und durch den Düsenschub in einem Bereich von 45 Meter Entfernung um die Schubdüse in die Luft gewirbelt werden kann.

Die Arbeitsweise des Düsentriebwerks

Düsentriebwerke arbeiten in einem kontinuierlichen Zyklus. Zunächst wird Luft durch den Kompressor in den Triebwerkeinlaß gesaugt. Die erste Kompressorstufe besteht aus einem Ring umlaufender Schaufeln (bekannt als Rotoren), denen ein Ring stationär angeordneter Schaufeln (Statoren) folgt. Die umlaufenden Rotorschaufeln drängen die Luft durch die stationären Statorschaufeln, wodurch sich eine Druckzunahme ergibt. Diese Druckzunahme über jeder Stufe ist relativ gering, so daß mehrere Stufen erforderlich sind, um den notwendigen Druck zu erzeugen. Bei größeren Düsentriebwerken wird der Lufdurchsatz durch den Kompressor dadurch verbessert, daß er über zwei oder drei getrennte Wellen angetrieben wird. Jeder Kompressorsatz wird unabhängig durch seine eigene Turbine und die Verbindungswelle angetrieben. Kompressoren werden mit »N« und die Laufräder mit N1, N2 und N3 gekennzeichnet. N1 entspricht somit dem Niederdruck-(LP-)Laufrad am Einlaß und N2 (oder N3) den Hochdruck-(HP-)Laufrädern vor der Brennkammer.

Abb. 2.2 Mantelstromtriebwerk Prinzip.

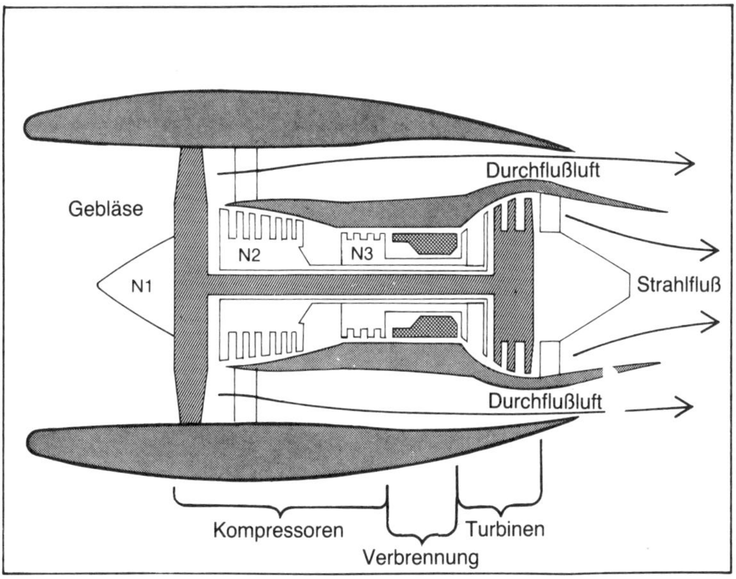

Abb. 2.3 Vorderansicht des Mantelstromtriebwerks (der Bläser).

Eine Verbesserung des Vortriebswirkungsgrades kann bei großen Triebwerken auch dadurch erzielt werden, daß ein Teil der N1-Kompressorluft am Haupttriebwerkskern vorbeigeführt wird und über eine Nebenstromführung – auch Mantelstrom genannt – direkt an die Atmosphäre abgegeben wird. Derartige Triebwerke sind als Nebenstrom-Triebwerke (Abb. 2.2) bekannt. Bei den heutigen großen Düsentriebwerken ist die Nebenstromführung so hoch entwickelt, daß moderne N1-Kompressoren hauptsächlich aus einem einzigen, gewaltigen Ring großer Schaufeln bestehen, die als Bläser bekannt sind (ähnlich einem großen, mit vielen Schaufeln ausgestatteten Propeller, wobei die Spitzen abgeschnitten sind), (Abb. 2.3). Und tatsächlich ähnelt das Gebläse mehr einem Propeller denn einem Kompressor und liefert 75% des gesamten Triebwerkschubs. Von der durch das Triebwerk fließenden Luft werden bei dieser Triebwerkart 80% als Nebenstrom an der Gasturbine vorbeigeleitet. Die Triebwerkentwicklung hat sich nun einmal im Kreise gedreht und ist zum Propellerprinzip zurückgekehrt!

Der in den Triebwerkkern eintretende Teil der Bläserluft läuft durch die N2-(und N3-)Kompressoren hindurch und erreicht die Brennkammer als heiße, hochkomprimierte Luft. Etwa ein Drittel vereinigt sich mit dem brennenden Treibstoff. Die Verbrennungstemperatur beläuft sich auf etwa 2000 °C. Der verbleibende Teil der Luft dient der Kühlung. Der expandierende Abgasfluß aus der Brennkammer wird durch stationär angeordnete konvergierende Führungsschaufeln den Turbinenschaufeln zugeleitet. Die Turbine dreht sich unter der Kraft des auf die Turbinenschaufeln auftreffenden Gasstromes und setzt ihrerseits den zugeordne-

Mantelstromtriebwerk mit entfernten Abdeckungen.

ten Kompressor durch die Verbindungswelle in Umdrehung. Wenn die Luft durch die konvergierende Leitung der Schubdüse fließt, dehnt sie sich hinter der Turbine weiter aus und wird aus dem Triebwerk als Hochgeschwindigkeitsstrahl ausgestoßen.

Beim Start führt der durch ein Mantelstromtriebwerk von etwa 23 000 kp (abhängig vom Flugzeugtyp) erzeugte enorme Standschub zu

Verkleidetes Bläsertriebwerk.

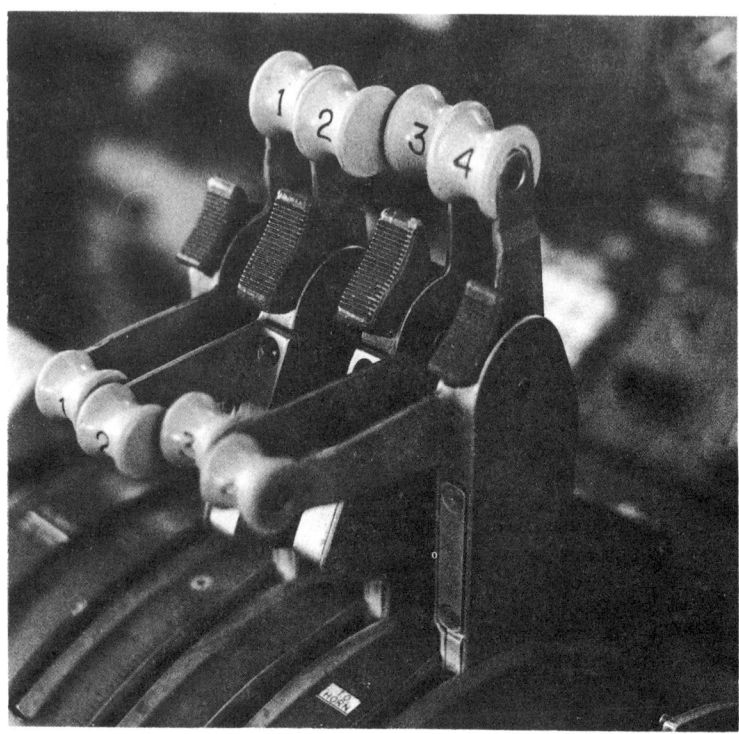

Abb. 2.4 Schubhebel.

einer Zentrifugalkraft auf jeder Schaufel, was sechs vollbeladenen Londoner Autobussen entspricht! Die durch eine einzelne Hochdruckturbinenschaufel (etwa der Größe einer Kreditkarte entsprechend) erzeugte Kraft ist derjenigen eines Formel-1-Rennwagens vergleichbar.

Das Triebwerkgeräusch rührt hauptsächlich von der Scherwirkung des Hochgeschwindigkeitsluftstrahls her, der die umgebende Luft durchschneidet. Ein zusätzlicher Vorteil des Mantelstromtriebwerks besteht in einer Geräuschminderung durch die Nebenstromluft, die den Hauptstrahlstrom umhüllt und somit die Scherwirkung herabsetzt. Flugzeuglärm wird in Dezibel (PNdB) gemessen, und dies ist eine Messung sowohl der Art als auch des Geräuschpegels. Eine vollbeladene Boeing 747 erzeugt bei Starts und Landungen etwa 107 PNdB. Lärmbegrenzungen auf Flughäfen liegen gewöhnlich bei 110 PNdB während des Tages und bei 102 PNdB maximal zur Nachtzeit. Zur Lärmminderung wird die Startleistung in einer gewissen Höhe, gewöhnlich 1500 Fuß (etwa 500 Meter) über dem Abflughafen, auf Steigleistung verringert.

40

Triebwerk anlassen

Das Triebwerk wird zunächst durch einen kleinen Druckluftanlasser auf Geschwindigkeit gebracht, um einen ausreichenden Luftdurchsatz durch den Kompressor zu erzeugen. Sodann wird unter Druck Treibstoff

Triebwerkinstrumente.

in die Brennkammer eingespritzt und die Zündkerzen in den Kammern werden angeschaltet, um den Treibstoff zu entzünden. Sobald dieser brennt, steigen die Triebwerkumdrehungen pro Minute (rpm) ständig bis zu einem Punkt an, bei dem das Triebwerk selbständig arbeitet. Der Anlasser wird sodann wie auch die Zündung abgeschaltet. Die Triebwerkbeschleunigung setzt sich kontinuierlich fort, bis die Leerlaufdrehzahl erreicht ist. Zur Beschleunigung über diesen Wert hinaus werden im Cockpit (Abb. 2.4). die Gashebel nach vorne geschoben. Durch Unterbrechen der Treibstoffzufuhr kann das Triebwerk abgeschaltet werden.

Während des Fluges kann ein abgeschaltetes Triebwerk durch Aufrechterhalten einer ausreichenden Fluggeschwindigkeit wieder angelassen werden. Entsprechender Luftdurchsatz durch das Triebwerk setzt den Kompressor in Gang. Man kann sich ebenfalls eines Druckluftanlassers bedienen, wenn dies z. B. bei großer Flughöhe angezeigt ist.

Triebwerkleistung

Der Schub eines Triebwerks wird allgemein in Kilo-Newton (kN) (siehe Grundlagen des Fliegens) ausgedrückt. Die antreibende Kraft ist nicht das Ergebnis der Wirkung der Düse auf die Atmosphäre, sondern ist ein Beispiel für Newtons Drittes Gesetz, das besagt:»Für jede Wirkung gibt es eine gleiche und entgegengesetzte Gegenwirkung (Aktion gleich Reaktion).« Die nach hinten gerichtete Schubkraft des Triebwerks treibt das Flugzeug nach vorne. Der kontinuierliche Zyklus des Düsentriebwerks erzeugt im Gegensatz zu Kolbentriebwerken eine höhere Leistung für eine gegebene Triebwerkgröße, und ohne Düsen könnten die modernen Großraumflugzeuge nicht fliegen. Berechnungen haben ergeben, daß für den Start einer Boeing 747 achtzehn Hochleistungskolbentriebwerke erforderlich wären und beträchtlich mehr, um den Reiseflug in großen Höhen aufrechtzuerhalten.

Der Triebwerkschub wird im Cockpit durch eine EPR-Anzeige (Engine Pressure Ratio Indicator – Verdichtungsgrad) angezeigt. Die Größe des

Abb. 2.5 Triebwerkinstrumente, mittleres Instrumentenbrett des Piloten.

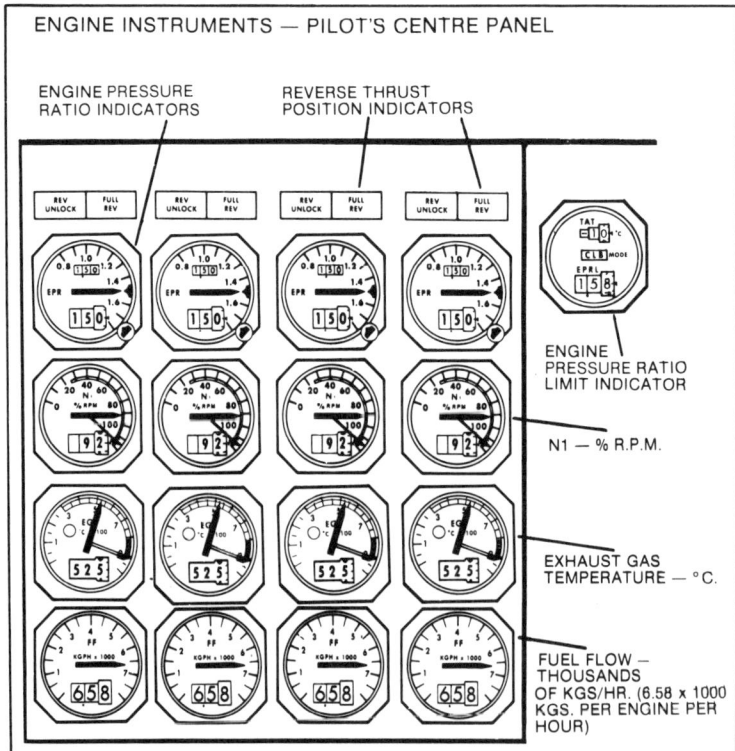

ENGINE INSTRUMENTS — PILOT'S CENTRE PANEL

ENGINE PRESSURE RATIO INDICATORS

REVERSE THRUST POSITION INDICATORS

ENGINE PRESSURE RATIO LIMIT INDICATOR

N1 — % R.P.M.

EXHAUST GAS TEMPERATURE — °C.

FUEL FLOW — THOUSANDS OF KGS/HR. (6.58 x 1000 KGS. PER ENGINE PER HOUR)

Schubs ist das Verhältnis zweier Drücke, und zwar des Abgasdrucks zum Lufteintrittsdruck. Bei einer mit einem Pratt-and-Whitney-Triebwerk (PW-JT9 D-7) ausgerüsteten Boeing 747 wird das EPR z. BN. bei normalen Bedingungen und vollem Schub mit 1,44 und bei einem Rolls-Royce-Triebwerk (RR-RB 211-524) mit 1,63 angezeigt.

Die Kompressorumdrehungszahlen können bei 20 000 U/min liegen und werden zum besseren Verständnis in Prozent maximaler Umdrehungszahl angegeben. Im Reiseflug beläuft sich die normale N1-Geschwindigkeit auf annähernd 90% der maximalen Umdrehungszahlen und wird als solche auf dem EPR-Anzeiger wiedergegeben. Die maximale Umdrehungszahl von 100% kann kurzzeitig überschritten werden, und auf der Anzeige kann tatsächlich ein Wert über 100% erscheinen (z. B. maximaler Start N1 = 103%).

Das maximale EPR für Start, Steigflug, Reiseflug und Durchstarten wird durch einen Computer ermittelt und auf dem Anzeigegerät dargestellt. Der gewählte Triebwerkschub sollte den berechneten Maximalwert nicht übersteigen, da aufgrund der fehlenden mechanischen Begrenzungen die Triebwerke einem verstärkten Druck ausgesetzt wären, was zu ihrer Beschädigung führen kann. Beim Start und Steigflug wird das EPR gewöhnlich unter dem Maximalwert gehalten, wenn es das Gewicht des Flugzeugs zuläßt, um so eine Triebwerkabnutzung zu vermindern. Eine derart verringerte Triebwerkleistung wird als angepaßte Schubleistung bezeichnet.

Beim Sinkflug werden die Schubhebel auf Leerlauf gestellt, und das Flugzeug wird buchstäblich zu einem gigantischen Segler. Beim Anflug und in der Landephase werden sie grob eingestellt, und das EPR wird entsprechend den jeweiligen Geschwindigkeitserfordernissen reguliert (zum Beispiel etwa 1,05−1,10 beim Endanflug mit ausgefahrenem Fahrgestell und Landeklappen). Sollte das Flugzeug im Endanflug kurz vor der Landung durchstarten müssen, weil vielleicht die Landebahn durch ein anderes Flugzeug oder Hindernis blockiert ist, wird jeweils volle Durchstart- und Steigleistung gegeben.

Die Triebwerke sind für Starts von Flughäfen bis zu einer Platzhöhe von etwa 3000 m NN und für eine maximale Betriebshöhe von etwa 13 000 m konstruiert. Die Leistung des Düsentriebwerks ist proportional der Dichte der angesaugten Luft und verringert sich mit zunehmender Höhe aufgrund der dünneren Luft. Aber auch der Flugzeugwiderstand nimmt mit der Flughöhe ab, so daß sich tatsächlich eine Zunahme der Geschwindigkeit ergibt, wenn auch die Triebwerkleistung geringer ist. Düsentriebwerke arbeiten wirksamer bei hohen Umdrehungszahlen, und nur in großen Flughöhen kann eine hohe Umdrehungszahl ohne übermäßigen Schub gewählt werden. Obwohl Düsenflugzeuge schnell und hoch fliegen (gewöhnlich bis zu 12 500 m), wird der Leistungsverlust durch Verringerung des Luftwiderstandes und besseren Wirkungsgrad

43

des Triebwerks mehr als ausgeglichen, wodurch auch der Treibstoffverbrauch sinkt.

Triebwerkausfall

Triebwerkausfälle kommen relativ selten vor, dennoch passieren sie. Das Versagen kann vielfältige Ursachen haben, angefangen vom Ausfall der Turbinenschaufeln bis zum Vogelschlag. Beim Start ist ein Triebwerkausfall aufgrund der hohen Schubkräfte am wahrscheinlichsten, aber auch die »seltenen Zufälle« eines Ausfalls ergeben ein Verhältnis von 300 000 zu 1. (Die Möglichkeit einer Landung mit doppeltem Triebwerkausfall beläuft sich nach den Statistiken sogar nur auf ein Verhältnis von 1 zu einer Million.) Tritt ein Triebwerkausfall vor V1 (der Entscheidungsgeschwindigkeit) auf, wird das Flugzeug abgebremst, die Bremsklappen werden aufgerichtet und Schubumkehr wird benutzt. Ein Startabbruch bei Geschwindigkeiten nahe V1 ist jedoch ein recht dramatisches Ereignis und wird nur bei so schwerwiegenden Zwischenfällen wie Triebwerkausfällen praktiziert. Tritt der Ausfall nach V1 auf, steht gewöhnlich zum Stoppen nicht mehr genug Rollstrecke zur Verfügung, und ein Abheben ist unvermeidlich. Ein einzelner Triebwerkausfall nach V1 wird von der Crew jedoch erfolgreich gemeistert, indem das Fahrgestell bei sicherem Steigen des Flugzeugs eingefahren und der Triebwerkfeuer-Drill durchgeführt wird. Der Steigflug über dem Flughafen wird bis zu

Abb. 2.6 Lage für das fünfte Triebwerk (Fifth Pod).

einer Höhe von 250 bis 300 m fortgesetzt, das Flugzeug in den Horizontalflug gebracht und die Geschwindigkeit während des Einfahrens der
Klappen erhöht. Das Flugzeug befindet sich nun in einer stabilen Fluglage, falls ein weiteres Triebwerk ausfallen sollte.

Ein einzelner Triebwerkausfall kann natürlich auch im Reiseflug ohne
Schwierigkeiten gehandhabt werden, obwohl (abhängig vom Gewicht)
ein Sinken um einige tausend Fuß in die dichtere Atmosphäre erforderlich sein kann. Ein doppelter Triebwerkausfall stellt ein größeres Problem dar, aber auch hier läßt sich der Reiseflug in niedrigeren Höhen,
etwa 3000 bis 5000 m – wiederum in Abhängigkeit vom Gewicht – fortsetzen. (Problematisch kann dies natürlich dann werden, wenn die Flugroute in Europa über die Alpen und in den USA über die Rockies verläuft.) Anflug und Landung mit drei ausgefallenen Triebwerken ist ein oft
im Simulator praktiziertes Manöver; wenngleich schwieriger, kann ein
Anflug mit anschließender Landung jedoch mit zwei Triebwerken erfolgen. Mit nur einem Triebwerk ist jedoch ein Horizontalflug nicht mehr
möglich. Bei normalen Sinkgeschwindigkeiten – das Triebwerk im Leerlauf – beträgt die Sinkrate angenähert 750 m pro Minute, ist jedoch mit
nur einem Triebwerk etwas geringer. Beim plötzlichen Verlust aller vier
Triebwerke in normaler Reisehöhe (ein höchst unwahrscheinliches Ereignis) läßt sich das Flugzeug unter Verringerung der Geschwindigkeit
auf ein Minimum für etwa 30 Minuten in der Luft halten.

Für Flugzeuge, die durch Triebwerkausfall an einem entlegenen Flughafen festliegen, kann ein anderes Verkehrsflugzeug ein Ersatztriebwerk
transportieren, das in einer Gondel unter der linken Tragfläche zwischen
Rumpf- und Innenborddüse montiert wird. Ein so transportiertes Ersatztriebwerk wird als »fifth pod« (Abb. 2.6) bezeichnet.

Triebwerkanordnung

Über die Jahre veränderten sich die Triebwerkanordnungen mit dem
Design der Düsenflugzeuge. Heutzutage sind bei Großraumflugzeugen
die Triebwerke entweder in Gondeln unter den Tragflächen, am Heck
oder in einer Kombination beider Variationen vorgesehen.

Triebwerke unter den Tragflächen

Bei Flugzeugen wie der DC-8 und der Boeing 707 sind die Triebwerke
in Gondeln unter den Tragflächen verankert, wodurch sich eine relativ
saubere Tragflächenkonfiguration ergibt. Da während des Fluges der
Biegeeffekt des Auftriebs nach oben auf die Tragflächen gerichtet ist, ist
ein nach unten wirkendes Triebwerkgewicht ein Bonus, und die Tragflä-

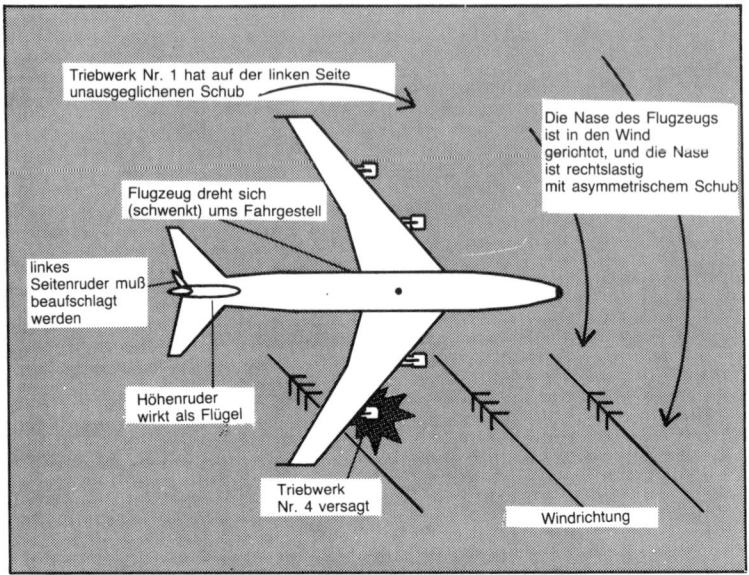

Abb. 2.7 Triebwerkausfall.

chen können aus weniger starkem Material gebaut werden und sind somit leichter. Ein Nachteil der so aufgehängten Triebwerke ist eine Be-
grenzung der Rollbewegung nahe dem Boden, da die Möglichkeit gegeben ist, daß eine Gondel, insbesondere beim Landen, angekratzt wird.
Weiterhin tritt bei Triebwerkausfall ein asymmetrischer Schub, insbesondere beim Start, auf. Wenn nach V1 und während der Beschleunigung
entlang der Startbahn eines der Außenbordtriebwerke ausfällt (z. B.
Nummer 1 oder 4 – Triebwerke sind mit 1 bis 4, vom Piloten aus von
links nach rechts gesehen, numeriert), spürt man ein merkliches Ausbrechen, das durch die Seitenruder ausgeglichen werden muß. Seitenwind beim Start kann ebenfalls ein Problem sein. Wenn der Wind quer
über die Startbahn bläst, wirkt die Schwanzflosse wie eine Wetterfahne,
die Reifen verhalten sich wie ein »Drehzapfen«, und das Flugzeug
dreht, gleich einem Wetterhahn, die Nase in den Wind. Wenn beim Start
Triebwerk Nr. 4 ausfällt, und der Wind bläst von rechts nach links, kann
das Ausscheren beträchtlich sein, und der Pilot hat schnell zu handeln,
um das Flugzeug auf der Mittellinie der Startbahn zu halten (Abb. 2.7).
Bei starkem Seitenwind ist das Triebwerk Nr. 4 als »kritisches« bekannt.

Triebwerke am Heck

Bei der Boeing 727 und der VC-10 sind die Triebwerke am Heck montiert. Dies hat natürlich den Vorteil, daß beim Triebwerkausfall der asymmetrische Schub verringert wird, erhöht jedoch die Gefahr eines ernsthaften Triebwerkausfalls, wenn aufgrund der engen Nachbarschaft ein weiteres Triebwerk beschädigt wird. Obwohl die Tragflächenkonfiguration sehr sauber ist, muß die Stärke erhöht werden, da das Triebwerkgewicht nicht nach unten wirkt. Durch das am hinteren Teil des Flugzeugs auftretende Triebwerkgeräusch ist es in der Kabine sehr ruhig. Da jedoch der größte Teil des Treibstoffs in den Tragflächen gelagert ist, müssen durch den Rumpf des Flugzeugs Treibstoffleitungen geführt werden, und dies stellt eine potentielle Gefahr im Falle eines Unfalls dar.

Bei Flugzeugen mit am Heck angebrachten Triebwerken befindet sich das Leitwerk weit oben auf dem Schwanz, frei von den Triebwerken, so daß sich ein steiles Überziehen ergeben kann. (Bezüglich Überziehung [»stall«] vgl. Grundlagen des Fliegens S. 24). Eine Erholung aus dem »stall« erfordert Geschwindigkeit, die durch Herunterdrücken der Nase erreicht wird (das Einwirken des Höhenruders auf das Leitwerk), sowie erhöhte Triebwerkleistung. Die Art und Bauweise der Tragflächen führt bei einem »stall« zum Anheben der Nase. Läßt man es zu einem »stall« kommen, tauchen die Triebwerke in den turbulenten Strom der Tragflächen. Die so gestörte Luftströmung führt zu einem »Verschlucken« des Triebwerks, und hierdurch kann der Verbrennungsvorgang zum Stillstand kommen, der einen Schubverlust zur Folge hat. Bei fortschreitendem »stall« taucht das hochliegende Leitwerk in den turbulenten Strom, und das Höhenruder gerät außer Kontrolle. Man spricht nun von einem steilen Überziehen des Flugzeugs (Abb. 2.8), aus dem herauszukommen es schwierig, wenn nicht gar unmöglich ist. Natürlich sind diese Flugzeuge mit »stick shakers« (die ein Rütteln der Steuersäule auslösen) und »stick pushers« (die die Steuersäule nach vorne drücken) ausgestattet. Diese Ausrüstungen treten rechtzeitig vor dem »stall« in Funktion, und zusätzlich ist eine akustische Warneinrichtung eingebaut.

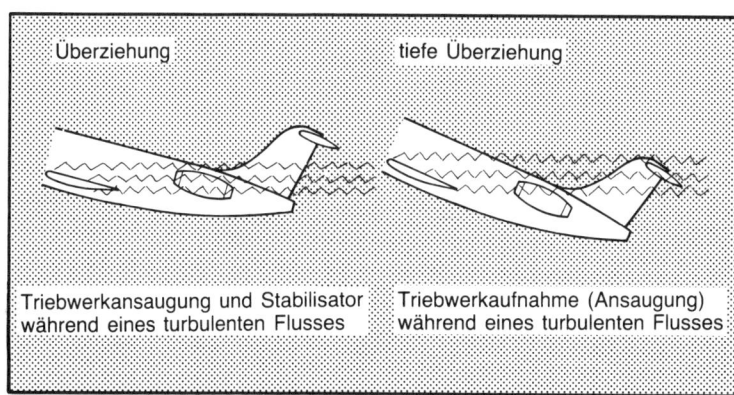

Überziehung   tiefe Überziehung

Triebwerkansaugung und Stabilisator während eines turbulenten Flusses

Triebwerkaufnahme (Ansaugung) während eines turbulenten Flusses

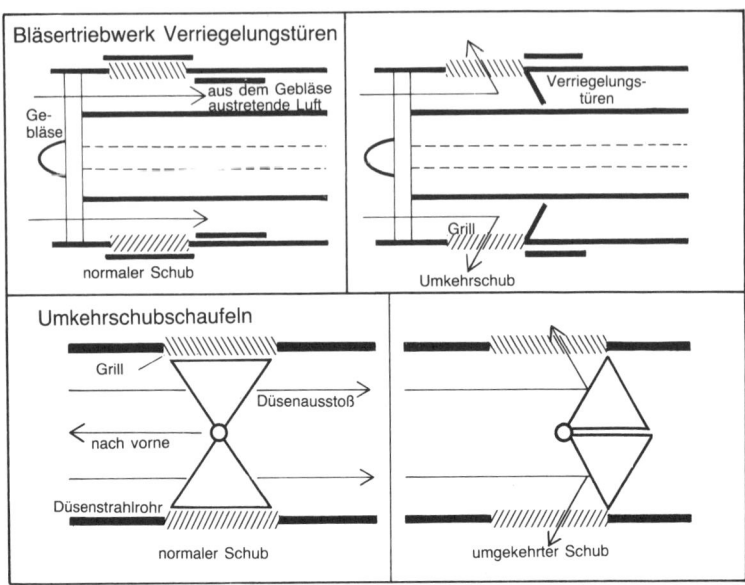

Abb. 2.9 Schubumkehr.

48   **Luftaustrittsöffnungen für die Schubumkehr am Triebwerkgehäuse.**

Ein weiterer Vorteil bei Flugzeugen mit Hecktriebwerken besteht darin, daß eine ungerade Anzahl von Triebwerken (d. h. drei) installiert werden kann, und es ist nicht verwunderlich, daß bei den Entwürfen für die Tristar L-1011 und DC-10 ein Kompromiß eingegangen wurde, indem jeweils ein Triebwerk unter jeder Tragfläche und das andere am Heck montiert wurde.

Schubumkehr

Man bedient sich der Schubumkehr bei der Landung und im Falle eines Startabbruchs. (Sie wird bei einigen Flugzeugtypen auch während des Fluges zur Verlangsamung eingesetzt.) Natürlich wird das Triebwerk als solches nicht, wie einige vermuten möchten, in seiner Richtung umgekehrt. Die Großraumflugzeuge verfügen über ein System von Umlenkklappen, die sich hinter dem Bläser im Mantelstrom einschwenken lassen und den Luftfluß etwa um 45° nach vorne ablenken (Abb. 2.8). Andere Großraumflugzeuge verfügen über Prallplatten, die sich in dem Weg des austretenden Strahls schließen und den Strom nach vorne ablenken.

Die Umlenkklappen oder Prallplatten liegen innerhalb des Mantelstroms des Triebwerks oder den Schubdüsen und lenken bei Schubumkehr den Luftfluß nach vorne durch Gitterroste oder Öffnungen im Triebwerkgehäuse. Schubumkehr wird durch mit den Hauptschubhebeln verbundene Hebel gewählt. Wenn die Hauptschubhebel außer Funktion sind, bringt eine nach hinten gerichtete Bewegung der Schubumkehrhebel die Umlenkklappen oder Prallplatten für die Schubumkehr in ihre Lage, und eine weitere nach hinten gerichtete Bewegung beschleunigt das Triebwerk und löst die Schubumkehr aus.

Hilfsturbine (APU – auxiliary power unit)

Das APU ist in Form eines kleinen Düsentriebwerks im Heck des Flugzeugs eingebaut und wird durch Batterien angelassen. Das APU wird am Boden betrieben, um elektrische Energie für die verschiedensten Systeme vorm Anlassen der Triebwerke zu liefern. Während Zwischenstopps wird das APU gestartet, bevor die Haupttriebwerke abgeschaltet werden. So kann das Flugzeug unabhängig von äußeren Quellen mit Energie versorgt werden (z. B. für die Beleuchtung, die Klimaanlage usw.). Der Gasdruck der APU-Quelle wird gewöhnlich für das Wiederanlassen der Triebwerke genutzt.

Treibstoff

Das Rohöl wird in einer Raffinerie einer riesigen Trennanlage zugeführt, wo es gleich einem »Eintopf« erhitzt wird. Die verschiedenen Erdölderivate trennen sich, wobei die leichteren Bestandteile (Benzin und Kerosin) am oberen Ende abdestillieren, während die schweren Bestandteile (Dieselöl, Heizöl usw. bis zu den schweren Industrieölen) als Bodenfraktion verbleiben. Der Rückstand wird sodann erneut erhitzt (auf höhere Temperaturen), und weitere Trennvorgänge finden statt. Es folgt solange eine kontinuierliche Weiterverarbeitung und Raffination, bis die Endprodukte austreten. Benzin z. B., das schnell entzündlich ist, wird in Kolbenmotoren verwendet, während Kerosin (Paraffin) ein brennender Treibstoff ist, der in Windleuchten und tragbaren Öfen und in noch verfeinerter Form in Düsentriebwerken zur Anwendung kommt.

Eine Boeing 747 kann maximal 140 Tonnen Treibstoff aufnehmen. Die kleinste zulässige Menge hängt von den Gepflogenheiten der jeweiligen Fluggesellschaft ab, beträgt jedoch etwa 22 Tonnen. Soweit möglich, wird der gesamte Treibstoff in den Tragflächen aufgenommen. Der Mitteltank wird nur dann gefüllt, wenn Treibstoffmengen über 100 Tonnen erforderlich sind. Das Treibstoffgewicht in den Tragflächen hat eine ähnliche Wirkung wie die an ihnen aufgehängten Triebwerke, nämlich die nach unten wirkende Kraft. Diese Kraft wird dadurch verlängert, daß zunächst der Mitteltank (sollte er vorhanden sein), dann die Innenbord-, gefolgt von den Außenbord- und zuletzt die Reservetanks geleert werden. Dies erfolgt durch Umschalten auf die einzelne Tanks. Diese Auf-

Hilfsturbine im Heck des Flugzeugs.

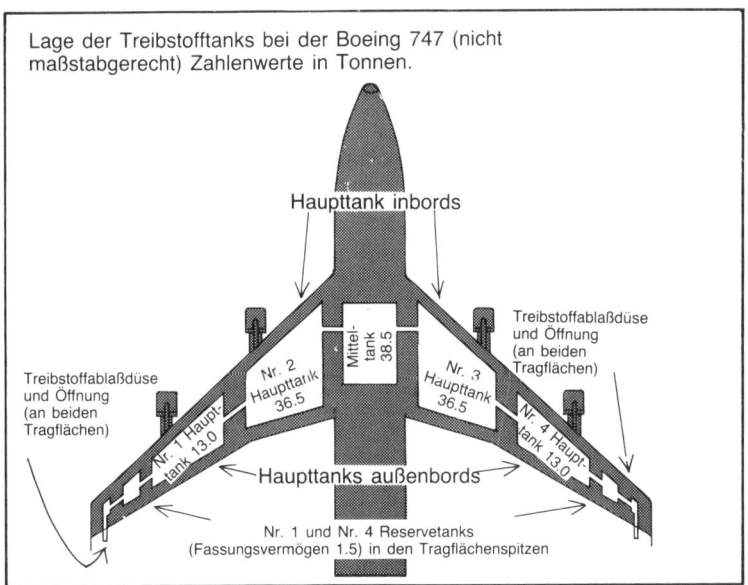

Lage der Treibstofftanks bei der Boeing 747 (nicht maßstabgerecht) Zahlenwerte in Tonnen.

Haupttank inbords

Treibstoffablaßdüse und Öffnung (an beiden Tragflächen)

Treibstoffablaßdüse und Öffnung (an beiden Tragflächen)

Mittel-tank 38.5

Nr. 2 Haupttank 36.5

Nr. 3 Haupttank 36.5

Nr. 1 Haupttank 13.0

Nr. 4 Haupttank 13.0

Haupttanks außenbords

Nr. 1 und Nr. 4 Reservetanks (Fassungsvermögen 1.5) in den Tragflächenspitzen

Abb. 2.10 Lage der Treibstofftanks bei der Boeing 747 (nicht maßstabgerecht), Zahlenwerte in Tonnen.

gabe sowie die Überwachung wird vom Flugzeugingenieur wahrgenommen (Abb. 2.10).

Das Auftanken erfolgt gewöhnlich aus Tanks, die unter den Abstellflächen in das Erdreich eingelassen sind. Tankfahrzeuge neben den Flugzeugen pumpen den Treibstoff an Bord. Wenn sich das Flugzeug in einer entlegenen Parkposition befindet, sind mobile Tankfahrzeuge erforderlich. Es wird ein Erdungskabel vom Tankfahrzeug an das Flugzeug angeschlossen, um eine gefährliche statische Aufladung während des Tankens auszuschließen. Der Tankstutzen wird unter der Tragfläche in eine dafür vorgesehene Öffnung eingeführt und der Treibstoff mit 3600 Litern pro Minute eingepumpt. Über intern miteinander verbundene Rohrleitungen werden alle Tanks gefüllt. Da gewöhnlich Resttreibstoff in den Tanks verbleibt, wird lediglich die für den Flug benötigte Menge aufgenommen; die durchschnittliche Auftankzeit beträgt etwa 25 Minuten. Meßanzeigen am Fahrzeug und im Cockpit zeigen die aufgenommene Treibstoffmenge an und werden nach dem Auftanken gegeneinander verglichen, damit sodann eine Bestätigung und Unterschrift des Kapitäns erfolgen kann. Vor Abflug wird eine Treibstoffprobe entnommen, um evtl. darin enthaltenes Wasser festzustellen. Dies ist insoweit von Bedeutung, als dasselbe bei Überschreiten einer tolerierbaren Grenze bei großen Höhen gefrieren und die Treibstoffilter verstopfen würde.

Tankfahrzeug.

Die für einen Flug benötigte Treibstoffmenge wird gewöhnlich durch einen Computer berechnet, in einigen Fällen allerdings auch von Hand. Hier müssen die vorhergesagten Wind-, Temperaturverhältnisse sowie die erwarteten Flugflächen berücksichtigt werden. Diese Informationen erhält die Crew in Form eines »Sprit«-Plans. Für einen durchschnittlichen 7- bis 8-Stunden-Flug (Europa−USA, Fernost−Australien usw.) verbraucht die Boeing 747 annähernd 80−90 Tonnen Treibstoff. Natürlich wird entsprechende Reserve mitgeführt, die allgemein 10 bis 15 Tonnen ausmacht, z. B. für Ausweichflughäfen, wie Boston für New York, Manchester für London und Kuala Lumpur für Singapur. Weiterer Treibstoff für Notfälle wird vorgesehen. Es könnte ja sein, daß der Wind dreht, daß die erbetene und erwartete Flugfläche nicht zugeteilt wird, sich im Warteraum unerwartete Verzögerungen ergeben oder am Zielflughafen just die Landebahn durch ein defektes Fahrzeug blockiert ist. Eine typische Treibstoffberechnung für einen Flug London−New York ist im folgenden wiedergegeben:

	Treibstoff (t)	Zeit (h)
Treibstoff und Zeit nach		
New York	80,0	7
Ausweichflughafen (Boston)	13,0	1,10
für alle Fälle und Reserve	4,0	0,25
Überschuß	0	0

Druckbetankungsfahrzeug.

Der Treibstoffbedarf für einen Flug London – New York beläuft sich somit auf 97,0 Tonnen, von denen allerdings im Normalfall nur 80 Tonnen verbraucht werden. Mit dieser Treibstoffmenge kann das Flugzeug 8 Stunden und 35 Minuten in der Luft bleiben.

Natürlich empfiehlt es sich gelegentlich, mehr Treibstoff als notwendig mitzunehmen, nämlich dann, wenn Verzögerungen oder schlechtes Wetter am Zielflughafen zu erwarten sind. Eine diesbezügliche Entscheidung wird natürlich nicht von leichter Hand gefällt. Jegliche Gewichtszunahme, gleich ob von Passagieren, Fracht oder Treibstoff, erhöht den Treibstoffverbrauch und ein beträchtlicher Anteil (d. h. 3% pro Stunde) wird zum Transport dieses Überschusses verbraucht. Berechnungen haben gezeigt, daß nur das Mitführen eines Zuckerstückchens den Treibstoffverbrauch pro Jahr um 4,5 Liter erhöht!

Wenn natürliche Verzögerungen oder schlechtes Wetter zu erwarten sind, muß genügend Treibstoff mitgeführt werden, denn im Gegensatz zu Militärmaschinen können Zivilflugzeuge nicht in der Luft aufgetankt werden. Zu welchem Verhängnis Treibstoffmangel führen kann, möge die folgende Begebenheit zeigen. Am 29. Oktober 1979 wurde eine Boeing 747 von ihrem Zielflughafen New York zum gerade etwa 50 Kilometer entfernten Newark International Airport in New Jersey umgeleitet, nachdem sich das Flugzeug aufgrund ungünstiger Wetterbedingungen bereits einige Zeit in der Warteschleife über dem Kennedy-Airport befunden hatte. Da die Zahl der umgeleiteten Flugzeuge hoch war, mußte die Boeing 747 einen etwa 170 km langen Umweg fliegen, um sich wieder in die Wartereihe einzufädeln. Die Treibstoffanzeigen zeigten kritisch

Treibstoffanzeigebrett des Flugingenieurs.

sinkende Werte, und der Kapitän mußte einen Notfall erklären. Just nach dem Aufsetzen, auf der Landebahn noch bremsend, war der Sprit alle. Triebwerke 1 und 4 gaben ihren Geist auf. Der Jumbo räumte schleunigst die Bahn, doch bereits auf dem Rollweg nach etwa 1,6 Kilometern erstarb Triebwerk Nr. 2. Man hatte natürlich eine falsche Treibstoffkarte an Bord, jedoch zeigte dieser Zwischenfall die Problematik ungenügenden Treibstoffs auf. Glücklicherweise sind solche Ereignisse selten.

Die unnützesten Errungenschaften in der Luftfahrt, so sagte man, sind die hinter dem Flugzeug liegende Startbahn und »der Restkraftstoff im Tankwagen«; aber das von Piloten oft gehörte Sprichwort: »Genug Sprit im Tank, ein bißchen für Muttchen« muß im Licht der Treibstoffknappheit einerseits und den hohen Preisen andererseits betrachtet werden. Flugkapitäne sind dem ständigen Druck ausgesetzt, die dem Gesetz und der Sicherheit entsprechende Treibstoffmenge mitzuführen, aber bei Verzögerungen, bedingt durch schlechtes Wetter, Überfüllung des Luftraums und anderen Mißliebigkeiten, kann die Linie zwischen »ausreichend« oder »zuwenig« zu einem Seiltanz werden. Man mag es der Crew nicht verübeln, wenn sie im Hinblick auf die Sicherheit sagt: »Treibstoff am Boden ist teuer, aber in der Luft ist er unbezahlbar.«

Manchmal kann das Flugzeug natürlich auch nicht genügend Treibstoff für den geplanten Flug aufnehmen. Dies kann am verringerten Startgewicht (so an heißen und hochgelegenen Plätzen wie Nairobi liegen) oder an den vorausgesagten ungewöhnlich hohen Gegenwinden (wie sie gelegentlich auf der Route zwischen Europa und der Westküste der USA auftreten) liegen. In diesem Fall ist eine technische Zwischenlandung erforderlich, um erneut aufzutanken. Natürlich wird anhand der einzelnen Daten der Flug in der Luft nochmals geplant, und manchmal ist es natürlich möglich, den Zielflughafen ohne Zwischenlandung zu erreichen. Ein typisches Beispiel ist die Strecke Nairobi−London. Aufgrund der Platzhöhe von Nairobi ist es durchaus möglich, daß nicht genügend Treibstoff an Bord gepumpt werden kann. So wird Rom als Auftankstation mit Frankfurt als Ausweichflughafen bestimmt. Treibstoffeinsparungen auf der Strecke sind jedoch nicht ungewöhnlich, und so kann sich beim Anflug auf Rom durchaus herausstellen, daß der Flug fortgesetzt werden kann und Frankfurt als Auftankstopp gewählt wird, mit Paris als Ausweichflughafen. Beim Anflug auf Frankfurt (dies ist völlig legal) können die Treibstoffreserven weiter verringert worden sein, so daß sich nunmehr Paris als Zielflughafen ergibt, wobei London als Ausweichflughafen bestimmt wird. Beim Anflug auf Paris und gutem Wetter in London kann es aufgrund der geringeren erforderlichen Treibstoffreserven durchaus möglich werden, daß nunmehr ein London Heathrow näher liegender Flughafen, nehmen wir an Gatwick, zum Ausweichflughafen bestimmt wird, und hier kann es sich natürlich herausstellen, daß der Treibstoff nunmehr auch noch bis Heathrow reicht. Natürlich bedingt das alles einen unheimlichen Papierkram, aber aus rechtlichen Gründen muß der noch zur Verfügung stehende Treibstoff von Station zu Station berechnet werden, fürwahr, eine rechte Arbeitsbelastung für die Crew, insbesondere während der letzten Flugphase. Natürlich kann man während des Fluges Treibstoff ablassen, was insbesondere im Notfall, wie einem Triebwerkausfall kurz nach dem Start, angezeigt ist, der eine Rückkehr zum Abflughafen erfordert. Das Flugzeuggewicht kann durch Ablassen des Treibstoffs auf das Landegewicht reduziert werden. Zum Ablassen des Treibstoffs stehen an der Profilhinterkante jeder Flügelspitze Ventile zur Verfügung, durch die der Treibstoff mit einer Geschwindigkeit von 2 Tonnen pro Minute abgelassen werden kann. Die Gewichtsabnahme ist beträchtlich (vgl. Foto S. 69).

Beim normalen Reiseflug werden die Triebwerkeinstellungen und die Flugzeuggeschwindigkeit entsprechenden Tabellen entnommen, die sowohl die Höhe als auch das Gesamtgewicht berücksichtigen. Die Gesamtfluggewichts-Anzeige wird mit der Startgewichtsskala gekoppelt, deren Wert mit dem Treibstoffverbrauch abnimmt und somit eine kontinuierliche Ablesung des tatsächlichen Flugzeuggewichts gestattet. Bei abnehmendem Treibstoffverbrauch wird die Triebwerkleistung verringert, bis das Flugzeug leicht genug ist, auf die nächsthöhere Flugfläche zu steigen (gewöhnlich ein Sprung um 1200 m). Hierdurch ergibt sich eine weitere Treibstoffeinsparung. Der Treibstoffverbrauch im Reiseflug hängt vom Gewicht und der Höhe ab, und die Boeing 747 verbraucht rund 13 700 Liter pro Stunde, das entspricht etwa 10−12 Tonnen. Bei voller Startleistung und maximalem Gewicht fließt der Treibstoff mit angenähert 8 Tonnen pro Triebwerk/Stunde, was einen Verbrauch von etwa 30 Tonnen pro Stunde ausmacht. Voller Schub wird jedoch nur während der ersten zwei Minuten gegeben, sodann werden die Schubhebel 500 m auf Steigleistung zurückgezogen und der Treibstofffluß fällt auf 6 bis 6,5 Tonnen pro Stunde ab. (Das Rollen am Boden erfordert etwa 1 Tonne Treibstoff, so daß insgesamt Rollen, Starten und Steigen auf etwa 500 m zwei Tonnen Treibstoff erfordern.) Beim Steigen verringert sich der Treibstoffverbrauch auf etwa 16 Tonnen pro Stunde bei einer Höhe von 10 000 m und auf 12 Tonnen bei einem Reiseflug in einer Höhe von 10 500 m.

Während des Reiseflugs ist der Flugingenieur nicht untätig, vielmehr hat er zahlreiche »checks« durchzuführen. Von den Temperaturen der Treibstofftanks bis zum Treibstoffdurchfluß. In Höhen kann die Außentemperatur (OAT) zuweilen auf −60 oder −70 °C absinken, und so kann Treibstofferwärmung angezeigt sein, um die Kraftstoffilter vor einem Vereisen zu schützen. Der Treibstoff selbst hat einen Gefrierpunkt von −40 bis −50 °C, und manchmal muß man auf niedrigere und wärmere Flughöhen wechseln, wenn die Tanktemperaturen in die Nähe des Gefrierpunktes absinken. Auch der Zustand des Treibstoffs wird intervallweise überprüft. Der Flugingenieur ermittelt die an Bord befindliche Treibstoffmenge, berechnet den bis zum Zielflughafen benötigten Treibstoff und vergleicht die Werte mit dem Flugplan. Jedwedes unerwartete Problem, wie starker Gegenwind, Wechsel der Flugfläche etc., wird hierbei offen-

Got the final fuel figure, Guv'nor?
Gouverneur, haben Sie die letzte Spritzahl? (SEO Chris Baxter, Tristars, B.A.)

bar, so daß rechtzeitig entsprechende Maßnahmen ergriffen werden können.

Der wichtigste Faktor für Fluggesellschaften rund um die Welt ist die Treibstoffeinsparung. Nahezu 1/3 der Betriebsausgaben gehen zu Lasten des Treibstoffs, und überdies wird er knapp. Die Luftfahrt verbraucht zur Zeit 4% des gesamten weltweiten Ölverbrauchs, aber zur Zeit ist kein anderer Treibstoff verfügbar. Flüssiger Wasserstoff ist eine Alternative, und man ist im Begriff, diesen Treibstoff auf Frachtflugzeugen zu testen, aber ob und wann er weltweit Anwendung finden wird, steht noch in den Sternen.

Kapitel 3

Funk und Radar

Wechselstrom ist ein Strom, bei dem die Fließrichtung zu festgelegten Intervallen konstant umgekehrt wird. Erstellt man ein Koordinatensystem des Stroms und der Zeit, ergibt sich eine Sinuswelle (Abb. 3.1). Man erkennt, daß der Strom bei Null beginnt und in einer Richtung auf ein Maximum zunimmt, dann durch Null hindurchgeht, sein Maximum auf der entgegengesetzten Seite erreicht und auf Null zurückkehrt. Dies stellt eine Phase dar, und die Höchstwerte sind als Amplitude bekannt. Die während einer Sekunde auftretenden Phasen nennt man Frequenzen, und dieser Vorgang wird zu Ehren des deutschen Physikers gleichen Namens in Hertz (Hz) ausgedrückt. Hertz lebte zu Ende des neunzehnten Jahrhunderts.

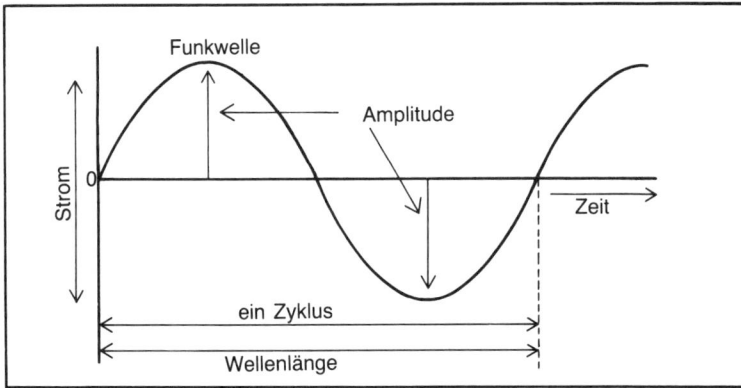

Abb. 3.1 Sinuswelle.

Wenn ein Wechselstrom mit der entsprechenden Frequenz einer Antenne zugeführt wird, bleibt die Energie nicht in der Antenne, sondern wird elektromagnetisch in den Weltraum ausgestrahlt. Man bezeichnet dies als Funkwelle. Hiebei wird sowohl ein elektrisches als auch magnetisches Wechselstromfeld gebildet, die rechtwinklig zueinander verlaufen. Eine senkrechte Antenne erzeugt hauptsächlich ein senkrechtes elektrisches, aber auch ein waagerechtes magnetisches Feld. Ein derartiges Signal ist als senkrecht polarisierte Funkwelle (Abb. 3.2) bekannt. Zum einwandfreien Empfang muß die Empfängerantenne natürlich auch

58 senkrecht ausgerichtet sein.

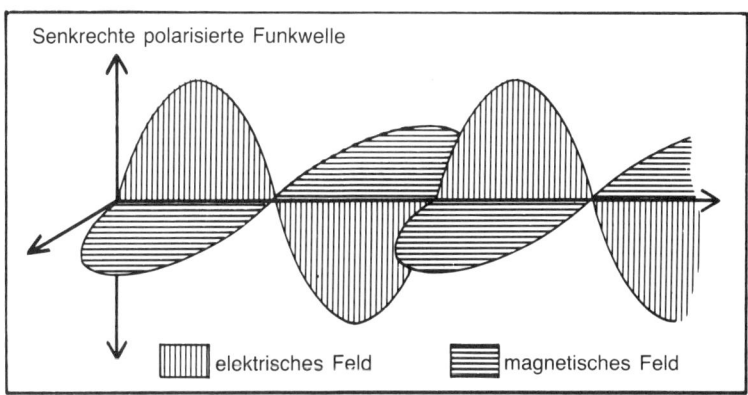

Senkrechte polarisierte Funkwelle

▯▯▯ elektrisches Feld ☰ magnetisches Feld

Abb. 3.2 Senkrechte polarisierte Funkwelle.

Frequenz

Eine Frequenzphase pro Sekunde entspricht einem Hertz; 1000 Hertz einem Kilohertz (kHz) und 1000 kHz einem Megahertz (MHz). Flugfunk wird in Kilohertz oder Megahertz ausgedrückt.

Wellenlänge

Eine Wellenlänge ist die Entfernung, die eine Funkwelle während jeder Phasenübertragung zurücklegt und wird entweder in Metern oder Zentimetern ausgedrückt.

Frequenz und Wellenlänge

Frequenz und Wellenlänge stehen miteinander in Beziehung; dies ist die Geschwindigkeit, mit der sich die Funkwelle bewegt – die Lichtgeschwindigkeit.

Frequenz (Hz) × Wellenlänge (Meter) = Lichtgeschwindigkeit (m/s.) Ein Beispiel zur Berechnung der Wellenlänge einer 200-kHz-Sendung:

$$\text{Wellenlänge (m)} = \frac{\text{Lichtgeschwindigkeit (m/s.)}}{\text{Frequenz (Hz)}}$$

$$= \frac{300\ 000\ 000}{200 \times 1000}$$

$$= 1500 \text{ Meter.}$$

59

Frequenzbänder

Frequenzbänder schließen einen bestimmten Frequenzbereich ein; jedes Band hat seine eigenen Übertragungseigenschaften, die der Kommunikation, Navigationshilfen oder Funkfeuern etc. dienen. Flugfunkfrequenzen findet man z. B. im Kurzwellen- und im Ultrakurzwellenbereich wie folgt:

sehr lange Wellen	(VLF)	3–	30 kHz
Langwelle	(LF)	30–	300 kHz
Mittelwelle	(MF)	300–	3000 kHz
Kurzwelle	(HF)	3000–	30 000 kHz
Ultrakurzwelle	(VHF)	30–	300 MHz
Dezimeterwelle	(UHF)	300–	3000 MHz
Zentimeterwelle	(SHF)	3000–	30 000 MHz

Phase

Unter einer Stromphase versteht man die Stufe, die während eines Zyklus zu einem gegebenen Moment erreicht wird, und diese wird in Graden von 0 bis 360° (Abb. 3.3) ausgedrückt. Zwei auf der gleichen Frequenz übertragene Funkwellen können In- oder Außerphase miteinander vorliegen. Bei gewissen Navigationshilfen kann sich jede Phasenverschiebung als Vorteil erweisen oder auch eine Störung hervorrufen, wie beim VHF-Sprechfunkverkehr.

Abb. 3.3 Phasenverhältnisse zwischen zwei Wellen.

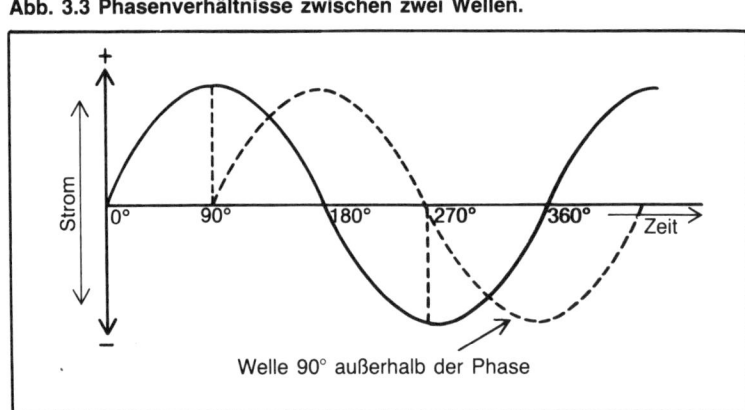

Welle 90° außerhalb der Phase

Ausbreitungswege

Signale, die von einer Antenne übertragen werden, strahlen Funkenergie in alle Richtungen ab. Funkwellen, die sich zu einem Empfänger bewegen, folgen unterschiedlichen Wegen in Abhängigkeit von der Stärke des Senders, der Entfernung desselben vom Empfänger und der Übertragungsfrequenz. Diese Ausbreitungswege können in zwei Wellenformen unterteilt werden – die Bodenwelle und die Raumwelle.

Bodenwelle

Hier findet wiederum eine Unterteilung in die direkte Welle, die vom Boden reflektierte Welle und die Oberflächenwelle statt. Bodenwellen pflanzen sich direkt vom Sender zum Empfänger fort und sind als direkte Wellen bekannt; die vom Boden reflektierte als bodenreflektierte Wellen. Die direkte Übertragung einer Welle ist auch als quasi-optische Ausbreitung (line of sight) bekannt (d. h., einige Funkwellen pflanzen sich durch Gebäude und andere Hinternisse, nicht jedoch durch Berge und über den Horizont fort). Da direkte und reflektierte Wellen unterschiedlichen Wegen folgen, können sie Außerphase empfangen werden, was jedoch zu einem Verschwinden oder zeitweisem Verlust des Signals führt. Unter normalen Bedingungen können die sich quasi-optisch ausbreitenden Wellen nur oberhalb einer Frequenz von 30 MHz im UKW-Band und höheren empfangen werden.

Bodenwellen, die die Erdoberfläche fast berühren, sind als Oberflächenwellen bekannt. Sie treten in niederen Frequenzbändern auf. Hier tritt eine Beugung auf, wodurch eine starke Funkwelle erzeugt wird, die über große Entfernungen hinweg übertragen werden kann. Oberflächenwellen treten allenfalls in den höheren Frequenzen auf, jedoch ist ihre Reichweite auf wenige Kilometer beschränkt.

Raumwellen

Unter Raumwellen sind solche zu verstehen, die von Schichten innerhalb der Ionosphäre reflektiert und über weite Entfernungen zur Erde zurückgeworfen werden. Das ultraviolette Sonnenlicht erzeugt Elektronen, die sich von den gasförmigen Molekülen in der Atmosphäre trennen; es entstehen positiv geladene Moleküle, die als Ionen bekannt sind. In der sich von etwa 50 km bis über 400 km über der Erdoberfläche erstreckenden Ionosphäre bilden sich ausgeprägte Ionenschichten, die als »ionisierte Schichten« bezeichnet werden. Während es am Tage vier ionisierte Hauptschichten gibt, verbleiben in der Nacht aufgrund des Fehlens ultravioletter Sonneneinstrahlung nur zwei Schichten. Die am Tage vorliegenden unteren ionisierten Schichten absorbieren die Funkwellen, was zu schwachen Reflexionen der Raumwellen führt. Nachts verteilen sich diese absorbierenden Schichten, und im HF-Bereich und den niederen Frequenzbändern ergeben sich zahlreiche Reflexionen dieser Wellen, so daß die Reichweite erhöht und der Empfang verbessert wird. Dort, wo eine von einer ionisierten Schicht reflektierte Funkwelle zur Erdoberfläche zurückgeworfen wird, um wiederum reflektiert zu werden, ergeben sich Reichweiten von 8000 nautischen Meilen (n.m.) und darüber. Die Wellenlängen im UKW-Band und bei höheren Frequenzen sind für eine Reflexion durch die ionisierten Schichten zu kurz, und hier treten selten Raumwellen auf.

Zusammenfassung der Arten des Ausbreitungswegs

Abb. 3.4 zeigt vier Möglichkeiten:
1. Das Flugzeug empfängt sowohl direkte als auch (vielleicht) bodenreflektierte Wellen.
2. Das Flugzeug empfängt nur die Oberflächenwelle.
3. Das Flugzeug empfängt nur die Raumwelle.
4. Das Flugzeug empfängt überhaupt keine Signale.

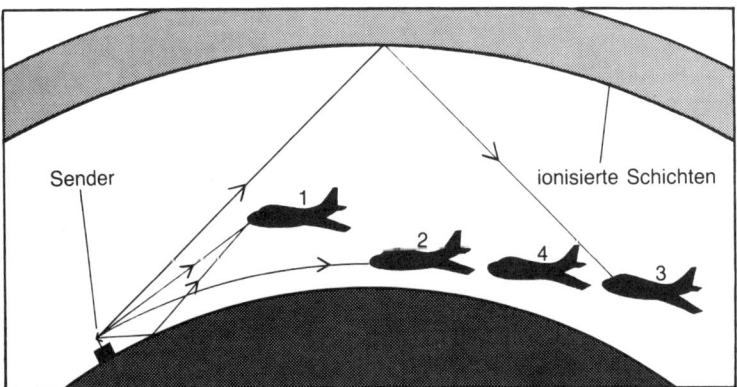

Abb. 3.4 Ausbreitungswege von Funkwellen.

Im Fall (4) befindet sich das Flugzeug unter dem Horizont (Signale auf quasi-optischer Sichtlinie können nicht mehr empfangen werden) und somit außerhalb der Reichweite von Oberflächenwellen und noch nicht innerhalb der Reichweite der ersten Raumwelle. Die Wahl einer anderen Frequenz mag den Empfang verbessern; ist dies nicht der Fall, muß der

Pilot abwarten, bis sich das Flugzeug wieder in Reichweite der angewählten Frequenz befindet.

Eigenschaften des Frequenzbandes

Jedes Frequenzband hat seine besonderen Eigenschaften für spezielle Anwendungsgebiete. In den VLF- und LF-Bändern empfängt die navigatorische Ausrüstung die starken Oberflächenwellen- und Raumwellensignale. Die meisten Radiostationen liegen im MF-Band, da hier die Reichweite günstiger ist und sich elektrostatische Entladungsstörungen in Grenzen halten. Im HF-Band ist die extreme Reichweite günstig für Langstreckenverbindungen, wenngleich mit mehr oder weniger starken Störungen zu rechnen ist. VHF ist in der Reichweite begrenzt, erlaubt aber klare und fast von atmosphärischen Störungen freie Kurzstreckenübertragungen. Die in den UHF- und SHF-Bändern zur Verfügung stehenden kurzen Wellenlängen eignen sich für impulsartige Übertragungen, wie sie beim Radar und einigen Funknavigationsgeräten verwandt werden.

Der gesamte Funksprechverkehr in der Luftfahrt wird auf den HF- und VHF-Bändern abgewickelt. Im VHF-Band liegen die kommerziellen und inländischen Stationen bei 88 bis 108 MHz, die Flugfunkfrequenz bei 108 bis 135,95 MHz. Luftfahrtenthusiasten müssen sich deshalb eines speziellen Flugfunkempfängers bedienen, wenn sie den Gesprächen zwischen der Luftfunk- und Bodenfunkstelle lauschen wollen.

ARTEN DER FUNKÜBERTRAGUNG

Radiosender haben in Abhängigkeit von dem zu übermittelnden Signal unterschiedliche Ausstrahlungsarten. Die einfachste ist eine kontinuierliche Welle konstanter Amplitude, die auf einer festgelegten Frequenz übertragen wird. Das einfache Signal überträgt keine Morsezeichen, Musik, Sprechfunk oder andere Informationen. In den Frequenzbändern sind die zur Verfügung stehenden Frequenzen zu hoch, um einen hörbaren Ton zu erzeugen, und das menschliche Ohr nimmt nur Frequenzen bis zu etwa 8 kHz wahr. Die Tonfrequenzen wiederum sind für eine Übertragung zu niedrig. Dieses Problem wird dadurch überwunden, daß im Sender eine Hochfrequenz mit einer Tonfrequenz kombiniert und die sich ergebende Wellenform in den Raum ausgestrahlt wird. Der Empfänger trennt diese beiden Frequenzen und überträgt sie auf einen Lautsprecher oder Kopfhörer.

Dies ist als Modulation bekannt und das die Tonfrequenz tragende Signal als Trägerwelle. Die beiden Modulationsarten sind die Amplitudenmodulation (AM), bei der die Frequenz der Trägerwelle konstant bleibt und sich die Amplitude ändert, während dies bei der Frequenzmodulation (FM) genau umgekehrt ist.

Übertragungssysteme der zivilen Luftfahrt sind amplitudenmoduliert. Im VHF-Band sind Sendungen relativ frei von Störungen, jedoch stellt »Rauschen« bei den HF-Signalen ein Problem dar. Die Vereinigung der beiden Wellenformen führt zu einer geringen Ausbreitung der Trägerwellenfrequenz und ist als Bandbreite bekannt. Auf HF kann man eine Verbesserung der AM-Signalqualität durch Unterdrücken einer Seite der Bandbreite am Sender erreichen. Durch die schmale Bandbreite wird der wirksame Bereich erhöht. Derartige Übertragungen sind als Einseitenband (SSB) bekannt, wobei eine Seite des Signals als oberes Seitenband (USB) und die andere als unteres Seitenband (LSB) bezeichnet wird.

Bei gewissen Funknavigationsgeräten finden frequenzmodulierte Übertragungen statt. Da Funkgeräusche die Amplitude mehr als die Frequenz beeinflussen, sind FM-Signale störungsfrei und finden für VHF-(UKW-)Radiosendungen Anwendung.

UKW-Sprechfunk

Alle Cockpits des Jumbos sind mit drei UKW-Sprechfunkgeräten ausgestattet. Die Frequenzen werden durch Wahlschalter eingestellt und als Digitalanzeige wiedergegeben. Hierdurch ist eine genaue Abstimmung möglich.

Funksprechverkehr innerhalb von 200 Seemeilen einer Flugverkehrskontrollstation (ATC) wird über UKW abgewickelt. Außerhalb dieser Reichweite wird Kurzwellensprechfunk notwendig, es sei denn, entlang der Flugroute liegen Relaisstationen vor, wie dies in einigen entlegenen Gegenden der Fall ist. Durch diese Relais werden Meldungen an ATC weitervermittelt. Über andere Flugzeuge, die als Relaisstationen wirken, können ebenfalls Nachrichten weitergeleitet werden. Meldungen werden von einem Flugzeug außerhalb der Reichweite an ein anderes innerhalb der Reichweite der Station übermittelt. Hier erstreckt sich die Kameradschaft am Himmel über internationale Grenzen hinweg, und Aeroflot übermittelt Meldungen für Pan Am, Olympic für Türkisch-Airlines und Pakistan International für Air India usw.

Normalerweise werden Standortmeldungen an jedem Meldepunkt entlang der Flugroute abgesetzt, wenn das Gebiet nicht unter Radarkontrolle steht, wie in den USA und Europa, wo auf Standortmeldungen gewöhnlich verzichtet wird. Die Standortmeldung enthält die tatsächliche Ankunftszeit am Meldepunkt (ATA), die Flugfläche und die geschätzte Ankunftszeit am nächsten Meldepunkt (ETA).

Der Pilot wird während des Fluges von einer Kontrollstelle zur nächsten weitergereicht, und manchmal kann der Frequenzwechsel recht schnell vor sich gehen. Auf einem Kurzstreckenflug in Europa, z. B. auf einem kurzen Sprung von Frankfurt nach London, können sich mehr als ein Dutzend Frequenzwechsel als notwendig erweisen. Da beim Sprechfunk entweder nur der Pilot oder der Fluglotse zur gleichen Zeit sprechen kann, muß jeder nacheinander sprechen. So ist häufig der Umfang des Geschwätzes recht beträchtlich. Sprechen zwei zur gleichen Zeit, hört man ein deutliches Piepsen. (Die meisten Menschen, die zum ersten Mal eine überfüllte Flugfrequenz abhören, werden von dem Konversationsfluß überrascht sein.) Jeder Pilot lauscht auf sein Rufzeichen; gewöhnlich folgt eine Anweisung, z. B. „Clipper One, kurven Sie nach rechts, Steuerkurs 320.« Diese Anweisung wiederholt der Pilot, bevor er sie ausführt. (Beispiele für Flugzeug-Rufzeichen sind: British Airways – Speedbird; Cathay Pacific – Cathay; Pan American – Clipper; Trans World Airlines – T.W.A.; Aer Lingus – Shamrock.) »Heavy« wird Flugzeugen in der Größenordnung der Boeing 747 und darüber zugefügt, z. B. »Speedbird Five Heavy«.

Einige Sprechfunk-Verfahrensgruppen sind strikt genormt: z. B. »Kommen« (»over«), wenn eine Meldung beendet ist und eine Antwort erwartet wird; »Ende« (»out«), wenn eine Mitteilung beendet ist usw. (jedoch niemals »over« und »out«). Bei den heutigen überfüllten Frequenzen haben sich die Sprechfunkverfahren etwas gewandelt, obgleich natürlich bestimmte Normen beibehalten worden sind, z. B. »verstanden« (»roger«), Mitteilung erhalten und verstanden; »wird ausgeführt« (»wilco«), werde der Anweisung Folge leisten; »expedite«, beschleunigen; »affirmative«, ja; »negative«, nein. Das Fehlen einer vollständigen Normierung hebt die Qualität des Sprechfunks natürlich nicht auf, und gerade die Luftfahrt befindet sich hier von allen Berufszweigen auf dem höchsten Stand. Natürlich mischt sich in die gekürzten, präzisen Anweisungen und Mitteilungen auch ein Ton von Höflichkeit. »Good morning, Frankfurt, hier ist Shamrock One, Flugfläche 350.« – »Good morning, Shamrock One, Sie sind radaridentifiziert, verzichten Sie auf Standortmeldung.« In den USA ist der Sprechfunk lockerer, lebendiger und dies wohl wegen des größeren Verkehrsaufkommens.

Englisch ist die internationale Luftfahrtsprache und muß beherrscht werden. Wenn auch in der Verkehrsluftfahrt gebräuchlich, ist Englisch nicht in allen Ländern vorgeschrieben, und so bedient man sich in vielen europäischen Ländern wie Frankreich, Italien, Jugoslawien und der Türkei der Muttersprache. Selbst wenn man Englisch spricht, ist das Erlernen der im Funksprechverkehr benutzten Sprechverfahren und die Ge-

	PHONETIC ALPHABET	MORSE	M	Mike	— —
			N	November	— •
A	Alfa	• —	O	Oscar	— — —
B	Bravo	— • • •	P	Papa	• — — •
C	Charlie	— • — •	Q	Quebec	— — • —
D	Delta	— • •	R	Romeo	• — •
E	Echo	•	S	Sierra	• • •
F	Foxtrot	• • — •	T	Tango	—
G	Golf	— — •	U	Uniform	• • —
H	Hotel	• • • •	V	Victor	• • • —
I	India	• •	W	Whiskey	• — —
J	Juliet	• — — —	X	X-ray	— • • —
K	Kilo	— • —	Y	Yankee	— • — —
L	Lima	• — • •	Z	Zulu	— — • •

Abb. 3.5 Das phonetische und Morsealphabet.

wöhnung an die Sprechgewohnheiten in vielen Ländern, als ob man eine neue Sprache erlernt. Manchmal ist es sogar schwierig, einfaches Englisch zu verstehen, wie z. B. in Japan, wo die Aussprache Probleme schafft.

Beim Funksprechverkehr wird nach dem phonetischen Alphabet buchstabiert. Das alte phonetische Alphabet bestand größtenteils aus englischen Jungsnamen, von denen nur »Roger« übrigblieb. Das heutige phonetische Alphabet ist von internationalem Flair umgeben, wie aus der Abb. 3.5 ersichtlich. Alle Piloten können schnell und leicht buchstabieren (wenn auch gelegentlich nicht korrekt).

Die meisten Funkfeuer und Meldepunkte strahlen ihre Kennung nach dem phonetischen Alphabet aus, und die Piloten nutzen dies. Wo es Schwierigkeiten gibt, richtet man sich nach der Funkfeuerkennung. So kann z. B. das Funkfeuer Bozhurishte in Bulgarien, mit der Kennung BOZ, einfach »Bravo Oscar Zulu« ausgesprochen werden. Piloten müssen ebenfalls mit dem Morsen vertraut sein, da alle Kennungen für Funkfeuer im Morsecode übermittelt werden.

Auf dem Flug führt ein Pilot das Fluglog, in dem alle Ankunftszeiten an den Meldepunkten, die Flugfläche, geschätzte Ankunftszeit am nächsten Meldepunkt und die benutzte Funkfrequenz notiert werden. Normalerweise wird das UKW-Gerät Nr. 1 für den Funksprechverkehr, Nr. 3 für die Notfallfrequenz (121,5 MHz), die immer überwacht wird, und Nr. 2 für eine andere geeignete Station benutzt. Über stark beflogenen Gebieten, wie dem Mittleren Orient, werden Mitteilungen auf beiden Frequenzen 1 und 2 gesendet. Über Afrika wird UKW 2 auf 126,9 MHz eingedreht und auf der Flugroute von Europa nach Südafrika genutzt. Im Sinne des Verbindungswesens ausgedrückt ist Afrika noch immer der »Schwarze Kontinent«, und die Funkverständigung ist häufig miserabel. Gelegentlich werden ganze Länder überflogen, ohne daß die Crew je einen Kontakt mit einem einzigen Fluglotsen herzustellen in der Lage ist. Vorsorglich tauschen die Piloten Standortmeldungen auf 126,9 MHz untereinander aus. Tritt irgendwo eine Krise auf, und es ist kein Fluglotse erreichbar, arrangieren sich die Crews einfach auf dieser Frequenz über ihre jeweilige Staffelung.

Ein UKW-Gerät wird oft auch auf meteorologische Ausstrahlungen eingestellt. Auf den meisten Flughäfen werden die örtlichen Bedingungen wie Wind, Temperatur und Höhenmessereinstellung durch einen automatischen Bodeninformationsdienst (automatic terminal information service[ATIS]) ausgestrahlt, z. B. in Frankfurt auf 108,2 MHz. Entlang der Flugroute befindliche Informationszentralen, insbesondere über Europa, übermitteln ebenfalls Wettermeldungen auf UKW für mehrere Bestimmungsorte, z. B. Brüssel auf 127,8 MHz, Genf auf 126,8 MHz und London auf 128,6 MHz. Die Fluggesellschaften haben ebenfalls ihre eigenen Frequenzen im UKW-Bereich (die sogenannte »Company-Frequenz«), um Kontakt mit ihren Flugzeugen aufnehmen zu können. Auch die Piloten haben sich eine Frequenz zur Verständigung untereinander gewählt, und dieser allgemeine Plauderkanal ist die Frequenz 123,45 MHz.

Im Notfall wird eine Notfallmeldung auf der gerade eingestellten ATC-Frequenz abgesetzt oder, wenn kein Kontakt hergestellt werden kann, auf der Notfrequenz 121,5 MHz, gefolgt von dem Wort »Mayday« (aus dem Französischen »M'aidez« – helfen Sie mir). Diese Meldung wird dreimal wiederholt. Das in Not befindliche Flugzeug übermittelt dann Informationen, wie sein Rufzeichen, die Art des Notfalls, Standort und Höhe, und wenn möglich, die vom Piloten beabsichtigten Maßnahmen.

Ein vollständiger Funkausfall ist bei modernen Flugzeugen eine Seltenheit, jedoch sind auch für diesen Fall, insbesondere zur Orientierung, besondere Maßnahmen vorgesehen. Zwar haben die verschiedenen Länder diesbezüglich unterschiedliche Auffassungen, dennoch kann unter normalen Umständen ein Flug zum Zielflughafen ohne Funkkontakt fortgesetzt werden. Tritt der Ausfall unmittelbar nach dem Start ein, kann der Pilot bei günstigen Wetterverhältnissen zum Abflughafen zurückkehren. Wenn unter Instrumentenbedingungen geflogen wird, wird die letzte Reiseflughöhe beibehalten, bis die Strecke zurückgelegt ist, für die die Flugfläche zugeteilt war. Man steigt sodann auf die im Flugplan festgesetzte Reiseflughöhe, die bis zur Ankunft am Wartepunkt über dem Zielflughafen beibehalten wird. Die Crew sollte bestrebt sein, über diesem Punkt pünktlich zu der geschätzten Ankunftszeit einzutreffen, sodann den Sinkflug innerhalb von 10 Minuten nach Ankunft einzuleiten und innerhalb von 30 Minuten zu landen.

Während des Sprechfunks ergeben sich natürlich auch lustige Begebenheiten, und jeder Pilot führt über seine Geschichten Buch. Hier sollen nur zwei erzählt sein.

Zwei KLM-(Royal Dutch Airlines-)Flugzeuge flogen in entgegengesetzten Richtungen im Kontrollraum von Bombay. Beim Vorbeiflug wurden einige Worte in holländischer Sprache auf der Kontrollfrequenz ausgetauscht. Die Verbindungen in diesem Gebiet sind nicht sehr gut. Oft ist es auch schwierig, Bombay anzusprechen, Mitteilungen müssen wiederholt werden.

Als der Flugverkehrslotse von Bombay Holländisch vernahm (nicht gerade die melodischste aller Sprachen), nahm er an, daß das Flugzeug Kontakt mit ihm aufnehmen wollte. Als die Unterhaltung der beiden Piloten beendet war, rief der Lotse:»Flugzeug, das Bombay ruft, wiederholen Sie bitte, Sie sind hier völlig verzerrt angekommen!«

In Manchester beobachtete eine am Haltepunkt der Startbahn wartende Crew einer British-Airways-Maschine die Landung einer F-27 (Fokker »Friendship«). Unglücklicherweise landete die Maschine äußerst unsanft (sprang noch mal kurz hoch, ehe sie auf die Bahn plumpste). Beim BA-Flug meldete sich eine Stimme:»Hoppla, das war so etwas wie eine Fokker!« Fast sofort kam die Antwort der Fokker:»Ja, das war fast das Ende einer wunderschönen Freundschaft!«

Kurzwellensprechfunk

Kurzwellensprechfunk wird für alle Langstreckenübermittlungen benutzt. Jeder Sendestation sind etwa sechs Frequenzen zugeteilt, um der notwendigen Reichweite und den unterschiedlichen Gegebenheiten bei Tag und Nacht Rechnung zu tragen. Tagsüber werden allgemein höhere Frequenzen gewählt, auch für größere Reichweiten, während die niedrigeren in der Nacht oder im Nahbereich benötigt werden. Es gibt eine Hauptfrequenz und im Falle von Schwierigkeiten gewöhnlich eine zweite Frequenz. Dennoch ist es keine Seltenheit, daß Stationen überhaupt nicht angesprochen werden können. Über dem Nordatlantik, dem Pazifik, Australien, Neuseeland und dem Fernen Osten, insbesondere bei Verwendung des SSB, können Kurzwellenverständigungen ausgezeichnet sein, aber über dem größten Teil Asiens und Afrikas ist dies eine andere Sache. Man versucht mittels unmoderner, schlecht gewarteter Bodengeräte mit modernen Flugzeugen den Kontakt aufrechtzuerhalten. Oft ist die atmosphärische Aufladung so stark, daß die Piloten ihre Mitteilungen im wahrsten Sinne des Wortes in den Äther brüllen müssen, sofern sie überhaupt einen Kontakt finden. Die einzige brauchbare Frequenz wird daher von vielen Stationen rund um den Globus be-

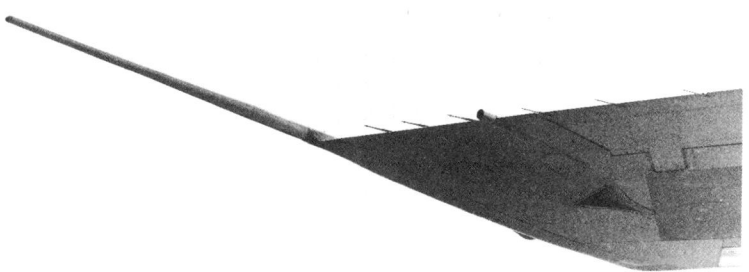

Kurzwellenantenne (eine an jeder Tragflächenspitze). Man sieht ebenfalls die Treibstoffablaßdüse und die Ableiter statischer Elektrizität während des Fluges (gleichermaßen an der rechten Tragfläche).

nutzt, und so kann man gleichzeitig Stimmen hören, die Kairo, Khartum, Bombay, Bahrain, Colombo und sogar das ferne Singapur rufen. Das Absetzen einer simplen Standortmeldung kann unmöglich werden, während andere Mitteilungen Tausende von Kilometern auf der gleichen Frequenz hin- und hergehen. Verständigungen über Kurzwellensprechfunk sind meist formeller als diejenigen auf UKW, bedingt durch die häufigen Schwierigkeiten. Piloten neigen dazu, Ausdrücke wie »go ahead« (»Bitte kommen«) zu Ende der Mitteilung zu verwenden, anstelle des empfohlenen »over«; und »Charlie« anstelle von »affirmative«.

Glücklicherweise müssen die Piloten nicht während des gesamten Fluges Kopfhörer tragen und den verschiedensten Mißtönen lauschen. Es gibt ein als »Selcal« bekanntes System, mit dem die Piloten von einer Station angerufen werden können. Jedes Flugzeug hat seinen Code aus vier Buchstaben wie eine Telefonnummer, BD-KL, das der Fluglotse anwählen kann. Im Cockpit ertönt ein »Ding-Dong«, und ein gelbes Licht leuchtet auf. Der Pilot kann dann sofort zu seinem Kopfhörer greifen und den Anruf beantworten. Natürlich gibt es auch Gelegenheit, wo dieses Selcal-System nicht betrieben werden kann, und der Pilot hat keine andere Wahl, als auf Hörbereitschaft zu bleiben.

Ein Fluglotse kontrolliert über Kurzwelle ein weitreichendes Gebiet. Auf dem Atlantik sind die Stationen Shannon und Prestwick zu einer Kontrollzone zusammengefaßt und als Shanwick bekannt. Diese Kontrollzone erstreckt sich bis auf 30° West. Die andere Seite von Grönland bis zur Karibik wird von Gander an der kanadischen Küste und New York kontrolliert. Frequenzbeispiele für Gander und Shanwick sind 2945 kHz, 5638 kHz, 8854 kHz und 13 288 kHz (USB).

Kurzwelle wird ebenfalls zum Übermitteln von Flughafenwetterberichten benützt; z. B. auf dem Atlantik wiederum von Shannon (8833 kHz und 5533 kHz) für alle europäischen Zielflughäfen und von New York (5652 kHz und 8868 kHz) für alle Zielflughäfen an der Ostküste der

USA. Zeitsignale werden auch auf Kurzwelle rund um die Welt übertragen. Auch senden viele Nationen weltweit auf Kurzwelle, wie z. B. »BBC World Service« und »Die Stimme Amerikas«; ausgezeichnete Quellen für Piloten, das Neueste aus aller Welt zu erfahren.

RADAR-FUNKTIONSWEISE

Primärradar

Das Wort Radar leitet sich von »radio detection and ranging« ab. Das Prinzip besteht darin, daß ein gesendetes Signal von einem Gegenstand reflektiert wird und ein schwaches Echo erzeugt, dessen Stärke von einer Anzahl Faktoren bestimmt wird einschließlich der Stärke des gesendeten Signals, der Form und des Materials der reflektierten Oberfläche und der Größe und Entfernung des »Ziels«.

Da die Ausbreitungsgeschwindigkeit des gesendeten Signals bekannt ist, wird die Entfernung des Ziels einfach durch Messen des Zeitunterschiedes zwischen Aussendung des Signals und Empfang des Echos ermittelt. Wenn ein kontinuierliches Funksignal gesendet wird, läßt sich der Zeitunterschied nicht feststellen, und deshalb senden Radarsender eine Reihe sehr kurzer Energiestöße aus, bekannt als Impulse, und empfangen jedes reflektierte Echo eines Ziels in den Impulsintervallen, wodurch eine Messung des Zeitintervalls vom Beginn des gesendeten Impulses bis zu Beginn des entsprechend auftretenden Echos ermöglicht wird. Die Impulsdauer ist kurz, damit das Ende des übertragenen Impulses nicht den Beginn des schwächeren Echoimpulses überlagert; dies insbesondere, wenn das Echo von einem Ziel im Nahbereich empfangen wird. Radarsignale bilden einen engen Strahl, der gewöhnlich von einem sich waagerecht und senkrecht bewegenden Abtaster ausgesandt wird; die empfangenen Echos erscheinen auf dem Radarschirm als »blip« und geben somit sowohl die Richtung als auch die Entfernung des reflektierten Ziels wieder. Beispiele für Primärradar sind Bord-Wetterradaranlagen, die Echos, die von großen Wassertropfen in Sturmwolken reflektiert werden, empfangen, und Präzisions-Anflugradar (PAR), das zum Überwachen des Anflugs auf manchen Flughäfen bei schlechtem Wetter eingesetzt wird. Der Funkhöhenmesser arbeitet nach dem gleichen Prinzip.

Sekundär-Überwachungsradar (SSR)

Es wird vom Boden ein Radarsignal übermittelt, das an Bord eines Flugzeugs auf einem kleinen Empfänger/Sender, bekannt als Transponder, empfangen wird, der seinerseits mit einem zweiten Signal dem Boden-Radarempfänger antwortet. Das am Boden empfangene Signal ist wesentlich stärker als das beim Primärradar auftretende schwache Echo. Vorteilhaft ist auch, daß der Transponder auf einer anderen Frequenz als der Bodensender arbeitet. Da der Radarempfänger auf die Transponderfrequenz abgestimmt ist, werden Radarsignale anderer Quellen in der Umgebung, wie von Sturmwolken usw., auf dem Radarschirm nicht aufgezeigt, vielmehr wird ein getrenntes klares Bild vom Ziel wiedergegeben. Der Transponder kann ebenfalls codierte Signale übermitteln, die das Flugzeug auf dem Radarschirm einwandfrei identifizieren. Nahezu alle Flugverkehrskontrollen fordern heutzutage, daß Flugzeuge in verkehrsreichen Lufträumen mit Transpondern ausgerüstet sind, und ebenfalls müssen in vielen Ländern Flugzeuge, die über einer gewissen Höhe operieren, mit Transpondern ausgerüstet sein, weil ansonsten ein Einflug in den kontrollierten Luftraum verweigert werden kann.

RADAR-BETRIEB

Überwachungsradar

Dieses arbeitet wie unter Primärradar erläutert. Das Flugzeug muß zunächst einwandfrei identifiziert werden, und dies kann dadurch geschehen, daß der Pilot seine Position, z. B. über einem Funkfeuer, übermittelt. Die von dem Piloten angegebene Peilung und Entfernung von dem Funkfeuer wird sodann mit der Lage des »blip« auf dem Radarschirm verglichen. Das Flugzeug kann ebenfalls zu einem Kurvenflug auf einem bestimmten Kurs zur Identifizierung aufgefordert werden, und dies bestätigt sich auf dem Radarschirm, indem der »blip« seine Richtung ändert. Viele Länder der Erde benutzen noch diese Radarart.

Sekundär-Überwachungsradar

SSR ist eine weit entwickeltere Form des Radars und wird ebenfalls in Verbindung mit Transpondern an Bord der Flugzeuge betrieben, wie weiter vorne erläutert. Das Flugzeug erhält von ATC ein bestimmtes Code, **71**

Radarantenne.

das der Pilot auf dem Transponder einstellt. Hierdurch wird das Flugzeug auf dem Radarschirm identifiziert. Die Übermittlung dieses Code wird als »squawking« bezeichnet. Beim ersten Kontakt mit der Bodenstelle wird der Pilot vom Fluglotsen angewiesen, ein bestimmtes Code einzuschalten, z. B. »Squawk code A 1133«. Ein Identifizierungsknopf am Transponder kann ebenfalls vom Piloten betätigt werden, wodurch sich auf dem Radarschirm eine Vergrößerung des »blip« ergibt. Ist eine Identifizierung erforderlich, wird dem Code »ident« zugefügt. Der Pilot wählt sodann A 1133 auf dem Transponder und drückt den »ident«-Knopf. Bestimmte Codierungen haben Piloten im Gedächtnis, und sie werden im Notfall, bei vollständigem Funkausfall oder einer Entführung, gewählt. Mit dem Transponder kann ebenfalls durch eine spezielle Einrichtung die Flughöhe ermittelt werden, die als eine Zahl an dem entsprechenden »blip« auf dem Radarschirm erscheint. Dieses Verfahren wird weitgehend in den USA und Europa benutzt, aber der restliche Teil der Welt verfügt zur Zeit noch nicht über die nötigen Bodengeräteausrüstungen.

Präzisions-Anflugradar (PAR)

PAR wird zur Überwachung des Flugzeugs beim Instrumentenlandeanflug (ILS) unter ungünstigen Wetterbedingungen, aber auch zur Überwachung des Abflugs unter ähnlichen Bedingungen eingesetzt. Da diese Einrichtung selten benötigt wird und teuer ist, findet man sie mehr auf Problemflughäfen wie z. B. Hongkong. Hier überwacht PAR bei schlechtem Wetter den Anflug auf die Nordwestbahn und den Abflug in südöstlicher Richtung, da die Flugzeuge mit niedriger Höhe zwischen den verstreuten Inseln fliegen.

Vom Boden geführter Anflug (GCA)

GCA wird vom Militär benutzt. Dem Piloten werden Anweisungen bezüglich der Richtung und Sinkgeschwindigkeit von einem Radarlotsen gegeben, um das Flugzeug auf einen normalen Anflug zur Landebahn unter Instrumentenbedingungen zu führen (ohne Zuhilfenahme der Instrumentenlandegeräte). GCA wird gewöhnlich auf zivilen Flughäfen benutzt, wenn kein Instrumentenlandesystem zur Verfügung steht.

Radarführung

Bezüglich der Radareinrichtungen scheiden sich die Geister dieser Welt. Nahezu alle Länder der Dritten Welt verfügen aufgrund der Kosten nicht über ein Streckenradar und auch auf vielen Flughäfen ist keines vorhanden. In Europa und Ländern wie Australien, Kanada und Neuseeland wird Radar mehr oder minder zum Überwachen des Flugverlaufs als zum Leiten des Flugzeugs, mit Ausnahme der Anflugphase, eingesetzt. Flugzeuge folgen im allgemeinen den zugeteilten Abflugrouten und den im Flugplan angegebenen Strecken, während sie vom Radar überwacht werden. Eine Ausnahme besteht bei Streckenänderungen, wo Radarsteuerkurse vorgeschrieben werden.

In den USA liegt der Fall anders, und hier liegt die Betonung auf Radarführung. Abflugrouten und Flugplanstrecken werden zugeteilt (wie zuvor bei einem vollständigen Funkausfall). Sobald das Flugzeug in der Luft ist, beginnt die Radarführung, und das Flugzeug wird durch Radarsteuerkurse entlang seiner Route geführt. Es kommt vor, daß im US-Luftraum Flüge durchgeführt werden, ohne sich an den Flugplan zu

halten. Dem Flugzeug werden durch die Radarführung laufend zu fliegende Steuerkurse übermittelt, wenn der Pilot von Frequenz zu Frequenz überwechselt, weil das Flugzeug von einem Radarlotsen an den
nächsten entlang des Weges weitergereicht wird. Dies gestattet Strek-
kenführungen über weite Entfernungen ohne das Abfliegen der einzelnen Funkfeuer. Ein Flugzeug kann so automatisch zu einer Stelle viele
hundert Kilometer entfernt navigiert werden, wozu man sich des Trägheitsnavigationssystems bedient. Hierdurch ergeben sich nicht nur Zeit-,
sondern auch Treibstoffeinsparungen. Eine bevorzugte direkte Route,
die von den Piloten nach einer Atlantiküberquerung in westlicher Richtung angefordert wird, erstreckt sich von der Labradorküste Kanadas
hinunter nach Kennebunk (250 Seemeilen nördlich von New York); eine
Entfernung von etwa 700 Seemeilen. Direkte Streckenführungen über
derartige Entfernungen sind in Europa und anderswo eine Seltenheit.

In den USA ist das Verkehrsaufkommen von Leichtflugzeugen beträchtlich, und der Lotse hat eine Reihe unidentifizierbarer »blips« auf
seinem Bildschirm. Der Lotse richtet die Aufmerksamkeit der Piloten auf
jeglichen Verkehr in der Umgebung, indem er den Piloten die Positionen
des Flugzeugs angibt. Hierbei bedient man sich der Uhr, 12 Uhr ist genau voraus, z. B. »Verkehr aus 10 Uhr, Entfernung drei Meilen, Höhe
unbekannt«. Da das Aufkommen von Leichtflugzeugen in niedrigeren
Flugflächen häufiger ist, wird der Luftraum in der Umgebung von Flughäfen von Verkehrspiloten scherzhaft »Indianer-Territorium« genannt.

Sonnenfleckentätigkeit

Intensive Sonnenfleckentätigkeit kann gelegentlich einen ungünstigen
Einfluß auf den Betrieb der Funkausrüstung ausüben. Übermittlungs-,
Navigations- und Radarsysteme sind gegenüber zeitweiligen Unterbre-
chungen anfällig. Hiervon sind insbesondere Kurzwellenübermittlungen
betroffen, obgleich UKW-Übertragungen ebenfalls unter Signalverlust
leiden können. In seltenen Fällen kann ein sich über mehrere Stunden
erstreckender totaler Funkausfall auftreten; so erweisen sich Funknavi-
gationsausrüstungen wie Omega im Längstwellenband zeitweilig als
nutzlos. Sogar Erdtelefonleitungen können durch Interferenz beeinträchtigt werden.

Sonnenstörungen stehen in Verbindung mit der Aktivität der Sonnen-
flecken in einem elfjährigen Zyklus. Der Höhepunkt war Ende des Jahres 1979 erreicht, und man nimmt an, daß es die aktivste Phase in den
letzten hundert Jahren war. Eine typische Störung beginnt mit der plötzlichen Eruption einer Sonnenprotuberanz, die sich bis 500 000 km in
den Weltraum erstreckt. Die Protuberanz sendet einen Schauer von
Röntgenstrahlen und ultravioletter Strahlung sowie einen Strom energie-

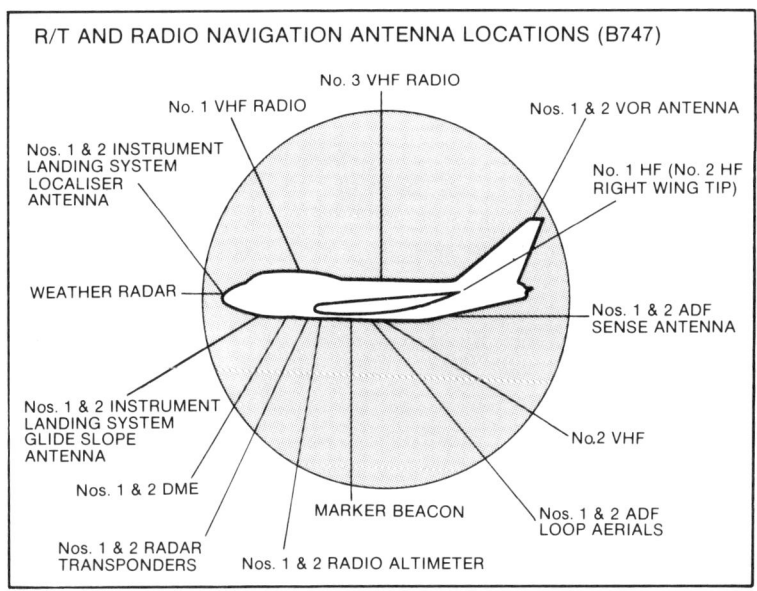

R/T AND RADIO NAVIGATION ANTENNA LOCATIONS (B747)

No. 3 VHF RADIO

No. 1 VHF RADIO

Nos. 1 & 2 VOR ANTENNA

Nos. 1 & 2 INSTRUMENT LANDING SYSTEM LOCALISER ANTENNA

No. 1 HF (No. 2 HF RIGHT WING TIP)

WEATHER RADAR

Nos. 1 & 2 ADF SENSE ANTENNA

Nos. 1 & 2 INSTRUMENT LANDING SYSTEM GLIDE SLOPE ANTENNA

No.2 VHF

Nos. 1 & 2 DME

MARKER BEACON

Nos. 1 & 2 ADF LOOP AERIALS

Nos. 1 & 2 RADAR TRANSPONDERS

Nos. 1 & 2 RADIO ALTIMETER

Abb. 3.6 Lage der Funk- und Funknavigationsantennen bei der Boeing 747.

geladener Teilchen, bekannt als Sonnenwind, aus. Die Strahlung erreicht die Erde in wenigen Minuten, und nach etwa 20 Minuten (und bis zu 20 Stunden) treffen hochgeladene Teilchen die Erdatmosphäre. Die Atmosphäre am Äquator ist am höchsten und am niedrigsten an den Polen, wo die Luft kälter und dichter ist. In die Atmosphäre eintretende Teilchen verursachen ein Leuchten der Luftmoleküle hoch oben im Weltraum in der Nähe der Pole, wo sie sehr tief eindringen und eine gewaltige Ionisierung in den unteren Schichten der polaren Ionensphäre hervorrufen. Diese Störung kann sich über mehrere Tage erstrecken.

Nach 20 Stunden (und bis zu 72 Stunden danach) treten an den Polen ebenfalls kleine bis mittlere Protonen und Elektronen in die Erdatmosphäre ein und verursachen eine intensive ionosphärische Störung. Diese Teilchen treten schließlich in die untere Atmosphäre ein und erzeugen »tanzende Lichter«, die am Nordpol als Nordlicht oder Aurora Borealis, am Südpol als Südlicht oder Aurora Australis bekannt sind.

Kapitel 4

Navigation 1

Von den Reisen der Phönizier bis zu den Forschungsreisen Captain Cooks haben die Ozeane der menschlichen Erfindungsgabe ihre Geheimnisse preisgegeben und waren Zeugen großer Leistungen. Instrumente, Karten und Uhren waren den sehr früh Reisenden unbekannt, aber durch einen sechsten Sinn konnten sie das Wetter riechen und am Himmel lesen, wie es heutzutage niemand mehr kann. Fortschritte in der Technologie haben der Navigation eine Genauigkeit beschert, wie sie in der Vergangenheit nicht bekannt war; verloren aber für immer ist die Nähe zur Natur, wo Menschen instinktiv die Mondzu- und -abnahme und durch einen Blick auf die Sonne den Mittag erfaßten. Heute, in der Computerwelt, sind einfache Uhren extremer Genauigkeit so selbstverständlich wie Apparate, die Männer auf den Mond schicken, und auf allen großen Flugzeugen ist das Trägheitsnavigationssystem (INS) zur Gewohnheit geworden.

In der Zivilluftfahrt haben die Entwicklungen der letzten zehn Jahre zur Abschaffung des Navigators geführt, obwohl in der weltweiten Militärluftfahrt sein Können auf vielen Flugzeugtypen unentbehrlich ist. So sind, obgleich wenige, Navigatoren noch unter uns, arbeiten emsig in kleinen engen Cockpits und bedienen sich der gleichen grundlegenden Techniken, die über zweihundert Jahre in Gebrauch sind − nun aber fliegen sie hundertmal schneller.

Obwohl der Navigator eine Anzahl an Kurz- und Langstreckenfunkhilfen benutzt, steht ihm der Sextant immer noch zur Verfügung. Man erhält eine Position durch die Sterne, indem der Sextant durch eine Öffnung in der Cockpitdecke nach oben geführt wird, nachdem er zuvor zwecks Auffindens des gewünschten Sterns eingestellt worden ist. Über Gebieten wie der weiten Wüste Sahara in Nordafrika helfen dem Navigator nur die Sterne.

Innerhalb einer vergleichsweise kurzen Zeitspanne wird jedoch der Navigator für immer aus der Luftfahrt verschwinden. Zur Zeit wird auf der Nordatlantikroute kein Flugzeug (militärisch oder zivil) zugelassen, das nicht über die erforderliche Navigationsausrüstung verfügt, eine Verfahrensweise, die sich schließlich in der ganzen Welt durchsetzen wird. Anderenorts müssen alle Langstreckenflugzeuge mit einem INS oder ähnlicher Ausrüstung an Bord ausgestattet sein, oder aber es muß ein Navigator eingesetzt werden, wenn der Flug über mehr als 500 nautische Meilen über See, Wüste oder andere schwachbevölkerte Gebiete verläuft. Heutzutage ist die größere Präzision der Computernavigation erforderlich; nicht so sehr, um von einem Ort zum anderen zu fliegen, sondern vielmehr, um einen präzisen seitlichen Abstand zwischen Flugzeugen in entlegenen Gebieten aufrechtzuerhalten, wo kein Radar an einem mehr und mehr bevölkerten Himmel zur Verfügung steht.

Das Trägheitsnavigationssystem (INS) ist einer der größten Durchbrüche in der neuen Geschichte der Luftfahrt. Es ersetzte mit einem Schlag den Navigator, dessen Wissen und Fähigkeiten über Jahrhunderte des Reisens erworben worden sind. Wenn auch keine Navigatoren mehr auf den großen Flugzeugen beschäftigt werden, wurde eine Beschreibung navigatorischer Praxis und Ausrüstung in dieses Buch aufgenommen. Nicht nur, weil es interessant ist, sondern weil es dem Verstehen von Erklärungen und Informationen in anderen Kapiteln dient. Eine kurze Geschichte der Entwicklung der Navigation ist ebenfalls eingeschlossen.

Geschichte

Die Navigation wurde in ihren Anfängen zu verschiedenen Zeiten an verschiedenen Orten der Welt entwickelt, wenn auch frühe Techniken ähnliche Wege gingen. Im Südpazifik z. B. waren die verwendeten Navigationsmethoden nicht viel anders als die der frühen Seefahrer im Mittelmeer und blieben, mit Ausnahme im Westen, über die Jahrhunderte wenig verändert.

Die Ankunft des Menschen im Südpazifik wurde als navigatorische Großtat umjubelt, ob durch Fähigkeit oder Zufall, bleibt der Argumentation überlassen. Es ist jedoch bekannt, daß polynesische und mikronesische Navigatoren viele hundert Meilen gereist sind, vielleicht sogar so weit wie nach Hawaii, geleitet von den Bahnen der Sterne, mündlich überliefert von Generation zu Generation. Die Einzelheiten, die sich auf jeder der vielen Reisen einprägten, sind bemerkenswert. Das Wissen dieser Menschen um die Bewegung der Sonne und der Sterne war ausgezeichnet. Sie wußten nicht nur über die grundlegenden Techniken der Navigation Bescheid, sondern führten verwickelte Korrekturen durch, die zum Navigieren mit großer Genauigkeit erforderlich waren.

Auf nördlichen Reisen war der unbeweglich am Himmel stehende Polarstern, leicht erkennbar durch den Großen Bären, ihre Richtschnur für Nord. In der südlichen Hemisphäre orientierte man sich am Kreuz des Südens. Ihnen war bewußt, daß am Äquator die Sterne aufgehen und über das ganze Jahr hin an den gleichen Stellen am Horizont untergehen. Sie erkannten aber auch, daß sich die Stelle des Sonnenaufgangs verschob und, bei Betrachtung von Nord oder Süd, die Sterne sich scheinbar zum Äquator bewegen.

Dem Navigator im Südpazifik stellte sich der Himmel wie ein gigantischer Sternenkompaß dar. Sie benutzten nicht nur einzelne Leitsterne, sie richteten sich auch nach unterschiedlichen Leitsternen in Abhängigkeit von der Stärke der Meeresströmungen. Einige Routen hatten sogar Leitsterne, mit denen man den Abdriftwinkel, die Differenz zwischen dem Kanukurs und dem Kielwasser ermitteln konnte, was sich aus dem Windeffekt auf die Segel ergab. Unterwegs konnten sie nicht nur zu einer anderen Insel ausweichen, wenn dies erforderlich war, sondern sie konnten direkt die Hafeneinfahrt orten. Im Winter unterscheidet sich der Nachthimmel von demjenigen im Sommer, und so mußte der Navigator auf jeder Reise neue Leitsterne auswählen und sich einprägen.

Die Hälfte aller Reisen fand natürlich bei Tageslicht statt, und so war eine andere Navigationsquelle zu suchen. Die Sonne bot sich als hauptsächliche Hilfe an; ein Kurs wurde durch Beobachten des Schattens des Mastes beibehalten und die notwendigen Korrekturen wurden durchgeführt. Als zweites Hilfsmittel kamen die örtlichen Winde in Betracht. Ein wesentlicher Orientierungspunkt während des Tages und während vollständiger Bedeckung, wenn sich weder die Sonne noch die Sterne zeigten, war die Dünung des Ozeans, die der Navigator aus der Bewegung des Bootes herleiten konnte. Wellen sind das Ergebnis eines örtlichen Windes, der über die Wasseroberfläche bläst. Dünung wird aber durch stark vorherrschende Winde, wie die Passatwinde, hervorgerufen. Dünungen behalten ihre Richtung und Geschwindigkeit über längere Zeitspannen bei, sogar Hunderte von Meilen entfernt von den Winden, durch die sie erzeugt worden sind. Die Navigatoren konnten dem örtlichen Wellenmuster besondere Dünungen entnehmen und sie dann als Kursreferenz benutzen. Große Erfahrung wurde von dem Navigator erwartet, um zwischen der Bewegung der ersten Dünung und der Bewegung des Bootes zu unterscheiden, bedingt vielleicht durch eine Mehrzahl örtlicher Wellenmuster in einer rauhen See. Diese Techniken setzten jahrelange Erfahrung voraus, und man sagte, daß viele Navigatoren die Bewegung der Dünung durch ihre Hoden spüren, der empfindlichste Teil in der Anatomie! Man könnte es auch anders ausdrücken: Navigation mit dem Allerwertesten!

Diese Männer waren solche Experten in der Navigation, daß eine bestimmte Hundertmeilenreise zu einem winzigen Inselchen jederzeit, tags oder nachts, ohne viel Aufhebens unternommen wurde, egal ob sie vom Palmenpunsch komplett betrunken waren.

Im Mittelmeer halfen den frühen Seefahrern ebenfalls die Sterne, örtliche Winde und Orientierungspunkte, die Richtung zu finden, aber zu einem sehr frühen Zeitpunkt wurden Utensilien anderer Art als Navigationshilfe eingeführt. Schon zu Zeiten der alten Ägypter war das Senklot zum Messen der Tiefe und die Peilstange zum Feststellen flacher Gewässer gängig. Wahrscheinlich standen auch niedergeschriebene

Segelanweisungen zur Verfügung. Das Senklot war jedoch, unter späterem Zufügen einer kleinen Schaufel, die erste echte Navigationshilfe. Wenn die Tiefe gelotet war, hob die Schaufel einen kleinen Teil des Meeresbodens nach oben, aus dem die Beschaffenheit des Ufers und, hoffentlich, die Örtlichkeit festgestellt werden konnte. Der erste Versuch der Positionsbestimmung durch ein navigatorisches Werkzeug war nun gelungen.

Einst, in der Vergangenheit, lernten die Menschen nach den Sternen zu suchen, aber es waren die Phönizier, die Langstreckensegler ihrer Tage, die zuerst die Nützlichkeit der Sterne für die Navigation entdeckten. Nahzu 2000 Jahre vor Christi Geburt wickelten sie ihren Handel über die ganze Länge und Breite des Mittelmeeres ab und segelten sogar durch die Straße von Gibraltar, das »Tor zum Ozean«, in den weiten Atlantik hinaus.

Wenig ist von ihren navigatorischen Methoden bekannt. Mit ihrer Fähigkeit monopolisierten sie entfernte Handelsrouten, kamen zu Reichtum und Wohlstand, und ihre navigatorischen Fähigkeiten blieben, nicht ganz überraschend, ein wohlgehütetes Geheimnis. Erst um Anno Domini 63−65 traten schriftliche Beweise dafür auf, daß Menschen die Sterne zur Positionsfindung benutzten und nicht nur zum Aufzeigen der Richtung. Der Dichter Lucan berichtete, daß römische Seeleute die Höhe des Polarsterns, der hellste Stern im Sternbild des Großen und Kleinen Bären, als Navigationshilfe benutzten.

Es ist nicht ausgeschlossen, daß die Phönizier Großbritannien erreichten oder sogar noch nördlicher vor Anker gingen. Wahrscheinlich ist jedoch, daß sie die Azoren und vielleicht durch reinen Zufall die Küste Amerikas erreichten, obgleich kein Beweis hierfür existiert. Keine andere seefahrende Nation bis zu den Wikingern, nahezu neunhundert Jahre später, konnte die gleichen Ansprüche für sich geltend machen.

Die Art der Navigation hat sich in den tausend Jahren nach Christi Geburt wenig verändert. Die Wikinger abenteuerten über die Meere unter Verwendung der gleichen Navigationsprinzipien wie vor ihnen die Phönizier, lediglich mit geringfügigen Verbesserungen. Sie hinterließen den Beweis, daß sie dem wechselnden Stand der Sonne gewahr geworden waren, und es wurde bekannt, daß sie primitive Instrumente zum Messen ihrer Höhe anwandten. In kleinen offenen Booten, dem Ufer so nahe wie möglich, reisten sie im Mittel- und Adriatischen Meer und über den Atlantik nach Island und Grönland und fast bis nach Amerika.

In den folgenden 200 Jahren nach den Wikingern wurde die Navigation durch Einführung von Karten und Verwendung des Kompasses revolutioniert. Es ist unbekannt, ob die Wikinger oder die Araber sich zuerst das Prinzip der magnetischen Anziehung zunutze machten; es ist auch nicht belegt, wann der Kompaß zum ersten Mal benutzt wurde. Lange Zeit ging man davon aus, daß der Magneteisenstein die Eigenschaft besitzt, ein weiches Eisenstück für eine kurze Zeit zu magnetisieren, wenn es drehbar aufgehängt nach Nord und Süd zeigt. Für den einfachen Seemann im Mittelmeer war dies unzweifelhaft Hexenwerk, wurde mit äußerstem Mißtrauen betrachtet und nur dann zu Hilfe genommen, wenn sich nichts anderes fand.

Erste Versuchte bedienten sich der Weicheisennadel, die auf ein Stück Holz aufgebracht wurde und in einer Wasserwanne schwamm. Dies konnte auf See natürlich nur unter sehr ruhigen Bedingungen genutzt werden. Der Magneteisenstein wurde über das Eisen geführt, um das Metall zeitweise zu magnetisieren, und sodann würde sich die Nadel gen Norden oder Süden richten, bevor sie stehenbleibt. Späterhin wurde die Nadel drehbar gelagert, und in dieser Form wurden Kompaß und Magnetstein ein bekanntes Werkzeug für den Navigator. Die ursprüngliche Windrose der Griechen zeigte die acht Hauptwindrichtungen, und der erste »Seefahrer«-Kompaß übernahm eine ähnliche Ausführungsform. Schließlich wurde er in 32 und sodann in 64 Kompaßstriche unterteilt. Ende des 15. Jahrhunderts wurden Nadel und Windrose drehbar miteinander verbunden und der Kompaß in einem Gehäuse gelagert. Das Gehäuse wurde sodann entlang der Schiffsachse ausgerichtet, und es konnte ein Kurs von der Einstellmarke abgelesen werden. Anfang des 16. Jahrhunderts wurde der Kompaß in einer Kardanaufhängung gelagert, jedoch wurde seinerzeit keiner Abweichung der Differenz zwischen rechtweisend (geographisch) und magnetisch Nord Rechnung getragen.

Landkarten erschienen in der zweiten Hälfte des 13. Jahrhunderts, sie stellten aber mehr informative Skizzen als die heutigen detaillierten Karten dar. Bekannt als sogenannte Reisekarten – abgeleitet aus dem Französischen »routier« –, enthielten sie Einzelheiten über Gezeiten, Tiefen, Orientierungspunkte und Peilungen sowie eine Fülle weiterer Informationen. Allen denen, die zur See fuhren, standen diese Informationen nicht zur Verfügung, und die Karten wurden gut von den Führern und Lotsen gehütet, in deren Besitz sie sich befanden. Sodann wurden Kompaßrosen auf die Karten aufgetragen, um das Messen der Kursgleichen (loxo-drome-Kurse, die Längengrade mit gleichen Winkeln durchschneiden) zu erleichtern. Aber erst zu Mercators Wirken, in der letzten Hälfte des 16. Jahrhunderts, wurden Karten mit genauem Aufriß gezeichnet, auf denen die Kursgleichen als rechtweisender Kurs gemessen werden konnten.

Ursprünglich wurde der Polarstern und später die Mittagssonne zum Ermitteln geographischer Längen benutzt. Die Höhe (Höhe der Gestirne über dem Horizont in Graden) wurde ungefähr vom Mast oder anderer Struktur abgeleitet. Im 15. Jahrhundert wurden die astronomischen Instrumente, das Astrolabium, der Quadrant und das Kreuzmaß, ein recht primitiver Trigonometer, für die Verwendung auf See modifiziert. Das von den Astronomen über Hunderte von Jahren benutzte Astrolabium, gefolgt vom Quadranten, jeweils unter Verwendung des Senkbleiprinzips, waren ausgesprochen schwierig an Bord zu benutzen, so daß sich die Navigatoren manchmal an Land begeben mußten, um ihre Ablesungen zu tätigen. Das trigonomische Kreuzmaßinstrument (Abb. 4.1) ersetzte

Abb. 4.1 Das Kreuzmaß (altmodisches trigonometrisches Gerät zur Höhenmessung der Sonne und Sterne).

The Defcription of the Crofs-Staff.

This Inftrument is of fome antiquity in Navigation, and is commonly ufed at Sea, to take the Altitude of the Sun or Stars, which it performs with fufficient exactnefs, efpecially if it be lefs then 60 degrees, but if it exceed 60, it is not fo certain, by reafon of the length of the Crofs, and the fmallnefs of the graduations on the Staff.

81

beide. Es ließ sich einfach herstellen und benutzen; und zu Ende des 16. Jahrhunderts hatte es eine wesentlich verfeinerte Form eines Meßstabes angenommen, der über 300 Jahre in Benutzung blieb, bis er vom Sextanten überholt wurde.

Zur Bestimmung der geschätzten geographischen Länge bediente man sich bereits der Koppelnavigation. Der Kurs wurde vom Kompaß abgelesen und die Zeit vom Schiffsjungen durch wiederholtes Wenden einer Sanduhr bestimmt. Zunächst wurde ein großes Holzstück (im Englischen: log) vor dem Bug ins Wasser geworfen, dann wurde die Zeit gemessen, die es benötigte, die Schiffslänge zu passieren. Dies wurde als »Holländer-Log« bezeichnet, und der Begriff wurde in die Seefahrersprache übernommen. Hieraus ergab sich dann das Logbuch zum Messen der Entfernung und Geschwindigkeit, wie es heute noch im Sprachgebrauch ist. Später wurde dann ein Stück Leine angebracht, und der Holzstamm schwamm heckwärts, bis er außerhalb des vom Schiff verursachten Kielwassers anlangte. Es wurden diverse Knoten in bestimmten Abständen in die Leine gemacht, und die Anzahl der über das Heck hinweggehenden Knoten in einer bestimmtem Zeitspanne wurde ausgewertet. Hierdurch erhielt man eine genauere Geschwindigkeitsanzeige. Heute messen Navigatoren Geschwindigkeiten immer noch in Knoten, was nunmehr einer nautischen Meile oder Seemeile pro Stunde entspricht.

In den 500 Jahren nach Einführung von Kompaß und Karten waren Verbesserungen in der Navigation auf die Verfeinerung der benutzten Praktiken beschränkt. Als Menschen zu den fernen Ozeanen aufbrachen, war die Schwierigkeit des Auffindens der geographischen Länge dadurch überwunden, daß Segel zunächst für einen gewünschten Breitengrad gesetzt wurden und sodann entlang dieses Breitengrades bis zum Bestimmungshafen gesegelt wurde. Dieses Problem ergab sich dann, wenn zu einer einsamen Insel gesegelt wurde. Wenn die geschätzte Ankunftszeit verstrichen war, wußte man nicht, ob die Insel bereits unbemerkt passiert worden war oder aber, wenn die geschätzte Zeit nicht korrekt war, die Insel noch auftauchen würde. Ob man weitersegeln oder umkehren sollte, war für den Navigator eine quälende Entscheidung, und viele Menschen kamen um, wenn er die falsche getroffen hatte.

Mitte des 17. Jahrhunderts wurde das Königliche Observatorium in Greenwich, nahe London, von Karl II. gegründet, und das 18. Jahrhundert brachte London die Errichtung des »Board of Longitude«. Es wurden hohe Geldsummen als Belohnung zur Lösung dieses Problems geboten. Einige Zeit wurde es für möglich gehalten, zum Ermitteln der geographischen Länge eine exakt gehende Uhr an Bord mitzuführen, aber bis zum Erscheinen des Chronometers war ein derartiges Instrument nicht verfügbar. Der Chronometer wies in der Mitte des 18. Jahrhunderts die erstaunliche Genauigkeit von einer Zehntelsekunde pro Tag auf. Das Problem der Längengrade war gelöst. Im Greenwicher Observatorium tätige Astronomen und Wissenschaftler schufen den Meridian durch Greenwich (d. h. den Längengrad, der Nord- und Südpol durch Greenwich verbindet) als den Festpunkt zur Längenmessung. Mit dem auf Greenwich-Zeit eingestellten Chronometer an Bord konnte der Mittag durch Schiffsposition und Beobachten des Sonnenstandes ermittelt und gleichzeitig die Greenwich-Zeit notiert werden. Da sich die Erde mit einer Winkelgeschwindigkeit von 15° pro Stunde dreht, war die Zeitdifferenz zwischen Greenwich und örtlichem Mittag, multipliziert mit 15, die Zahl der von Greenwich getrennten Grade und konnte somit als Längengrad bezüglich der Position des Schiffes festgestellt werden. Noch heute wird die Greenwich Mean Time G.M.T. (mittlere Greenwich-Zeit) von der Schiff- und Luftfahrt als Standard-Zeiteinstellung rund um die Welt benutzt. Der Greenwich-Meridian (Null-Längengrad), der 1884 international anerkannt wurde, ist am Observatorium Greenwich durch einen Messingstreifen markiert; und Besucher können dort mit gespreizten Beinen stehen, den einen Fuß im Osten, den anderen im Westen.

In der ersten Hälfte des 18. Jahrhunderts wurde eine Weltkarte mit magnetischer Mißweisung geschaffen, und später in diesem Jahrhundert wurde der Oktant, gefolgt vom Sextanten mit allen seinen Raffinessen, eingeführt. Der Kompaß war nun in Grade unterteilt, wobei die Nadel permanent magnetisiert war und gedämpft wurde, um eine stetige Ablesung zu gewährleisten.

In der letzten Hälfte des 18. Jahrhunderts gab es nun Navigationsinstrumente, und sie blieben mehr oder weniger über 200 Jahre unverändert, bis während des Zweiten Weltkrieges Funkhilfen eingeführt wurden. Die Erfindung des Trägheitsnavigationssystems in den letzten zehn Jahren und dessen Indienststellung haben die moderne Navigation revolutioniert, und wieder einmal hat sich eine neue Dimension in der Navigationstechnik entwickelt.

ZEIT

Die Sonne

Grundsätzlich beruht die Zeitberechnung auf dem Stand der Sonne. Die Rotationsbewegung der Erde um ihre Achse ergibt eine Zeitspanne von einem Tag. Die Bewegung der Erde in ihrer Umlaufbahn um die Sonne ist das Maß für ein Jahr. Die Erde dreht sich von West nach Ost, wobei die Sonne im Osten auf- und im Westen untergeht, so daß die

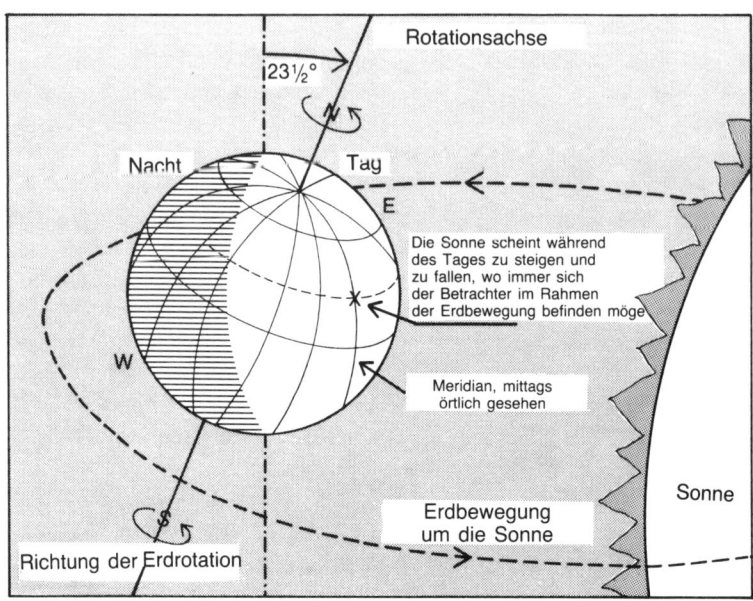

Im Bild enthaltene Beschriftungen:

23½°

Rotationsachse

Nacht

Tag

E

Die Sonne scheint während des Tages zu steigen und zu fallen, wo immer sich der Betrachter im Rahmen der Erdbewegung befinden möge

W

Meridian, mittags örtlich gesehen

Sonne

Erdbewegung um die Sonne

Richtung der Erdrotation

Abb. 4.2 Die Erde und ihre Rotationsachse.

Zeit im Osten derjenigen im Westen vorauseilt. Die Zeit verändert sich nicht mit der Nord-Süd-Bewegung auf einem Meridian. Die Rotationsachse der Erde verläuft mit einem Winkel zu ihrer Bewegungsebene um die Sonne (Abb. 4.2), und während sich die Erde während des ganzen Tages dreht, geht die Sonne in der Morgendämmerung auf, steigt und taucht in den Himmel ein und versinkt in der Abenddämmerung. Es ist örtlicher Mittag, wenn die Sonne senkrecht über dem Meridian eines Beobachters steht und die Sonne ihren höchsten Stand am Himmel erreicht hat. Die kombinierten Wirkungen des Winkels der Rotationsachse und der Erdbewegung um die Sonne führen ebenfalls dazu, daß die Sonne scheinbar im Sommer höher und im Winter niedriger steht, und dies führt zu den jahreszeitlich bedingten Wetterveränderungen im Verlaufe des Jahres.

Mittlere Ortszeit (MOZ)

Die mittlere Ortszeit ist ein Zeitmaß an einem Ort und nur an Orten gleich, die auf dem gleichen Meridian (Längengrad) liegen. MOZ in London eilt derjenigen von Cardiff daher um einige Minuten voraus, und vergleichbar ist die New-York-Zeit derjenigen von Washington um einige Minuten voraus. Um die Zeit jedoch für ein Land zu normieren, wird gewöhnlich die der MOZ nahe Zeit des Meridians durch die Hauptstadt des

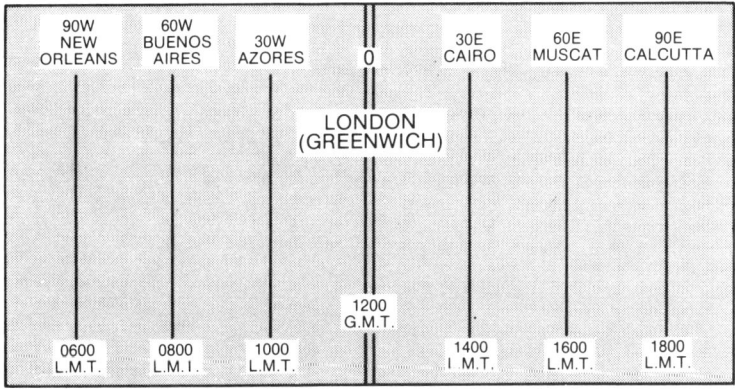

Abb. 4.3 Mittlere Ortszeiten.

entsprechenden Landes (Abb. 4.3) gewählt. In Großbritannien ist z. B. die Greenwich MOZ (d. h. MGZ) eine Zeitnorm für die ganzen Britischen Inseln mit Ausnahme des Sommers, wenn der MGZ zwecks Nutzung des frühen Tageslichts eine Stunde zugefügt wird. Länder mit einer großen Ost-West-Ausbreitung wie die USA, Kanada, die Sowjetunion und Australien sind über das ganze Land in Zeitzonen unterteilt.

Da die Erde in 360° Länge, 180° östlich und 180° westlich von Greenwich, unterteilt ist und sich ebenfalls in 24 Stunden (15° pro Stunde) um 360° dreht, besteht eine einfache Verbindung zwischen Längengrad und der Zeit. Eine 15°-Differenz der Längengrade zwischen zwei Positionen stellt einen Zeitunterschied von einer Stunde dar. Eilt eine Zeit an einem Ort MGZ um drei Stunden voraus, ergibt sich ein Längengrad von 45° (d. h. 45° östlich von Greenwich). Wenn man somit den Greenwich-Meridian als einen Festpunkt (Datum) und MGZ als die Weltstandardzeit annimmt, kann der Längengrad der Position zum Feststellen des Zeitunterschieds in Stunden zwischen der Position und Greenwich einfach durch Teilen der Länge durch 15 (Abb. 4.4) festgelegt werden. Wenn man andererseits den Zeitunterschied kennt, kann man den Längengrad berechnen.

Abb. 4.4 Längengrade und Zeitunterschied.

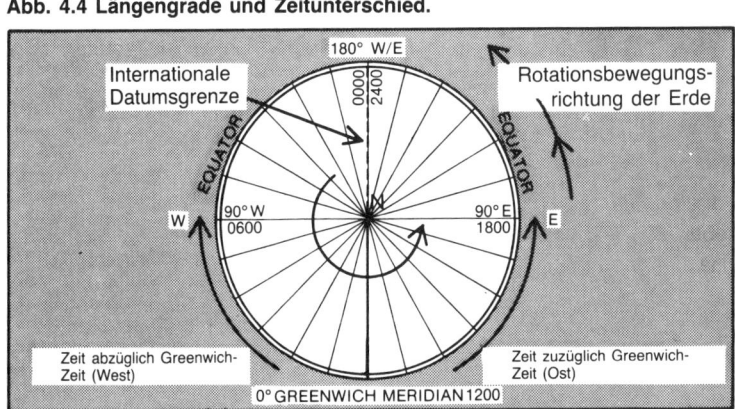

Zeitzonen

Die Erde ist in Zeitzonen von jeweils 15° Länge unterteilt, wobei jede Zone sich von der nächsten um eine Stunde differenziert. In der Praxis werden die Zonengrenzen geändert, um mit den Grenzen der Länder übereinzustimmen, oder umgestellt, um Gebiete wie Inselgruppen in die gleiche Zeitzone einzubeziehen.

Internationale Datumslinie

Wenn die Zeit der Greenwich-Zeit jeweils pro 15° in östlicher Richtung um eine Stunde vorauseilt, wird es an dem Meridian 180 °O – dem durch Greenwich laufenden Gegenmeridian – 12 Stunden früher als in Greenwich sein. In westlicher Richtung liegt die Zeit jeweils 1 Stunde hinter der Greenwich-Zeit für 15°, und so wird die Zeit bei 180 °W (der gleiche Meridian wie 180 °O) der Greenwich-Zeit um 12 Stunden nacheilen. Somit ist bei der Länge 180 °O/W die Zeit gleichzeitig 12 Stunden vor als auch 12 Stunden hinter der Greenwich-Zeit, d. h. die gleiche Zeit, jedoch an verschiedenen Tagen. Um dieses Problem zu überwinden, wurde die internationale Datumslinie festgelegt. Die Linie erstreckt sich entlang dem 180°-Meridian der Länge, ist jedoch auch geändert, um internationalen Grenzen Rechnung zu tragen. Wenn die MGZ 12 Uhr Montagmittag anzeigt, ist es 24.00 Uhr, d. h. Mitternacht, Montag, östlich der Datumslinie und 00.00 Uhr, d. h. Mitternacht, Sonntag, westlich der Datumslinie.

Überquert man etwa zu dieser Zeit die Datumslinie von West nach Ost, z. B. von Honolulu nach Fiji, wird ein Reisender feststellen, daß er nur wenige Meilen westlich der Datumslinie und etwa eine Minute bis Sonntag, Mitternacht und zwei Minuten später ein paar Meilen östlich der Datumslinie eine Minute nach Mitternacht, Dienstagmorgen, fliegt. Der Montag ist verschwunden. Überquert er die Datumslinie zur gleichen Zeit von Ost nach West, wird sich der Reisende eine Minute nach Mitternacht, Montagmorgen, wiederfinden und hat den ganzen Montag noch einmal zur Verfügung. Besonders schön ist dies zu Weihnachten, wenn man einmal im Jahr gleich zweimal feiern kann, aber für viele wird es ein Fiasko am Neujahrstag sein. Der Abend ging einen anderen Weg, und so fielen die Feierlichkeiten aus.

Sommerzeit

Während des Ersten Weltkrieges erkannte die britische Regierung, daß die Produktion erhöht werden konnte, wenn man die Leute während

der Arbeitsstunden von den Kneipen fernhielt und im Sommer früher aus den Federn holte, um sich die zusätzlichen Tageslichtstunden nützlich zu machen. Die Maßnahmen waren, die Kneipen am Nachmittag zu schließen und die Uhren im Sommer um eine Stunde vorzustellen. Arbeiter, die ihren Dienst um 8 Uhr begannen, erschienen auch im Sommer zur gleichen Zeit, obwohl es tatsächlich noch 7 Uhr war, und eine ganze Nation wurde durch einfaches Vorstellen der Uhren um eine Stunde früher aus dem Bett geholt. Auch heute gibt es noch diese Einsparungen und sie wurden von vielen Ländern der Welt übernommen. Die Uhren werden im Frühling um eine Stunde vor- und im Herbst um eine Stunde zurückgestellt. Oftmals ist dies verwirrend; man weiß nicht mehr so recht, in welcher Richtung die Uhr zu welcher Zeit im Jahr verstellt werden muß, und so hat sich in den Vereinigten Staaten ein Slogan entwickelt:
Frühling vorwärts – Herbst zurück.

Zeitsignale

In Seglertagen war ein Observatorium in Sichtweite des Hafens errichtet worden. Jeden Tag, um 1 Uhr, fiel ein Ball von einem Mast auf dem Dach des Observatoriums, und die genaue Zeit wurde zu Ende des Falls angezeigt. Dort, wo die Einrichtung eines Observatoriums nahe dem Hafen unmöglich war, feuerte eine Kanone um 1 Uhr. Idealerweise wäre die Mittagsstunde die Zeit zum Absetzen des Signals gewesen. Da gerade um diese Zeit die Astronomen damit beschäftigt waren, die Sonnenbeobachtung zu machen und den Stand der Sonne zu messen, was etwas dauerte, gab man das Signal erst eine Stunde später. Diese Tradition hat sich mancherorts, wie im entfernten Edinburgh in Schottland, bis zum heutigen Tage fortgesetzt, wo täglich ein Kanonenschuß ertönt,

Abb. 4.5 Das Observatorium in Sydney.

und in Sydney in Australien, wo der Observatoriumsball jeden Tag um 1 Uhr mittags herunterfällt (Abb. 4.5).

Zeitsignale werden heute in der Welt von verschiedenen Quellen ausgestrahlt. Die BBC sendet weltweit stündlich ein Signal aus sechs Pieptönen in einsekündlichen Intervallen, der sechste und längste Piepton kündigt die genaue Zeit an. In Fort Collins, Colorado, und Hawaii strahlen Radiostationen, gespeist von Atomuhren, mit einer Genauigkeit von 1 s/Millionen Jahre auf 2,5, 5,0, 10,0 und 15,0 MHz aus. Ein Piepton wird jede Sekunde gesendet, und jede Minute wird eine Zeitansage gemacht, gefolgt von einem Ton, der die genaue Minute angibt.»Beim letzten Ton ist es 13.44 Uhr koordinierte Weltzeit.« In allen Fällen ist die gesendete Zeit die mittlere Greenwich-Zeit. Da Fort Collins (Stationscode WWV) und Hawaii (WWVH) auf der gleichen Frequenz senden, erfolgen die Zeitansagen in Colorado von einer männlichen und aus Hawaii von einer weiblichen Stimme.

Schaltsekunde

MGZ ist die Grundlage für die koordinierte Weltzeit und entspricht seit dem 1. Januar 1972 der Internationalen Atomzeit (IAT). Diese Zeit wird durch eine Atomuhr gemessen. Es wurde angenommen, daß die koordinierte Weltzeit einheitlich verläuft, jedoch haben die genaueren Zeitmesser ergeben, daß dem nicht so ist. Aufgrund der Gezeiten, Winde und jahreszeitlich bedingten Veränderungen schwankt die Länge eines durchschnittlichen Tages um etwa eine Millisekunde, und die durchschnittliche Tagesdauer erhöht sich um etwa 2 Millisekunden pro Jahrhundert aufgrund der durch die Gezeiten bedingten Reibung. Da IAT der heutige Zeitbezug ist, führen die Unregelmäßigkeiten in der weiter oben genannten Erdrotationsbewegung dazu, daß die beiden Zeiten nach einigen Jahren nicht mehr synchron verlaufen, und MGZ und IAT müssen periodisch durch eine Korrektur der MGZ wieder aneinander angepaßt werden. Es wird eine als »Schaltsekunde« bekannte Sekunde an einem bestimmten Tag zugefügt oder weggelassen; der Tag wird durch das Internationale Zeitbüro bestimmt. 1979 wurde die letzte Minute des Jahres auf 61 Sekunden ausgedehnt, und weltweit wurde eine Anpassung in den wesentlichen Zeitzonen gleichzeitig um Mitternacht MGZ am Neujahrsabend vorgenommen; die BBC sendete z. B. sieben anstelle der herkömmlichen sechs Töne, um der Extrasekunde Rechnung zu tragen.

Der Tag

Abb. 4.6 stellt eine Skizze in Draufsicht (nicht maßstabsgerecht) der Bewegungsebene der Erde um die Sonne dar. Wenn die Erde festste-

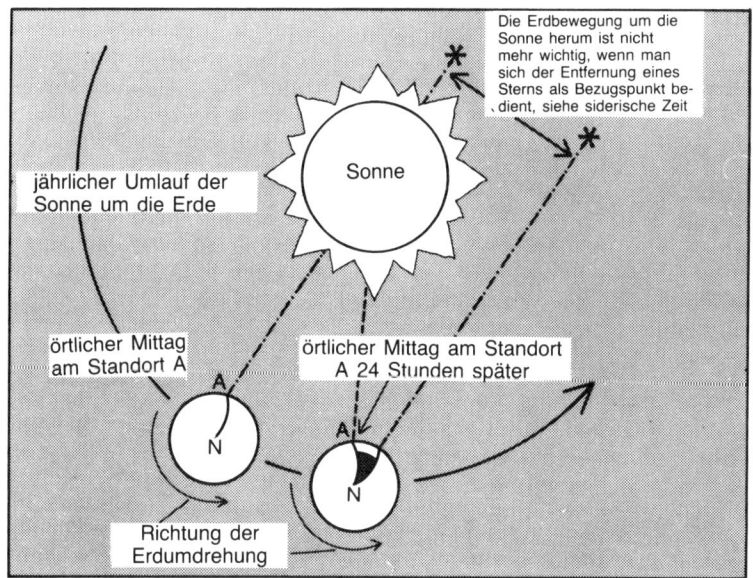

Die Erdbewegung um die Sonne herum ist nicht mehr wichtig, wenn man sich der Entfernung eines Sterns als Bezugspunkt bedient, siehe siderische Zeit

Sonne

jährlicher Umlauf der Sonne um die Erde

örtlicher Mittag am Standort A

örtlicher Mittag am Standort A 24 Stunden später

Richtung der Erdumdrehung

Abb. 4.6 Die sich um die Sonne bewegende Erde.

hend bliebe, anstatt um die Sonne zu laufen, würde sich die Sonne nach einer täglichen Umdrehung von genau 360° senkrecht über dem Meridian durch einen Punkt A befinden. Da sich die Erde jedoch in ihrem Umlauf um die Sonne bewegt, um eine Zeitspanne von einem Tag zurückzulegen, hat die Erde ein klein wenig mehr als 360° umzulaufen, wie durch den schraffierten Winkel (tatsächlich etwa 361°) dargestellt, bevor die Sonne wiederum senkrecht über dem Meridian durch einen Punkt A steht. Das Ermitteln eines Tages hängt somit nicht nur von der Erdumdrehung um ihre Achse, sondern auch von der Erdbewegung in ihrem Umlauf um die Sonne ab, und dies wird als konstant angenommen. Allerdings variiert die Geschwindigkeit des Sonnenumlaufs um die Erde, und somit beträgt ein tatsächlicher Tag normalerweise 24 Stunden plus oder minus einige Minuten. Diese 24-Stunden-Periode stellt einen Durchschnitt aller Tage über das Jahr dar. Da ein die Sonne beobachtender Astronom eine Mittagszeit aus dem Sonnenstand an einem bestimmten Tag erhält, muß eine Korrektur vorgenommen werden, um die beobachtete Zeit zu der Durchschnittszeit bezogen auf 24 Stunden umzuwandeln. Die Korrektur umfaßt zwei Faktoren, und zwar hinsichtlich des Winkels der Achse der Erdrotation zu ihrer Bewegungsebene um die Sonne und der variierenden Erdgeschwindigkeit in ihrer Umlaufbahn um die Sonne. Die Korrektur wird gewöhnlich in Form einer Gleichung vorgenommen, die man als »Zeitgleichung« bezeichnet.

Sternzeit

Wenn die Erdrotation bezüglich eines Bezugspunktes, wie einem Stern, beobachtet wird, ist die Entfernung von dem Stern so groß (der nächste Stern befindet sich mehr als vier Lichtjahre entfernt), daß der Erdumlauf um die Sonne vernachlässigbar ist. So kann davon ausgegangen werden, daß sich die Erde in einer stationären Lage dreht. In diesem Fall dreht sich die Erde genau um 360° in bezug auf den Stern, und der dem Stern zugeordnete Tag wird mit 23 Stunden, 56 Minuten und 4 Sekunden gemessen. Diese auf den Stern bezogene Zeit wird als »Sternzeit« bezeichnet und ist Grundlage der von den Astronomen verwendeten Zeit.

Das Jahr

Die durchschnittliche Länge eines Kalenderjahres beträgt 365,2425 Tage, was allgemein als 365$1/4$ Tage akzeptiert wird, und ein Standardjahr, mit einem zusätzlichen Tag im Schaltjahr (d. h. wenn es durch vier teilbar ist) wird auf 365 festgelegt. Wie ersichtlich, beträgt der Bruchteil eines Tages über 365 nur weniger als $1/4$ für jedes Jahr, jedoch muß dies berücksichtigt werden, indem für jedes Jahrhundert ein Standardjahr mit 365 Tagen vorgesehen ist, wenn es nicht durch 400 teilbar ist und somit als Schaltjahr zählt. Somit war 1900 (obwohl durch vier teilbar) kein Schaltjahr, und 2000 wird ein Schaltjahr sein (teilbar durch 400).

Jahreszeiten

Da die Erdrotation als gigantischer Spielzeugkreisel wirkt, behält sie die Eigenschaften eines Gyroskops bei, und die Rotationsachse ist stationär im Weltraum, wenn die Erde die Sonne umläuft. Tatsächlich beträgt bei einer Erdrotation von 360°/24 Stunden die Geschwindigkeit auf der Erdoberfläche am Äquator über 1700 km pro Stunde. Diese Geschwindigkeit auf der Erdoberfläche nimmt gegen die Pole hin ab, da der wirksame Radius abnimmt, und liefert einen Grund dafür, daß Raumflüge in der Nähe des Äquators gestartet werden. Die höhere Oberflächengeschwindigkeit trägt dazu bei, das Raumschiff von der Erde weg- und aus ihrem Anziehungsfeld zu katapultieren.

Im Sommer des Nordens ist die nördliche Hemisphäre der Sonne zugewandt, und die Oberfläche wird einheitlicher erwärmt, umgekehrt ist es im Winter. In der südlichen Hemisphäre sind die Jahreszeiten gegenüber denen des Nordens genau entgegengesetzt, aber die Sonnenwenden und die Äquinoxien (Tag-und-Nacht-Gleiche) beziehen sich auf die

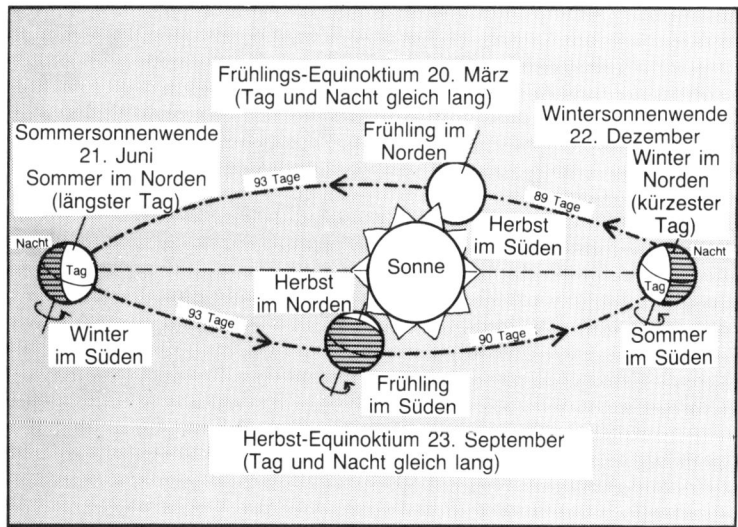

Abb. 4.7 Die Jahreszeiten.

Jahreszeiten der nördlichen Hemisphäre (Abb. 4.7). Die Äquatorebene ist mit einem Winkel von 23 1/2° zu der Umlaufbahn der Erde um die Sonne geneigt. Im Verlauf eines Jahres (d. h. einem vollständigen Umlauf) scheint sich die Sonne vom 23 1/2-N- zum 23 1/1-S-Breitengrad zu bewegen. Wenn die Sonne etwa am 21. Juni ihren nördlichsten Punkt erreicht, spricht man von der Sommersonnenwende, dem längsten Tag, und der 23 1/2-N-Breitengrad wird als Wendekreis des Krebses bezeichnet. Wenn die Sonne hingegen am 22. Dezember am 23 1/2-S-Breitengrad angelangt ist, spricht man von der Wintersonnenwende und dem Wendekreis des Steinbocks. Zwischen dem Wendekreis des Krebses und dem Wendekreis des Steinbocks steht die Sonne höher und scheint dort am intensivsten, und dieses Gebiet sind die Tropen. Wenn die Sonne den Äquator von Süd nach Nord etwa um den 20. März herum überquert, spricht man von der Frühlingsäquinoxe und in entgegengesetzter Richtung, etwa am 23. September, von der Herbstäquinoxe.

Länge des Tages

Der kürzeste Tag der Wintersonnenwende ergibt sich aus der Neigung der nördlichen Hemisphäre in den Nachtschatten. Am Nordpol herrscht während der gesamten Wintermonate totale Finsternis. Zur Sommersonnenwende schwenkt die nördliche Hemisphäre in den Tagesbereich, und der längste Tag bricht an. Am Nordpol ist es nun während der Sommermonate hell, während am Südpol tiefe Finsternis herrscht.

91

Polarkreis

Der Polarkreis definiert die äußersten Grenzen der totalen Finsternis im Winter und der ewigen Helle im Sommer am Nordpol. Der Polarkreis liegt auf einer Breite $(90-23^{1}/_{2}) = 66{,}5$ N und der Antarktiskreis bei 66,5 S. Hier ist es während unseres Sommers dunkel und während des Winters hell.

Zeitverschiebung

Im Mittsommer Europas laichen bestimmte Austern während der Springflut, die jeweils auf Vollmond oder Neumond folgt. Wenn diese Austern in eine ähnliche Umwelt am anderen Ende der Welt verbracht werden, wird ihr Zeitgefühl durcheinandergebracht und somit ihr Laichen aufgrund unterschiedlicher Gezeiten. Durch die Zeitverschiebung erfahren die Austern ein »jet lag« (d. h. sie leiden unter der Zeitverschiebung).

Auch der menschliche Körper wird durcheinandergebracht, wenn die normale tägliche Routine unterbrochen wird. So kann es zwischen einer Woche und 10 Tagen dauern, bis sich der Körper einer solchen Zeitverschiebung angepaßt hat; dies natürlich von dem Ausmaß wie dem Allgemeinzustand des Passagiers her. Der Körper kann gewöhnlich mit bis zu drei oder auch vier Stunden Zeitverschiebung ohne Schwierigkeiten leben, aber das Problem ergibt sich bei einer Zeitverschiebung von fünf Stunden oder mehr. Der Körper ist auf Ereignisse innerhalb eines 24stündigen Zyklus angepaßt, und dies wird als Tag-Nacht-Rhythmus bezeichnet. Dieser Rhythmus mobilisiert den Körper auf die entsprechende Tageszeit durch Übertragung der erforderlichen Signale zum richtigen Zeitpunkt: Hunger, wenn es Zeit zum Essen ist; Erwachen, wenn es Zeit zum Aufstehen ist usw. Der Körperrhythmus ist während der Nacht verlangsamt, in den Stunden, in denen der Mensch normalerweise schläft. Bewegt sich jedoch ein Mensch von Zeitzone zu Zeitzone, braucht dieser Rhythmus einige Zeit, um sich den veränderten Zeitumständen anzupassen und erfährt die Folgen der Zeitverschiebung.

Begibt man sich nach Westen, sagen wir von London nach New York, ergibt sich ein fünfstündiger Zeitunterschied; in New York ist es fünf Stunden früher als in Europa. 20 Uhr New-York-Zeit entspricht einer Londoner Zeit von 1 Uhr morgens, und der Körper ist müde. Um den Zeitunterschied in einer annehmbaren Weise zu überwinden, empfiehlt es sich wach zu bleiben, bis in New York die Bettzeit angebrochen ist. Wenn man etwa um 22 Uhr New Yorker Zeit zu Bett geht und es dann 3 Uhr morgens in London ist, wird zwar der Körper sehr müde sein, aber man hat die Chance, bis 7 oder 8 Uhr am nächsten Morgen durchzuschlafen und sich relativ schnell der örtlichen Zeit anzupassen. In östlicher Richtung ist die Sache nicht so einfach. Fliegt man von London nach Bombay mit einem Zeitunterschied von $5^1/_2$ Stunden voraus, ist es sehr schwierig, sich nach Bombay-Zeit ins Bett zu begeben, da es ja in London noch heller Nachmittag ist. So sollte man die Müdigkeit abwarten, um zu Bett zu gehen, sich dann aber zwingen, zur rechten Zeit aufzustehen, selbst wenn man nur wenige Stunden geschlafen hat. Man mag sich am Tage erschöpft fühlen, kann dann aber zur normalen Nachtzeit schlafen und hat sich am darauffolgenden Tag an die örtliche Zeit angepaßt.

Vollzieht sich jedoch der Übergang von einem zum anderen Ende der Welt, häufen sich die Probleme. Man erwacht rabenhungrig am Morgen. Der Tag-Nacht-Rhythmus signalisiert dem Körper, daß es Zeit zum Abendessen ist. Während des Tages wähnt sich dieser Rhythmus bei Nacht, und die Körperfunktionen verlangsamen sich. Der Reisende fühlt sich schwach und unwohl und manchmal sogar etwas schwindlig.

Wie jeder Mensch mit der Zeitverschiebung zurechtkommt, hängt von sehr unterschiedlichen Faktoren ab; eine schnelle Lösung dieses Problems gibt es nicht. Der körperliche Zustand eines Menschen bei der Ankunft kann von erheblicher Bedeutung sein, je ausgeruhter und gesünder der Reisende ist, um so schneller paßt er sich der Zeitverschiebung an. Ein gesunder Jugendlicher wird sich am leichtesten anpassen. Man sollte aber vorsichtig essen, wenig oder gar keinen Alkohol trinken (vielleicht ein Gläschen Wein), aber ausreichend Flüssigkeit zu sich nehmen, ohne sich auf eine einzige Art zu beschränken. Auch sollte man das Rauchen vermeiden und dafür zu schlafen versuchen. Ein kleiner Spaziergang im Flugzeug oder isometrische Übungen im Sitz stellen ebenfalls eine Hilfe dar. Ein Nachtflug kann allerdings all dies über den Haufen werfen.

Man sagt, daß entweder Sex, Drogen oder ein Drink zur Überwindung der Zeitverschiebung beitragen können. Da der letztere für die meisten Reisenden am ehesten verfügbar ist, sollte man nach der Ankunft einige Drinks zu sich nehmen, um entweder wach zu bleiben oder einzuschlafen. Im allgemeinen erzielt man die besten Ergebnisse, wenn man versucht, sich in den ersten zwei oder drei Tagen so mühelos wie möglich der örtlichen Zeit anzupassen. Wenn man gen Westen fliegt, sollte man aufbleiben – und sich zum morgendlichen Aufstehen zwingen, wenn man nach Osten fliegt. Auf das Schlimmste sollte man sich jedoch vorbereiten, wenn man zum anderen Ende der Welt fliegt. Schwimmen ist ein weiteres ausgezeichnetes Mittel als sportliche Übung nach dem Flug.

Menschen, wie Flugcrews, die regelmäßig reisen, lernen mit den Folgen der Zeitverschiebung umzugehen, obwohl sie diese auch nicht leichter überwinden. Auch Gesetze, wie »das Flugzeitenbeschränkungs-

Gesetz«, dienen dazu, die Arbeitstage in annehmbaren Grenzen zu halten, um sicherzustellen, daß erforderlichenfalls genügend Ruhepausen zur Verfügung stehen, um die Erschöpfung weitestgehend zu verringern. Piloten, die üblicherweise im Cockpit etwas zweimal überprüfen, werden dies dreimal tun, wenn sie unter der Zeitverschiebung leiden, um einen sicheren Flugablauf zu gewährleisten. Sie wissen sehr wohl, daß sie nicht so handeln können wie sie sollten und üben instinktiv größere Vorsicht. Geschäftsleute werden mit dem gleichen Problem konfrontiert, und es erscheint ratsam, grundlegende Entscheidungen wenigstens um einen oder zwei Tage nach der Überwindung eines großen Zeitunterschiedes zu verschieben.

KARTEN

Arten von Karten

Luftfahrerkarten enthalten eine Fülle von Einzelheiten bezüglich der Start- und Landebahnen, Funkfeuer, Funksprechfrequenzen usw. und werden von den Piloten zur Überprüfung des Flugablaufes verwendet; egal ob auf Langstreckenflügen, dem Befliegen von Luftstraßen oder bei der Start- und Anflugphase im örtlichen Bereich eines Flughafens. Navigationskarten werden zum Auftragen der Position vom Navigator benutzt. Es werden auch gewöhnliche topographische Karten auf allen Langstreckenflügen aus Sicherheitsgründen mitgeführt.

Kartenerfordernisse

Die Darstellung der Erde auf einer flachen Oberfläche kann nicht ohne eine gewisse Verzerrung erfolgen, so daß alle flachen Karten an derartigen Widersprüchlichkeiten leiden. Die Erdform wird auf Karten durch Wiedergabe ihrer Einzelheiten auf einem flachen Blatt derart dargestellt, daß Anzahl und Art der Verzerrung bekannt sind. Die wesentliche von Piloten und Navigatoren an Karten zu stellende Forderung besteht darin, daß Winkel und Peilungen an allen Punkten der Karte entnommen werden können. Karten mit derartigen Eigenschaften nennt man winkeltreu. Diese Bedingung liegt vor, wenn sich Längenmeridiane und Breitenparallelen mit rechten Winkeln kreuzen und wenn sich der Maßstab an jeder Stelle mit der gleichen Rate in allen Richtungen verändert.

94

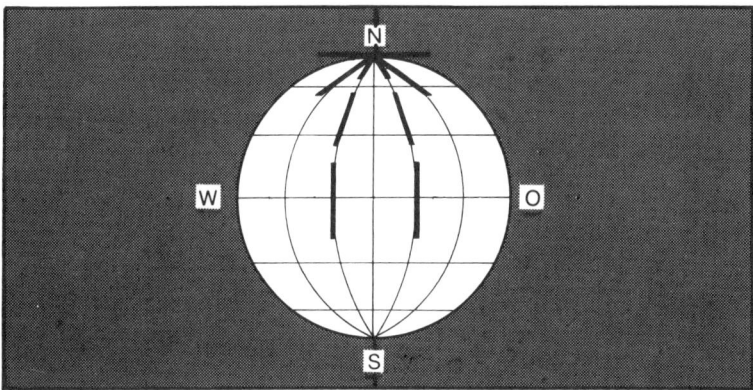

Abb. 4.8 Konvergenz der Meridiane.

Kartenaufbau

Eine geometrische Kartenprojektion kann so erklärt werden, daß man sich eine Lichtquelle vorstellt, die in einer transparenten Erde vorliegt, wobei die Schatten der Erddetails auf ein Blatt projiziert werden, das die Oberfläche der Erde berührt. Zwecks Projektion kann das Blatt ein flacher Schirm, ein um die Erde gewickelter Zylinder oder ein Schnittkegel auf der Erdspitze sein, ähnlich einem zugespitzten Hut, wobei der Zylinder oder Schnittkegel aufgeklappt werden und eine flache Karte ergeben.

Drei Gebiete der Welt, der Äquatorbereich, die mittleren Breiten und die Pole schaffen eigene Probleme, wenn sie Erdoberfläche auf einem flachen Blatt darstellen. Im Bereich des Äquators liegen alle Meridiane fast parallel zueinander, bei mittleren Breitengraden sind sie zueinander geneigt und am Pol liegen sie strahlenförmig nach außen vor wie die Speichen eines Rades (Abb. 4.8). Viele Projektionsarten sind zum Ausschalten dieses Problems in den entsprechenden Gebieten entwickelt worden, aber die drei am meisten in Anwendung kommenden tragen die Namen Mercator, Lambert und Polarstereographie.

Geometrischer Zylinder nach Mercator

Im Jahre 1569 entwickelte Mercator diese Karte für die Kursgleichen-Navigation. Es war die erste winkelgetreue Projektion, auf der rechtweisende Peilungen einfach und genau aufgetragen werden konnten, und die Kursgleichen wurden als gerade Linien auf einer Karte aufgezeichnet. Da die Meridiane auf den Karten parallel gezeichnet werden, wird die Erde nur am Äquator genau wiedergegeben. Der Maßstab vergrößert sich mit zunehmender Breite, wodurch sich vergrößerte Landformen ergeben. Auf einer Mercator-Weltkarte ergeben sich Verzerrungen in Grönland, das sich z. B. auf der Karte wesentlich größer als auf einem Globus darstellt. Die Mercator-Karte ist gewöhnlich für die unteren Breitengrade zweckmäßiger.

Winkelgetreuer Schnittkegel nach Lambert

Lambert, ein weiterer berühmter Kartograph, entwickelte später eine Projektion, bei der Großkreise als gerade Linien auf der Karte aufgetragen wurden. Die Erde wird an nur zwei ausgewählten Breitenkreisen genau wiedergegeben, die als Standardparallelen bekannt sind. Diese Karte wird gewöhnlich in den mittleren Breiten verwandt, in denen die Projektion die Erdform genauer vermittelt (Abb. 4.9).

Polarstereographische Projektion

Bei dieser Projektion werden ebenfalls die Großkreise als gerade Linien gezeichnet. Die Erde wird nur genau am Pol dargestellt. Diese Karten werden bei der Polnavigation und bei Transpolarflügen benutzt.

Maßstab

Auf navigatorischen Karten wird die Einheit einer nautischen Meile verwendet und dies entspricht einer Breitenminute. Der Maßstab an jedem Punkt der Karte wird somit durch Gradeinteilungen von Minuten Breite auf einem Meridian nahe diesem Punkt aufgetragen. Die Entfernung zwischen zwei Punkten wird durch die Unterteilungen gemessen und von dem Meridian nahe diesen Punkten abgelesen.

Genauigkeit der Karte

Frühe Karten waren ungenau und schlecht gezeichnet und zeigten häufig Inseln oder große Landmassen dort, wo diese gar nicht vorhanden waren. Vor den holländischen Forschungsreisen wurde z. B. von vielen angenommen, daß sich der weite Ozean von China und den Ostindischen Inseln bis zu den Küsten des amerikanischen Kontinents erstreckt; der heutige Pazifik. Für die Kartenhersteller jener Zeit war es unvorstellbar, daß es einen so großen Ozean ohne irgendein Land gab. So trugen frühe Karten schematische Umrisse eines weiten imaginären Landes im Südpazifik mit der Inschrift »terra incognita australis« – unbekanntes Land im Süden. Natürlich wurde später eine große Landmasse im Süden entdeckt und von den Holländern als »Neu-Holland«, sodann von den Engländern »Australien« genannt, wobei sich dieser Name aus der obigen Inschrift herleitet. Der neuentdeckte Kontinent hatte jedoch mit dem Umriß früherer Karten wenig Ähnlichkeit.

Das Erstellen von Landkarten ist heutzutage eine exakte Wissenschaft, jedoch ist es auch bei diesen Karten keine Seltenheit, insbesondere in den Polar- und entlegenen Gebieten großer Kontinente, den Vermerk zu finden: »Auf keiner Karte verzeichnet« oder »Nicht erschlossen«.

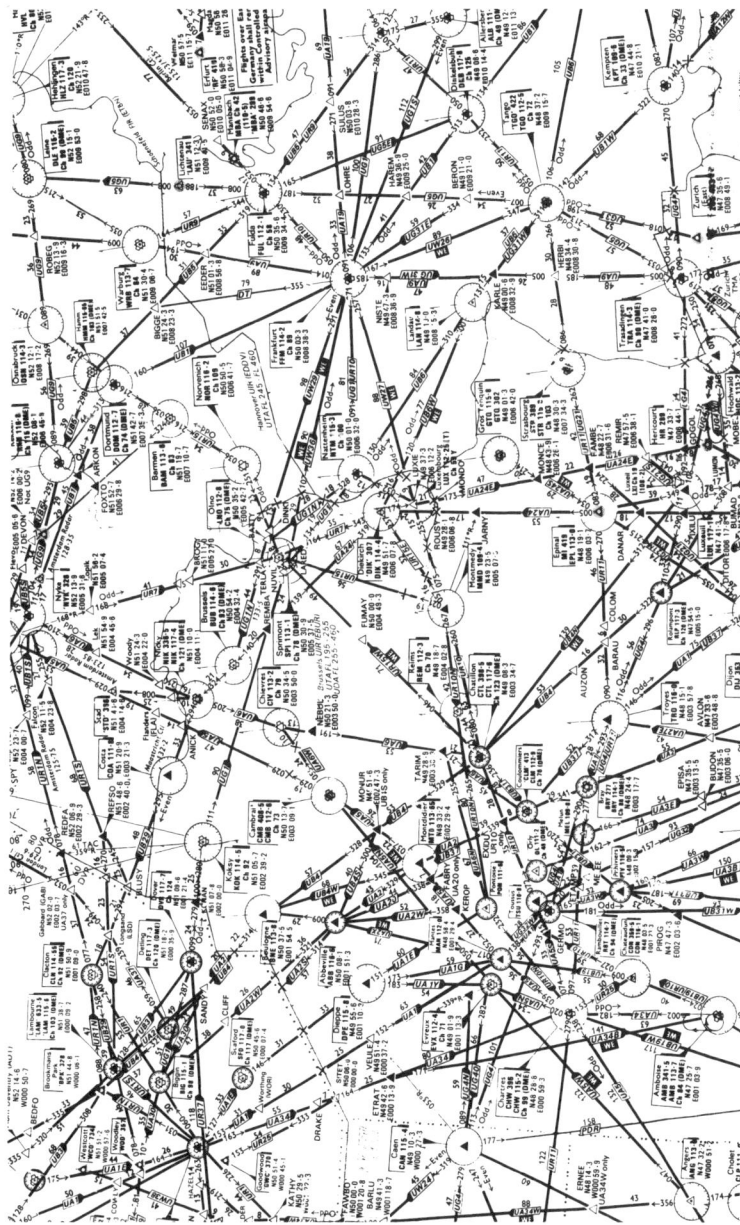

Abb. 4.9 Europäische Luftstraßenkarte unter Verwendung der Lambertschen winkeltreuen Kegelprojektion.

97

Kapitel 5

Navigation – 2

Der Flugnavigator ist auf Langstreckenrouten nun aus den Cockpits der meisten zivilen Fluggesellschaften verschwunden. Viele Einzelheiten vergangener Navigationsverfahren liefern jedoch eine gute Hintergrundinformation für die heutigen computergesteuerten Navigationsverfahren auf den Großraumflugzeugen, und so ist eine kurze Zusammenfassung der seinerzeitigen Pflichten eines Flugnavigators gegeben. Zur Einführung zunächst einige Definitionen, Maße und Einheiten.

Vereinfachte Definitionen

Äquator – Der Äquator ist eine imaginäre Linie auf der Erdoberfläche, die sich in ost-westlicher Richtung erstreckt und die Erde in Nord und Süd unterteilt. Der Äquator ist der Bezugspunkt der geographischen Breite.

Greenwich-Meridian – Ein Meridian ist eine imaginäre Linie auf der Erdoberfläche in Nord-Süd-Richtung, die den Nord- und Südpol verbindet. Der örtliche Meridian durch eine Position verbindet Nord und Süd in einer Linie, wie es bei dem Meridian durch Greenwich der Fall ist. Der Greenwich-Meridian ist der Bezugspunkt für die geographische Länge.

Kursgleiche – Eine Kursgleiche ist eine Linie, die alle Meridiane mit gleichem Winkel schneidet.

Großkreis – Ein Großkreis ist ein imaginärer Kreis auf der Erdoberfläche, dessen Mittelpunkt der Erdmittelpunkt ist. Die kürzeste Entfernung zwischen zwei Punkten auf der Erdoberfläche befindet sich entlang dem Großkreis, der durch diese Punkte hindurchführt. Der Äquator ist ein Beispiel eines Großkreises und der Greenwich-Meridian ein Beispiel für einen Halbkreis.

Geographische Breite – Die geographische Breite einer geographischen Lage ist der in der Ebene eines Meridians gemessene Winkel der Lage Nord oder Süd, vom Äquator gemessen, am Erdmittelpunkt von 0°–90°. Die Breite wird in Graden (°) und Minuten (') ausgedrückt, und ein Grad entspricht 60 Minuten.

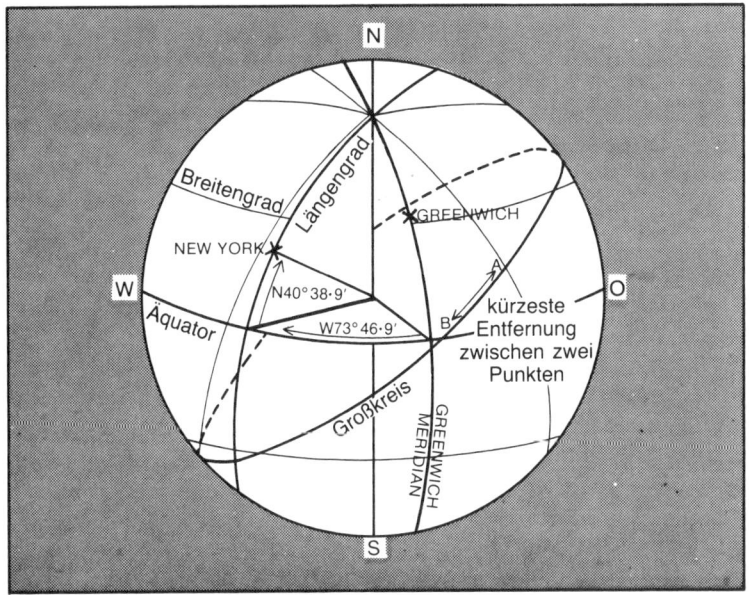

Abb. 5.1 Breiten- und Längengrade und Großkreise.

Geographische Länge – Die geographische Länge ist eine geographische Lage in einer winkelförmigen waagerechten Verschiebung der Lage Ost oder West vom Greenwich-Meridian, gemessen am Erdmittelpunkt, von 0° bis 180°. Die geographische Länge wird ebenfalls in Graden und Minuten ausgedrückt. Die exakte geographische Lage vom John-J.-Kennedy-Flughafen in New York ist: N 40; 38,9′, W/O 73°, 46,9′ (Abb. 5.1).

Messungen

Peilung – Eine Peilung ist die Richtung zu einem Punkt von einem anderen (Abb. 5.2).

Abb. 5.2 Peilung.

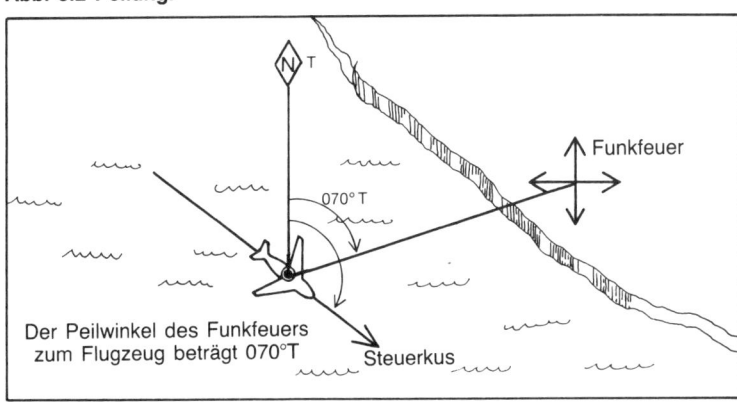

99

Steuerkurs – Der Steuerkurs eines Flugzeugs ist die Richtung, in die die Flugzeugnase zeigt.

Kurs über Grund – Dies ist der tatsächliche Flugweg über der Erdoberfläche.

Vorhaltewinkel – Vorhaltewinkel ist der Winkel zwischen Steuerkurs und Kurs über Grund, der für eine Windkorrektur erforderlich ist.

Richtung – Die Richtung von Peilungen, Steuerkursen und Winden wird in Uhrzeigerrichtung in Graden von Nord gemessen und als eine Gruppe von drei Zahlen von 000° bis 360° ausgedrückt; Nord entspricht somit 000° oder 360°, Ost 90°, Süd 180° und West 270°. Rechtweisend Nord (N_T) ist die Richtung des geographischen Nordpols, und Richtungen, die von rechtweisend Nord abgeleitet werden, drückt man in Grad rechtweisend (°T) aus. Magnetisch Nord (N_m) ist die Richtung, die durch eine drehbare Magnetnadel angezeigt wird, die durch das Magnetfeld der Erde beeinflußt wird. Die von magnetisch Nord gemessenen Richtungen werden in Grad magnetisch (°M) ausgedrückt. Der magnetische Nordpol bewegt sich Jahr für Jahr langsam und befindet sich zur Zeit auf der kanadischen Insel Bathurst, etwa 1700 Kilometer vom rechtweisenden oder geographischen Nordpol entfernt. Vor fünf Milliarden Jahren lag der magnetische Nordpol im östlichen Pazifik.

Variation und Deviation
(Ortsmißweisung und Kompaßfehler)

Die Variation oder Ortsmißweisung ist die winkelförmige Differenz zwischen rechtweisend und magnetisch Nord und, wie der Name besagt, variiert diese in ihrem Wert über die gesamte Welt. Gestrichelte Linien, die als Isogenen bezeichnet werden, sind auf Karten aufgetragen und stimmen mit Punkten gleicher Ortsmißweisung überein. Die jeweilige Ortsmißweisung hängt vom geographischen Standort des Beobachters in bezug auf rechtweisend und magnetisch Nord ab. Sie ist als östliche oder westliche Ortsmißweisung bekannt in Abhängigkeit davon, ob magnetisch Nord östlich oder westlich von geographisch Nord liegt.

Eine Deviation oder Kompaßfehler werden durch den örtlichen magnetischen Einfluß an Bord eines Flugzeuges hervorgerufen, und zwar aufgrund des Vorliegens ferromagnetischen Materials oder elektrischer Schaltkreise, wie diejenigen zum Betrieb der Funkausrüstung. Sie stören den Kompaß und lenken die Nadel im wahrsten Sinne des Wortes ab. Das von dem Kompaß nun angezeigte künstliche Nord wird als Kompaßnord (N_c) bezeichnet, und die vom Kompaß angezeigten Richtungen werden in Graden Kompaß (°C) ausgedrückt. Eine Kompaßabweichung ist somit die winkelförmige Differenz zwischen Kompaß und magnetisch Nord und wird als Ost oder West bezeichnet in Abhängigkeit davon, ob Kompaß Nord östlich oder westlich von magnetisch Nord liegt. Der Kompaß ist so angeordnet, daß Abweichungen kleinstmöglich gehalten werden. Auf einer Kompensierscheibe wird das Flugzeug mit dem Kompaß vermessen. Die noch verbleibende Abweichung wird für verschiedene Richtungen der Kompaßrose aufgezeichnet. Eine diese Abweichungen tabellarisch zusammenfassende Korrekturkarte befindet sich in jedem Flugzeug.

Karten entnommene Richtungsangaben werden in Grad rechtweisend gemessen, da Kartenmeridiane auf rechtweisend Nord deuten. Die Richtungsangaben auf den Karten werden somit in Grad magnetisch vermittels der Ortsmißweisung umgewandelt; und Grad magnetisch wird in Grad Kompaß unter Berücksichtigung der Deviation umgerechnet. Ein einer Karte entnommener rechtweisender Steuerkurs, der zum Navigieren zu einem entfernten Ort notwendig ist, muß vermittels des Kompasses korrigiert werden. Rechtweisender Steuerkurs (°T) plus/minus Ortsmißweisung (V) ist magnetischer Steuerkurs (°M), plus/minus Abweichung (D) ist der Kompaß-Steuerkurs (°C). (Gedächtnisstütze: True Virgins Make Dull Companions.)

In ähnlicher Weise muß eine Kompaß-Peilung von einem entfernt liegenden Funkfeuer, zum Beispiel, für das Auftragen auf eine Karte korrigiert werden. Kompaß-Peilung (°C) plus/minus Abweichung (D) ist Magnetpeilung (°M), plus/minus Ortsmißweisung (V) ist rechtweisende Peilung (°T). (Gedächtnisstütze: Cadbury's Dairy Milk Very Tasty!)

Einheiten

Nautische Meile

Eine nautische Meile (entsprechend 1,82 km) ist gleich der Distanz einer Bogenminute eines Meridians der Erdoberfläche, d. h., eine nautische Meile (n. m.) entspricht einer Minute geographischer Breite. Die Form der Erde ist tatsächlich ein abgeflachter Sphäroid, ein kugelförmiger Körper, der an den Polen geringfügig flacher ist. Eine Bogenminute am Nord- und Südpol unterscheidet sich somit von einer Bogenminute am Äquator, so daß die durchschnittliche Entfernung einer Bogenminute, rund 1820 m, als Maß einer nautischen Meile genommen wird. (Der Durchmesser der Erde – gemessen über die Pole – ist in der Tat nur etwa 45 km kleiner als derjenige des Äquators, und für die meisten navigatorischen Zwecke kann die Erde als eine echte Kugel betrachtet werden.)

Die **Statute Meile** (englische Landmeile) (s. m.) beträgt 1609 Meter, so daß die nautische Meile angenähert 15% länger als die Landmeile ist.

Der **Kilometer** ist die Länge eines zehntausendsten Teils der Entfernung längs des Meridians durch Paris zwischen dem Äquator und dem Nordpol und entspricht 1000 Metern.

Geschwindigkeit

Die Geschwindigkeit wird in Knoten gemessen, und ein Knoten entspricht einer nautischen Meile pro Stunde (somit 1,85 Kilometer pro Stunde). Die Geschwindigkeit über Grund (G/S) ist die Geschwindigkeit des Flugzeugs über der Erde, und die wahre Eigengeschwindigkeit (TAS) ist die Geschwindigkeit, mit der es durch die Luft fliegt.

Windgeschwindigketi (W/V)

Die Windgeschwindigkeit setzt sich aus Windrichtung und -geschwindigkeit zusammen. Die Windrichtung zeigt immer die Richtung an, aus der der Wind bläst. W/V wird beispielsweise als 090/20 ausgedrückt – der Wind bläst aus 090° (Ost) mit 20 Knoten. Die Windgeschwindigkeit wird üblicherweise in Grad rechtweisend für Höhenwinde und vorhergesagte Bodenwinde und in Grad magnetisch für tatsächlich herrschende Bodenwinde ausgedrückt. Man spricht davon, daß der Wind rechtsdreht (krimpt), wenn sich seine Richtung im Uhrzeigersinn bewegt und vom Linksdrehen, wenn seine Richtung entgegengesetzt dem Uhrzeigersinn verläuft.

Navigationsverfahren

Grundlegende Navigation: Mitkoppeln und Nachkoppeln

Grundlage der Navigation (vom Navigator vorgenommene Aufzeichnungen auf einer Karte) ist die überschlägige Schätzung der Position aus den Werten des letzten bekannten Standorts, um eine exakte Position zu bestimmen. Um die angenäherte Position eines Flugzeugs zu bestimmen, bediente man sich eines einfachen Verfahrens, der abgeleiteten Koppelnavigation, die allen Navigatoren als solche bekannt ist. Die

Standortbestimmung eines Flugzeugs erfolgt unter Zuhilfenahme des Steuerkurses und der wahren Eigengeschwindigkeit, jedoch unter der Annahme, daß Windstille herrscht. Diese Standorte werden während des ganzen Fluges ermittelt. Die Berücksichtigung eines vorhergesagten Windvektors ermöglicht jederzeit das Bestimmen des geschätzten oder Koppelortes. Dieses Verfahren wird weiter unten beschrieben und ist in der Abb. 5.3 dargestellt.

Ein vom Flughafen A abhebendes Flugzeug mit einem Steuerkurs von 090°T erfährt durch den Wind eine Kursabweichung, und sein Kurs über

Abb. 5.3 Koppelnavigation und Kursbestimmung.

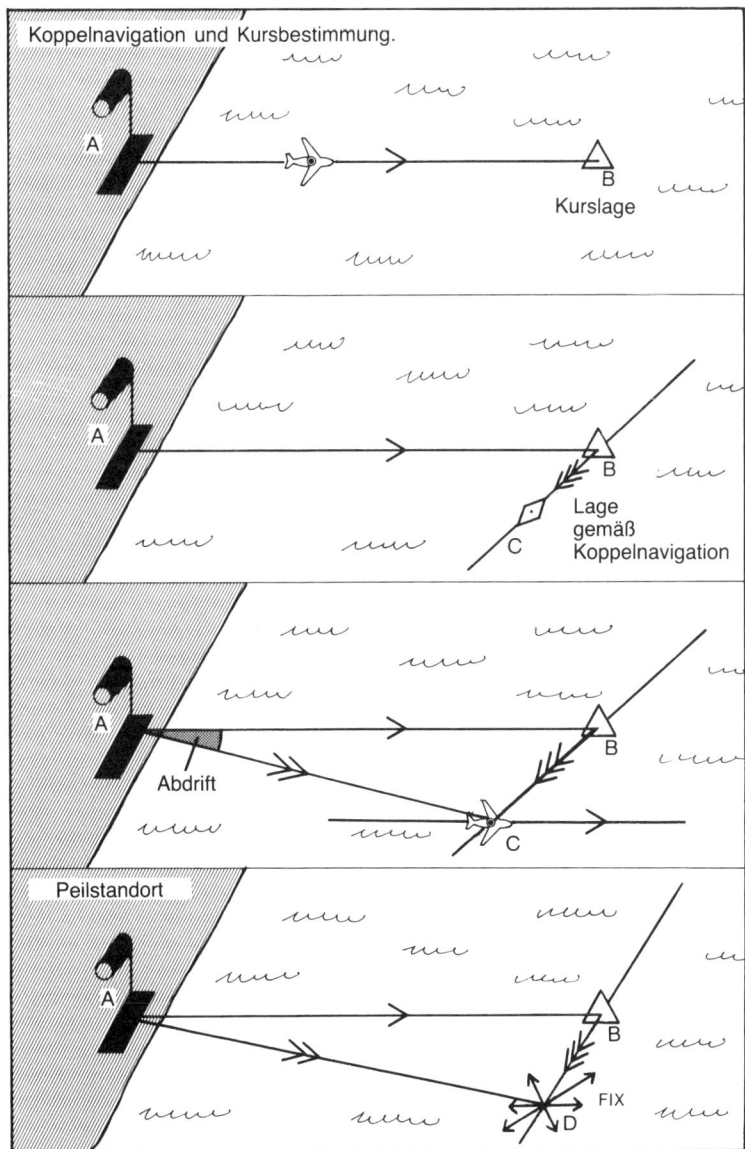

Koppelnavigation und Kursbestimmung.

A
B
Kurslage

A
B
Lage
gemäß
C
Koppelnavigation

A
B
Abdrift
C

Peilstandort
A
B
FIX
D

Grund unterscheidet sich vom rechtweisenden Kurs. Mit anderen Worten, das Flugzeug wird durch Seitenwind leicht seitlich über die Erdoberfläche geschoben. Wenn auf der Karte eine Linie in Richtung des Steuerkurses von 090° aufgetragen wird und, angenommen, nach einer Stunde wird der Punkt B auf dem Steuerkursvektor unter Berücksichtigung der wahren Eigengeschwindigkeit des Flugzeugs und des Kartenmaßstabes markiert, wird das Flugzeug nach einer Stunde den Punkt B erreichen, wenn kein Wind auftritt. Die Entfernung A−B gibt nun die wahre Eigengeschwindigkeit des Flugzeugs in nautischen Meilen pro Stunde (Knoten) wieder.

Der vorausgesagte Wind wird nunmehr auf den Punkt B bezogen. Kommt etwa ein Wind von 045°/50 Knoten in Betracht, wird die Linie B−C maßstabsgerecht gezeichnet, entsprechend dem Wert des aus 045°T mit 50 Knoten wehenden Windes. Punkt C ist nun die Position der Koppelnavigation nach einer Stunde. Es ist natürlich nicht die genaue Position, da von der Annahme ausgegangen wurde, daß der vorhergesehene Wind während der letzten Stunde seine Richtung 045°T und Stärke 50 Knoten nicht verändert hat, was jedoch selten zutrifft. Die Linie A−C gibt somit eine geschätzte Geschwindigkeit über Grund des Flugzeugs in Knoten, und die Richtung der Linie A−C, 095°T, ist der geschätzte Kurs über Grund. Der schraffierte Winkel stellt die geschätzte Kursabweichung oder Abdrift des Flugzeugs mit 5° nach rechts dar.

Abb. 5.4 Der Navigationsrechner.

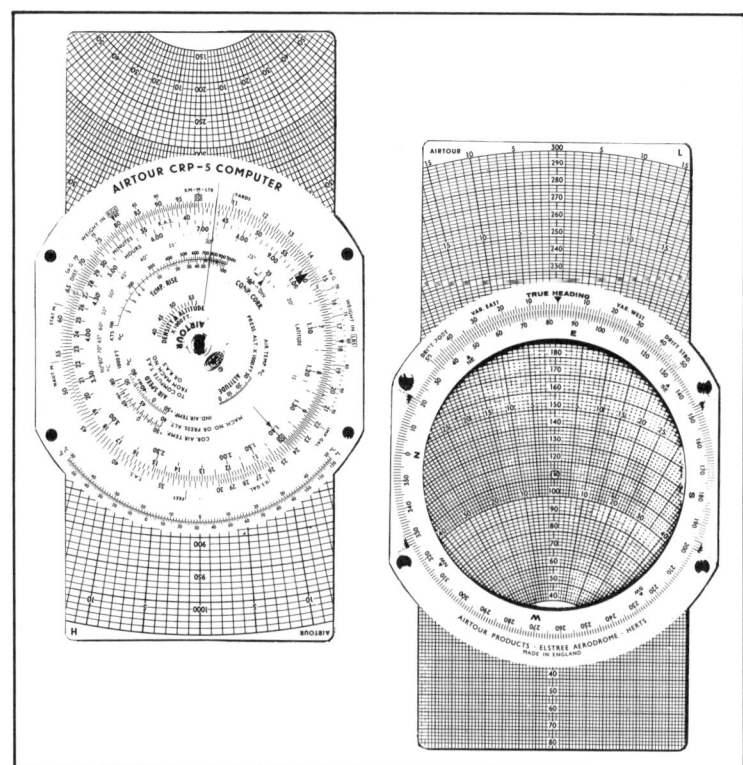

Das Dreieck A, B, C ist das sogenannte Winddreieck. Stehen Informationen über zwei Vektoren zur Verfügung, kann das Dreieck maßstabsgerecht gezeichnet werden; entweder auf einer Karte oder auf Millimeterpapier. So steht dann der dritte Vektor fest. Wenn gleichzeitig ein Standort des Flugzeugs von dritter Seite zu einem Punkt D festgestellt wird, ist der Vektor A−D die tatsächliche Geschwindigkeit über Grund und der zurückgelegte Kurs, da der Punkt A und die Vektoren B–C den tatsächlich zu erwartenden Wind aufzeigen. Diese Berechnung kann sodann zum Korrigieren des Steuerkurses und der Geschwindigkeit für die nächste Teilstrecke verwandt werden.

Standortbestimmungen in der Luft haben sich nach Einführung des Dopplerradars erübrigt. Dopplerradar ist eine autonome Navigationshilfe in der Luft, die Funksignale über ein Antennensystem an der Unterseite des Flugzeugs sowohl nach vorne als auch hinten sendet. Die anhand empfangener Signale festgestellte Frequenzverschiebung wird vom Boden zum Flugzeug zurückgeworfen und ergibt somit die tatsächliche Grundgeschwindigkeit und die Abdrift. So kann der Navigator mit einem Navigationsrechner jederzeit den Wind bestimmen, indem er die wahre Eigengeschwindigkeit entsprechenden Tabellen entnimmt. Der Navigationsrechner hat seinen Namen übrigens lange vor dem Computerzeitalter erhalten; er besteht aus einem Diagrammschieber mit aufliegender Kursrose. Hier können die wahre Eigengeschwindigkeit und die Kursabweichungen anhand der entsprechenden Linien abgelesen werden. Der in Frage kommende Abschnitt des Windvektors wird auf dem Diagramm aufgetragen, und durch Drehen der Kursrose wird die Information erhalten, ohne daß es einer maßstabsgerechten Aufzeichnung des Winddreiecks auf einer Karte bedarf. Die Rückseite des Navigationsrechners liegt in Form eines kreisförmigen Rechenschiebers vor und kann für alle arithmetischen und aviatorischen Berechnungen benutzt werden. Der Navigationsrechner ist immer noch das Hauptwerkzeug des Flugnavigators. Beide Seiten dieses Instruments sind in der Abb. 5.4 dargestellt.

Standortnavigation

Die Mercator-Karte ist das wichtigste Element in der Navigation; rechtweisend Nord zur Standortbestimmung und der magnetische Kompaß zum Steuern des Flugzeugs. Die Mercator-Karte wurde ursprünglich zur vereinfachten Navigation geschaffen. Das Steuern eines gleichbleibenden magnetischen Steuerkurses (unter Annahme gleichbleibender Ortsmißweisung und Windverhältnisse) führte zu einem Fliegen des Kurses auf der Loxodrome und konnte einfach als eine gerade Linie in rechtweisender Richtung in die Karte eingezeichnet werden. Da die Meridiane parallel zueinander aufgetragen wurden, war die Bestimmung der rechtweisenden Richtung ebenfalls einfacher. Der Kurs auf der Loxodrome ist länger als derjenige auf dem Großkreis, aber da dieses System nur in den unteren geographischen Breiten verwandt wurde, war die Differenz minimal.

Gitter-Navigation

In höheren geographischen Breiten werden auf die normale Mercator-Projektion bezogene Karten unwirksam, und zwar aufgrund der zunehmenden Konvergenz und der Unmöglichkeit, die Pole aufzuzeigen. In mittleren und geographischen Polarbreiten wurden daher Lambert-Karten, polarstereographische Karten für die Navigation, verwendet.

Auf diesen Karten sind die Meridiane allerdings nicht parallel zueinander, sondern zeigen mehr in Richtung auf die Pole, als es bezüglich der Erdoberfläche sein würde. Auf diesen Karten markiert eine gerade Linie einen Großkreis, der die Meridiane mit verschiedenen Winkeln schneidet. Um einen Großkreis zu fliegen, ist der unter Zuhilfenahme von Standard-Navigationstechniken ermittelte Steuerkurs, ausgedrückt in Grad rechtweisend, kontinuierlich auf Strecken in mittleren Breitengraden und sehr schnell in der Nähe der Pole zu ändern. Um dieses Problem zu überwinden, wurde das Gitter-Navigationssystem entwickelt. Es wird ein beliebiges Gitter auf die Karte aufgetragen, und die Richtung dieses Gitters ist als »Gitter-Nord« (N_G) bekannt. Dies ist der Bezugspunkt für das Auftragen der Peilungen, ausgedrückt in Gitter-Grad ($°G$). Aus Zweckmäßigkeitsgründen wurde der Greenwich-Meridian gewöhnlich als Gitter-Nord ausgewählt (Abb. 5.5). Obgleich der Großkreiskurs den wahren Meridian mit unterschiedlichen Winkeln schneidet, schnitt er auf diese Weise alle Gitter-Meridiane mit gleichem Winkel. Der Steuerkurs des Flugzeugs konnte im Verhältnis zu Gitter-Nord ausgedrückt werden, und dieser konstante Gitter-Steuerkurs führte zu einem Halten der Flugzeugnase auf dem Großkreis.

Gitter-Navigation in mittleren Breiten

Auf dem Nordatlantik wurde z. B. die winkelgetreue Lambert-Karte mit dem Grundgitter überdruckt, um sich den Vorteil des Fliegens auf Großkreisen zunutze zu machen. Funksignale bewegen sich ebenfalls entlang der Großkreise, und Funkpeilungen konnten einfach als gerade Linie auf der Karte aufgetragen werden. In diesem Fall wurde ein normaler Magnetkompaß zum Steuern des Kurses angewandt, und so mußte

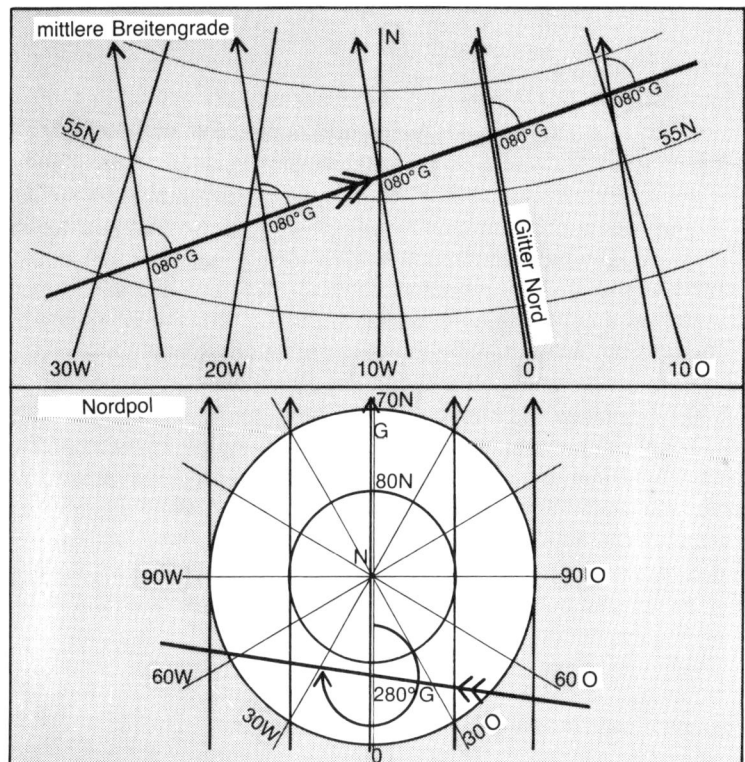

Abb. 5.5 Gitternetznavigation.

der Gitter-Steuerkurs auf den magnetischen Steuerkreis umgerechnet werden.

Der Winkelunterschied zwischen geographisch Nord und Gitter-Nord war auf den Karten als Gitter-Konvergenz bekannt. Die Gitter-Konvergenz ermöglichte eine Umwandlung der rechtweisenden Richtung in die magnetische. Gitter-Konvergenz und Ortsmißweisung wurden algebraisch erfaßt und als eine Korrektur verwendet, bekannt unter der Bezeichnung Grivation. Punktierte Linien, bekannt als Isogrive, wurden auf die Karten aufgedruckt, die die Punkte gleicher Grivation verbinden. Der für das Beibehalten des Kurses erforderliche Gitter-Steuerkurs wurde berechnet, die mittlere Grivation entlang der Route der Karte entnommen, um einen konstanten angezeigten, magnetischen Steuerkurs zu erreichen, der bei Steuern des Flugzeugs nach dem Magnetkompaß dasselbe so nahe wie möglich auf dem Großkreis hielt.

Gitter-Navigation über den Polen

Bei der Navigation über den Polen wurde gewöhnlich die polarstereographische Karte benutzt. Wie bei der Lambert-Karte konnten Groß- **107** kreise und Funkpeilungen als gerade Linien aufgetragen werden. Wiederum wurde der Greenwich-Meridian als Gitternetz-Nord-Bezugspunkt gewählt. In den Polargebieten ist der Magnetkompaß unzuverlässig aufgrund der Nähe des magnetischen Pols, und der Kompaß wurde als Kurskreisel genutzt. Auf diese Weise wurde der durch Kreisel stabilisierte Kompaß (frei von magnetischem Einfluß) so vorgesehen, daß Kompaß-Nord mit Gitter-Nord ausgerichtet blieb, und der Kompaß war für die Erdrotation korrigiert. Bei Fliegen eines konstanten angezeigten Gitternetz-Steuerkurses blieb das Flugzeug auf dem Großkreis.

Beim Ausrichten des Kompasses mit Gitter-Nord bei der Position des Flugzeugs mußte große Sorgfalt angewandt werden sowie ebenfalls beim Umrechnen von Höhenwinden von der wahren in Gitter-Nord-Richtung und Funkpeilungen von magnetisch auf Gitter. Die Piloten hatten keinen anderen Bezugspunkt, wenn sie das Flugzeug steuerten, als den von dem Navigator auf Gitter-Nord eingestellten Kompaß, und ein simpler Fehler bei der Ausrichtung oder dem Steuerkurs konnte zu schwierigen Problemen führen.

Standortbestimmung

Der Standort wurde normalerweise zwecks Genauigkeit durch drei Standlinien bestimmt. Gewöhnlich erhielt man ein kleines Dreieck (als Dreispitz bekannt), und der Standort wurde als in der Mitte des Dreiecks liegend angenommen. Es war selten möglich, Standlinien gleichzeitig zu erhalten, und so mußte eine Standlinie gewöhnlich längs des geplanten Flugweges bei der Geschwindigkeit des Flugzeugs über Grund gegen die zum Festlegen erforderliche Zeit verschoben werden. So dauerte es einige Minuten, den Standort zu erhalten, die Zeit wurde bezüglich jeder Standlinie – wie sie gezeichnet wurde – und auch gegen den endgültigen Standort notiert.

Im Bereich eines Funkfeuers, z. B. beim Start und zu Ende einer Ozeanüberquerung, ergaben sich genaue Standorte durch Peilungen und Entfernungsmeßgeräte. Das Wetterradar konnte ebenfalls nach unten geneigt werden, um die Erdoberfläche abzutasten und eine Landspitze oder Insel anhand der Karte zu identifizieren. Abstand und Funkseitenpeilung von den auf dem Schirm aufgezeigten Standlinien konnten sodann notiert und eine Standortbestimmung vorgenommen werden.

In der Mitte des Ozeans oder über Wüsten waren Langstrecken-Funkhilfen erforderlich, und LORAN (ein Langstrecken-Funknavigationssystem) war die herkömmliche Bezugsquelle für Standlinien, insbesondere über dem Altantik und Pazifik. LORAN bestimmte die Standlinien durch Messen der Zeitdifferenz zwischen den von entfernten Haupt- und Nebenstationen übertragenen Funksignalen. Auf den Karten aufgedruckte hyperbolische Standlinien dienten dann der Ortsbestimmung. Consol-Funkfeuer waren ebenfalls über den Ozeanen verfügbar und bestanden aus einem Muster aus Punkten und Strichen, die von einer entfernten Station übertragen wurden. Sobald der zuständige Consolsektor durch Koppelnavigation ermittelt war, konnte durch Zählen der Punkte und Striche die Standlinie auf einem überdruckten Consolmaßstab von der Karte abgelesen werden. Über dem Nordatlantik waren ebenfalls Stationen auf Ozeanschiffen (OSV) verfügbar, deren Standort auf einem Gitter durch Morsezeichen angezeigt wurde. Es konnten vom Funker an Bord Radarpeilungen erhalten werden, sobald ein Funkkontakt hergestellt war.

Über den meisten Wüsten und manchmal in der Mitte des Ozeans gab es solche Hilfen nicht, und der Navigator hatte auf die Astronavigation zurückzugreifen, um Standortbestimmungen mit Hilfe der Sterne vorzunehmen. Im Gegensatz zu Beobachtungen vom Schiff aus war der Horizont jedoch nicht zufriedenstellend. Egal, ob man sich des Horizonts hätte bedienen können, das Flugzeug konnte kaum bis zum Eintritt der Dämmerung oder bis zum Morgengrauen warten, wenn sowohl Sterne als auch der Horizont sichtbar waren. So wurde der Sextant durch Vorsehen einer Libelle zwischen zwei parallelen Linien mit der Senkrechten ausgerichtet. Die erhaltene Senkrechte erwies sich natürlich durch Verschiebung der Libelle aufgrund der Flugzeugbewegung nicht als genau, und so mußten Korrekturen vorgenommen werden.

Ebenfalls war, im Gegensatz von See aus, der Himmel oben nicht sichtbar, und der Sextant mußte durch Berechnungen erneut eingestellt werden, um den gewünschten Stern zu finden. Der Flugnavigator entnahm Tabellen die etwaige Höhe (d. h. den Winkel zwischen Horizont und Stern) und den Azimut (d. h. die Richtung in bezug auf rechtweisend Nord) des Sterns vom Standort des Beobachters aus, bevor der Stern gesehen und seine genaue Höhe gemessen werden konnte.

Der Sextant (Abb. 5.6) wurde durch eine unter Druck stehende Doppelklappe in der Cockpitdecke in seine Lage gebracht. Die erste Klappe wurde geöffnet, um die Verjüngung des Sextanten in die Öffnung einzusetzen. Sodann öffnete sich die zweite Klappe, um das Periskoprohr vorsichtig in die Atmosphäre zu bewegen. Aufgrund des Druckunterschiedes versuchte eine ziemlich starke Kraft, den Sextanten nach oben zu ziehen, und er mußte festgehalten werden, um nicht in seine Verriegelung zu knallen. Einmal entwarf ein Flugingenieur inoffiziell eine Befestigung für das Ende eines Staubsaugerschlauches, um ihn in die Sextantenbefestigung zu passen. Die Idee bestand darin, die Doppelklappen der Sextantenbefestigung im Reiseflug zu öffnen und den Schlauch wie einen Staubsauger zum Reinigen des Cockpits zu verwenden. Beim ersten Versuch wurde der Schlauch mit der Sextantenbefestigung ver- **109** bunden und die Doppelklappen geöffnet. Der Sog war aber so stark, daß er den Schlauch völlig umkrempelte und die gesamte Einheit am Himmel verschwand.

Der Sextant wurde auf den vorgesehenen Stern ausgerichtet, und zwar durch Einstellen der den Tabellen entnommenen berechneten Höhe sowie durch Richten des Sextanten auf den Azimut des Sterns vermittels des auf der Verjüngung vorgesehenen Azimutrichtkreises. Hierbei war der Sextant auf geographisch Nord ausgerichtet. Man konnte den Stern dann sehen, jedoch mußte er erst aus dem örtlichen Sternbild innerhalb des Blickwinkels identifiziert werden, bevor ein »Schuß« erfolgen konnte. Einmal identifiziert, wurde der Stern etwa 2 Minuten »angeschossen«, um jede natürliche Flugzeugbewegung auszuschalten. Für einen um 0200 MGZ beobachteten Stern begann das Sichten um 0159 und war um 0201 abgeschlossen. Während dieser Zeitspanne nahm der Navigator am Sextanten geringfügige Anpassungen vor, um den Stern im Auge zu behalten. Zu Ende der Beobachtung wurden die Ablesungen mechanisch im Sextanten summiert und wurde die durchschnittlich beobachtete Höhenablesung erhalten.

Durch Vergleich der berechneten und beobachteten Höhen ermittelte man arithmetisch eine Standlinie, die sodann auf die Karte aufgetragen werden konnte. Beobachtungen von zwei weiteren Sternen ermöglichten das Aufzeichnen zweier weiterer Standlinien, und es wurde eine »Dreisterne-Bestimmung« erhalten.

Die Arbeitslast war beim Navigieren mit Hilfe der Sterne für den Navigator außerordentlich groß. Das Flugzeug bewegte sich mit großer Geschwindigkeit, und so mußte der Navigator das Flugzeug schnell auf seinen Kurs zurückführen, um jegliche Abweichung zu korrigieren und auch die Berechnungen für die Standortbestimmung vervollständigen, ein Logbuch über den Flugverlauf führen und die Sterne zu jeder notwendigen Zeit »anschießen«. Da leicht Fehler gemacht wurden, war weitere Zeit erforderlich, um die Berechnungen zu überprüfen und eventuelle Fehler zu beheben. So war es nur möglich, alle 40 Minuten einen Astro-Standort zu ermitteln, und während dieser Zeitspanne konnte das Flugzeug mehr als 350 Seemeilen geflogen sein.

Obgleich der Peilstandort zum größten Teil aus den Standlinien gleicher Art, d. h. drei LORAN oder drei Sternen, ermittelt werden konnte, war es oft erforderlich, Standlinien unterschiedlicher Herkunft zu Hilfe zu nehmen, wenn sich nichts anderes fand. Trotz der relativ weitentwickelten verfügbaren Ausrüstung war es in der Tat für Navigatoren nicht ungewöhnlich, Standlinien zusammenzukratzen, um den Standort zu ermitteln, insbesondere in entlegenen Gebieten, wo diese Informationen am nötigsten waren. Gelegentlich waren zwei oder nur eine Standlinie verfügbar. Auf den langen Tagflügen von Europa in die Karibik war die Sonne die einzige Standlinie in den unteren Breiten. Das Beste, was der

Navigator tun konnte, war, die Sonnenlinien und die Koppelnavigation anzuwenden, um eine höchstwahrscheinliche Standortbestimmung zu erhalten. Und dies fand im letzten Jahrzehnt, nicht im letzten Jahrhundert statt!

Abb. 5.6 Der periskopische Sextant.

Streckennavigation

Eine geeignete Strecke, um die Aufgaben eines Flugnavigators zu erläutern, ist diejenige von New York nach London. Nehmen wir z. B. an, der zugeordnete Kurs verlief von Gander in Neufundland, Kanada nach Shannon in Irland über 50 N 50 W, 52 N 40 W, 53 N 30 W, 53 N 20 W, 53 N 15 W. (Es gibt dort keine Positionsmeldepunkte, es sind lediglich herkömmliche Koordinaten auf einer Karte.) Zunächst wird der Pilot das Flugzeug von New York nach Gander entlang einer zugeordneten Luftstraße fliegen. Bei dieser Art Funknavigation war es nicht notwendig, die Flugzeugposition genau auf einer Karte aufzuzeichnen, da man sie leicht von den Instrumenten ablesen kann. Der Pilot wird das Flugzeug einfach von Funkfeuer zu Funkfeuer entlang der Luftstraße von New York nach Gander fliegen und ebenso auf der anderen Seite des »großen Teiches« von Shannon nach London unter Benutzung der Luftstraßenkarten; dies in der gleichen Weise, wie ein Autofahrer seine Straßenkarte auf der Autobahn benutzt.

Beim Anflug auf die Atlantikküste markiert der Navigator den zugewiesenen Kurs auf der Navigationskarte und wird sich darauf einstellen, das Flugzeug zu navigieren. Seine Pflichten beginnen über Gander. In der Zwischenzeit werden die Piloten den Nordatlantik-Kurs vermittels der Informationen über Kursabweichung und Grundgeschwindigkeit von dem Doppelradar fliegen. Das Problem mit dem Dopplersystem war jedoch, daß dasselbe nicht zuverlässig genug für eine genaue Navigation war, so daß es der Navigator überwachen mußte. Der Standort des Flugzeugs wird von dem Navigator in regelmäßigen Abständen auf der Karte aufzutragen sein, wobei er sich der verschiedensten Navigationshilfen bedient und dies sodann mit dem durch das Dopplersystem angezeigten Standort vergleicht. Der Navigator gibt den Piloten alle erforderlichen Korrekturen an, um wieder dem Kurs zu folgen. So betrachtet, überwacht der Navigator lediglich den Flugverlauf, wie er nach der Dopplerinformation geflogen wird, anstatt die Flugnavigation zu übernehmen.

Versagt jedoch die Dopplerausrüstung, verlieren die Piloten die Grunddaten, nach denen der Steuerkurs eingestellt wurde, und sie können den Flugverlauf nicht überprüfen. Die Piloten sind sozusagen navigationsblind, und der Navigator muß erneut mit Nachkoppeln beginnen; dem grundlegenden Navigationssystem, wie im vorhergehenden Teil erläutert. Der Navigator ist jetzt auf sich selbst gestellt und führt die Navigation des Fluges, gibt Steuerkurse und geschätzte Flugzeiten bekannt, wann immer diese notwendig sind.

Es wird ein Logbuch über alle Beobachtungen, Schätzungen, Standlinien und Positionsbestimmungen während des gesamten Fluges geführt. Innerhalb der ersten 200 Seemeilen steht das Funkfeuer von Gander zusammen mit dem Entfernungsmeßgerät zur Standortermittlung zur Verfügung. Außerhalb dieser Entfernung ist das Funkfeuer außer Reichweite, und der Navigator bedient sich des LORAN-Systems (Langstrecken-Funknavigationssystem), das von Stationen in Nordamerika und Grönland zur Verfügung steht. Bei etwa 30 W sind auch diese LORAN-Ketten außer Reichweite, während die LORAN-Ketten in Europa noch nicht im Einzugsbereich liegen. Während ostwärts führender Nachtflüge wird bei dieser Position eine Standortbestimmung vermittels der Sterne vorgenommen. Man bedient sich sodann der europäischen LORAN-Kette bis etwa 200 Seemeilen vor Shannon, wo das Flugzeug wieder den Bereich des Funkfeuers und die DME von Shannon verfügbar hat. Eine letzte Standortbestimmung wird durchgeführt und das Flugzeug über das Funkfeuer navigiert. Eine gewöhnliche Atlantiküberquerung erfordert etwa ein dreieinhalbstündiges Navigieren.

Funknavigation

Es gibt heutzutage eine Anzahl Funkhilfen, um den Piloten entlang der Luftstraßen und auf den Landeanflug zu führen, und diese sollen im folgenden erläutert werden.

Ungerichtete Funkfeuer (NDB)

Ein ungerichtetes Funkfeuer ist die elementarste aller Navigationshilfen und besteht einfach aus einem Funksender, der auf einer bekannten Frequenz, ähnlich einer Rundfunkstation, ein Signal ausstrahlt. Dieses Signal wird an Bord des Flugzeugs durch einen einfachen, für Navigationszwecke abgewandelten Empfänger empfangen. Die Frequenz wird auf einer Digitalanzeige gewählt und das Funkfeuer durch ein Morsecodesignal identifiziert.

NDB senden auf Langwelle (LF) und Mittelwelle (MF) von etwa 200 bis 800 kHz. Die Reichweite des Funkfeuers ist proportional dem Quadrat der Leistung (d. h., um die Reichweite zu verdoppeln, muß die Ausgangsleistung vervierfacht werden) und variiert von bis zu 500 Seemeilen über See und 100–150 Seemeilen auf dem Land. NDB werden gewöhnlich zum Feststellen der Mittellinienführung auf Luftstraßen verwendet. Gewöhnlich werden jedoch NDB niedriger Leistung, sogenannte Platzfunkfeuer, mit einer Reichweite von etwa 10 Seemeilen beim Endanflug auf Flughäfen als Markierungsfunkfeuer benutzt. Sobald auf das NDB abgestimmt und dieses identifiziert ist, muß festgestellt werden, aus welcher Richtung das Signal gesendet wird, und dies wird durch ein automatisches Peilgerät, einen Radiokompaß, erreicht.

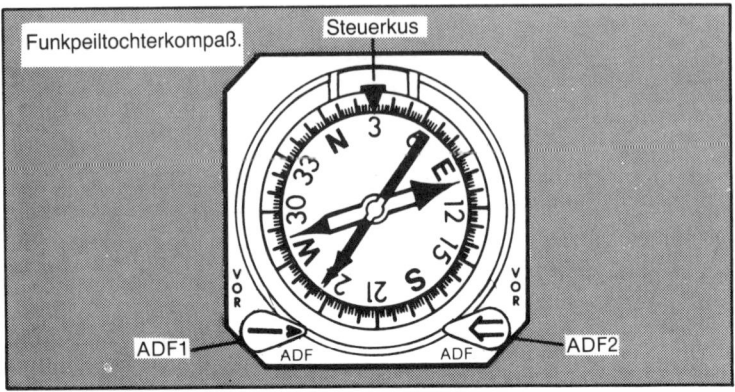

Abb. 5.7 Funkpeiltochterkompaß.

Radiokompaß (ADF)

Wenn innerhalb des Bereichs die Frequenz des NDB gewählt ist, zeigt die zugespitzte Nadel des Radiokompasses einfach in die Richtung des Funkfeuers. Die Nadel liegt auf einer Kompaßrose, um die magnetischen Richtungen anzuzeigen. Dieses Gerät heißt ADF-Anzeigegerät (RMI) und ist in der Abb. 5.7 erläutert.

Die Empfangsanlage besteht aus einer Rahmenantenne und einer ihr zugeschalteten Hilfsantenne. Wenn die Rahmenantenne rechtwinklig zu einer empfangenen Funkwelle ausgerichtet ist, wird in beide Seiten der Antenne die gleiche Phase induziert, und es fließt kein Strom. Diese Stellung ist als »Minimum« bekannt und bestimmt die Richtung des empfangenen Funksignals. Die Hilfsantenne löst die ankommenden Funksignale auf, und zwar in von vorne und von hinten kommende, und gibt somit die Richtung des Funkfeuers an. Empfangene Signale werden verstärkt, wodurch ein kleiner Motor das System automatisch antreibt und die Nadelspitze auf das »Minimum« führt. Hier beläuft sich die Signalstärke auf Null. Die Nadel auf dem RMI zeigt sodann die Richtung des NDB vom Flugzeug an.

Da aufgrund von Überbelegung in den LF- und MF-Frequenzbändern Funkfeuer häufig auf der gleichen Frequenz senden, werden Verwechslungen durch ein entferntes Aufstellen der Funkfeuer mit begrenzter Ausgangsleistung voneinander vermieden. Bei Nacht können jedoch ioniosphärische Aktivitäten die Reichweite erhöhen, wodurch Interferenzen zwischen Funkfeuern auf der gleichen Frequenz hervorgerufen werden. NDB werden ebenfalls durch atmosphärische Störungen, wie Gewitter, beeinflußt und können gleichzeitig recht irrtümliche Ablesungen zur Folge haben, wenn die Nadeln auf dem ADF auf elektrisch aufgeladene Wolken anstatt die angezeigte Richtung des Funkfeuers deuten.

Detling VOR, Kent, England.

UKW-Drehfunkfeuer (VOR)

Das VOR ist heute die herkömmlichste Art eines Funkfeuers. Es wird hauptsächlich auf Luftstraßen benutzt und gibt die Mittellinienführung sowie die Meldepunkte an. Wie der Name besagt, senden VOR im Ultrakurzwellenbereich (VHF) von 108,0 bis 117,9 MHz, wobei ihre Reichweite auf eine quasi-optische Sichtlinie von normalerweise 200 Seemeilen begrenzt ist.

Das VOR übermittelt Peilinformationen durch das Prinzip des Phasenvergleichs. Das übertragene Signal ist frequenzmoduliert (FM), bei 30 Hz, und wird von einem Antennensystem ausgestrahlt, das mit 30 Umdrehungen pro Sekunde umläuft. In Reichweite des Funkfeuers empfangen daher Empfänger in Flugzeugen nicht nur die FM-Signale bei 30 Hz, sondern ebenfalls ein amplitudenmoduliertes (AM-)Signal bei 30 Hz, bedingt durch die umlaufende Antenne. Das empfangene FM-Signal weist die gleiche Phase in allen Richtungen auf, jedoch ist die Phase des empfangenen AM-Signals für jede Flugzeugposition vom Funkfeuer unterschiedlich. Die zwei Modulationen (FM und AM) liegen von dem Funkfeuer in Richtung magnetisch Nord in Phase, und jede vom Empfänger festgestellte Phasendifferenz zwischen den Modulationen entspricht einer mißweisenden Peilung des Flugzeugs vom Funkfeuer.

Das VOR wird in ähnlicher Weise wie das NDB abgestimmt und iden-

Abb. 5.8 VOR-Peilung wiedergegeben auf dem Hauptkompaß.

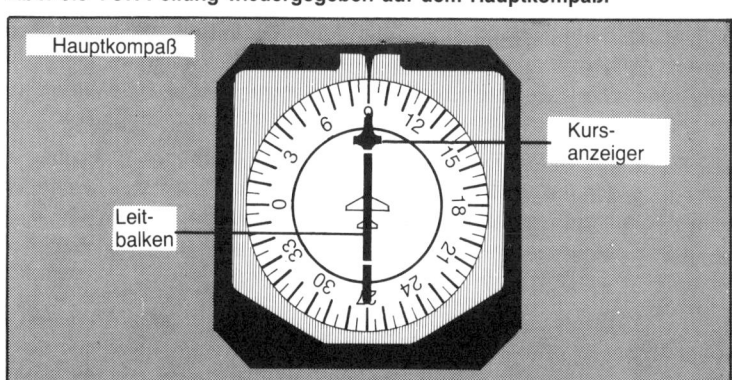

tifiziert, gibt jedoch Peilinformationen auf zweierlei Wegen wieder: durch eine Nadel auf einem RMI, die in Richtung des Funkfeuers zeigt, ähnlich wie die RMI-Wiedergabe, und weiterhin durch einen senkrechten gelben Balken auf dem Hauptkompaß-System, bekannt als Leitbalken, der den Standort der erforderlichen Peilung vom VOR (Abb. 5.8) anzeigt. Funk leitstrahlen, die von einem VOR ausgesendet werden, erstrecken sich nach außen von dem Funkfeuer wie die Speichen eines Rades und werden tatsächlich Radiale genannt. Der vom VOR magnetisch Ost anzeigende Funkleitstrahl wird beispielsweise die 090°-Radiale (090° R) genannt. Die die Mittellinie einer Luftstraße anzeigende Radiale vom VOR wird auf einem Kursanzeiger gewählt werden, worauf die Mitte der Luftstraße angezeigt wird. Ist das Flugzeug mit der Mittellinie der Luftstraße ausgerichtet, liegt der senkrechte gelbe Leitbalken mittig im Hauptkompaß-System. Dieses Instrument vermittelt den Piloten ein sofortiges Bild der Flugzeugposition relativ zu der gewählten Radiale und stellt eine große Verbesserung gegenüber dem Funkpeiltochterkompaß dar, bei dem die Nadeln einfach in Richtung des Funkfeuers zeigen.

UKW-Signale werden normalerweise nicht durch atmosphärische Störungen beeinträchtigt, und somit ist eine VOR-Information von großer Genauigkeit. Wenn sich das Flugzeug außerhalb der 200-Seemeilen-Reichweite befindet, erscheint eine rot-weiß gestreifte Warnflagge, und jede nunmehr wiedergegebene Information ist ungültig.

Entfernungsmeßgerät (DME)

Das DME liegt gewöhnlich in Verbindung mit einem VOR vor. Dasselbe ermöglicht eine sehr genaue digitale Ablesung hinsichtlich der Entfernung des Flugzeugs vom Funkfeuer und ist daher eine unschätzbare Hilfe für den Piloten. DME arbeitet im Dezimeterwellenbereich (UHF) auf den Bändern von 962 MHz bis 1213 MHz mit einer maximalen Reichweite von etwa 300 Seemeilen.

Das DME ist ein Beispiel eines Sekundärradars. Eine Funkausrüstung an Bord des Flugzeugs, ein sogenanntes Abfragegerät, sendet einen Strom kodierter Funkimpulse aus. Wenn ein Impuls eine Bodenstation erreicht, und zwar auf einem Transponder (Bodentransponder), löst es den Sender aus, der dem Empfänger des in der Luft befindlichen Abfragegeräts einen Antwortimpuls sendet. Das Zeitintervall zwischen Sendung und Empfang der Impulse wird elektronisch gemessen und die Reichweite des Funkfeuers automatisch berechnet und wiedergegeben.

Der Frequenzbereich von 962 MHz bis 1213 MHz ergibt 252 Frequenzen, die paarweise vorliegen und so 126 Kanäle ergeben. Jeder Kanal besteht aus zwei im Abstand von 63 MHz vorliegenden Frequenzen, eine für die Abfragung Luft-Boden, die andere für Boden-Luft-Antwort;

Abb. 5.9 Landekurs- und Gleitpfadantennen.

z. B. Kanal 1 – Luft/Boden 1025 MHz, Boden/Luft 962 MHz. Die Verwendung unterschiedlicher Frequenzen verhindert, daß das in der Luft befindliche Abfragegerät seine eigenen gesendeten Signale akzeptiert, die vom Boden zurückgeworfen werden.

Das DME mißt die Schrägentfernung des Flugzeugs zum Funkfeuer, die etwas länger als die Horizontalentfernung ist, jedoch nur etwa 0,5 Seemeilen mehr bei einer Reichweite von 50 Seemeilen beträgt. Die größte Fehlerquelle ergibt sich über dem Funkfeuer, wenn anstatt des Ablesens von Null die Entfernung die Höhe des Flugzeuges über Grund anzeigt; als ein Beispiel: 35 000 Fuß (11 700 Meter) ergibt eine Anzeige von 6,6 Seemeilen.

Die Frequenz des DME wird automatisch abgestimmt, wenn die Frequenz des zugeordneten VOR gewählt ist, und die noch zurückzulegende Entfernung erscheint, wenn die Anlage innerhalb der Reichweite liegt.

Instrumenten-Landesystem (ILS)

Das ILS besteht aus zwei getrennten Funksignalen, die sowohl die Landebahnmittellinie als auch das Sinkprofil zum Aufsetzpunkt weisen. Das Landebahnmittellinien-Signal ist als Landekurs (LOC) und das Gleitwegsignal als G/S bekannt. (Gleitflug ist hier gewissermaßen eine irreführende Bezeichnung, da das Flugzeug sicherlich nicht gleitet. Wie man bei jedem Landeanflug wahrnehmen kann, ist Schub erforderlich, um das Flugzeug auf dem richtigen Anschwebpfad zu halten, wobei Fahrwerk und Klappen ausgefahren sind.)

Die Landekursantenne ist ein großer, zaunartiger Aufbau und rechtwinklig zur Landebahn am äußersten Ende zum Anflug aufgestellt. Die Gleitwegantenne liegt an einer Seite gleich neben dem Aufsetzpunkt (Abb. 5.9). Die Landeskursfrequenzen findet man im VHF-Band von 108,1 bis 111,9 MHz und im UHF-Band von 329,3 bis 334,0 MHz. Jede Landekursfrequenz ist mit einer Gleitwegfrequenz gepaart (z. B. LOC 108,5 MHz, G/S 335,0 MHz), und die ILS-Frequenzen werden nur als Landekursfrequenzen angegeben. Die Wahl einer ILS-Landekursfrequenz auf dem Funknavigationswähler stellt automatisch die gepaarte Gleitwegfrequenz ein. (Der VHF-Wähler ist der gleiche, wie er für das VOR verwendet wird und liegt im vollen Bereich der VOR-/ILS-Landefrequenzen.) Die ILS-Identifizierung besteht gewöhnlich aus einer drei- oder vierstelligen Buchstabengruppe, die in Morsezeichen ausstrahlt.

Das Landekurssignal (Abb. 5.10) besteht aus zwei sich überlappenden Funkkeulen, die waagerecht auf der gleichen VHF-Frequenz gesendet und dadurch unterschieden werden, daß die Trägerwellen unterschiedlich moduliert sind. Die genaue Mittellinie der Landebahn wird

Abb. 5.10 Abgestrahltes Muster des ILS.

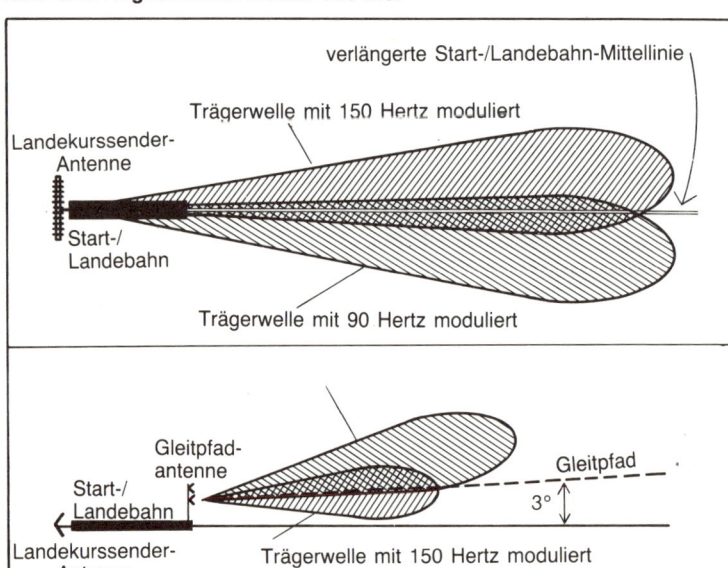

durch zwei sich überlappende Funkenergie-Keulen definiert. Wenn sich das Flugzeug an einer Seite der Landekursmittellinie befindet, ist die Stärke des von der Keule empfangenen Funksignals an dieser Stelle stärker als auf der anderen, und die Fluglage wird dementsprechend auf den Instrumenten wiedergegeben.

In ähnlicher Weise besteht das Gleitwegsignal (oder auch Gleitpfad genannt) aus zwei überlappenden Keulen von Ausgangsleistung, die senkrecht auf der gleichen UHF-Frequenz gesendet werden und sich ebenfalls durch die Modulation der Trägerwellen für unterschiedliche Frequenzen unterscheiden. Dort, wo sich die Keulen überlappen, wird das für den Endanflug erforderliche Sinkprofil definiert, das gegenüber der Landebahn um etwa 3° geneigt ist. Über und unter dem 3° G/S nimmt die Stärke des entsprechenden Signals zu, und auf den Fluginstrumenten wird somit angezeigt, daß sich das Flugzeug über oder unter dem Gleitweg befindet.

Die ILS ist für eine genaue Landeführung bis auf etwa 10 Seemeilen vermessen, es kann tatsächlich empfangen und als Anflughilfe bei 50 Seemeilen und mehr benutzt werden.

Markierungs-Funkfeuer

Es sind längs des ILS drei Einflug-Funkfeuer installiert, die eine Anzeige des Aufsetzbereiches geben. Alle Funkfeuer senden auf 75 MHz und strahlen ein fächerförmiges Funksignalmuster niedriger Leistung aus, das nur direkt über der Sendeantenne empfangen werden kann. Ein Voreinflugzeichen (OM) befindet sich etwa 5 Seemeilen von der Landebahn entfernt, ein Haupteinflugzeichen (MM) etwa 0,5 Seemeilen vor ihr und ein Platzzeichen (IM) an der Rollbahnschwelle. Ein Abstimmen der einzelnen Einflug-Funkfeuer ist nicht erforderlich, da sie alle auf der gleichen Frequenz senden, wobei jedes Einflugzeichen seine eigene Identifizierung sendet. Das Voreinflugzeichen hört man im Cockpit als Reihe tiefer Morsestriche, begleitet vom Aufflackern eines blauen Lichtes; das Haupteinflugzeichen in Form einer Reihe alternierender mitteltiefer Morsepunkte und Morsestriche und einem aufflackernden gelben Licht und das Platzeinflugzeichen mit einer Reihe hoher Morsepunkte und einem weißen aufflackernden Licht. Aufgrund der hohen Anfluggeschwindigkeit moderner Düsenflugzeuge ist das Platzeinflugzeichen praktisch veraltet. Das OM liegt häufig mit niedriger Leistung in Form eines ungerichteten Funkfeuers in Form des Platzfunkfeuers vor (siehe NDB: S. 113). Das kombinierte Funkfeuer ist als Voreinflugzeichen (LOM) bekannt, und an vielen Flugplätzen gibt es nur noch das eine Funkfeuer. Es befindet sich 3–6 Seemeilen von der Landebahn (Abb. 5.11) entfernt. Man muß natürlich die Frequenzen des Platzfunkfeuers

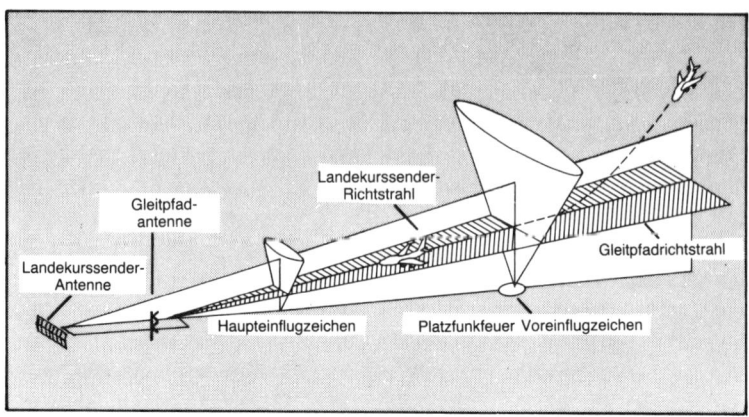

Abb. 5.11 Voreinflugzeichen (LOM).

anwählen, und die Nadeln auf dem RMI geben sodann die Richtung des Funkfeuers an. Wenn das Flugzeug das LOM überfliegt, hört man die tiefen Morsestriche mit aufflackerndem blauen Licht, und die ADF-Nadeln auf dem RMI schwingen herum und zeigen nach hinten. Das Funkfeuer ist überflogen, und genau an dieser Stelle treten die Stoppuhren in Funktion, und die Zeit bis zum Aufsetzen (die bereits den Anflugkarten entnommen wurde) kann überwacht werden. Als Vorsichtsmaßnahme kann zu diesem Zeitpunkt auch eine Überprüfung des ILS-Gleitpfades durch einen Vergleich der Höhe des Flugzeugs in bezug auf die am LOM vorgesehene Höhe, wie aus den Anflugkarten entnommen, vorgenommen werden.

Moderne Instrumentenlandesysteme auf großen Flughäfen verfügen ebenfalls über ein DME, und das automatische Abstimmen dieses DME auf die ILS-Frequenz ermöglicht den Piloten eine kontinuierliche Ablesung der noch bis zum Aufsetzpunkt zur Verfügung stehenden Entfernung. Innerhalb der Reichweite eines ILS erhalten die Piloten bei Wahl einer Frequenz sämtliche wichtigen Datenmittellinie der Start- und Landebahn, Sinkprofilführung und Entfernung zum Aufsetzpunkt –, die für einen sicheren und genauen Anflug erforderlich sind.

Cockpit-Anzeige

Durch die ILS-Bodenausrüstung übertragene Landekurs- und Gleitpfadsignale werden unabhängig über Antennen empfangen, die an der Flugzeugzelle vorgesehen sind. Auf dem Hauptkompaß-System ist die Mittellinie der Start-/Landebahn in ähnlicher Weise wie die Lage einer Radiale durch einen Leitbalken angezeigt, wenn ein VOR-Signal empfangen wird. Liegt der Leitbalken rechts auf dem Instrument, ist das Flugzeug zu weit links vom Landekurs und umgekehrt. Liegt der Leitbalken in der Mitte, so ist das Flugzeug mit der Mittellinie der Bahn ausgerichtet (Abb. 5.12). Die genaue magnetische Ausrichtung der Bahn (in Chicago, O'Hare z. B. ist die nordöstliche Bahn nach 039° M ausgerichtet) wird auf einem Kursanzeiger eingestellt, der den Leitbalken auf dem Hauptkompaß auf die gewünschte Bahnausrichtung bringt. Der Gleitpfad wird durch einen gelben Pfeil rechts am Instrument angezeigt. Das Flight-Director-System (Flugkommandogerät) gibt ebenfalls die Lage des Landekurses durch einen gelben senkrechten Balken und die Lage des Gleitpfades durch einen gelben waagerechten Balken auf dem künstlichen Horizont an. Diese Anzeigen gleichen denjenigen des Leitbalkens und der gelben Pfeile. Kreuzen sich die Balken in der Mitte des

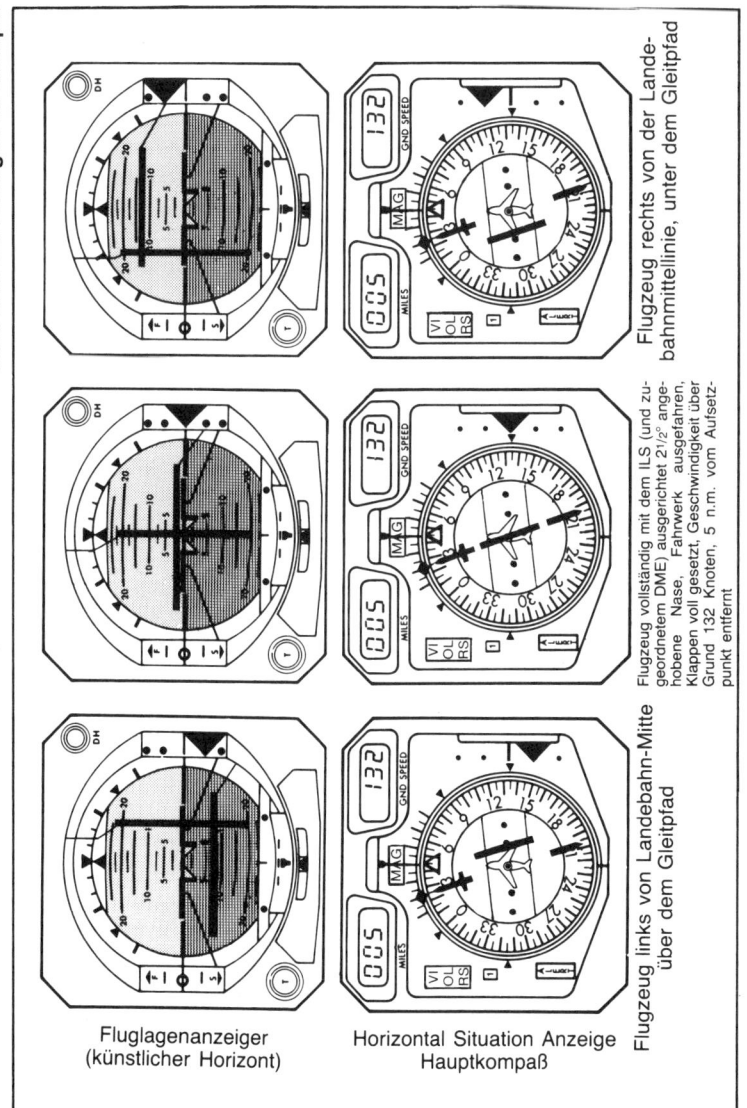

Abb. 5.12 ILS-Anzeigen im Cockpit.

Flugzeug rechts von der Landebahnmittellinie, unter dem Gleitpfad

Flugzeug vollständig mit dem ILS (und zugeordnetem DME) ausgerichtet 2¹/₂° angehobene Nase, Fahrwerk ausgefahren, Klappen voll gesetzt, Geschwindigkeit über Grund 132 Knoten, 5 n.m. vom Aufsetzpunkt entfernt

Flugzeug links von Landebahn-Mitte über dem Gleitpfad

Fluglagenanzeiger
(künstlicher Horizont)

Horizontal Situation Anzeige
Hauptkompaß

121

Instruments, befindet sich das Flugzeug genau auf dem ILS-Kurs. Das ILS kann für automatische Anflüge und automatische Landungen benutzt werden, wobei entweder der Autopilot eingeschaltet oder das Flugzeug vom Piloten selbst geflogen wird. Er muß lediglich die Anzeigen auf den Instrumenten beachten und das Flugzeug auf dem ILS-Pfad halten. Ein manuelles Fliegen auf dem ILS ist eine Beschäftigung, die hohe Fertigkeit erfordert, aber die meisten Piloten fliegen den Anflug lieber manuell, wenn es die Betriebsbedingungen gestatten. Dies vereinfacht die Angelegenheit, und man kommt nicht aus der Übung. Automatische Anflüge können sich lange hinziehen, weil das Flugzeug genügend Zeit braucht, um sich jeder Anflugphase anzugleichen. Auch das Fliegen mittels Autopilot kann ein komplizierter Vorgang sein, insbesondere dann, wenn sich Fehler einstellen und die Warnlichter aufblinken. Ist jedoch die Wolkendecke sehr niedrig, z. B. 200 Fuß (70 Meter), ist ein automatischer Anflug vorgeschrieben, da der Autopilot das ILS wesentlich genauer fliegen kann. In einem solchen Fall weist die Flugverkehrskontrolle das Flugzeug mit Radar weiter draußen ein, bevor der eigentliche Anflug beginnt. Automatische Landungen sind im Falle von Nebel vorgesehen, wenn nur leichte Winde vorherrschen; bei Querwinden oder Windgeschwindigkeiten über 15 Knoten (30 km/h) können sie jedoch nicht unternommen werden. Hier muß das Flugzeug manuell geflogen werden.

COMPUTER-NAVIGATION

Trägheitsnavigations-System (INS)

Das Trägheitsnavigations-System ist eine in der Luft selbsttätige Einheit, die die Flugzeugbewegungen mittels auf kreiselstabilisierten Plattformen angeordneter Beschleunigungsmesser abfühlt und kontinuierlich aufzeichnet und sodann die navigatorischen Daten wiedergibt. INS-Signale geben auch feste Bezugswerte für gewisse Fluginstrumente und den Autopiloten. Normalerweise sind in jedem Flugzeug drei getrennte Systeme installiert.

Herz des INS ist das Bezugssytem für die Trägheitsanlagen. Hier sind die Beschleunigungsmesser und kreiselstabilisierten Plattformen aufgenommen. Ein Beschleunigungsmesser ist allgemein eine federnde Prüfmasse, deren Bewegung elektronisch während der Beschleunigung oder Verlangsamung abgetastet wird. Das erzeugte Signal wird einem Computer zur Verarbeitung zugeführt.

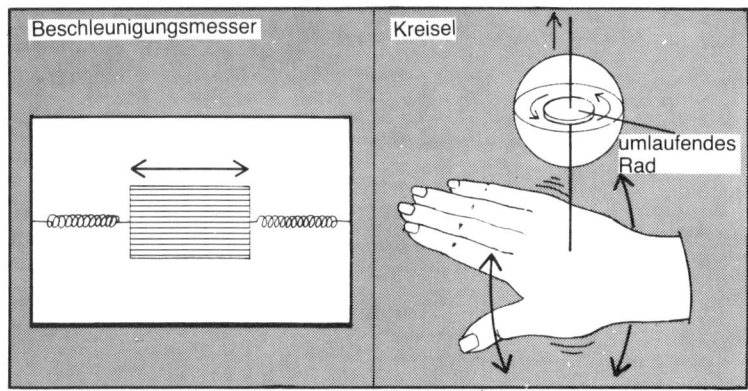

Abb. 5.13 Die Wirkung eines Kreisels.

Ein Kreisel ist eine sich drehende Vorrichtung, die die Eigenschaft besitzt, in einer stationären Lage im Raum zu verbleiben. Ein Beispiel hierfür wäre ein kleines, horizontal in einen leichten Rahmen eingepaßtes Rad, wie bei einem Spielzeug. Das Rad wird dadurch zum Drehen gebracht, daß man um die Spindel eine Schnur wickelt und sodann schnell daran zieht. Beim Drehen des Rades kann der Kreisel mit jedem beliebigen Winkel vorliegen, und die Achse bleibt stationär. Bringt man es senkrecht auf einem Handrücken an, kann die Hand von einer zur anderen Seite geneigt werden, gleich der Bewegung des Flugzeugs, und der Kreisel bleibt stationär (Abb. 5.13). Beim künstlichen Horizont (siehe Fluginstrumente S. 131) ist die horizontale Lage des sich drehenden Kreiselrades der Bezugspunkt für den Horizont am Instrument und bleibt mit dem natürlichen Horizont fest ausgerichtet, wenn sich das Flugzeug neigt oder rollt. Die Kreisel im INS bedienen sich des gleichen grundlegenden Prinzips wie der Spielzeugkreisel. In diesem Fall wird aber der mittlere Stabilisierungskreisel elektronisch mit etwa 100 000 U/min gedreht.

Die Starrheit des Kreisels schafft aber auch ein Problem. Der Stabilisierungskreisel gibt den örtlichen Horizont an einem festgelegten Punkt im Raum an. Da sich die Erde aber dreht, oder wenn sich das Flugzeug über die Erdoberfläche bewegt, verändert sich der örtliche Horizont, der Kreisel bleibt jedoch stationär und zeigt den Horizont an der ursprünglichen Stelle an. Um dieses Problem zu überwinden, werden die kreiselstabilisierten Plattformen des INS elektronisch durch einen Stellmotor gesteuert, um die örtliche horizontale Ebene beizubehalten unter Benutzung der Eigenschaft des Kreisels zur Starrheit, während der Kreisel kontinuierlich auf den örtlichen horizontalen Bezugspunkt ausgerichtet wird. Eine stabile Bedingung wird somit für die Beschleunigungsmesser und einen örtlichen horizontalen Bezugspunkt für die Fluginstrumente geschaffen. (Das Prinzip ist ähnlich demjenigen der INS-Ausrichtung, wie im nächsten Abschnitt erläutert.)

INS-Bedienungsgerät.

Es sind zwei Sätze die Bewegung einer horizontalen Ebene abfühlende Beschleunigungsmesser/Kreiselpaare auf einer waagerechten, kreiselstabilisierten Plattform angeordnet. Die Plattform dreht sich mit einer Umdrehung pro Minute, um jegliche Fehlerquellen, bedingt durch eine Falschausrichtung von Beschleunigungsmesser und Kreisel, auszuschließen. Die Entfernung, die in der Luft geflogen wird, nimmt zu derjenigen über Grund in Abhängigkeit von der Höhe zu, so daß ein einzelnes Paar Beschleunigungsmesser/Kreisel in der senkrechten Ebene vorgesehen ist, um die senkrechte Bewegung des Flugzeugs zu messen. Dem System wird dadurch Stabilität vermittelt, daß die Plattformen in einer Kardanaufhängung angeordnet werden.

Beim Navigieren wird jede Flugzeugbewegung von den Beschleunigungsmessern in waagerechter und senkrechter Ebene abgetastet, die Signale proportional den festgestellten Beschleunigungen abgeben. Diese Ausgangssignale werden in einen Computer eingegeben, der die benötigten Werte (wie Geschwindigkeit, Entfernung, Kurs usw.) bestimmt. Den Stellmotoren werden ebenfalls Computersignale zugeführt, die in der Kardanaufhängung vorliegen, die die Plattform mit dem örtlichen Horizont auf einem Niveau halten.

Änderungen in der Flugzeughöhe beim Nicken, Rollen oder Gieren werden ebenfalls durch kleine Fühleinheiten, bekannt als Synchros, ebenfalls in der Kardanaufhängung vorgesehen, festgestellt. Die Synchros erzeugen Signale proportional zu der Änderung der Flugzeuglage. Diese Signale werden den entsprechenden Lageinstrumenten und **124** ebenfalls an den Autopiloten zur Führung des Flugzeugs übermittelt.

INS-Ausrichtung

Alle Daten bezüglich der Formgebung der Erde, ihrer Bewegung, die Richtung rechtweisend Nord usw. sind im Computerprogramm gespeichert. Bei der Ankunft eines Flugzeugs nach dem letzten Flug wird die Position des Flugzeugs eingespeichert, so daß das INS alle Daten zur Verfügung hat, das Flugzeug zu navigieren, bevor überhaupt die Triebwerke angelassen worden sind. Natürlich schleichen sich kleine Fehler in das System ein, und nach einem langen Flug mag das INS »denken«, daß es sich vielleicht 5 oder 10 Seemeilen vom tatsächlichen Standort entfernt befindet. Dieses Problem wird während einer Ausrichtungsphase gelöst, indem die tatsächliche Position des Flugzeugs in das INS eingegeben wird. Ein Crew-Mitglied gibt am Flugsteig die exakte Position des Flugzeugs ein (entnommen der entsprechenden Karte, z. B. New York, JFK, N 40°, 38,9′, W 073°, 46,9′). Dies geschieht durch Eintasten auf einer numerischen Tastatur der Cockpit-Anzeigeeinheit. Das INS vergleicht sodann die tatsächliche Position mit derjenigen, die vom

Abb. 5.14 INS-Ausrichtung.

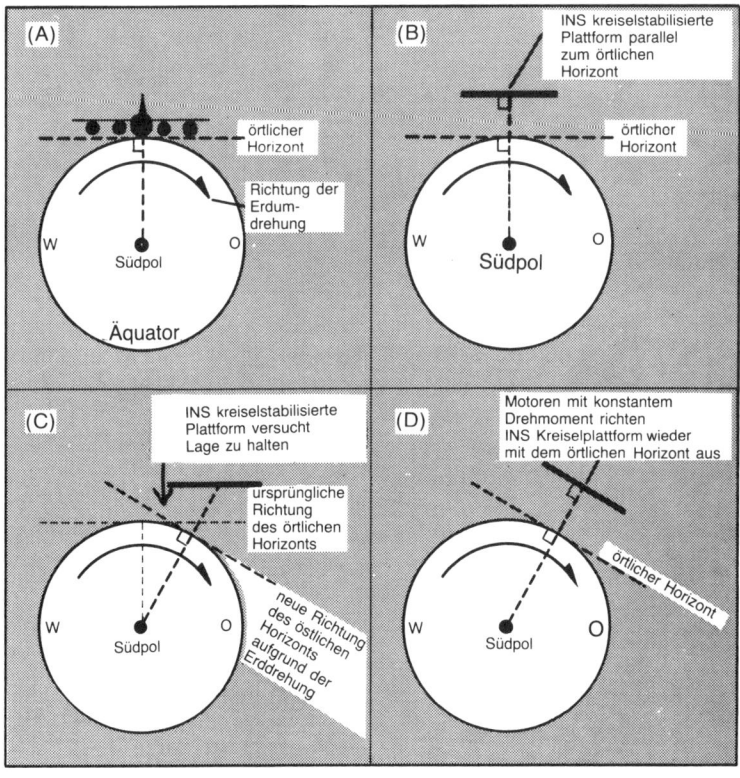

Piloten eingegeben wurde und führt notwendige Korrekturen aus. Somit sind beim nächsten Flug jegliche Fehler ausgeschaltet. Es arbeitet natürlich auch umgekehrt. Wenn der Pilot die falsche Position eingibt, vergleicht der Computer diese mit der gespeicherten Position und weist die eingetippte Position durch ein rotes Warnlicht auf der Anzeigeeinheit zurück, wenn ein Fehler beachtlich ist.

Der Bezugspunkt für alle navigatorischen INS-Messungen ist rechtweisend oder geographisch Nord. Der Computer muß die Richtung rechtweisend Nord von der tatsächlichen Position des Flugzeugs berechnen, um sich entsprechend auszurichten. Der Computer berechnet die Richtung rechtweisend Nord in einer sehr einfachen, aber klugen Weise.

Zum besseren Verständnis sei angenommen, daß sich das Flugzeug auf dem Äquator mit Steuerkurs Nord befindet, wobei die Erde vom Südpol aus (Abb. 5.14a) betrachtet wird. Die Berechnung kann natürlich auch an jedem anderen Punkt der Erde vorgenommen werden, mit Ausnahme in Polnähe, und für jeden Steuerkurs des Flugzeugs. Die kreiselstabilisierte Plattform befindet sich parallel zum örtlichen Horizont, vgl. Abb. 5.14. Da sich die Erde dreht, halten die Kreisel die Plattform stationär im Raum und versuchen, diese parallel zur Richtung des tatsächlichen Horizonts zu halten (Abb. 5.14c). Die Beschleunigungsmesser tasten jedoch eine Bewegungskomponente mit der Erdbewegung ab. Die proportionalen erzeugten Beschleunigungssignale werden vom Computer verarbeitet und die erforderlichen Signale sodann auf die Stellmotoren in der Kardanaufhängung übertragen, welche die Plattform in Richtung des ermittelten örtlichen Horizonts drehen (Abb. 5.14d).

Während der Ausrichtung, wenn die Kreisplattform versucht, sich nach Westen zu neigen und parallel zu dem örtlichen Horizontniveau gehalten wird und wiederum versucht, sich nach Westen zu neigen, berechnet das INS die Richtung geographisch Nord. Diese liegt sodann rechtwinklig zu der Neigungsrichtung (d. h. West) und setzt geographisch bzw. rechtweisend Nord fest. Innerhalb einer Zeitspanne von 13 Minuten hat der Computer somit einfach durch die Erdbewegung die benötigten Kalibrierungswerte nachgerechnet, um die Plattform auf dem Niveau des örtlichen Horizonts zu halten, hat rechtweisend Nord bestimmt und ebenfalls jeden Instrumentenfehler festgestellt.

INS-Streckennavigation

Eine Vorrichtung am Autopiloten gestattet dem INS, den Flug automatisch zu navigieren, jedoch muß der Pilot zunächst in den Computer die genauen Breiten- und Längengrade der Meldepunkte oder Funkfeuer entlang der Streckenführung eingeben. Derartige INS-Positionen sind als Wegpunkte (way points) bekannt, und es können gleichzeitig bis zu neun eingespeist werden. Die Reihenfolge setzt sich während des Flugverlaufs fort. Ist der Autopilot in Betrieb und INS gewählt, steuert der Autopilot das Flugzeug automatisch unter kontinuierlich geringen Abweichungen des Steuerkurses auf einem Großkreis direkt zum ersten Wegpunkt. Sodann führt er das Flugzeug automatisch zum nächsten, übernächsten usw. Die Navigation für den Piloten besteht nun lediglich darin, das INS zu überwachen, wenn das Flugzeug über den Autopiloten gesteuert wird. Das INS übernimmt meistens bei etwa 10 000 Fuß (3300 m) die Führung des Flugzeugs, wenn es zusammen mit dem Autopiloten in Betrieb gesetzt wird. Wenn der Pilot selbst fliegt, erhält er vom INS die erforderlichen Navigationsdaten.

Auf Flugstraßen steuert das INS das Flugzeug über den Autopiloten, jedoch wird sein Betrieb durch Abstimmen der Funkfeuer und durch Kurswahl entlang normaler Strecken überwacht. Auf Langstreckenflügen über Ozeane und Wüsten arbeitet das INS selbst und navigiert völlig unabhängig mit großer Genauigkeit. Auf allen Flügen werden die dem INS eingegebenen Daten sorgfältig von allen Flugcrew-Mitgliedern überwacht und an jedem Wendepunkt während des gesamten Fluges überprüft. Im Einzugsbereich eines Flughafens oder auf vielbeflogenen Luftstraßen, insbesondere nach einem langen Flug, mag das INS die Position des Flugzeugs irrtümlich mit einer Abweichung von einigen wenigen Kilometern anzeigen und ist zum Navigieren nicht genau genug. (Einige Systeme können automatisch korrigiert, d. h. auf den letzten Stand gebracht werden, wozu man sich des DME bedient.) Hier nun wird das INS ausgeschaltet, wenn moderne Einrichtungen nicht zur Verfügung stehen und das Flugzeug in der üblichen Weise von Funkfeuer zu Funkfeuer geflogen wird, wobei man dem Steuerkurs des Autopiloten folgt. Wenn das Flugzeug insbesondere in der Anflugphase manuell geflogen wird, werden dem INS Angaben über die Windverhältnisse, Abdrift und Geschwindigkeit über Grund entnommen.

Omega-Verfahren

Omega ist eine sehr genaue, moderne Langstrecken-Navigationshilfe, die sich Bodensendern bedient. In der Welt gibt es acht derartige Stationen, die auf 10,2-kHz-VFL-Band senden. Jede Station strahlt eine Folge von drei Einsekundenimpulsen unterschiedlicher Frequenz innerhalb von 10 Minuten aus. Die Signale sind an jeder Station durch extrem genaue Atomuhren synchronisiert. An Bord verarbeitet ein sehr kleiner, mit den entsprechenden Daten über die verschiedenen Standorte der Funkfeuer gespeicherter Computer die erhaltenen Signale und berechnet den tatsächlichen Standort des Flugzeugs. Wiederum verläßt sich das

Omega-System auf die am Boden installierten Ausrüstungen und navigiert weltweit mit einer Genauigkeit von 2 Seemeilen. Es übertrifft damit die Fähigkeit heutiger INS; und so benutzen nicht mit INS ausgestattete Flugzeuge zunehmend das Omega als Navigationshilfe.

Der Laser-Kreisel

Die letzte Entwicklung auf dem Gebiet der Navigation ist der Laser-Kreisel, eine andere selbsttätig arbeitende Navigationshilfe, die unabhängig von Boden- oder Satellitensendern arbeitet. Zwei in entgegengesetzter Richtung um einen dreieckigen Glasblock mit winkelförmigen Spiegeln umlaufende Laserstrahlen werden übertragen, wie in der Abb. 5.15 gezeigt. Während der Bewegung des Flugzeugs wird die Winkelgeschwindigkeit durch Abtasten der Frequenzverschiebung in den Strahlen gemessen und so die Winkellage bestimmt. Drei Laser-Kreisel sind rechtwinklig zueinander angeordnet, um die Höhe des Flugzeugs beim Nicken, Rollen und Gieren zu bestimmen. In ähnlicher Weise sind drei Beschleunigungsmesser vorgesehen, um die Beschleunigung entlang der gleichen Achse zu bestimmen. Höhen- und Beschleunigungswerte werden abgegriffen, um eine Position zu erhalten. Diese Werte werden dem Flight-Management-Computer eingegeben. Die Navigation ist ähnlich derjenigen des INS, und die Hauptvorteile beruhen auf der Digital-Wiedergabe (was in der modernen Avionik sehr begrüßenswert ist) und dem Fehlen beweglicher Teile. Ausstattungskosten und Energieverbrauch sind ebenfalls im Vergleich zum INS wesentlich geringer.

Abb. 5.15 Der Laser-Kreisel.

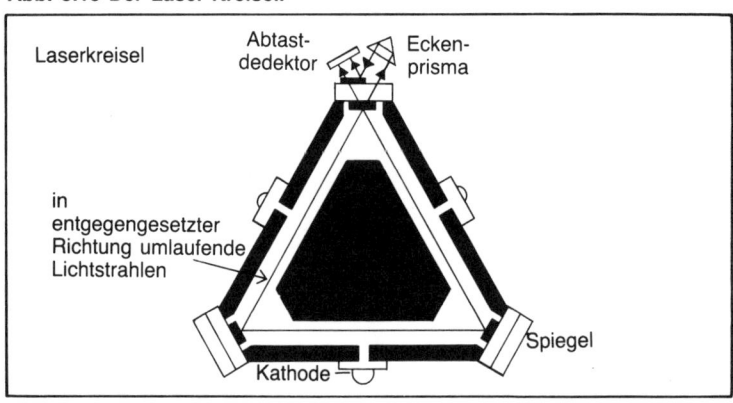

Kapitel 6

Fluginstrumente

Vier Hauptfluginstrumente bilden eine Standardgruppe, bekannt als »T«. Sie bestehen aus dem künstlichen Horizont (AH), dem Kompaß (C), dem Fahrtmesser (ASI) und dem Höhenmesser (ALT). Es werden noch zusätzliche Geräte, wie der Funkhöhenmesser (RA), Variometer (VSI), der Wendezeiger (T & S) und Funkpeilkompaß (RMI) – (siehe Navigation Seite 114) benötigt, aber das grundlegende »T«-Muster bleibt (Abb. 6.1). Der künstliche Horizont und der Kompaß sind kreiselstabilisierte Instrumente, die vom Trägheitsnavigationssystem (INS) (siehe Navigation S. 122) konstante Bezugssignale empfangen. (Wenn kein INS an Bord ist, weist jedes seinen eigenen stabilisierenden Kreisel auf). Der Fahrtmesser, Höhenmesser und Wendezeiger sind Luftdruckinstrumente. Der Funkhöhenmesser stellt die Höhe anhand der Laufzeit reflektierter Funksignale vom Boden fest.

Der künstliche Horizont liegt in einer Gruppe mit dem Wendezeiger vor. Die Balken des »Flight Director« (FD) (Flugkommando-Anlage) können ebenfalls gewählt werden, um Flugzustände darzustellen. In dieser Form ist die Instrumentengruppe allgemein als Fluglagenanzeiger (ADI)

Abb. 6.1 Anordnung der Fluginstrumente in »T«-Form.

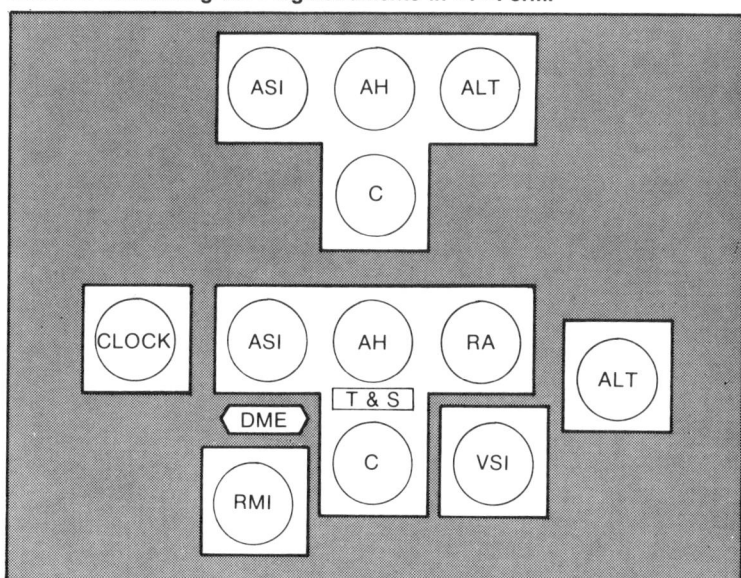

bekannt. Das Hauptkompaß-System gibt nicht nur den Steuerkurs wieder, sondern zeigt auch die Abdrift des Flugzeuges an, VOR-Radiale und »grobe« ILS-Landekurs- und Gleitpfad-Informationen. In dieser Form wird die gesamte Instrumentengruppe als Horizontal Situation Indicator (HSI) bezeichnet.

Fluglagenanzeiger (Attitude-Director-Indicator ADI)

Alle großen Jets werden nach den Fluginstrumenten geflogen, und im Brennpunkt steht der ADI (Abb. 6.2). Bei Nacht oder in Wolken ist es unerläßlich, eine Horizontanzeige zu haben, jedoch wird dieses Gerät auch unter Sichtwetterbedingungen benutzt, selbst wenn sich der Horizont scharf abzeichnet. Bei den großen Jets liegen die Tragflächen so weit hinten, daß sie vom Cockpit aus nicht gesehen werden können, so daß ein Geradeausflug nach Sicht schwierig ist.

Das gelbe Modellflugzeug ist fest verankert und folgt den Bewegungen des Flugzeugs, während der künstliche Horizont in seiner horizontalen Lage bleibt. Ein ADI befindet sich an jedem Armaturenbrett der beiden Piloten, und auf der Mittelkonsole nach links zum Kapitän hin ist ein weiterer künstlicher Horizont als Ersatz vorgesehen. Die Anzahl dieser Horizonte, nämlich drei, ist wichtig, wie sich jeder, der zwei Uhren be-

Abb. 6.2 Fluglagenanzeiger.

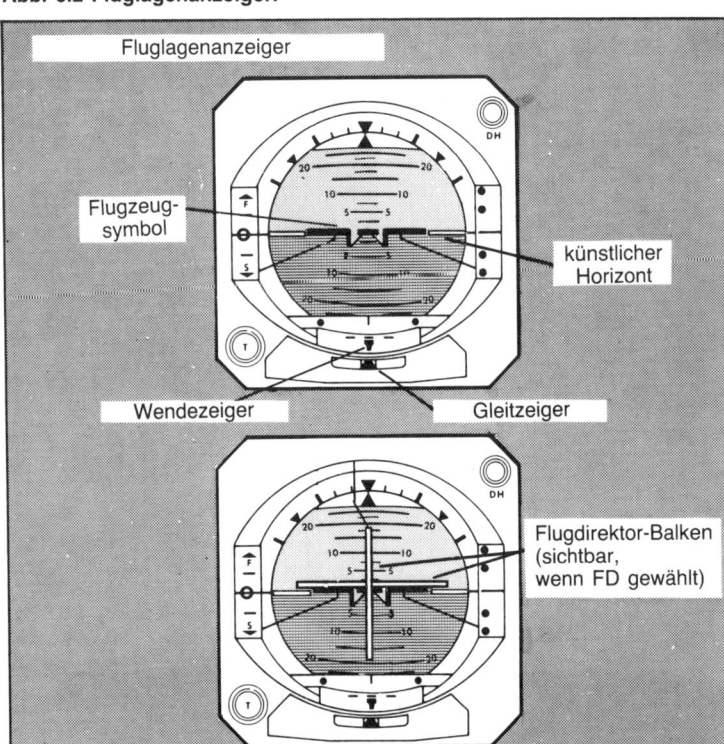

130

Das wichtige »T«-förmige Instrumentenbrett mit dem Fluglagenanzeiger in der Mitte und Horizontal Situation Indicator darunter.

sitzt, leicht vorstellen kann. Geht eine falsch, weiß man nicht, welche die richtige Zeit anzeigt. Bei drei Uhren kann man hingegen davon ausgehen, daß wenigsten zwei die genaue Zeit wiedergeben. In ähnlicher Weise kann ein Fehler bei einem nicht einwandfrei anzeigenden künstlichen Horizont durch einen Vergleich mit den beiden anderen Instrumenten erkannt werden.

Der **Wendezeiger (T & S)** bildet den unteren Abschnitt des ADI. Der Wendezeiger gibt die *Drehgeschwindigkeit* des Kurvenflugs (d. h. die Gradzahlen der Kurve pro Minute) an, wenn man z. B. eine Warteschleife über einem als Wartepunkt ausgewählten Funkfeuer fliegt. Eine Wendegeschwindigkeit 1 liegt dann vor, wenn eine Kurve von 180° in einer Minute abgeschlossen, und eine Wendegeschwindigkeit 2 ist eine solche, bei der eine Kurve von 360° (ein Kreis) in einer Minute abgeschlossen ist.

Der Wendezeiger ermöglicht einen ausgeglichenen Flug. Das Instrument ähnelt einer gekrümmten Libelle und besteht aus einem kleinen weißen Ball in einem mit Flüssigkeit gefüllten Glasrohr. Wenn der Ball mittig zwischen zwei Markierungen liegt, sind die verschiedenen während des Fluges auftretenden Kräfte im Gleichgewicht, und das Flugzeug befindet sich im ausgeglichenen Flugzustand. Wenn im Kurvenflug bei einer bestimmten Geschwindigkeit der Neigungswinkel unzurei-

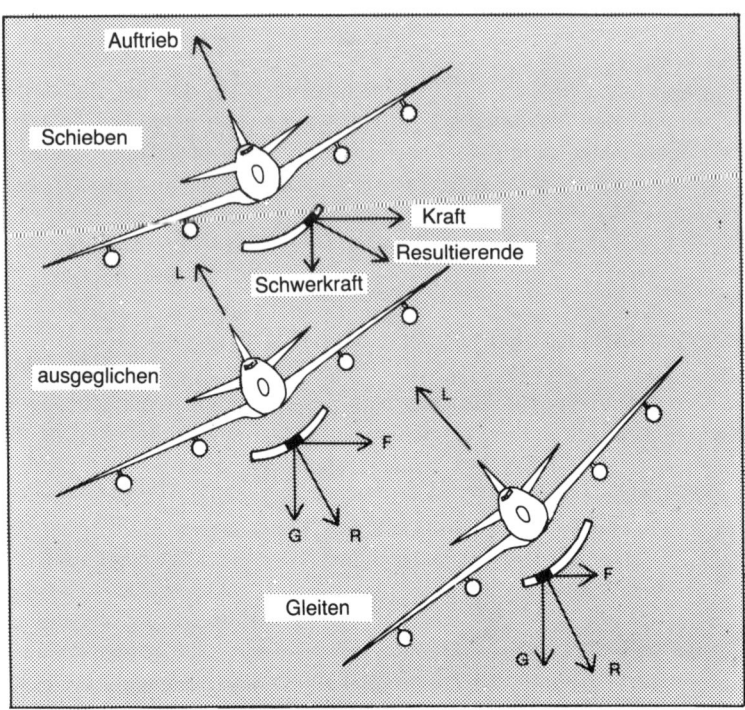

Abb. 6.3 Wirkungen der unterschiedlichen Neigungswinkel auf dem Wende-zeiger.

chend ist, wird der Ball durch die resultierende Kraft aus der Richtung der Kurve weggedrängt, der Flug ist unausgeglichen, und man spricht von einem Schiebeflug. Wird zuviel Neigungswinkel gegeben, wird der Ball in Kurvenrichtung gedrängt, und man spricht vom Schmieren des Flugzeugs (Abb. 6.3). Das Instrument ist ebenfalls beim asymmetrischen Flug (d. h. bei Triebwerkausfall) zweckmäßig. Beim Gieren bewegt sich der Ball aus seiner mittigen Lage. Betätigung der Seitenruder wirkt dem Kraft-Ungleichgewicht entgegen und führt das Flugzeug in den Geradeausflug zurück. Der Ball kehrt in die mittige Lage zurück, und ein ausgeglichener Flug ist wiederhergestellt.

Die Flugkommandoanlage, besser bekannt unter der Bezeichnung *Flight Director (FD),* kann eingeschaltet werden, um auf dem ADI zwei gelbe Balken anzuzeigen, einen senkrechten und einen waagerechten. Dieses Instrument informiert den Piloten über das erforderliche Flugprofil und »führt« ihn entlang des Flugweges, wenn das Flugzeug von Hand gesteuert wird. Die gelben FD-Balken beziehen ihre Informationen von dem Computer des Autopiloten über die Auswahlschalter. Der senkrechte gelbe Balken kann den Steuerkurs, eine VOR-Radiale, einen ILS-Landekurs oder eine gespeicherte INS-Kurslinie anzeigen. Um den

Flugweg beizubehalten, fliegt der Pilot einfach so, daß der Balken im Mittelpunkt des Instruments liegt. Der waagereche gelbe Balken kann den Anstellwinkel zum Beibehalten der Höhe, Geschwindigkeit, Vertikalgeschwindigkeit oder den ILS-Gleitpfad sichtbar machen. Indem das Modellflugzeug unter dem gelben Balken gehalten wird, kann der Pilot den erforderlichen Anstellwinkel für das gewählte Flugprofil halten.

Horizontal Situation Indicator (HSI)

Ein Kompaß besteht aus einer nach magnetisch Nord ausgerichteten Kompaßrose, die in eine Dämpfungsflüssigkeit eingebettet ist. Das Instrument unterliegt Beschleunigungs- und Neigungsfehlern und pendelt während Kurvenflügen wild herum. (Jedem Rallyefahrer ist das Problem bekannt, einen Autokompaß bei schneller Fahrt abzulesen.) In größeren Höhen wird es ebenfalls vom erdmagnetischen Feld beeinflußt, das die Kompaßrose in Richtung auf die Pole drängt. Ein normaler Kompaß eignet sich deshalb nicht als Steuerkursbezug, und es wird ein Kreiselkompaß benötigt. Eine gewöhnlich in einer Tragflächenspitze vorgesehene Erdfeldsonde versorgt den Kreiselkompaß mit magnetischen Informationen. Man spricht davon, daß dieses Instrument nach magnetisch Nord »gefesselt« ist. Der Kreiselkompaß kann auch auf INS gewählt werden und zeigt sodann auf geographisch Nord. Im Cockpit befinden sich drei Kompasse, ein Horizontal-Situation-Indicator-Kompaßsystem auf jedem Armaturenbrett der Piloten und ein Hilfskompaß in der Mitte am Fensterpfosten, der ein einfacher Magnetkompaß ist und somit den Fehlerquellen – wie weiter oben erläutert – unterworfen ist.

Die Kompaßrose des ADF-Anzeigegeräts (RMI – siehe Navigation S. 121) ist stets mit magnetisch Nord ausgerichtet. Auf Polarflügen von Eu-

Abb. 6.4 Horizontal Situation Indicator.

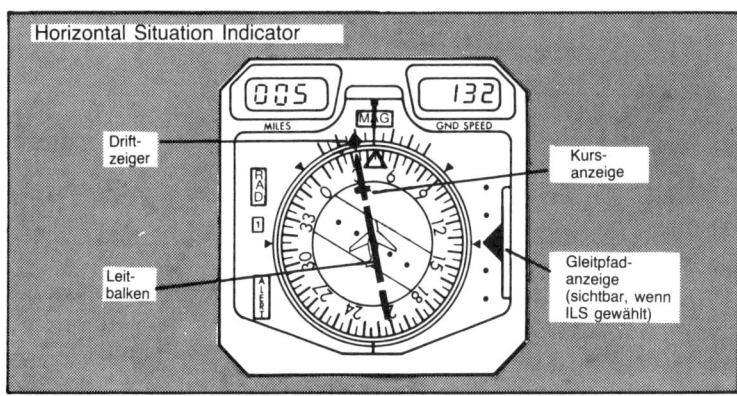

ropa nach Alaska wird das Hauptkompaß-System auf geographisch Nord eingestellt, während der RMI-Kompaß, obwohl unzuverlässig, weiterhin magnetisch Nord anstrebt. Der Kurs verläuft zwischen geographisch und magnetisch Nord, und es tritt die Situation auf, daß der Hauptkompaß in eine Richtung nach geographisch Nord und der RMI-Kompaß in genau die entgegengesetze Richtung auf magnetisch Nord zeigt.

Das HSI-Kompaß-System (Abb. 6.4) wird von einem orangefarbenen Kursanzeiger und Leitbalken überlagert. Bei VOR-Wahl gibt der Leitbalken Informationen bezüglich der Radiale (siehe Navigation S. 115) und bei der ILS-Wahl macht der Leitbalken Landekurs-Lagen sichtbar. Ein rechts am Instrument befindlicher gelber Pfeil deutet auf den Gleitpfad (siehe Navigation S. 121).

Fahrtmesser (ASI)

Ein sich bewegendes Flugzeug ist Druckkräften aus der Luft – bekannt als Staudruck – und dem Einfluß von statischem Druck unterworfen. Der Staudruck ist eine Geschwindigkeitsanzeige und wird durch ein Gerät namens Staudruckrohr (Pitottube) gemessen (benannt nach seinem Erfinder Henri Pitot, ein französischer Ingenieur im 18. Jahrhundert). Das Rohr ist gewöhnlich nahe der Flugzeugnase an einer Fläche angebracht, wo die Luftströmung relativ beständig ist und ist in Flugrichtung ausgerichtet. Zwecks Verhindern einer Vereisung wird das Rohr beheizt. Statischer Druck, der an einer Drucksonde am Staudruckrohr gemessen wird, wird einem verschlossenen ASI-Gehäuse zugeführt, und beide am offenen Ende des Staudruckrohrs gemessenen Drücke werden einer innerhalb des Gehäuses vorliegenden empfindlichen Membrandose (Abb. 6.5) zugeführt. Da statischer Druck sowohl im Gehäuse als auch in der Membrandose auftritt, wird dieser ausgeschaltet und lediglich der Staudruck über ein Gestänge an das Instrument übermittelt. Die angezeigte Fluggeschwindigkeit (IAS), die in Knoten (nautische Meilen pro Stunde) angezeigt wird, unterliegt einer Reihe Fehlerquellen. In großen Höhen ist die Luft sehr dünn und somit von geringer Dichte, hierbei wird eine Geschwindigkeit unter dem tatsächlichen Wert abgelesen. Auch führt die Verdichtbarkeit der Luft (d. h., ein Luftvolumen kann unter Zunahme des Drucks verringert werden) zu einem Verdichten der in das Pitot-Rohr (mit einer Geschwindigkeit von über 300 Knoten) eintretenden Luft, wodurch sich eine höhere ASI-Ablesung ergibt. Es müssen bezüglich der angezeigten Geschwindigkeiten Korrekturen vorgenommen werden, um Fehler bedingt durch Dichte und Verdichtung zu korrigieren; man erhält sodann die wahre Eigengeschwindigkeit des Flugzeugs durch die Luft. Bei üblichen Reisehöhen der Jets können Ver-

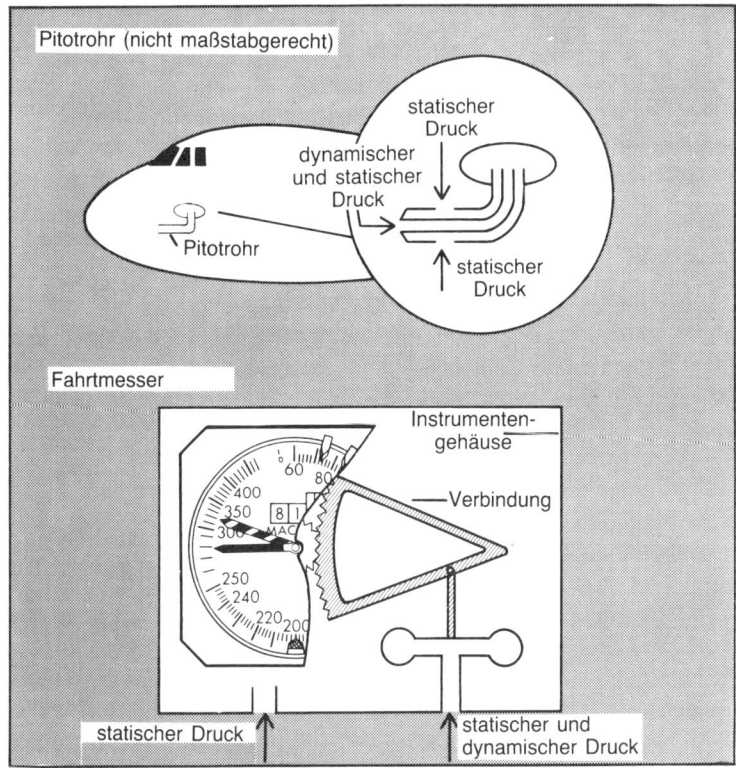

Abb. 6.5 Das Staurohr (Pitot) und der Fahrtmesser (vereinfacht).

dichtungsfehler vernachlässigt werden, niemals jedoch hinsichtlich der Dichte. Wenn die ASI-Ablesung wesentlich unter einem bestimmten Wert liegt, ist sie als Geschwindigkeitsanzeige ungeeignet (z. B. bei 35 000 Fuß mit einer Außentemperatur [OAT] von −60 °C beträgt die angezeigte Geschwindigkeit 280 Knoten, während die wahre Eigengeschwindigkeit 480 Knoten ist). Für Reisegeschwindigkeiten in über 25 000 Fuß (7500 m) kommt das Mach-Meter in Anwendung (siehe nächsten Abschnitt).

Pitotrohre.

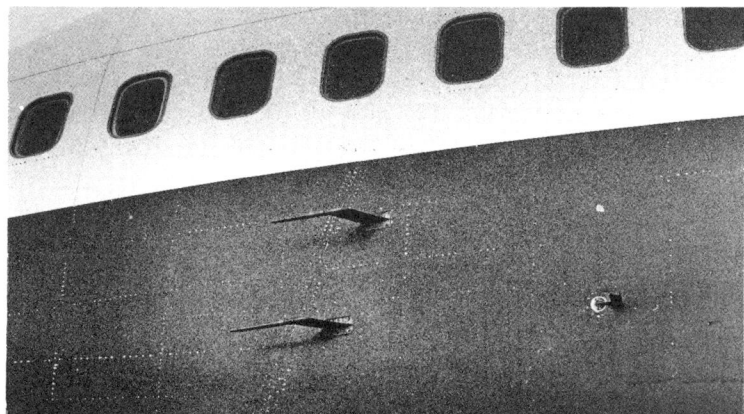

Das Flugzeug fliegt in einer spezifischen Geschwindigkeitshülle. Fliegt das Flugzeug zu schnell, erreicht die Luftströmung über die Oberflächen der Tragflächen einen Punkt, wo das Flugzeug Schallgeschwindigkeit erreicht. Hierdurch werden Stoßwellen erzeugt, die zu einem Zustand führen, der als »Hochgeschwindigkeits Schütteln« bekannt ist. Dies kann man natürlich spüren, und eine Beschädigung des Flugzeugs ist möglich. Die Geschwindigkeit, bei der dieses Schütteln auftritt, verändert sich mit der Höhe und wird auf dem ASI durch eine rot- und weißgestreifte Nadel angezeigt. Hieraus resultiert die maximale Geschwindigkeit, mit der das Flugzeug in dieser bestimmten Höhe fliegen kann (Abb. 6.6). Überschreitet das Flugzeug diese Maximalgeschwindigkeit, hört man im Cockpit ein »Rasseln«. Die Geschwindigkeitsüberwachung obliegt gewöhnlich dem Flugingenieur; sollte jedoch die »Warnrassel« ertönen, verlangt es die Tradition, daß er an der Bar die erste Runde spendiert!

Wenn das Flugzeug jedoch zu langsam fliegt, reißt die glatte Luftströmung über die Oberfläche der Tragflächen ab, und es kommt zu einer Turbulenz. Das Flugzeug beginnt sich zu schütteln und zu vibrieren, und dieser Zustand ist als »Niedriggeschwindigkeits-Schütteln« bekannt. Die Geschwindigkeit, bei der dieser Zustand eintreten kann, wird als angezeigte Geschwindigkeit Graphiken entnommen, die die entsprechenden Werte für eine bestimmte Höhe und das Flugzeuggewicht angeben. Dies wird auf dem ASI durch einen roten Punkt markiert. Dieser Wert wird von der Crew häufig nachgestellt, da sich das Gewicht des Flugzeugs durch den Treibstoffverbrauch ständig verringert, oder wenn das Flugzeug auf eine andere Flugfläche steigt oder sinkt.

Bei bestimmter Höhe und bestimmtem Gewicht liegen alle Reisegeschwindigkeiten innerhalb eines Geschwindigkeitsbereiches, wie er durch den roten Punkt markiert ist, und umgekehrt wird die Höchstge-

Abb. 6.6 Fahrtmesser mit Machanzeige.

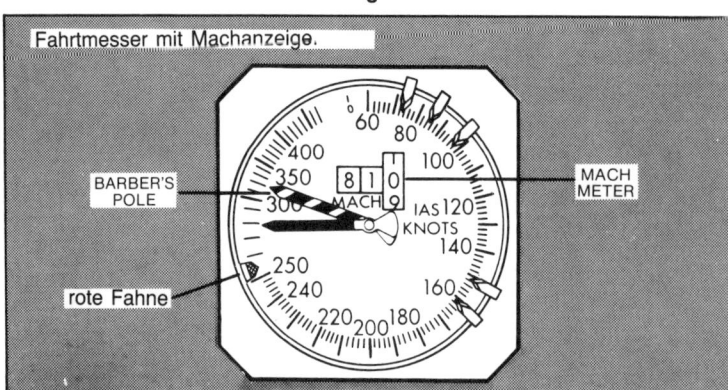

136

schwindigkeit durch die Mach-Warnnadel auf dem ASI angezeigt. Bei zunehmender Höhe muß das Flugzeug schneller fliegen, um den gleichen Auftrieb in der dünneren Luft aufrechtzuerhalten und über dem Wert der niedrigen Geschwindigkeit zu bleiben. Eine höhere Geschwindigkeit führt das Flugzeug in die Nähe des Hochgeschwindigkeitswerts für die bestimmte Höhe, und es wird unter Umständen ein Punkt erreicht, daß sich ein Schütteln einstellt, wenn das Flugzeug nur ein paar Knoten schneller fliegt, und entgegengesetzt wird ein Schütteln verspürt, wenn das Flugzeug einige Knoten zu langsam fliegt. Der Punkt, an dem dies auftritt, wird im Pilotenjargon als »Sargecke« bezeichnet. Dies ist die theoretisch maximale Betriebshöhe des Flugzeugs, und für die Boeing 747 beträgt sie etwa 45 000 Fuß (13 700 m). Die Boeing 747 wird jedoch bei Normalgewicht kaum über 39 000 Fuß (12 000 m) geflogen. (Die maximale Betriebshöhe der Triebwerke liegt bei etwa 42 000 Fuß − 12 800 m.)

Das Mach-Meter

Aufgrund der durch die Dichte auftretenden Fehler, wie weiter oben beschrieben, gibt der Fahrtmesser über etwa 25 000 Fuß (7500 m) keine geeignete Geschwindigkeitsanzeige. Die Geschwindigkeit des Flugzeugs wird somit als das Verhältnis der wahren Eigengeschwindigkeit (TAS) zu der örtlich vorliegenden Schallgeschwindigkeit gegeben und ist als Mach-Zahl bekannt; benannt nach dem österreichischen Physiker Ernst Mach. Die Schallgeschwindigkeit ist nicht konstant, sondern nimmt bei einem Temperaturabfall ab, der gewöhnlich mit zunehmender Höhe auftritt. Sie beträgt 661 Knoten (1223 km/h) in der Standardatmosphäre über Meeresspiegel und 589 Knoten (1090 km/h) in 30 000 Fuß (9100 m). Der Schallgeschwindigkeit wurde der Wert 1,00 in jeder Höhe zugeordnet, und somit zeigt eine Mach-Zahl von 0,84 in einer Höhe von 35 000 Fuß (10 700 m) an, daß das Flugzeug in dieser Höhe mit 84% des Schallgeschwindigkeits-Werts fliegt. Mach-Zahlen im Reiseflug für große Jets auf den Flugflächen von 28 000 bis 39 000 Fuß bewegen sich im Bereich von etwa 0,80 bis 0,85 Mach. Das Maximum für eine Boeing 747 ist 0,90 Mach.

Der Höhenmesser

Bei einem einfachen Höhenmesser wird statischer Druck dem Höhenmessergehäuse zugeführt. Wenn das Flugzeug steigt, nimmt der Luftdruck ab, und eine fast luftleere Meßdose im Instrument dehnt sich aus. Diese Ausdehnung wird durch ein mechanisches Gestänge auf einen

Zeiger übertragen, der die Höhe des Flugzeugs angibt. Der Höhenmesser ist für eine Standardatmosphäre kalibriert, die in der Praxis selten vorliegt, und in modernen Flugzeugen werden vermittels Computer Korrekturen vorgenommen, um die Genauigkeit zu verbessern (Abb. 6.7).

Eine genaue Höhenmessung ist bei Flugzeugen schon immer ein Problem gewesen. Der Funkhöhenmesser ist ein sehr präzises Instrument, eignet sich jedoch nicht im Reise- und Geradeausflug. Wenn das Instrument die gleiche Höhe über Grund beibehält, folgt das Flugzeug den Bodenerhebungen und würde über Bergen und Tälern steigen und sinken. Funkhöhenmesser werden deshalb nur beim Endanflug benutzt, um die genaue Höhe der Landebahnschwelle zu messen und kommen erst unterhalb von 2500 Fuß (750 m) zum Einsatz.

Der Druckhöhenmesser ist ein wichtiges Instrument für die Höhenanzeige, da er aber den Luftdruck mißt, der sich während des Tages an einem Ort und auch von Gebiet zu Gebiet verändert, sieht man sich weiteren Problemen gegenüber. Wenn man in einem bestimmten Gebiet fliegt, ist die wichtigste Höhenanzeige die Höhe des Flugzeuges über Meeresspiegel (MSL). Da sämtliche Karten Erhebungen im Gelände als Höhe über MSL angeben, kann das Flugzeug nach dem Höhenmesser in einer Höhe frei von Bodenhindernissen fliegen. Um die genaue Höhe in Fuß zu erhalten, muß der tatsächliche Druck über Meeresspiegel auf einer kleinen Skala am Höhenmesser durch einen Knopf eingestellt wer-

Abb. 6.7 Barometrischer Höhenmesser (vereinfachtes Diagramm).

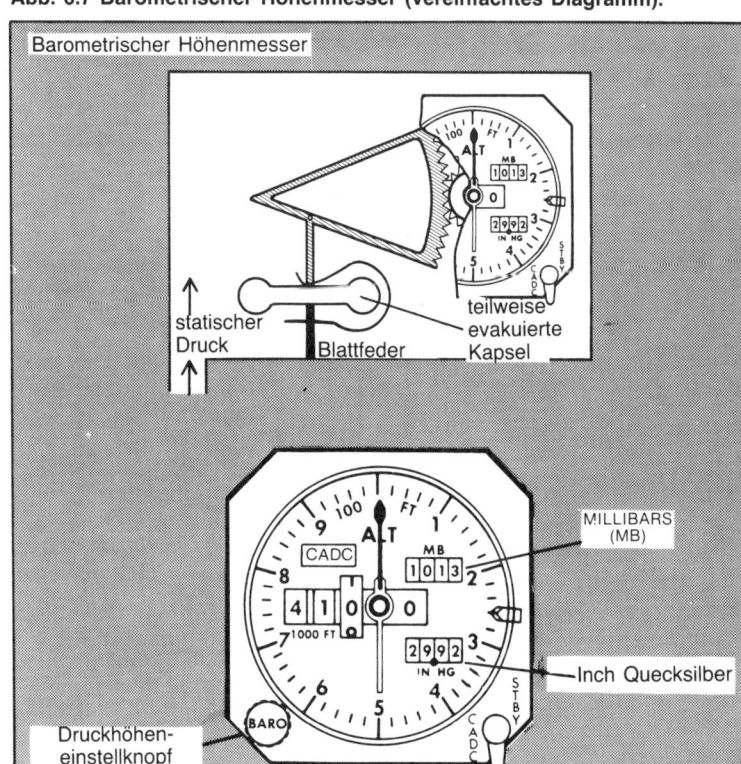

138

den. Diese Druckeinstellung bezogen auf Meeresspiegel wird dem Flugzeug von der jeweiligen zuständigen Flugverkehrskontrolle bekanntgegeben. In Nordamerika werden die Druckwerte in inches (Zoll) Quecksilbersäule (in. Hg) und in der übrigen Welt meistens als Hektopascal (hPa) angegeben, so daß zwei unterteilte Skalen am Höhenmesser vorliegen, um beiden Gepflogenheiten gerecht zu werden.

Diese Einstellung auf MSL ist in den USA einfach als »altimeter setting« und anderswo als QNH bekannt, was auf die alten Tastfunk-Q-Gruppen zurückgeht und eigentlich überhaupt nichts besagt. Wenn man auf einem Flugplatz mit der QNH-Einstellung landet, zeigt der Höhenmesser immer noch die Höhe über Meeresspiegel an. Es kann natürlich vorteilhaft sein, den Höhenmesser auf die Platzhöhe einzustellen, was nach der Landung zu einer Null-Anzeige führt. Um dies durchzuführen, wird die Druckhöhe des Flugplatzes vom Tower durchgegeben, bekannt als QFE (oder wird entsprechenden Tabellen entnommen); die Einstellung erfolgt sodann durch die Piloten während der Anflugphase. Bei der Boeing 747 wird das QFE nicht verwendet, für die Höhenmessung beim Endanflug bedient man sich des Funkhöhenmessers.

Während des Reiseflugs sind örtliche Höhenanpassungen nicht erforderlich, da über einer gewissen Höhe ein Standarddruck von 1013,2 Hektopascal, oder 29,92 Inch in den USA, auf allen Höhenmessern eingestellt wird. Diese Standardeinstellung entspricht dem Wert des Drukkes über MSL für einen Durchschnittstag. Im Reiseflug in 35 000 Fuß wird sich das Flugzeug mit dieser Standardeinstellung nicht genau auf dieser Höhe befinden (es sei denn, die Standardeinstellung entspricht in diesem Gebiet gerade zu dieser Zeit dem MSL-Druck). Durch das Einstellen aller Höhenmesser auf diesen Standardwert wird jedoch eine genaue Staffelung zwischen den Flugzeugen möglich. Die Höhe, bei der der Höhenmesser von der örtlichen Höheneinstellung auf den Standardwert umgeschaltet werden, ist als Übergangshöhe (TA) bekannt und ist in der ganzen Welt unterschiedlich. Die Angelegenheit ist recht verwirrend, da jedes Land und in manchen Ländern jeder Flugplatz seine eigene Auffassung hat, was die Übergangshöhe sein sollte. Diese Höhe variiert zwischen 2000 bis 18 000 Fuß. Bis zur TA werden Höhen in tausend Fuß angegeben und sodann in Flugflächen, bei denen die letzten beiden Nullen in Fortfall gekommen sind. So wird z. B. aus 35 000 Fuß die Flugfläche 350 (FL 350). Beim Sinken ist es die Übergangsfläche (TL), bei der die Höhenmessereinstellung vom Standardwert auf das QNH umgestellt wird. Auch diese Fläche variiert natürlich.

Die korrekte Verwendung der Ausdrücke Platzhöhe, Höhe, Flughöhe und Flugfläche ergibt sich aus der Abb. 6.8, obgleich sie oft nicht so genau genommen werden. Reiseflugflächen für die großen Jets beginnen in FL 280, und zwar 290, 330, 370 und 410 in östlicher Richtung und 280, 310, 350 und 390 in westlicher Richtung, wobei bei den meisten

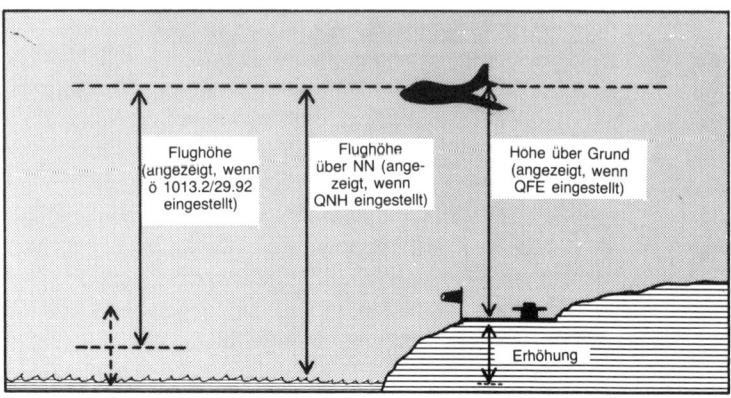

Abb. 6.8 Verschiedene Definitionen zu Höhenangaben.

Flugflächen 4000 Fuß zur Staffelung zwischen in gleicher Richtung fliegenden Flugzeugen und 2000 Fuß für in entgegengesetzter Richtung fliegenden Flugzeugen zur Verfügung stehen. Ausnahmen gibt es auf den Nordatlantikstrecken und in entfernt gelegenen Gebieten wie Australien, in denen alle Flüge in gleicher Richtung zur gleichen Zeit verlaufen, dort werden häufig Flugflächen von 300, 320, 340, 360 und 380 zugeteilt; und dies trifft natürlich auch für die entgegengesetzten Richtungen zu. In der UdSSR und in China fliegt man auf metrischen Flugflächen. Wenn z. B. in der UdSSR eine Flugfläche von 9000 Metern in östlicher Richtung zugeteilt wird, muß ein westlich ausgerüstetes Flugzeug in 29 500 Fuß fliegen. Obgleich China und die UdSSR eine gemeinsame Grenze haben, ist die Zusammenarbeit beider Länder minimal und, man möge es glauben oder nicht, sind russische und chinesische Flugflächen tatsächlich die gleichen für Flugzeuge, die in unterschiedlichen Richtungen auf der gleichen Luftstraße fliegen; z. B. FL 6000 Meter für russische Flüge nach Westen, chinesische nach Osten und FL 13 000 Meter für russische Flüge nach Osten und chinesische nach Westen. Es scheint, als sei die Grenze geschlossen!

Variometer

Bei einem einfachen Variometer (VSI) wird statischer Druck einer Meßdose und ebenfalls über eine Ausgleichsleitung (Abb. 6.9) dem Instrumentengehäuse zugeführt. Beim Steigen oder Sinken des Flugzeuges verändert sich der statische Druck aufgrund der Ausgleichsleitung in der Meßdose schneller als im Gehäuse, und die Differenz zwischen beiden wird kalibriert und als Anzeige der Steig- oder Sinkgeschwindigkeit in tausend Fuß pro Minute wiedergegeben. Der größte Fehler des In-

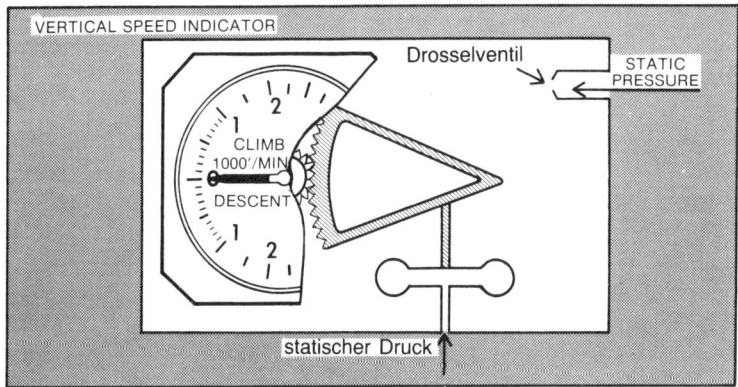

Abb. 6.9 Einfacher Variometer.

struments besteht in der Verzögerung der Aufzeichnung aufgrund der Konstruktion, z. B. wenn sich das Flugzeug nach einem längeren Steigflug im Geradeausflug befindet, zeigt das Gerät noch immer ein Steigen an, bis ein Druckausgleich in der Meßdose und dem Gehäuse stattgefunden hat. Dies wurde zum größten Teil durch moderne Instrumente überwunden, die als Trägheits-Variometer (ILVSI) bekannt sind. Das VSI gestattet eine Beurteilung der Steig- und Sinkprofile und ist ebenfalls beim Endanflug nützlich, insbesondere wenn keine Gleitpfad-Informationen verfügbar sind. Eine Sinkgeschwindigkeit von etwa 800 Fuß pro Minute ergibt ein gutes Endanflugprofil.

Instrumentenflug

Einer der wichtigsten Teile in Ausbildung und Praxis ist für Verkehrspiloten der Instrumentenflug. Große Düsenflugzeuge können nicht durch einen Blick aus dem Fenster oder nach dem Gefühl im Hintern (obgleich beides helfen könnte) geflogen werden. Daher wird auch unter klaren Sichtverhältnissen nach Instrumenten geflogen. Bei vielen Gelegenheiten blicken die Piloten an einem klaren Tag natürlich nach sichtbaren Bezugspunkten, aber alle Geschwindigkeiten, Steuerkurse und Flughöhen werden nach Instrumenten geflogen, und der Pilot hat ständig die Hauptfluginstrumente im Auge zu behalten, um jegliche Ablenkung zu vermeiden (Abb. 6.10). Kein Flugzeug bleibt lange im stabilen Flug: Geschwindigkeit, Flughöhe und Steuerkurs wandern häufig geringfügig in Böen oder Änderung der Windrichtung ab, und es sind immer kleine Steuerbewegungen durch den Piloten (oder Autopiloten) erforderlich, um den Flugweg einzuhalten. In Turbulenzen ist nur der künstliche Horizont verläßlich, die anderen Instrumente schlagen wild herum, und der 141

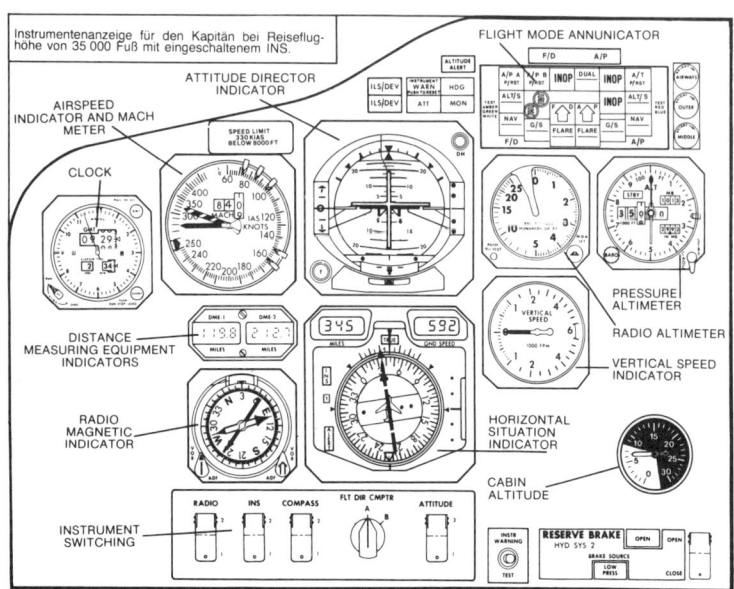

Abb. 6.10 Instrumentenanzeige für den Kapitän bei Reiseflughöhe von 35 000 Fuß mit eingeschaltenem INS.

Pilot richtet sein Augenmerk auf den Anstellwinkel. In diesem Augenblick wird das Flugzeug nur nach einem Instrument geflogen.

Die für den Piloten wichtigste jährliche Prüfung gilt der Erneuerung der Instrumentenflugberechtigung, und diese Prüfung erfolgt im Simulator (siehe S. 242). Starts und Landungen unter ungünstigen Wetterverhältnissen werden simuliert. Ausfälle und Fehlerquellen werden während des ganzen simulierten Fluges vom Check-Kapitän eingespeist, und normalerweise fällt natürlich ein Triebwerk aus, so daß ein Instrumentenanflug und die Landung mit nur drei Triebwerken ausgeführt werden muß. Der Instrumententest muß innerhalb festgelegter Werte hinsichtlich des Beibehaltens der Flughöhe, des Steuerkurses und der Geschwindigkeit absolviert werden; und beim Anflug dürfen die Grenzwerte des Instrumentenlandesystems (ILS) nicht überschritten werden. Jegliche Abweichung von diesen Grenzwerten führt automatisch zum Durchfallen, und der Pilot erhält erst dann seine Lizenz erneuert, wenn er den Test wiederholt und bestanden hat.

Räumlicher Orientierungsverlust

Ein Problem, mit dem man während der Instrumentenflugausbildung fertig zu werden hat, ist das als räumlicher Orientierungsverlust bekannte Phänomen. Es hat seinen Ursprung in den Gleichgewichtsorganen. Der Gleichgewichtssinn beruht auf Informationen, die dem Gehirn von drei getrennten Quellen übermittelt werden: den Augen, den Mus-

142

keln und einem Mittelohrabschnitt, bekannt als Labyrinthvorhof (Vestibularapparat). Beim Fliegen in gutem Wetter geben die Augen die Gleichgewichtsinformation. Einmal aber in einer Wolke, geht der sichtbare Bezugspunkt verloren, mit Ausnahme der Instrumente, und der Pilot spürt mehr die Muskelreaktion und die des Mittelohrs. Das Gefühl in den Muskeln geht von der Haut und den Gelenken aus, wenn der Körper aus seiner senkrechten Lage gebracht wird. Weiterhin spielt das Mittelohr mit dem Vestibularapparat eine Rolle, der aus drei halbkreisförmigen Bogengängen besteht, die im rechten Winkel zueinander liegen, und einem Gleichgewichtsorgan. Informationen, die dem Gehirn von diesen Quellen zugeführt werden, sind auf dem Boden eine gute Gleichgewichtshilfe, wenn aber Kräfte, wie man sie im Flug erfährt, dem Gehirn Empfindungen zuleiten, sind diese oft von den durch die Augen von Instrumenten erhaltenen Informationen sehr unterschiedlich. Diese Verwirrung kann dazu führen, daß der Pilot die Kontrolle über das Flugzeug verliert.

Das Muskelgefühl kann durch Beschleunigungen und scharfe Bewegungen in Turbulenzen und das Vestibulum durch Kräfte im Geradeausflug verwirrt werden. Die drei halbkreisförmigen Bogengänge des Vestibularapparates sind mit einer Flüssigkeit gefüllt, und feine Härchen erstrecken sich in deren Enden. Richtungsänderungen beim Steigen, Sinken, Rollen oder Gieren werden durch eine Bewegung der Flüssigkeit in den Bogengängen gefühlt, die die feinen Tasthaare ablenken. Alle Gänge sind mit einer flüssigkeitsgefüllten Kammer verbunden, die das Gleichgewichtsorgan darstellt. Diese besteht wiederum aus kleinen Tasthaaren, die senkrecht nach oben verlaufen und auf denen sich kleine Kalksalzkristalle befinden. Ein Kippen des Körpers führt zur Ablenkung der Tasthaare, und dem Gehirn wird ein Kippgefühl übermittelt. Wenn das Flugzeug in die Schräglage gebracht wird, erlebt der Pilot dieses Gefühl. Beim Beibehalten der Kurve und allen Flugkräften im Gleichgewicht kehren die Tasthaare jedoch in ihren ursprünglichen Zustand zurück und vermitteln dem Piloten den Eindruck, er befinde sich im aufrechten Zustand und flöge geradeaus, obgleich ihm seine Augen durch die Instrumente sagen, daß sich das Flugzeug in einer Kurve befindet. Wenn sich das Flugzeug in seinen Geradeausflug aufrichtet, hat der Pilot das bestimmte Gefühl, in der entgegengesetzten Richtung im Schrägflug zu sein, bis sich die Tasthaare wieder mit dem Körper ausgerichtet haben. Das Gefühl kann lästig und die Verwirrung der Gefühle für den unerfahrenen Instrumentenpiloten unangenehm sein. Es ist viel Übung dazu notwendig, diese Gefühle, beiseite zu lassen und sich nur auf die verschiedensten Instrumentenanzeigen zu konzentrieren.

Der Instrumentenflug erfordert gute Ausbildung, Eignung und Erfahrung, sowie Praxis, um den für einen Verkehrspiloten unerläßlich hohen Standard aufrechtzuerhalten.

Kapitel 7

Das Cockpit des Jumbo

Die Hauptinstrumentenkonsole der Piloten besteht aus den Instrumenten für den Kapitän auf der linken Seite und einer ähnlichen Ausführungsform für den Copiloten auf der rechten Seite. Unter jedem Instrumentenbrett befinden sich Schalter, die einen Informationsaustausch gestatteten. Das mittlere Instrumentenbrett der Piloten weist die Haupttriebwerkinstrumente auf, wobei ein zusätzlicher künstlicher Horizont links vom Kapitän vorgesehen ist und darunter ein Warnlampensystem in Form eines Anzeigepanels. Rechts von den Triebwerkanzeigen befinden sich die Klappen- und Fahrwerkhebel. Unterhalb der Windschutzscheibe befinden sich die Schalter für den Autopiloten und an beiden Seiten die VOR-/ILS-Wahlschalter. Am oberen Teil des Scheibenpfostens ist der Hilfskompaß angeordnet.

Auf dem Brett über den Piloten befinden sich ebenfalls die Feuerlöschgriffe für die Triebwerke, die Zündschalter, wahlweise Fahrwerk- und Klappenbetätigungsschalter, Enteisungsschalter, Kurzwellenempfangswahlschalter, Lichtschalter und weitere Ausrüstungen wie der Cockpit-Voice-Recorder (Aufzeichnungsgerät aller im Cockpit geführten Gespräche) und Windschutzscheiben-Beheizung. Die Mittelkonsole enthält die INS-Geräte, Funksprechgeräte und ADF-Wähler, Hauptfunkgeräte, Wetterradar und, etwas hinten gelegen, das Trimmrad. Etwas erhöht sind die Schubhebel mit manuellen Trimm- und Bremsklappenhebeln zur linken Seite und die Klappenhebel an der rechten Seite vorge-

Abb. 7.1 Boeing 747 Cockpit.

Boeing 747 Cockpit

Piloten	Flugingenieur
1. Fluginstrumente	1. Elektrik und sekundäre Triebwerkinstrumente
2. Haupttriebwerkinstrumente	2. Klimaanlage und Drucksystem
3. Autopilotbedienungen	3. Pneumatische Vorrichtungen
4. Mittelkonsole	4. Hydraulik
5. oberes Gerätebrett	5. Treibstoffanzeigen
6. Sicherungen	

sehen. Jeder Knopf, Wahlschalter oder Schubhebel besitzt eine unterschiedliche Formgebung, die den Piloten vertraut ist, und somit sind unbeabsichtigte Betätigungen falscher Steuerelemente ausgeschlossen.

Das Intrumentenbrett des Flugingenieurs weist eine Vielfalt an Flugin- **145**

strumenten auf, die so gut wie alle an Bord befindlichen Systeme ein-
schließen. An der linken Seite sind die Bedienungsschalter für die Hilfsturbine und die elektrischen Bordanlagen samt Anzeigen vorgesehen.
Sauerstoff-, Klimaanlagen-, pneumatische und Drucksteuerelemente befinden sich in der Mitte, während die Hydraulikanzeigen, Feuerschutz-
schalter und zahlreiche Warnsysteme auf der rechten Seite angeordnet
sind. Weiter unten befinden sich die sekundären Triebwerkanzeigen, das
Haupt-Treibstoffsystem mit Pumpenschaltungen und Skalen für den
Treibstoff und das Treibstoffablaß-System. Weitere Hilfsausrüstungen
wie eine Überwachungseinheit der Triebwerkvibration, Befeuchtungsanlagen und Hauptschalterwähler für Funkausrüstungen sind auf diesem
Instrumentenbrett vorgesehen. Rechts vom Flugingenieur und an der
Decke des Cockpits findet man viele Sicherungen, die die zahlreichen
elektrischen Systeme im Cockpit schützen.

Die Instrumente und Fluggeräte des Piloten

Die hauptsächlichen Fluginstrumente des Piloten sind im vorhergehenden Kapitel behandelt worden und die Triebwerke im Kapitel »Düsentriebwerke«. Der Betrieb der Steuersäule, Instrumente auf der
Hauptkonsole und die oberen Schaltungen sind im Kapitel »Grundlagen
des Fliegens« zum größten Teil abgehandelt sowie in den Kapiteln
»Funk und Radar« wie auch unter »Navigation«. Die Schaltungen für
den Autopiloten auf dem Instrumentenbrett gleich unter der Windschutzscheibe sind bisher noch nicht abgehandelt worden, was nun im folgenden geschehen soll.

Autopilot

Der Autopilot wurde durch einen Amerikaner namens Sperry erfunden
und zum ersten Mal 1914 in Paris vorgestellt. Im wesentlichen besteht
der Autopilot aus einem Kreisel (im Falle der Boeing 747 aus der kreiselstabilisierten Plattform des INS), der alle nicht vorgesehenen Bewegungen des Flugzeugs fühlt und eine stabile Fluglage aufrechterhält.
Über einen Computer werden den Servomotoren Kreiselsignale übermittelt, die auf elektrische Befehle ansprechen und auf die Flugsteuerge-
räte die erforderlichen hydraulischen Leistungen geben. Der Autopilot
spricht auch auf die vom Piloten gewählten Signale an, und wenn sich
die Steuerflächen aufgrund von eingegebenen Befehlen bewegen, bewegt sich gleichzeitig die Steuersäule mit. Jede erforderliche Trimmung
erfolgt automatisch.

146   Der Autopilot kann jedoch nicht selbständig denken, sondern entlastet

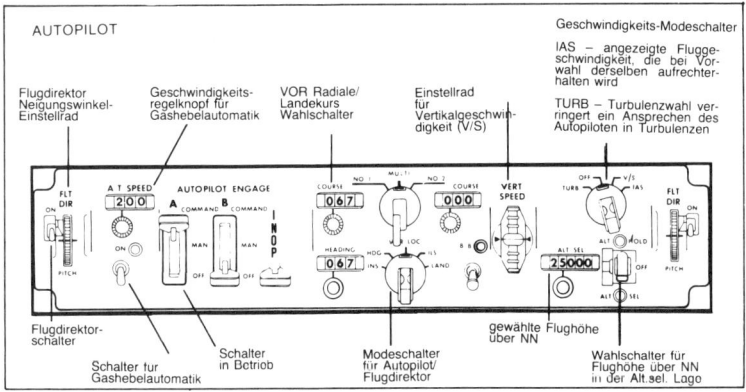

Abb. 7.2 Autopilot.

den Piloten mehr oder weniger bei der Bedienung des Flugzeugs, was beim Fliegen von Hand über lange Zeit hin sehr ermüdend werden kann. Er gibt dem Piloten die Möglichkeit, sich mehr um die wichtigsten Aspekte des »Flugmanagements« zu kümmern. Alle Flugerfordernisse (Steiggeschwindigkeit, Reiseflughöhe, Steuerkurs usw.) müssen zunächst gewählt werden, und der Autopilot spricht auf die Wünsche des Piloten an, indem er das Flugzeug entsprechend fliegt. Der Autopilot ist somit nur so gut wie die ihm eingegebenen Informationen: erhält er eine falsche Information, wird er das Flugzeug hervorragend und ohne Zögern fliegen, allerdings in der völlig falschen Richtung. Dennoch kann der Autopilot das Flugzeug besser als der Pilot fliegen und leidet natürlich nicht an Ermüdung, aber selbst ein simples Steigen des Flugzeugs auf eine bestimmte Höhe erfordert, daß der Pilot zuvor sämtliche Eingaben vorgenommen hat (Abb. 7.2.)

Die Programmierung des Autopiloten ist auch für erfahrene Piloten, die neu auf die Boeing 747 kommen, kompliziert. Dies kann hier nicht im einzelnen erläutert werden. Gesagt werden soll nur, daß der Betrieb des Autopiloten komplexe Handhabungen erfordert, die weit entfernt von einem einfachen Knopfdruck sind, wie sich das viele vorstellen mögen. Die Arbeit des Autopiloten ändert sich mit jedem Flugzeugtyp, einige sind zum automatischen Fliegen vom Start bis zur Landung eingerichtet, während andere während des Steigfluges eingeschaltet, beim Landeanflug allerdings wieder abgeschaltet werden müssen. Der Autopilot der Boeing 747 wird normalerweise in etwa 10 000 Fuß eingeschaltet, nachdem Steiggeschwindigkeit erreicht worden ist, und wird kontinuierlich während des Steigens, im Reiseflug und beim Sinkflug benutzt. Er wird in etwa 3000 Fuß abgeschaltet, um den Anflug manuell zu fliegen. Beim normalen Betrieb wird nur ein Autopilot benutzt, für eine automatische Landung sind jedoch zwei oder drei erforderlich.

147

Automatische Landung

Für eine automatische Landung ist nicht nur eine hochentwickelte Autopiloteinrichtung an Bord eines Flugzeugs erforderlich, sondern auch höher entwickelte Bodeneinrichtungen am Zielflughafen. Das Instrumentenlandesystem (ILS) stellt einen integrierten Teil einer automatischen Landung dar und erfordert eine Verfeinerung für automatische Landungen. Anflug- und Landebahn-Befeuerungen müssen ebenfalls verbessert werden. Wo derartige Bodenausrüstungen nicht verfügbar sind, können keine automatischen Landungen durchgeführt werden. Eine automatische Landung kann ebenfalls nur bei einem direkten ILS-Anflug erfolgen. Auf den südöstlichen Landebahnen von New York-Kennedy sind derartige Anflüge beispielsweise wegen des von La Guardia nach Norden fliegenden Verkehrs nicht möglich, und auf der südöstlichen Landebahn Hongkongs verbietet das bergige Gelände einen solchen Anflug. In beiden Fällen kann keine automatische Landung erfolgen. Es sind nur bestimmte Landebahnen auf größeren Flughäfen in der Welt für automatische Landungen ausgestattet; und nur einige wenige besitzen die Ausrüstung für eine vollständige Blindlandung. Automatische Landungen sind auch bisher noch nicht im Nebel möglich, und bei Querwindböen über 15 Knoten sind sie undurchführbar. Unter derartigen Bedingungen muß manuell geflogen werden.

Die Qualität der ILS-Signale wird als Kategorie I, II oder III klassifiziert (Cat I, II oder III), wobei Cat III noch einmal in a, b, c unterteilt ist. Cat IIIc besitzt die höchste Qualität. Ein ILS der Cat I ist für eine automatische Landung nicht zugelasen, obgleich ein derartiger Anflug versucht werden kann, wobei der Autopilot automatisch auf das ILS aufschaltet. Der Autopilot muß jedoch bei der Entscheidungshöhe ausgeschaltet und die Landung manuell durchgeführt werden. Eine automatische Landung ist hingegen sowohl für Cat II als auch Cat III zugelassen, wenn sich an Bord zwei oder drei Autopiloten befinden. Die von der International Civil Aviation Organisation (ICAO) herausgegebenen Richtlinien hinsichtlich der Sicht und Entscheidungshöhe sind in der Abb. 7.3 dargestellt, obwohl automatische Landungen zur Übung auch oft unter klaren Sichtverhältnissen durchgeführt weren. Die meisten automatischen Landungen mit der Boeing 747 werden zur Zeit unter Sichtflugbedingungen ausgeführt, wobei die minimal annehmbare Sicht bei 200 Metern und die Entscheidungshöhe bei 20 Fuß liegt. Zu diesem Zeitpunkt ist das Flugzeug mit angehobener Nase richtig ausgerichtet, um durchstarten zu können, sollte sich die in Sicht kommende Landebahn als nicht ausreichend lang erweisen. Ein Durchstarten wird automatisch durch Drücken des Durchstartknopfes und durch gleichzeitiges Vorschieben der Schubhebel auf Startleistung eingeleitet.

148 Ein Flugzeug mit höher entwickelten automatischen Geräten wird durch Cat-III-ILS-Landekurssignale beim Ausrollen geführt, um es gerade auf der Mittellinie zu halten, wenn es die Landebahn hinunter abgebremst wird. Liegt die Sicht unter 50 Metern, ist Bodenradar erforderlich, um von der Landebahn zum Abfertigungsgebäude zu rollen. In diesem Fall werden ebenfalls Feuerwehr und Unfallwagen angefordert, falls es zu einem Zwischenfall kommen sollte. Zur Zeit haben nur sehr wenige Flughäfen eine derartige Bodenradar-Ausrüstung.

Bei einer automatischen Landung unter Cat-III-Bedingungen muß sich die Crew davon überzeugen, daß der Flughafen für derartige Anflüge ausgerüstet ist, daß das Flugzeug entsprechende Geräte hat und die Piloten qualifiziert sind. Zu Beginn des Anflugs ist nur ein Autopilot angeschaltet, und das Flugzeug wird mit dem Steuerkursknopf gesteuert. Der Vortriebsregler ist ebenfalls nach Wahl der erforderlichen Geschwindigkeit in Betrieb. Die Entscheidungshöhe von 20 Fuß wird auf beiden Funkhöhenmessern eingestellt. Die Radarkontolle führt das Flugzeug auf einen etwa 17 bis 20 km entfernten Standort. Sodann erfolgt der Anflug auf einem etwa 40° zur Landebahn geneigten Steuerkurs, um den ILS-Landekurssender anzuschneiden. Beide ILS-Empfänger werden auf die entsprechende Frequenz abgestimmt und und der Landekurs (d. h. die magnetische Richtung zur Landebahn) in beiden Kursfenstern eingestellt. Der Autopilotwahlschalter wird sodann auf »Land« gestellt und die beiden anderen Autopiloten werden eingeschaltet. Eine Flugmode-Anzeigetafel (FMA) zeigt das gewählte Mode an, und mit jeder Phase leuchten grüne Lichter auf. Treten Fehler auf, erscheinen auf der FMA stehende gelbe oder rote Lichter oder gelegentlich flackern sie auch in Abhängigkeit des Fehlerausmaßes.

Der Flug ist von nun an bis zur Landung automatisch, es ist jedoch eine intensive Überwachung durch die Crew erforderlich. So verfolgt sie den Flugverlauf durch die verschiedenen Phasen bis zur Landung. Während des ganzen Anflugs behält der Kapitän die Hände leicht auf der Steuersäule, jeden Moment bereit, den Autopiloten im Falle eines Versagens auszuschalten. Beim Einschwenken auf den Landekursstrahl erscheinen auf der FMA die grünen »NAV«-Lichter, das Flugzeug kurvt auf die Landebahnrichtung ein und gleicht automatisch die Abdrift aus.

Abb. 7.3 ILS-Signalqualität.

	CAT I	CAT II	CAT IIIa	CAT IIIb	CAT IIIc
minimale Sicht (Meter)	800 M	400 M	200 M	50 M	0
Entscheidungshöhe (Fuß)	200 FT	100 FT	0	0	0

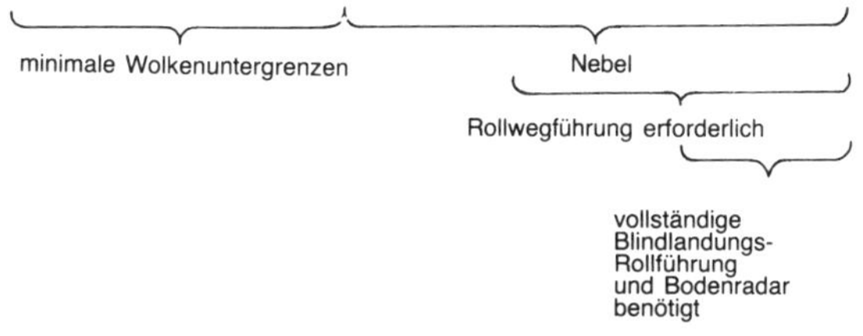

minimale Wolkenuntergrenzen   Nebel

Rollwegführung erforderlich

vollständige
Blindlandungs-
Rollführung
und Bodenradar
benötigt

Zu dieser Zeit sind die Landeklappen zu 20° ausgefahren. Das Fahrwerk wird bei Bewegen des Gleitpfadanzeigers (G/S) ausgefahren und die Landechecks werden beendet. Bei Erreichen des Gleitpfades leuchten die grünen G/S-Lichter auf der FMA auf, und das Flugzeug hat sich auf dem ILS ausgerichtet. Alle Checks mit Ausnahme der Landeklappen sind gelesen. Über dem Voreinflugzeichen wird die Stoppuhr gedrückt und die Zeit bis zum Aufsetzen abgelesen. Die Landeklappen werden nun voll ausgefahren und die Geschwindigkeit wird angepaßt. In 1000 Fuß beginnt der dritte Autopilot zu arbeiten, und auf der FMA erscheint eine entsprechende Anzeige. Mit den nun in Betrieb befindlichen drei Autopiloten tritt ein System in Funktion, dessen Computer den mittleren Autopiloten zum Steuern wählt, und das Flugzeug wird nun durch dieses mittlere Signal gesteuert, und im Verlaufe des Anflugs geht die Steuerung von einem zum anderen Autopiloten über, bedingt durch geringe Unterschiede in den Befehlssignalen. Die Funkhöhenmesser-Anzeigen werden überwacht, und in 1000 Fuß prüft die Crew vorsichtshalber noch einmal, ob alle Checks abgeschlossen sind. Inzwischen wurde die Landefreigabe erteilt.

Im Cockpit ist es nun ganz still, da die Spannung mit dem Landeanflug wächst. Unter 500 Fuß wird jede bemerkenswerte Abweichung vom ILS durch entsprechende Lichter angezeigt, die hellrot leuchten. Leuchten die Lichter unter 200 Fuß auf, muß ein Durchstarten eingeleitet werden. Die Funkhöhenmesser-Anzeige sinkt ständig, wenn das Flugzeug seinen Abstieg fortsetzt . . . 500 Fuß . . . 400 Fuß . . . 300 Fuß. Die Flugkommandoanlage wird bei 300 Fuß ausgeschaltet. Draußen ist der Boden immer noch in Nebel verhüllt. Bei 200 Fuß ruft der Copilot »Entscheidungshöhe!«. Die Augen des Kapitäns richten sich von den Instrumenten nach draußen, halten Ausschau nach einem ersten Aufschimmern eines Befeuerungslichts. Die Augen des Copiloten verharren auf den Instrumenten. In 100 Fuß ist das Flugzeug nur noch Sekunden vom Aufsetzpunkt entfernt. Der Ausblick ist für den Kapitän durch das Instrumentenbrett unter der Windschutzscheibe und den verringerten Schrägsichtbereich behindert. So sieht er nur zwei oder drei Balken der im Dunst liegenden Anfluglichter durch den Nebel. Bei Annäherung an die Entscheidungshöhe erklingt ein Warnton, der mit weiterem Sinken stärker wird. In 50 Fuß werden die Gleitpfadsignale ausgeblendet, und der Autopilot fängt das Flugzeug ab zum Ausschweben. Unter der Nase blitzt die verschwommene grüne Kette der Schwellenbefeuerung. »Abgefangen, grün!« ruft der Copilot, als die grünen Lichter auf der FMA aufleuchten. Wird dies nicht gerufen, schaltet der Kapitän den Autopiloten sofort aus und läßt das Flugzeug manuell ausschweben, bevor es auf der Landebahn aufsetzt. In 35 Fuß werden die Schubhebel zurückgezogen. 20 Fuß, der Warnton schweigt und ein gelbes Licht leuchtet auf: »Entscheidungshöhe«. Das Flugzeug ist kurz vor dem Aufsetzen. Der Kapitän sieht vor sich sechs oder sieben Lichter der Landebahn-Mittellinie – »Anflug fortsetzen«. (Wenn nur zwei oder drei Lichter voraus zu sehen sind, liegt die Sicht weit unter 200 Fuß und ein Durchstarten ist unvermeidlich.) Fast gleichzeitig setzen die 16 Haupträder auf; gefolgt vom Bugrad, das weich auf die Landebahn gesetzt wird. Das Flugzeug ist gelandet. Der Kapitän schaltet die Autopiloten ab und übernimmt die Steuerung, schaltet die Schubumkehr ein und hält das Flugzeug auf der Landebahn, wo es auf Rollgeschwindigkeit abgebremst wird.

Instrumente und Geräte des Flugingenieurs

Heutige Flugzeuge sind hochentwickelte Maschinen, und es kann hier nur ein kurzer Auszug der Systeme gegeben werden. Die grundlegenden Systeme sind leicht erreichbar und überschaubar vorgesehen. Im Falle eines Versagens stehen Hilfseinrichtungen zur Verfügung.

Elektrische Anlagen (Bordnetz)

Vier Generatoren (einer an jedem Triebwerk) erzeugen zusammen genügend Elektrizität (115 V Wechselstrom), um eine Kleinstadt zu versorgen. Diese erhebliche Energiemenge wird benötigt, um das Flugzeug mit seinen unzähligen Geräten (Instrumente, Beleuchtung, Bordküchengeräte usw.) zu versorgen. Schwankungen in den Triebwerkdrehzahlen bei unterschiedlichen Leistungseinstellungen machen einen konstanten Antrieb des Generators erforderlich; und Steuereinheiten halten die Energiezufuhr konstant. Beim Ausfall eines Triebwerkes oder Generators kann die Belastung durch Schalter auf die verbleibenden Generatoren verteilt werden. Am Boden kann Energie auch durch ein Bodenstromaggregat (GPU) oder durch den Generator der Hilfsturbine (siehe Düsentriebwerke S. 50) zugeführt werden. Einige Ausrüstungsgegenstände müssen mit Gleichstrom betrieben werden, und so wandeln vier Transformator-Gleichrichter-Anlagen (TRU) Wechselstrom in 28-V-Gleichstrom um. Es stehen auch Batterien zum Speisen wichtiger Instrumente und Steuerorgane und für Notbeleuchtung im Falle eines totalen Stromausfalls zur Verfügung. Die Hilfsturbine zum Anlassen hat ebenfalls eine eigene Batterie. Für die INS-Einheiten ist ein Ersatzbatteriesystem vorgesehen. Elektrische Schaltungen sind durch Sicherungen geschützt, die den Stromkreis bei Überladung durch Herausspringen unterbrechen.

151

Die unter der ersten Klasse befindliche Elektrik mit in Gestellen aufgehängten Gerätschaften.

Klimaanlage und Druckerzeugung

Ein Flugzeug in der Luft ist wie ein Unterseeboot, jedoch im umgekehrten Sinne. Während der Unterseeboot-Rumpf so gebaut ist, daß er enormen Unterwasserdrücken widersteht, die ihn zu zerbrechen drohen, ist die Flugzeugzelle so gebaut, daß die Druckluft in der Kabine nicht in die dünne Atmosphäre ausbrechen kann. Beim Steigflug wird der Kabinendruck verringert, um den nach außen gerichteten Druck auf die Zelle zu mindern und den Auftrieb des Flugzeugs zu erhöhen. Beim Fliegen in 35 000 Fuß (10 700 m) wird beispielsweise der Kabinendruck entsprechend einer Höhe von 6000 Fuß (1800 m) gehalten, was zu einem Differentialdruck (die Druckdifferenz innerhalb und außerhalb der Kabine) in der Größenordnung von 0,5 bar führt. (Die Türen im Passagierraum bewegen sich zunächst nach innen, ehe sie sich nach außen schwingen, so daß sie durch den Luftdruck verriegelt sind, wenn die Kabine unter Druck steht.) Die Umwelt in 6000 Fuß ist für Passagiere nicht unangenehm, jedoch werden sich diejenigen Passagiere, die auf Meeresspiegelhöhe leben, etwas kurzatmig fühlen, wenn sie sich durch die Kabine bewegen.

Die Kabine wird über pneumatische Leitungen unter Druck gesetzt, denen von jedem Triebwerkkompressor hochverdichtete Luft zugeführt wird. (Bei einigen Flugzeugtypen gibt es einen getrennten Kompressor für die Kabinenluft.) Die heiße, hochverdichtete Luft in der pneumatischen Kabine wird nicht nur für die Klimaanlage, sondern auch für andere Zwecke verwandt. Temperatur und Druck in der Leitung sind zu hoch, um die Luft direkt in die Kabine zu leiten. So wird zunächst verdichtete Luft aus der Leitung zu großen Klimaanlagen (ähnlich riesigen Gefrierschränken) geführt, wo Temperatur und Druck auf die entsprechenden Werte gebracht werden. Von diesen Einheiten fließt die Luft durch eine herkömmliche Rohrverzweigung einer Klimaanlage zu vier getrennten Kabinenzonen. Um eine bessere Zirkulation zu erhalten, kann die Luft innerhalb jeder Zone durch Gebläse zum Umlaufen gebracht werden. Kühlluft wird ebenfalls hinter die Instrumentenbretter geleitet, um die durch elektrische Ausrüstungen erzeugte Wärme abzukühlen. Die in die Kabine geleitet Luft ist sehr trocken, und gelegentlich sind Befeuchtungsanlagen (die einen feinen Wassernebel in das System spritzen) installiert. Trotz aller dieser Maßnahmen stellt natürlich auf langen Reisen die Trockenheit für die Passagiere ein Problem dar. (Die Trockenheit der Luft läßt sich leicht dadurch beobachten, daß Brot nach wenigen Minuten hart wird, wenn es der Kabinenluft ausgesetzt wird.)

Luft aus Kühlsystemen wird in relativ konstantem Fluß in die Kabine geleitet, und der Druck wird durch zwei Ausgleichventile im hinteren Teil des Flugzeugs reguliert. Durch Öffnen der Ventile wird Luft an die Atmosphäre abgegeben, der Druck verringert sich, und beim Schließen der

Ventile erhöht er sich. Während des Reisefluges liefern die Ventile ausreichenden Druck zum Aufrechterhalten des Luftflusses durch die Kabine, wenn sie um etwas mehr als ³/₄ geschlossen sind. Das Vorsehen der Ausgleichventile im hinteren Teil des Flugzeugs führt dazu, daß die Luft von vorne nach hinten fließt. Raucher werden deshalb häufig im hinteren Teil der Kabine plaziert, um anderen Passagieren Unannehmlichkeiten zu ersparen. (Der Teer von Zigarettenrauch kann ausreichen, um Luftfilter zu verstopfen.) Beim Steigflug sind die Ventile auf einen Kabinendruck entsprechend einer gleichbleibenden Geschwindigkeit von 500 Fuß pro Minute und beim Sinkflug auf 300 Fuß pro Minute reguliert. Gewöhnlich wird beim Sinken von der Reiseflughöhe der Kabinendruck auf die Höhe des Zielflughafens verringert; landet man jedoch auf Flughäfen wie in Mexico City, wird der Druck (von etwa 6000 auf 7300 Fuß – die Höhe von Mexico City) beim Sinkflug erhöht.

Im Falle einer Störung, die zu einem Druckabfall in der Kabine führt, befindet sich an Bord ein ausreichender Sauerstoffvorrat. Sauerstoffmasken fallen automatisch aus der Kabinendecke, um die Passagiere ausreichend zu versorgen (die Flugcrew trägt besondere Masken), bis ein Sinken auf eine Höhe erfolgt ist, auf der kein Druckausgleich mehr erforderlich ist (normalerweise zwischen 10 000 und 14 000 Fuß).

Pneumatik

Für bestimmte Ausrüstungen wird pneumatisch Energie verwandt, die aus der durch die Triebwerkkompressoren gespeisten Rohrleitung entnommen wird. Vorflügel und Vorflügelklappen, die in vier getrennten Abschnitten an jeder Tragfläche vorliegen, werden durch pneumatische Antriebseinheiten betätigt. Die Abschnitte zwei und vier fahren automatisch bei Wahl von 1° der Hinterklappen aus und die Abschnitte eins und drei bei Wahl von 5°. Im Falle eines Versagens der Pneumatik können die Vorflügelklappen auch elektrisch betätigt werden. Die Schubumkehreinheiten arbeiten ebenfalls pneumatisch. Mit Luft angetriebene Pumpen stehen als Hilfsmittel für ein hydraulisches Unterdrucksetzen von Systemen zur Verfügung. Die heiße, verdichtete Luft kann ebenfalls den Triebwerkverkleidungen und Tragflächenvorderkanten zum Enteisen zugeführt werden. Am Boden kann die pneumatische Rohrleitung von einem Bodenfahrzeug oder vom Außenstromaggregat-Kompressor (APU) gespeist werden. Umgekehrt kann das System einem Triebwerk-Startermotor verdichtete Luft zuführen, um das Triebwerk zum Anlassen in Umdrehung zu versetzen (siehe Düsentriebwerke S. 49).

Vorrichtung zum manuellen Ausfahren des Bugrades unter der ersten Klasse vor der Elektrik.

Hydraulik

Vier vollständig getrennte Hydrauliksysteme führen den Steuerorganen, Klappen, Bremsklappen, Höhenflosse, Fahrwerk, Bremsen und der Steuerung Energie zu. Das Ingangsetzen eines bestimmten Steuerorgans im Cockpit, d. h. Wahl des Fahrwerkhebels (rauf oder runter) bedingt eine Kraftübertragung durch die nicht verdichtbare Flüssigkeit, die durch die hydraulischen Rohrleitungen fließt, um die jeweilige Ausrüstung in Gang zu setzen. Jedes System wird vermittels einer mechanisch angetriebenen Pumpe unter Druck gesetzt, während eine Hilfspumpe (die durch verdichtete Luft aus der pneumatischen Rohrleitung angetrieben wird) den Ladedruck erzeugt und als Ersatz beim Versagen der mechanisch angetriebenen Pumpe zur Verfügung steht. Sogar bei Triebwerkausfall kann die im Fahrtwind mitdrehende Turbine die mechanische Pumpe schnell genug antreiben, um dem System ausreichenden Druck zuzuführen, wohingegen die luftbetriebene Pumpe automatisch arbeitet, wenn der Druck unter einen gegebenen Wert abfällt. Die Steuerorgane, Klappen, Fahrwerk usw. werden hydraulisch betrieben, um ein Versagen dieser Systeme kleinstmöglich zu halten. Das Hydrauliksystem Nr. 1 betreibt die Steuerorgane, Hauptfahrwerk und Bugrad, die inneren Hinterkantenklappen, die Bugradsteuerung und das sekundäre Bremssystem. Die Systeme 2 und 3 betätigen die Steuerorgane und die Höhenflosse, während Nr. 2 die Reservebremsen versorgt. System Nr. 4 betreibt wiederum die Steuerorgane, das Hauptfahrwerk in den Trag-

Das Fahrwerk besteht aus 16 Haupträdern, die jeweils zu vier Rädern an vier Fahrgestellen befestigt sind.

flächen, die äußeren Landeklappen und das Hauptbremssystem. Die hydraulischen Systeme 2 und 3 sind zur Versorgung der Steuerorgane (Seitenruder, Höhenruder und Querruder) vorgesehen, und es mag widersprüchlich erscheinen, daß beim Ausfall beider Systeme dennoch all diese Steuerorgane mit den hydraulischen Systemen 1 und 4 arbeiten. Die Landeklappen können im Falle eines Versagens der Hydraulik elektrisch betrieben werden.

Das Fahrwerk besteht aus 16 Haupträdern, die in vier Fahrgestellen zu jeweils 4 Rädern ruhen. Unter dem Bug befindet sich das Bugfahrwerk mit Doppelreifen. Während des Rollens am Boden wird das Flugzeug mittels Bugradlenkung bewegt, und in engen Kurven wird ebenfalls mit dem Bugrad gesteuert, um ein Führen um Ecken zu erleichtern. Die Bremsen werden durch Pedale oberhalb der Seitenruderpedale betätigt, können jedoch ebenfalls beim Landen automatisch eingestellt werden. Antiblockiersysteme gleichen den Bremsdruck aus. Nach dem Start tritt beim Einfahren des Fahrwerks eine Bremsung ein, um ein Umlaufen der Räder im Fahrwerkschacht zu verhindern. Im Falle eines Versagens der Hydraulik kann das Fahrwerk über im Cockpit befindliche Schalter, über die man Elektromotoren aulöst, ausgefahren werden; hierdurch werden die Fahrwerkschächte entriegelt, so daß das Fahrwerk aufgrund der Schwerkraft und des Fahrtwinddrucks ausfährt und dann verriegelt werden kann. Das Bugrad läßt sich manuell mit einem Kurbelantrieb ausfahren, wo sich dies als notwendig erweist.

Kapitel 8

Meteorologie

Eine vollständige wissenschaftliche Darstellung der Meteorologie würde Bücher füllen, und so beschränkt sich dieses Kapitel auf einen einfachen Überblick meteorologischer Vorgänge. Im Anschluß wird eine nähere Erläuterung über verschiedene Wetterbedingungen und deren Auswirkungen für Piloten gegeben.

Das Wetter nebst Treibstoffvorrat sind die wichtigsten Faktoren eines Fluges; das erstere bestimmt meist die Menge des letzteren. So wird bei der Flugvorbereitung mit dem Wetter begonnen. Piloten müssen natürlich über ein gutes Grundwissen der Meteorologie verfügen, um schnell und genau Karten und erhaltene Informationen zu überblicken. Der wichtigste Faktor ist hier natürlich die Wettervorhersage für den Zielflughafen zum Zeitpunkt der Ankunft und die Vorhersage für den festgelegten Ausweichflughafen. Von entscheidender Bedeutung sind auch die Vorhersagen für den Abflughafen (im Falle einer erforderlich werdenden Umkehr) und für die an der Route liegenden Flughäfen (die bei einem unerwarteten Zwischenfall angeflogen werden müßten). Es versteht sich von selbst, daß auch Karten mit Informationen über Höhenwinde, Temperaturen in der Höhe, Wolkenbeschaffenheit, „Clear Air« (Klarluft), Turbulenzen (CAT), Vereisungsgefahren und jede bemerkenswerte Wetterveränderung auf der Strecke einer sorgfältigen Prüfung unterzogen werden.

Für den Ziel- und Ausweichflughafen sind gewisse Mindestanforderungen zu stellen, die von einer Anzahl unterschiedlicher Faktoren abhängen, beispielsweise ungünstiges Terrain und zur Verfügung stehende Anflughilfen. Ausgehend von einem Flug von London nach New York werden an den JFK-Flughafen folgende Bedingungen gestellt: Wolkenuntergrenze (in Fuß) 300 Fuß über Grund (rund 100 m), Sicht (in Metern) 400 Meter für den Fall eines auf dem Instrumentenlandesystem manuell geflogenen Anflugs. Bei einer automatischen Landung sind 200 Meter Sicht auf der entsprechenden Landebahn erforderlich, sollte sie im Nebel liegen. In Boston, einem möglichen Ausweichflughafen, müssen die Bedingungen sogar noch etwas besser sein: Wolkenuntergrenze über 800 Fuß (rund 280 m), Sicht 2 Landmeilen (3,20 km). (Das Maßsystem mag hier uneinheitlich und widersprüchlich erscheinen, aber das ist es in der Tat.)

Sagt die Vorhersage schlechtes Wetter (entweder für den Zielflughafen oder auf der Strecke) voraus, werden Alternativen wie eine andere

Strecke, geänderte Flughöhe oder sogar ein anderer Zielflughafen (wozu eventuell mehr Treibstoff mitgenommen werden muß) in Erwägung gezogen; all dies wird vor dem Start im einzelnen unter den Crewmitgliedern diskutiert, und der Kapitän trifft letztendlich die Entscheidung. Unabhängig aber vom Wetter werden auf allen Flügen regelmäßig die von den verschiedensten Quellen in der Welt übermittelten Wetterberichte abgehört. Dies ist für den Fall hilfreich und von entscheidender Bedeutung, daß am Zielflughafen oder aber auf der Strecke plötzlich eine Wetterverschlechterung eintreten sollte.

Luftfahrer, gleich Seefahrern, haben vor dem Wetter einen gesunden Respekt und behandeln seine Launen mit größter Vorsicht.

Vorgänge in der Atmosphäre

Grundsätzlich haben Temperatur- und Feuchtigkeitsschwankungen Einfluß auf das Wetter. Da siebzig Prozent der Erde aus Wasser bestehen, ist die durch Verdunsten in die Atmosphäre eintretende Feuchtigkeit durchaus einleuchtend. Die Erwärmung erfolgt natürlich durch die Sonne. Dort, wo Sonnenstrahlen senkrecht auf die Erdoberfläche treffen, wie am Äquator, ist die Temperatur hoch, wo sie die Erdoberfläche schräg treffen, wie nahe den Polen, sind die Temperaturen niedriger, da aufgrund des geringeren Einfallwinkels größere Flächen zu erwärmen sind. An den Polen wird die Erdoberfläche somit am wenigstens erwärmt, und es bilden sich ausgedehnte Eiskappen.

Wäre die Erdoberfläche eben und würde die Sonnenwärme über das ganze Jahr hindurch einheitlich verteilt, könnte man davon ausgehen, daß das Wetter beständig bliebe. Die Rotationsachse der Erde ist jedoch mit einem Winkel zu ihrer Bewegungsebene um die Sonne geneigt, wobei die nördliche Hemisphäre im nördlichen Sommer und die südliche Hemisphäre im südlichen Sommer der Sonne zugeneigt sind. Durch diesen über das ganze Jahr hindurch wechselnden Wärmeeffekt ändern sich natürlich auch die Wetterbedingungen entsprechend. Luft leitet Wärme nur sehr schlecht (d. h. sie absorbiert die Wärme nur langsam), so daß die Wärme, die wir fühlen können, von den auf die Erdoberfläche auftreffenden Sonnenstrahlen herrührt, die wiederum in die Atmosphäre abgestrahlt werden. Landmassen absorbieren die Sonnenwärme schneller und erwärmen sich somit auch schneller. In der Wüste sind die Tagestemperaturen außerordentlich hoch, während zur Nachtzeit der durch Abstrahlung bedingte Wärmeverlust erheblich ist, so daß die Temperatur unter null Grad abfallen kann. Gleichwohl kann eine große Landmasse, wie Nordamerika, im Sommer heiß, im Winter hingegen bitter kalt sein. Berggipfel, obgleich höher und der Sonne näher, liegen jedoch der von der Erdoberfläche abgestrahlten Wärme ferner und

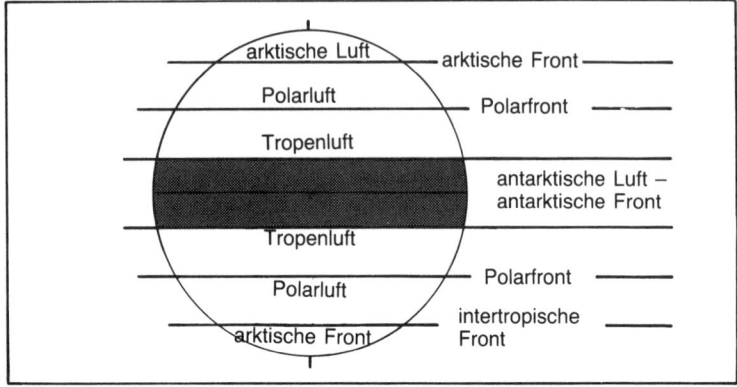

Abb. 8.1 Die Luftschichten rund um die Welt.

sind, wie man an ihren schneebedeckten Kappen sehen kann, wesentlich kälter.

Andererseits ist Wasser ein schlechter Wärmeleiter und es absorbiert und strahlt die Wärme wesentlich langsamer ab. An der Küste kann man den Temperaturunterschied zwischen Tag und Nacht besonders gut beobachten (das Land ist am Tage wärmer, die See in der Nacht) und hieraus ergeben sich die täglich – entweder landeinwärts oder zur See hin – wehenden Brisen.

Luftmassen

Der die Temperatur am meisten beeinflussende Faktor ist die geographische Breite, und der unterschiedliche Wärmeeffekt der Sonne auf verschiedenen Breitengraden führt zu unterschiedlichen Luftmassen rund um die Erde, die man, siehe Abb. 8.1, auch in Gürtel im Hinblick auf die kugelförmige Gestalt der Erde unterteilen kann.

Die Eigenschaft der Luft in jedem Gürtel hängt hauptsächlich von der Temperatur und Luftfeuchtigkeit ab. Je wärmer die Luft, um so größer ihre Fähigkeit Feuchtigkeit aufzunehmen. Wenn Luft mit mehr oder weniger gleicher Eigenschaft über einer großen Fläche, vielleicht Hunderte oder Tausende Kilometer, liegt, versteht man hierunter eine Luftmasse. Um jedoch gleiche oder einheitliche Eigenschaften anzunehmen, müßten Luftmassen innerhalb einer ziemlich einheitlichen Region mehrere Tage lang relativ stationär bleiben, was sie jedoch nicht lange tun. Schon bald bewegen sie sich in einer sich ständig ändernden Weise. Luftmassen werden deshalb nach dem Gebiet ihres Auftretens zusammengefaßt. Luftmassen, die ihren Ursprung an einem bestimmten Breitengrad haben, ähneln sich hinsichtlich ihrer Temperatur, jedoch hängt die Feuchtigkeit davon ab, ob sich das Gebiet über Land oder Wasser befindet, so daß man Luftmassen weiterhin in »kontinentale« oder »maritime« unterteilt. Ein Ursprungsgebiet tropischer kontinentaler Luft liegt im Winter beispielsweise über Nordafrika und ein anderes im Sommer über dem mittleren Süden der Vereinigten Staaten. Es liegt natürlich nahe, daß tropische kontinentale Luft warm und trocken ist. Tropische maritime Luft hat ihren Ursprung hingegen im Südatlantik und Nordpazifik; und diese Luft weist hohe Temperaturen und Luftfeuchtigkeit auf.

Aktivitäten der Fronten

Man unterscheidet sehr eindeutig zwischen Luftmassen unterschiedlicher Eigenschaften, beispielsweise zwischen arktischen (oder antarktischen) Luftmassen, obgleich sich die Übergangszone über mehrere Kilometer erstrecken kann. Örtliche Luftmassen benachbarter vordringender Luftmassen bewegen sich mit dem Wind und dringen in diese Nachbargebiete ein; sie bilden wellenförmige Zonen zwischen den vordringenden Luftmassen. Zwei norwegische Meteorologen, die dieses Phänomen während des Ersten Weltkrieges studierten, gaben diesen Grenzlinien vordringender Luftmassen den Namen »Front«. Im wesentlichen bestehen die Unterschiede zwischen Luftmassen in der Temperatur und Luftfeuchtigkeit, wobei in der Regel die Temperatur bedeutsamer ist. Wo eine warme Luftmasse vordringt und eine kältere verdrängt, ist die Frontlinie zwischen beiden als »Warmfront« und andererseits, wo eine kalte Luftmasse eine wärmere verdrängt, als »Kaltfront« bekannt. Die Übergangszone zwischen arktischen und Polarluftmassen ist die »Arktische Front« (und gleichermaßen natürlich auch die »Antarktische Front«); und das Zusammenfließen polarer und tropischer Luftmassen ist die sogenannte Polarfront. Die Übergangszone zwischen polaren und tropischen Luftmassen, die am Äquator zusammenfließen, ist weniger genau definiert und wird weiter unten erläutert.

Die Fronten verschieben sich mit der Wärmeeinwirkung der Sonne, bewegen sich im Sommer in der nördlichen Hemisphäre nach Norden und im Winter in der südlichen Hemisphäre nach Süden. Ein Beispiel intensiver Aktivität ergibt sich dann, wenn die Polarfront über dem Nordatlantik liegt. Die Wechselwirkung einander gegenüberstehender Luftmassen führt zur Bildung uneinheitlicher Wellenmuster, die sich über den Atlantik hinweg im Winter staffelweise von Florida bis zum Südwesten Großbritanniens und von Neufundland bis zu den Faröer Inseln im Sommer erstrecken und sich ständig ostwärts gegen Europa und Skandinavien mit den vorherrschenden Winden vorschieben. Die Fronten können pro Stunde etwa 55 bis 75 und somit fast 1800 km pro Tag zu- **161** rücklegen. Fronten, die in der Mitte des Atlantiks beobachtet werden, erreichen Europa innerhalb von 24 Stunden.

Obgleich die Temperaturunterschiede in den vorherrschenden Luftmassen arktischer (oder antarktischer) und polarer Luft und zwischen polarer und tropischer Luft ausreichen, eine abgegrenzte Front zu bilden, ist dies dort nicht gegeben, wo tropische Luftmassen nördlich oder südlich vom Äquator zusammenlaufen. Hier besitzen sie nahezu identische Temperatur und Luftfeuchtigkeit und die Übergangszone zwischen beiden ist breit und kaum abgegrenzt. Diese Zonen des Aufeinandertreffens tropischer Luftmassen können Hunderte von Kilometern breit sein, sind aber zu verschwommen, um eine Front zu definieren. Diese Erscheinung ist als innertropische Konvergenzzone oder kurz ITCZ bekannt. Diese ITCZ verschiebt sich ebenfalls unter dem Einfluß der Sonne, sie liegt während des nördlichen Sommers über dem Äquator und während des südlichen Sommers dementsprechend unter ihm. Luftmassen in dieser Konvergenzzone sind allgemein warm, feucht und unbeständig. Über weiten Gebieten ergeben sich ausgedehnte Wetteraktivitäten. Die ITCZ überquert große Gebiete der Ozeane auf ihrem nordwärts gerichteten Durchzug, und die warme Luft wird durch die Feuchtigkeit schwer. Es bilden sich riesige Wolkenmassen mit sich turmhoch aufbauenden Gewitterwolken mit einer Decke von 200 bis 300 Meilen (rund 340 bis 510 km), die heftige Stürme und schwere Tropenregen zur Folge haben.

Die schweren südwestlich ziehenden Monsungewitter in Indien und dem Fernen Osten sind ein Ergebnis der Bewegung der ITCZ und treten im Frühsommer auf, wenn die ITCZ diese Gebiete auf ihrem Weg nach Norden überquert. Eine Bewegung der ITCZ gen Süden erfolgt zu Winterbeginn, was den Nordost-Monsun hervorruft; jetzt aber ist die Luft trockener und beständiger, da sich die ITCZ hauptsächlich vom Land her nähert. (Monsun bezieht sich auf den Wind, der mit der ITCZ einhergeht und ist aus dem Arabischen »Jahreszeit« abgeleitet.) Die Bewegung der ITCZ und mit ihr einhergehende schlechte Wetterbedingungen sind allen Piloten sehr wohl vertraut, die in ihrem Einflußgebiet fliegen müssen. So ist es sicherlich kein Zufall, daß die meisten Piloten im Frühsommer überall hinfliegen möchten, nur nicht nach Indien.

Obgleich sich die Aktivität der Fronten meist an der Übergangszone vorherrschender Luftmassen abspielt, wird das Bild komplexer, da eine derartige Aktivität ebenso zwischen Luftmassen unterschiedlicher Herkunft innerhalb einer speziellen Luftmasse oder sogar bei Luftmassen gleicher Herkunft auftritt, die, nachdem sie unterschiedliche Wege zurückgelegt haben, etwas unterschiedliche Eigenschaften besitzen.

Verteilung von Druck und Wind

Die Sonnenwärme und somit die Lufttemperatur haben ebenfalls einen Einfluß auf den Druck. Druck ist das Ergebnis des Luftgewichts, das auf die Erdoberfläche einwirkt; wärmere Luft ist leichter und aufgrund ihrer Ausdehnung weniger dicht und führt zu einem niedrigeren Druck auf die Erdoberfläche. Kalte Luft hingegen ist schwerer und dichter und der Druck auf die Erdoberfläche ist höher.

Allgemein ausgedrückt ist somit die Verteilung des Luftdrucks auf die Erdoberfläche dergestalt, daß in warmer, weniger dichter Luft, wie am Äquator, der Luftdruck gering ist und an den Polen mit kalter und dichterer Luft hoch. Die geographische Verteilung der Meere und Landmassen auf der Erdoberfläche und die sich verändernde Wärmewirkung führt zu wechselnden, sich um die Erde erstreckenden Hoch- und Tiefdruckgebieten, wie in Abb. 8.2 gezeigt. Wie man sieht, neigen im Winter die Tiefdruckgebiete dazu, sich über den wärmeren Ozeanen und Hochdruckgebiete über den kälteren Landmassen zu entwickeln, während im Sommer die Hochdruckgebiete sich über den kühleren Ozeanen und die Tiefdruckgebiete über den wärmeren Landmassen bilden.

Bei Betrachten einer dreidimensionalen Luftdruckkarte wird man das Ansteigen und Abfallen wie die Umrisse der Erde sehen und tatsächlich werden Druckrinnen ähnlich den Wellenlinien auf einer Landvermessungskarte beschrieben, z. B. Tiefdruckrinne und Tiefs für Tiefdruckgebiete (auch Tröge oder Zyklone bezeichnet) und Sattel, Brücke und Keil für Hochdruckgebiete.

Luft fließt von Hochdruck- zu Tiefdruckgebieten. Da diese Gebiete allgemein gut definiert sind, ist es nicht schwierig, eine schematische Darstellung (Abb. 8.3) zu geben, die die Verteilung von Druck, Wind und die allgemeine Zirkulation oberer Luftströme über die Welt zeigt, obgleich die Lage in Wirklichkeit viel verwickelter ist.

Aufgrund der Erdumdrehung fließt Luft nicht direkt von Hoch- zu Tiefdruckgebieten (Coriolis-Effekt). Die Winde werden nach rechts hin der nördlichen Hemisphäre und nach links in der südlichen Hemisphäre abgelenkt. In der nördlichen Hemisphäre (Abb. 8.4) bewegen sich Tiefdruckgebiete wirbelartig und bestehen aus einer kreisförmigen Windbewegung, die in entgegengesetzter Uhrzeigerrichtung rotiert, Hochdruckgebiete drehen sich antizyklonisch mit der Uhrzeigerrichtung. Umgekehrt ist es in der südlichen Hemisphäre. Man spricht deshalb bei Hochdruckgebieten häufig von Antizyklonen, Tiefdruckgebiete werden aber allgemeiner als Tiefs oder Zyklonen bezeichnet. In einigen tropischen Gebieten sind die von einem intensiven Tief herrührenden Wirbelstürme als Zyklone bekannt, jedoch ebenfalls als Hurrikan und Taifun. Diese Tiefs mit starken Wirbelstürmen findet man häufig in den Vereinigten Staaten, wo sie wiederum Tornado heißen.

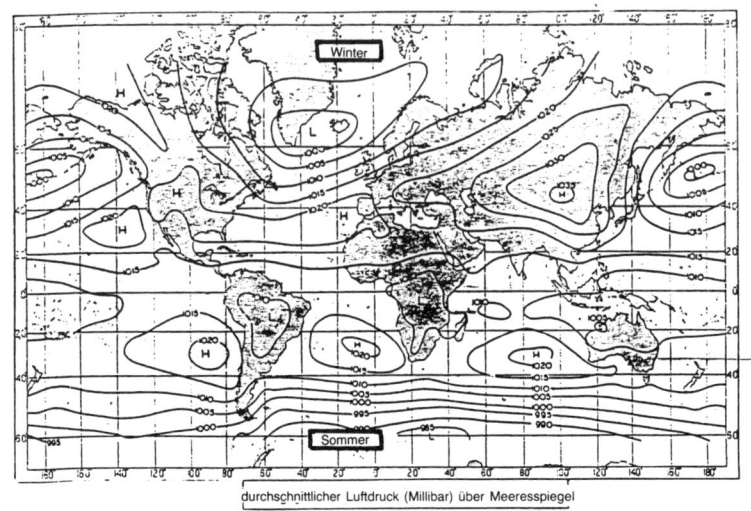

durchschnittlicher Luftdruck (Millibar) über Meeresspiegel

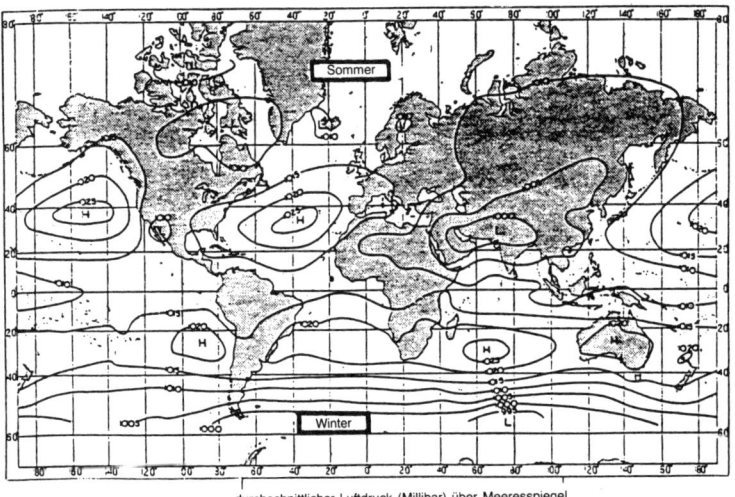

durchschnittlicher Luftdruck (Millibar) über Meeresspiegel

Abb. 8.2 Durchschnittliche Luftdruckverteilung im Januar und Juli, jeweils bezogen auf Meereshöhe.

Wetter hängt somit sehr eng mit der Druckverteilung an der Erdoberfläche zusammen, und Tiefdruckgebiete bestehen aus wärmerer, feuchterer und unbeständigerer Luft; und bringen feuchtes, windiges und unbeständiges Wetter mit sich, während es in Hochdruckgebieten kühler, trockener und beständiger ist, begleitet von klarem, ruhigen Wetter.

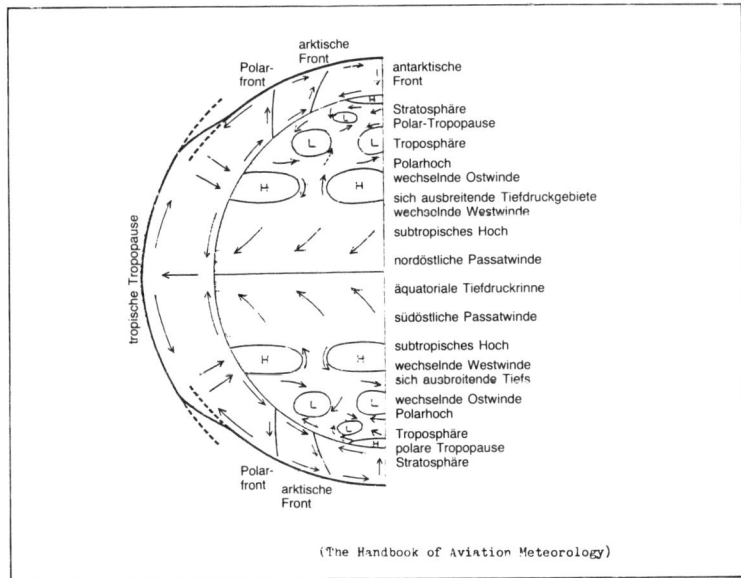

Abb. 8.3 Schematisierte Darstellung der Druck- und Windverhältnisse.

Die Tropopause

Eine weitere Wirkung der Erwärmung durch die Sonne führt dazu, daß je stärker die Sonneneinstrahlung ist, um so größer die erwärmte Schicht der Atmosphäre. Die Atmosphäre kühlt sich mit der Höhe um angenähert 2 °Celsius pro etwa 300 m ab, und diese Abkühlung setzt sich bis zu einem Punkt fort, bei dem die Temperatur als konstant mit etwa minus 57 °C angenommen wird. Die unterste Atmosphärenschicht, von der man diesen Standardwert ableitet, ist die Troposphäre. Als Stratosphäre bezeichnet man die Schicht, in der die Temperatur konstant bleibt (oder sogar mit größerer Höhe zu steigen beginnt). Die Grenzschicht zwischen beiden ist die Tropopause. Da warme Luft in die darüberliegende kühlere Luft aufsteigt, steigt die Luft weiter (und kühlt sich ab), bis sie an der Tropopause ihren Anstieg verlangsamt und sodann konstant bleibt.

Wolken bilden sich in der Atmosphäre durch Feuchtigkeit, die kondensiert, wenn sich feuchte Luft beim Aufstieg abkühlt. So ist die Tropopause für Piloten wichtig, da sie allgemein die obere Grenze der Wolkenbildung darstellt. Die Tropopause ist ebenfalls die maximale Höhe, in der starke Winde auftreten (siehe »Jet Streams« S. 171). Die Höhe der atmosphärischen Erwärmung am Äquator ist größer als an den Polen, und so ist es nicht überraschend, daß die Höhe der Tropopause am **165**

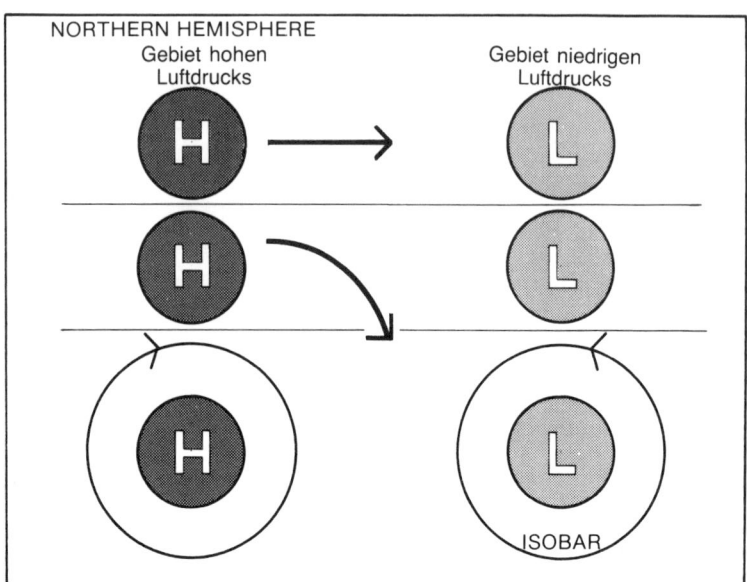

Gebiet hohen
Luftdrucks

Gebiet niedrigen
Luftdrucks

ISOBAR

Abb. 8.4 Windbewegungen in der nördlichen Hemisphäre.

Äquator größer ist. Die Höhe der Tropopause verändert sich ebenfalls mit den Jahreszeiten. Sie ist im Sommer höher als im Winter mit Ausnahme am Äquator, wo sie in etwa 18 000 m liegt. Die durchschnittliche Tropopause ändert sich vom Winter zum Sommer um etwa 10 000 bis 11 500 m in den mittleren Breitengraden und liegt bei 7000 bis 8000 m an den Polen.

Die Internationale Standardatmosphäre

Veränderungen in der Atmosphäre sind ein Ergebnis von Temperatur- und Druckschwankungen (und der damit eng zusammenhängenden Dichte). Derartige Änderungen erfordern eine eindeutige Definition der Standardatmosphäre als Grundlage für einen wissenschaftlichen Bezugswert und in der Luftfahrt für das Eichen der Fluginstrumente und als Maß für die Flugzeugleistung.

Durchschnittliche Werte mittlerer Breitengrade werden als Bezugspunkt verwandt, die Internationale Standardatmosphäre (ISA) wurde durch die Internationale Civil Aviation Organisation (ICAO) als eine Temperatur von 15 °C und einen Druck von 1013,2 Hektopascal festgelegt (früher Millibar).

In der Luftfahrt wird die Temperatur in großen Höhen als eine Temperaturabweichung von der ISA-Temperatur ausgedrückt. Wenn beispielsweise auf Meeresspiegelniveau die ISA-Temperatur 15 °C (plus) beträgt und pro 1000 Fuß (ca. 300 m) um 2 °C abnimmt, so ergibt sich in 35 000 Fuß (etwa 11 500 Meter) eine ISA-Temperatur von −55 °C. Liegt jedoch die tatsächliche Außentemperatur nicht bei −55 °C, sondern, sagen wir −60 °C, drückt man diese tatsächliche Temperatur als ISA −5 °C in 35 000 Fuß Höhe aus, und alle Leistungsdiagramme werden unter Verwendung der in dieser Weise ausgedrückten Temperatur erstellt.

Der Druck versteht sich als eine Kraft pro Flächeneinheit, und der meteorologische Standarddruck beträgt 1013,2 hPa (in den USA noch immer 29.92 inches mercury). Besser verständlich mag es sein, wenn man diesen Druck mit 1,03 Kilogramm pro Quadratzentimeter angibt. Die Druckmessung kann auch durch die Höhe einer Quecksilbersäule erfolgen, die von der Luft getragen wird (z. B. ein Barometer), und dieser Standarddruck beläuft sich auf 760 mm Quecksilber. Karten für den Bodenluftdruck geben die Druckverteilung auf Meeresspiegelhöhe (MSL − das durchschnittliche Niveau zwischen den Gezeiten) durch Linien wieder, die Punkte gleichen Drucks verbinden und als Isobaren bekannt sind.

Wind und Isobaren stehen insoweit in Wechselwirkung, wie bereits weiter oben erwähnt, als Winde beim Durchgang von hohem zu niedrigem Druck durch die Erdrotation abgelenkt werden, und allgemein geben Isobaren die Linie der Windrichtung wieder. Die Windrichtung wird durch den Abstand der Isobaren voneinander angezeigt, und je näher sie beieinanderliegen, um so stärker ist der Wind.

Örtlicher Wettereinfluß

Die vorhergehenden Abschnitte haben sich im wesentlichen allgemein mit dem Klima der Welt beschäftigt: die Erwärmung durch die Sonne, die ungestörte theoretische Verteilung des Drucks und der Winde. In der sich stets verändernden Wetterlandschaft ist die Situation jedoch wesentlich komplizierter, und die Örtlichkeit und Geographie spielen hinsichtlich klimatischer Veränderungen eine größere Rolle. Der Breitengrad eines Ortes auf der Erde, ohne Berücksichtigung seiner geographischen Lage, kann oft ein verzerrtes Bild hinsichtlich des Klimas geben. Nairobi, obwohl nahe dem Äquator gelegen, liegt in einer Höhe von 5000 Fuß (1600 Metern), und hier treten kalte Winter auf (sogar frostige Nächte) und heiße, aber angenehme Sommer (die hohe Luftfeuchtigkeit fehlt). New York, obgleich auf dem gleichen Breitengrad wie Madrid gelegen (etwa 40° N), wird durch die große nordamerikanische Landmasse beeinflußt. Somit leidet es unter bitterkalten Wintern, während Madrid kaum eine Schneeflocke zu sehen bekommt. Japan liegt wesentlich weiter südlich (Tokio etwa bei 35° N) und hat heiße Sommer; aber im Winter bringen die vorherrschenden Winde, die von Norden über die große, kalte Landmasse Asiens hinwegfegen, kalte Luft und frostige Winter. Das Wetter ist somit in der ganzen Welt recht unterschiedlich, und die folgenden Abschnitte beschäftigen sich etwas näher mit den die Piloten interessierenden Wetteraspekten.

Wolken und Regen

Im 18. Jahrhundert klassifizierte ein Londoner Chemiker und Botaniker namens Luke Howard zum ersten Male Wolken in zehn Arten unter Verwendung langer lateinischer Bezeichnungen. Später führten Meteorologen seine Arbeiten fort, und heutzutage sind viele verschiedene Wolkenarten klassifiziert, sollten hier jedoch nicht im einzelnen abgehandelt werden. Grundsätzlich werden Quellwolken als Cumulus und Schichtbewölkung als Stratus bezeichnet.

Wolken in mittlerer Höhe (7000 bis 20 000 Fuß) erhalten die Vorsilbe »alto«, d. h. Altocumulus und Altostratus, und hohe Wolken (über 20 000 Fuß) die Vorsilbe »cirro«, d. h. Cirrocumulus und Cirrostratus. Dünne Federwölkchen in großer Höhe sind als Cirrus-Wolken bekannt, und ein Gemisch aus verschiedenen Wolkenformationen in niedriger Höhe tritt als Stratocumulus auf. Regenwolken bezeichnet man als Nimbostratus (NS), die längeren leichten Regen mit sich bringen; und Cumulonimbus (Cb) sind Wolken mit stärkeren Regenschauern.

Wolken bilden sich nicht nur durch Wärmekonvektion, wenn die Feuchtigkeit beim Abkühlen aufsteigender Warmluft kondensiert, sondern auch durch Auftrieb, wenn die Luft über Hügeln und Bergen nach oben drängt, und ebenfalls bei Fronten, wenn Kaltluftmassen Warmluftmassen unterwandern, wodurch die warme Luft aufsteigt. Natürlich bilden sich an der Wetterfront ausgedehnte Wolkenfelder, und eine heraufziehende Front wird durch eine bestimmte Wolkenschicht angekündigt. Niederschlag tritt dann auf, wenn das Ausmaß der Kondensation die Luft gesättigt hat und Feuchtigkeit als Regen, Schnee oder Hagel in Abhängigkeit von den Temperaturbedingungen aus den Wolken fällt.

Flughafen-Wetterberichte geben die Bewölkung in Achtel an, und 8/8 bedeutet eine vollständige Bedeckung. Die Wolkenuntergrenzen werden in hundert oder tausend Fuß angegeben. Bei niedriger Wolkendecke ist die Wolkenuntergrenze natürlich wichtig, da die Piloten die Höhe wissen müssen, bei der das Flugzeug durch die Wolkendecke bricht.

Gewitterwolken sind große Auftürmungen von Cumulonimbus (Cb), die oftmals Amboßform annehmen und eine ausgeprägte Gefahr für die Luftfahrt darstellen. Innerhalb einer solchen Wolke peitschen große Wassertropfen die Luft auf, wenn sie aus großen Höhen fallen, wieder in

Wetterradar.

Aufwinde bis zu 5000 Fuß pro Minute geraten, wieder aufsteigen und so zu schweren Turbulenzen führen. In der Umgebung von Flughäfen können Gewitterwolken zu gefährlichen Abwinden führen, und Starts werden gewöhnlich verschoben, bis die Wolken vorübergezogen sind. Unfälle in Verbindung mit Gewittertätigkeit sind jedoch selten, da die heutigen Flugzeuge stark genug gebaut sind und Piloten jeden Versuch unternehmen, derartige Wolkengebilde zu umfliegen, insbesondere um für die Passagiere einen ruhigen Flug sicherzustellen. Das Wetterradar an Bord kann diese Cumulonimbus-Wolken bis zu etwa 550 km voraus feststellen, da die Radarsignale die großen Wassertropfen innerhalb einer Wolke reflektieren. Moderne Radargeräte stehen jetzt auch in Farbe zur Verfügung, Gewitterwolken erscheinen rot, während andere grün sind. Wolken mit niedrigem Feuchtigkeitsgehalt erscheinen hingegen auf dem Radarschirm überhaupt nicht.

Wetterradar ist unerläßlich, um Cb-Aufkommen zu umfliegen, wenn sich das Flugzeug bereits in den Wolken befindet oder auch bei Nacht in Gebieten wie den Tropen, wo gigantische Gewitterwolken sich bis zu 50 000 oder 60 000 Fuß (ca. 17 000 bis 20 000 m) aufbauen können. Die Reibung innerhalb der Wolken führt zu einer elektrischen Aufladung, die sich als Blitz mit lautem Knall entlädt (bedingt durch schnelles und gewaltiges Aufheizen der Luft). Hierdurch könnte das Flugzeug natürlich beschädigt werden. Elektrische Aufladung stellt eine Gefahr für das Flugzeug dar, und so sind die Reifen so behandelt, daß sich die Elektrizität beim Landen in den Boden entlädt. Statische Ableiter an den Hinterkanten der Tragflächenspitzen entladen ebenfalls statische Elektrizität **169** an die Atmosphäre während des Fluges (siehe Foto S. 69). In der Umgebung von Gewitterwolken unternehmen Piloten alles, was möglich ist, indem sie eine andere Streckenführung oder einen Wechsel der Flugfläche anfordern. Eine Cumulonimbus wird mit wenigstens 20 n. m. (rund 37 km) windaufwärts umflogen, um die Turbulenzen windabwärts zu vermeiden. Jedoch kann gelegentlich aufgrund aufkommender Verkehrsdichte ein Abweichen vom Flugweg nicht genehmigt werden, so daß das Flugzeug gezwungen ist, mit dem Sturm zu kämpfen. Dennoch kommt es nur sehr selten vor, daß in derartigen Gewitterfronten, die sich nicht umfliegen lassen, ein Flugzeug zur Rückkehr gezwungen wird. Kommt es einmal zu Turbulenzen, wird die Bequemlichkeit der Passagiere durch Wahl des »Turbulenz-Mode« auf dem Autopiloten sichergestellt, indem sein Ansprechen verlangsamt wird und die Piloten das Flugzeug auf 300 Knoten verlangsamen, um Belastungen auf den Flugzeugkörper zu verringern.

Wind

Wie weiter oben beschrieben, ist Wind das Ergebnis der Luftbewegung von einem Hoch- zu einem Tiefdruckgebiet, die durch die Erdrotation abgelenkt wird.

Buys Ballot, ein früher Meteorologe, formulierte ein Gesetz, das besagt: »Steht ein Beobachter mit dem Rücken zum Wind, befindet sich das Tiefdruckgebiet zur Linken in der nördlichen und zur Rechten in der südlichen Hemisphäre.« Die Verteilung von Hoch- und Tiefdruckgebieten über die ganze Welt erzeugt saisonbedingt Winde, deren Namen aus den Tagen der Segler gut bekannt sind. Die Passatwinde, nördlich und südlich des Äquators liegend, waren diejenigen, die die Handelsschiffe weit hinaus in die Welt brachten. Die »Brüllenden-Vierziger«-Winde, bekannt für ihre Wildheit und Stärke, liegen bei 40° S, und Flautegebiete des Äquatorgürtels, wo kein Wind auftritt, sind als die Kalmengürtel bekannt. Lokale Winde haben auch ihre Namen: »Mistral« in Frankreich, »Föhn« in den Alpen und »Chinook« in den Rocky Mountains. Sie beruhen auf dem geographischen Einfluß von Tälern und Bergen, die den Wind in bestimmte Richtungen lenken, oder auf verschiedenen Wärmeeinflüssen der Sonne auf ihren Hängen. Flughäfen werden nach den örtlichen Windverhältnissen gebaut, da die Start-/Landebahnen in den Wind ausgelegt sein müssen.

Im Sog eines über die Berge blasenden starken Windes können sich große Wellenströme der Luft, bekannt als stehende Wellen (Leewellen), bilden, die eine Gefahr für die Luftfahrt darstellen.

Die Wirkungen von Temperatur und Druck in der Höhe sind dergestalt, daß Höhenluft von einem Hoch- zu einem Tieftemperaturgebiet

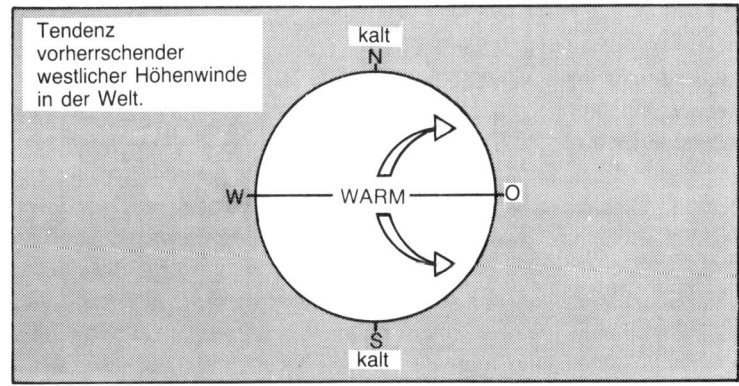

Abb. 8.5 Tendenz vorherrschender westlicher Höhenwinde in der Welt.

fließt. Die Luft über dem Äquator ist wärmer als diejenige über den Polen, und so neigt die Luft dazu, sich nach oben vom Äquator nach Norden und Süden zu bewegen. Da die Erddrehung die sich bewegende Luft nach rechts in die nördliche und nach links in die südliche Hemisphäre ablenkt, sind in der ganzen Welt die Höhenwinde allgemein Westwinde (Abb. 8.5). In der Höhe tragen auch die Wirkungen von Temperatur und Druck zur Bildung von Winden enormer Geschwindigkeiten bei. Wo sich der Wind in einem schnellfließenden Luftstrom nur ein paar Kilometer tief, jedoch einige hundert Kilometer breit und Tausende Kilometer lang zusammenballt, entsteht ein Jetstream (Strahlstrom). Windgeschwindigkeiten im Zentrum erreichen oft 370 km/h und liegen gewöhnlich noch darüber. Jetstreams findet man häufig über dem Nordatlantik (Abb. 8.6) und gerade unter der Tropopause bei Standardreisehöhen. Flüge in östlicher Richtung werden deshalb so geplant, daß man den Vorteil des Jetstreams nutzt, und Flüge in westlicher Richtung, um sie zu meiden. Durchschnittliche Höhenwinde über dem Nordatlantik

Abb. 8.6 Jet Stream über dem Nordatlantik.

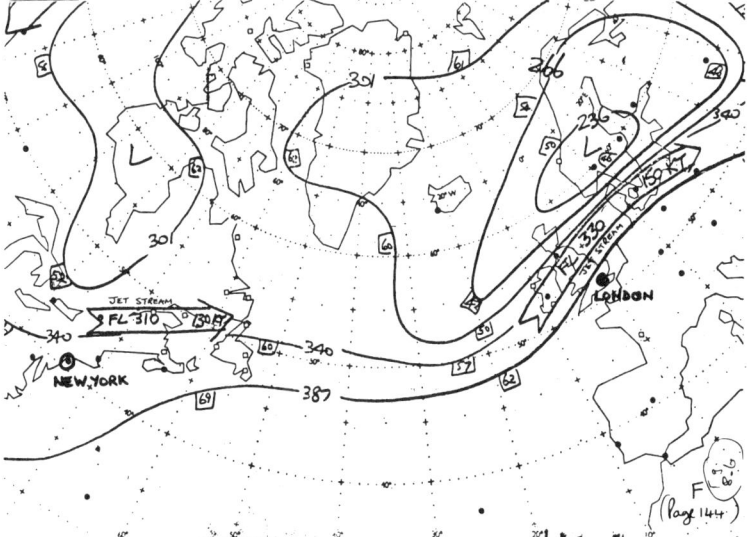

kommen aus dem Westen mit etwa 111 km/h und können bei der Atlantiküberquerung Ost–West eine Flugstunde mehr verursachen. Von Europa nach Australien sind die aus dem Westen kommenden Durchschnittswinde etwa 45 km/h schnell bis zum Mittleren Osten und von dort nach Indien haben sie eine Geschwindigkeit von etwa 111 km/h. Von Indien nehmen diese Winde auf Singapur hin ab und schlagen von dort bis nach Darwin leicht östlich um. Von Darwin nach Sydney ist die durchschnittliche aus dem Westen kommende Windkomponente etwa wieder 111 km/h.

Klarluft-(»Clear Air«)Turbulenzen (CAT) ergeben sich aus einer Windscherung, bei der der Wind in seiner Stärke von einem Punkt zum anderen umschlägt. Eine Windänderung von nur 7 km/h pro 1000 Fuß (300 m) kann zu turbulenten Bedingungen und von 11 km/h pro 1000 Fuß zu schweren Turbulenzen führen. Bestimmte Karten markieren diese Gebiete durch Zahlen, bezogen auf die Windscherung in Knoten pro 1000 Fuß, und zeigen den Piloten die Wahrscheinlichkeit von Turbulenzen an. Eine Vorhersage ist jedoch schwierig, und häufig ist der Flug gerade dort ganz ruhig, wo man Turbulenzen erwartet hatte, und umgekehrt. Zur Zeit besteht noch keine Möglichkeit, eine CAT im Flug festzustellen, obgleich schnelle Außentemperaturschwankungen (OAT) einen Hinweis auf eine auftretende Turbulenz geben können. Es empfiehlt sich daher, während man sitzt, die Gurte angeschnallt zu lassen, da eine unerwartete CAT zur Verletzung von Passagieren in der Kabine führen kann.

Fronten

Die weltweite Verteilung der Wetterfronten wurde frühzeitig entdeckt, und hier soll die Bildung von Fronten und zugeordneten Wetterbedingungen näher untersucht werden. So zeigt beispielsweise die Aktivität entlang der Nordpolfront deutlich das Zusammenwirken zwischen entgegengesetzten Luftmassen (Abb. 8.7).

Die Bewegung benachbarter Luftmassen führt zu einem wellenförmigen Muster über die Länge der Front, und die Kaltluft dringt in die Warmluftmasse ein und setzt sich darin fort. Die kalten vorspringenden Luftteile vereinigen sich schließlich, wodurch die Warmluft aufsteigt und eine Okklusionsfront bildet, während der Luftdruck abfällt und sich ein Tief entwickelt. Die Fronten brechen schließlich auf, zerstreuen sich und treiben in der gleichen Windrichtung und mit der gleichen Geschwindigkeit. Ein Tiefdruckgebiet und die Verteilung der Isobaren ist in Abb. 8.7 gezeigt, und eine Karte der wichtigen Wetterbedingungen (Abb. 8.8) zeigt deutlich die Aktivität der Polarfront über dem Nordatlantik.

172   Die Frontlinien warmer und kalter Luftmassen geben das Fortschrei-

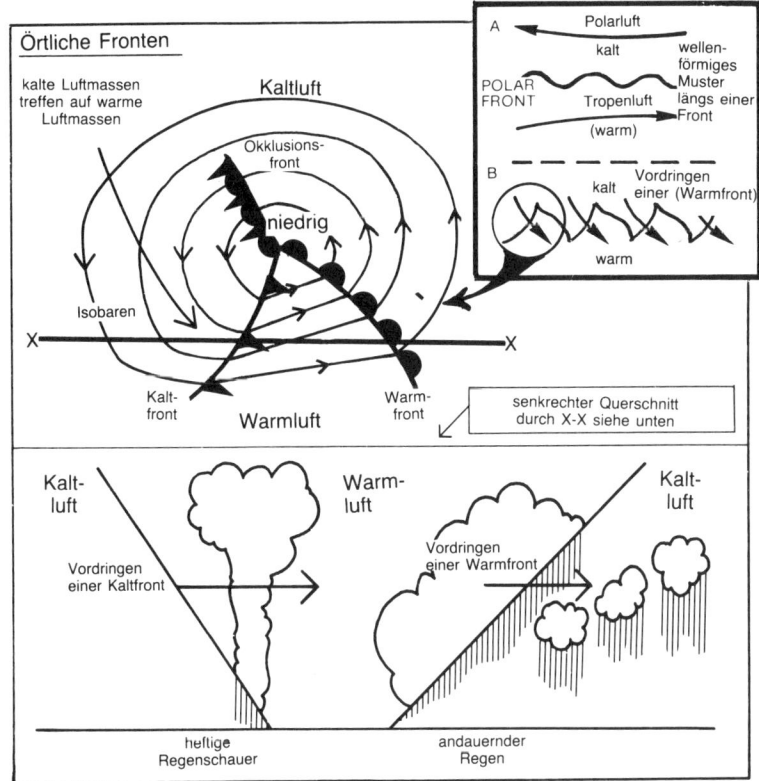

Abb. 8.7 Örtliche Fronten.

Örtliche Fronten

kalte Luftmassen treffen auf warme Luftmassen

Kaltluft

Okklusionsfront

niedrig

Isobaren

X——X

Kaltfront

Warmfront

Warmluft

A Polarluft
kalt wellenförmiges
POLAR FRONT Tropenluft Muster längs einer Front
(warm)

B kalt Vordringen einer (Warmfront)
warm

senkrechter Querschnitt durch X-X siehe unten

Kaltluft

Vordringen einer Kaltfront

Warmluft

Vordringen einer Warmfront

Kaltluft

heftige Regenschauer

andauernder Regen

Abb. 8.8 Karte des beachtenswerten Wetters über dem Nordatlantik.

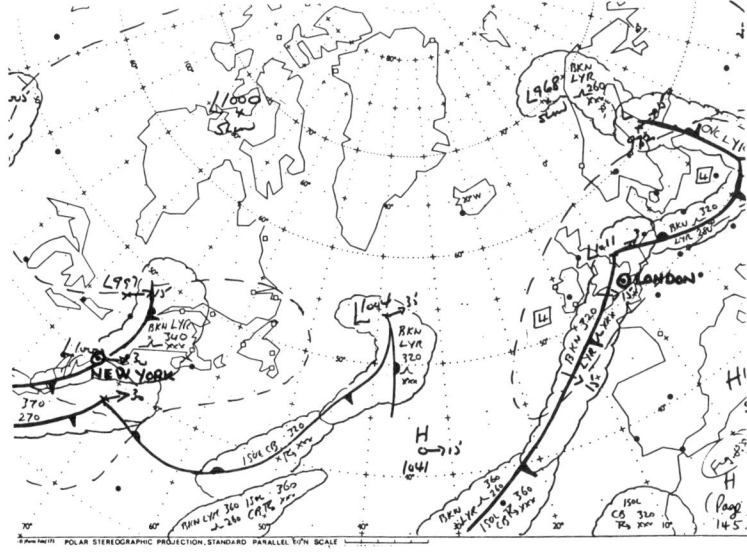

POLAR STEREOGRAPHIC PROJECTION, STANDARD PARALLEL 60°N SCALE

173

ten der Front auf der Oberfläche wieder. Die kalten Luftkeile unter der warmen Luft bilden jedoch eine abfallende Fläche und die Frontlinie wird markiert, wo die Frontoberfläche auf die Erde trifft. Ein Querschnitt durch die Frontflächen bei X-X ist umseitig in Endansicht gezeigt. Bei beiden Fronten steigt die Warmluft auf, bildet Wolken und erzeugt Niederschlag, aber die Neigung der Frontfläche ist steiler bei Fortschreiten der Kaltfront als bei der Warmfront. Bei Annähern einer Warmfront nehmen Wind und Temperatur leicht zu, das Barometer fällt und Sprühoder kontinuierlicher Regen setzt ein. Nach Durchzug der Front ändert sich die Windrichtung, die Temperatur steigt, und der Regen läßt nach und hört auf. Bei Annäherung einer Kaltfront nimmt der Wind zu, das Barometer fällt, aber die Temperatur bleibt konstant, bei vielleicht einigen Schauern. Nach Durchzug der Front nimmt der Wind zu und schlägt scharf um, das Barometer steigt plötzlich, und die Temperatur fällt. Es treten heftige Regenschauer, möglicherweise mit Gewitter und Hagel, auf.

Die Wettervorhersage hängt eng von einer Analyse der Bewegung der Fronten ab und von Berechnungen ihrer Richtung. Leider sind Fronten launisch und bewegen sich nicht immer wie erwartet; sie mögen plötzlich ihre Richtung ändern oder diese zeitweilig bei Fortschreiten eines Hochdruckgebietes beibehalten. So ist es trotz hochentwickelter Techniken nicht erstaunlich, daß eine Wettervorhersage noch immer eine schwierige Angelegenheit sein kann.

Sicht

Die Sicht an Flughäfen ist für Piloten wichtig, da es immer noch wesentlich bei den meisten Gelegenheiten ist, eine gewisse Sichtweite beim Landen zu haben. Sichtmeldungen werden an Flughäfen in Metern, Kilometern oder (in den USA) Landmeilen angegeben. Wenn die Sicht schlecht ist, wird der tatsächliche Sichtbereich entlang einer Start-/Landebahn durch Instrumente gemessen, die als Transmissionsmesser bekannt sind. Sie bestimmen die Transparenz der Atmosphäre, und dieser Sichtbereich wird als Pistensicht (RVR) für die bestimmte Bahn angegeben, z. B. RVR Bahn 26, 400 Meter.

Sicht kann durch Staub- und Rauchteilchen beeinträchtigt werden, die zu Dunst führen. Regen oder niedrige Wolken erzeugen leichten Nebel, und dort wo Feuchtigkeit in der Atmosphäre die Sicht auf weniger als einen Kilometer sinken läßt, vermutet man Nebel. Ein Gemisch aus Nebel und Luftverschmutzung führt zu einer Art »Erbsensuppe«. Dieser Nebel oder Smog war Londonern in den 50er Jahren wohlvertraut, bevor das Umweltschutzgesetz in Kraft trat.

Ein herkömmliches Phänomen ist niedrig liegender Dunst oder leichter Nebel, die die Sicht beim Landen verringern. Aus der Höhe kann man den Boden klar sehen, wenn man senkrecht durch die flachen Schichten sieht, beim Anflug jedoch, wenn man diagonal durch diese Schicht blickt, kann die Sicht erheblich verringert sein und kann sogar unter dem zulässigen Grenzwert für eine Landung liegen.

In Indien, nahe der Städte, hat das morgendliche Auftreten von flachem Rauchdunst gerade diesen Effekt. Der Dunst löst sich schnell mit der Sonne auf, und wenn die Sicht unter den Grenzwerten liegt, kreisen die Flugzeuge normalerweise über dem Flughafen, um eine Besserung abzuwarten. Es ist zum Beispiel in der Warteschleife über Bombay schwierig, den Passagieren zu erklären, daß das Flugzeug aufgrund schlechter Sichtverhältnisse nicht landen kann, wenn sie doch den Boden so klar sehen können. Passagiere sind dann meist sehr überrascht, wenn das Flugzeug in die flache Dunstschicht sinkt, aber dieses Phänomen ist Piloten allgemein gut bekannt.

Nebel auf Flughäfen ist nicht unbedingt das Problem, was es sein sollte, obgleich starker Nebel natürlich zum Schließen eines Flughafens führen kann trotz der zur Verfügung stehenden hochentwickelten Ausrüstungen. Regelmäßige Blindlandungen und Rolltechniken in dichtem Nebel liegen noch in der Zukunft.

Beim Start brauchen die Boeing 707 und Boeing 747 mit ihren in Gondeln unter den Tragflächen angebrachten Triebwerken eine bessere Sicht für den Start unter nebligen Bedingungen, da sie zu einem beachtlichen Ausscheren neigen, sollte ein Außenbordtriebwerk ausfallen, als die Boeing 727 oder DC 10, deren Triebwerke enger beieinanderliegen. Wenn dichter Nebel öfter vorherrscht, haben die Passagiere keine andere Wahl, als am Boden zu warten, wie sie es seit Beginn der Luftfahrt taten, oder sie müssen auf andere Verkehrsmittel ausweichen.

Nebel entwickelt sich aus atmosphärischem Wasserdampf, der abkühlt und in Bodennähe kondensiert. Er könnte als eine Wolke am Boden bezeichnet werden. Wenn sich die Luft abkühlt, sinkt die Temperatur auf einen Punkt, bei dem die Luft den vorliegenden Wasserdampf nicht länger halten kann, und Kondensation führt zu Feuchtigkeit. Diese Temperatur ist als Taupunkt bekannt. Abkühlung kann durch Abstrahlung von Wärme in die Atmosphäre eintreten. Wird die Abkühlung durch einen leichten Wind verbreitet, kann sich das Land während der Nacht auf eine Temperatur unter dem Taupunkt der Luft abkühlen, und es entsteht Strahlungsnebel am Morgen, eine allgemeine Erscheinung in Europa im Winter (Bewölkung über Nacht kann Nebel verhindern durch Isolation gegen Wärmeabstrahlungswirkungen). Nebel kann sich auch bilden, wenn warme, feuchte Luft durch Bewegung über eine kalte Fläche auf eine Temperatur unter dem Taupunkt der Luft abkühlt. Dieser Nebel ist als Advektionsnebel bekannt und im Winter üblich in Gebieten wie Kalifornien, feuchte Luft vom Meer über das kühlere Land breitet. Die Taupunkt-Temperatur ist für Piloten wichtig, da sie die Temperatur angibt, auf die die Luft absinken muß, bis sich Nebel bilden kann. In aktuellen Wetterberichten wird die Lufttemperatur und der Taupunkt genannt. Wenn die Lufttemperatur auf die Taupunkt-Temperatur abfällt und beide als gleich angegeben werden, beispielsweise Temperatur 8 °C/Taupunkt 8 °C, ist eine Nebelbildung zu erwarten.

Eis

Eis und Schnee auf Rollwegen und Start-/Landebahnen kann ein größeres Problem sein, und die Startgewichte müssen unter derartigen Bedingungen verringert werden. Auf Flughäfen in Schneegebieten wird jeder Versuch unternommen, die Bahnen freizuhalten, aber wo sich Schnee oder Eis auf der Bahn über einer gewissen Höhe bildet (z. B. 38 mm trockener Schnee oder 13 mm nasser Schnee oder Matsch) können Starts nicht durchgeführt werden, obgleich Landungen bei bis zu 10 cm trockenem Schnee gestattet sind. Bei stärkeren Schneefällen wird der Flughafen geschlossen. Auf den Tragflächen liegender Schnee führt zu unannehmbaren aerodynamischen Eigenschaften und muß vor dem Abflug durch Abfegen oder Besprühen mit einer Enteisungsflüssigkeit beseitigt werden.

Autofahrer verstehen dieses Problem, wenn sie auf verschneiten oder vereisten Straßen fahren, und unter diesen Bedingungen ein Flugzeug zu handhaben, stellt keine leichte Aufgabe dar. Alle Kurven auf glitschigen Rollwegen werden von den großen Jets mit verminderter Geschwindigkeit von 5 Knoten gefahren, um ein Schleudern zu vermeiden, und man muß sich strikt an die Mittellinie der Bahn während des Starts und der Landung halten, insbesondere bei Wind.

Die Cockpitscheiben und äußeren Instrumentenfühler werden erhitzt, um eine Eisbildung zu verhüten, und den Triebwerken entnommene Heißluft steht zum Enteisen der Triebwerkgondeln und der Flugzeugzelle zur Verfügung. Die Triebwerke werden als Vorsichtsmaßnahme häufig enteist, jedoch erfahren die großen Jets selten solche Bedingungen, daß ein Enteisen der Zelle erforderlich ist. Eine starke Vereisung im Flug kann jedoch eine Gefahr darstellen; ein Beispiel ist Rauheis, das sich durch unterkühlte Wassertropfen bildet (Wassertropfen in der Atmosphäre, die bei Temperaturen unter dem Gefrierpunkt flüssig bleiben und bei Berührung mit dem Flugzeug gefrieren). Wo nur eine geringe Verteilung der Wassertropfen bei der Berührung erfolgt, wird Luft zwischen den Partikeln eingeschlossen, die ein milchiges Aussehen annehmen, und dort, wo eine Verteilung erfolgt, entsteht durchsichtiges Klareis. Die Enteisung wird in diesem Fall eingeschaltet und Heißluft den Nasenkanten der Tragflächen zugeführt.

Kapitel 9

Flugverkehrskontrolle

Flugverkehrskontrolle (ATC) ist ein Studium und eine Karriere für sich, und so kann sie hier nur aus der Sicht des Piloten abgehandelt werden. Sowohl für den Piloten als auch den Fluglotsen sind die Luftverkehrsvorschriften (Rules of the Air) die wichtigste Grundlage für einen sicheren Flug und müssen somit von beiden beherrscht werden. Alle Vorschriften aufzuzählen, wäre natürlich zeitraubend, und so werden bestimmte Vorschriften nur dann erwähnt, wenn es notwendig ist. Soweit Luftverkehrsvorschriften in einem anderen Kapitel erwähnt sind, erfolgt hier keine Wiederholung.

Maßeinheiten in der Luftfahrt

Das Maßsystem in der Luftfahrt variiert über die ganze Welt und kann beim jetzigen Stand nur als ein großes Durcheinander bezeichnet werden. Die Standardrichtlinien der International Civil Aviation Organisation (ICAO) werden in den meisten Teilen der Welt beachtet, aber auch hier bestehen Mißverständlichkeiten: Höhe in Fuß, Geschwindigkeit in Knoten, Windgeschwindigkeit in Knoten, Entfernung in nautischen Meilen, Länge der Start-/Landebahn in Metern (obgleich auch oft in Fuß angegeben), Gewicht in Kilogramm, Temperatur ihn Grad Celsius, Druck in Hektopascal, Sicht in Metern und Kilometern, Volumen in Litern (obgleich ein Auftanken gewöhnlich nach Gallonen und das Nachfüllen des Öls, man mag es glauben oder nicht, in jeglichen Maßeinheiten vom Pint bis zum US-Quart, in Abhängigkeit vom Flugzeugtyp, erfolgt). Die Vereinigten Staaten behielten ein abgewandeltes britisches System (Imperial) bei: Höhe in Fuß, Geschwindigkeit in Knoten, Windgeschwindigkeit in Knoten, Entfernung in nautischen Meilen, Rollbahnlänge in Fuß, Gewichte in Pounds (ein Pfund entspricht 454 Gramm), Temperatur in Grad Fahrenheit, Druck in Zoll Quecksilber, Sicht in Fuß und Landmeilen (statute Miles) und Volumen in US-Gallonen. Wenn man in den USA fliegt, muß unter Berücksichtigung der ICAO-Regeln fast jede Maßeinheit vor dem Abflug umgerechnet werden. Die UdSSR, China und die Ostblockstaaten verwenden nur das metrische System: Höhe in Metern, Geschwindigkeit in Kilometern pro Stunde, Windgeschwindigkeit in Metern pro Sekunde, Entfernungen in Kilometern, Start-/Landebahnlänge in Metern, Gewicht in Kilogramm, Temperatur in Grad Celsius, Druck in Hektopascal und Volumen in Litern.

Kontrollierter Luftraum

Alle großen Verkehrsflugzeuge fliegen im kontrollierten Luftraum und unterliegen den Instrumentenflugregeln (IFR), die das Einreichen eines genauen Flugplans bei der Luftverkehrskontrolle (ATC) vorschreiben. Den Freigaben und Anweisungen von ATC ist zu folgen, und die Piloten müssen eine entsprechende Lizenz, d. h. eine Instrumentenflugberechtigung besitzen.

Kontrollierter Luftraum in der Nähe eines Flughafens wird als Kontrollzone (CTR oder CTZ – allgemein vom Boden bis 3000 Fuß) bezeichnet, und wo eine Kontrollzone weiter ausgedehnt ist (vielleicht um eine Gruppe von Flughäfen einzuschließen, wie Heathrow und Gatwick in London oder Newark, La Guardia und JFK in New York), spricht man von einem Nahverkehrsbereich (TMA oder TCA). Die Höhengrenzen des TMA-Luftraums sind auf Karten verzeichnet, z. B. von 2000 Fuß bis Flugfläche 250 (etwa 670 bis 8350 Meter).

Gebiete mit hohem Verkehrsaufkommen sind Kontrollbezirke (CTA), und ihre Grenzen sind auf entsprechenden Karten mit der Obergrenze im Luftraum vermerkt (z. B. Piarco CTA, Flugfläche 60–200). Kontrollbezirke über dem Atlantik und Pazifik sind als ozeanische Kontrollbezirke (OCA) bekannt. Der Luftraum über etwa 20 000 Fuß (die Höhe ist überall in der Welt unterschiedlich) wird als oberer Luftraum und die Kontrollbezirke in dieser Höhe als oberer Kontrollbezirk (UTA) bezeichnet; z. B. Frankreich UTA – Flugfläche 195–660. In vielen Ländern wird der gesamte obere Luftraum bis zu sehr großen Höhen (wie am Beispiel Frankreich ersichtlich) oder sogar unbegrenzt kontrolliert.

Kreuz und quer in der Welt sind die »Luft-Autobahnen« als Luftstraßen bekannt, bis zu 10 nautische Meilen breit und an ihren Ausgangspunkten durch Funkfeuer markiert. Alle Luftstraßen befinden sich im kontrollierten Luftraum und ihre Höhengrenzen sind auf Karten angezeigt, z. B. 3000 Fuß bis Flugfläche 460. Die International Civil Aviation Organisation (ICAO) hat den Luftstraßen Farben und Nummern zugeordnet; z. B. Amber 10 (A10), Green 1 (G1), Blue 15 (B15), Red 3 (R3), Weiß 4 (W4), obgleich dies nun auf das einfachere Alpha 10, Golf 1 usw. umgestellt wird. Luftstraßen im oberen Luftraum erhalten den Zusatz »upper«, z. B. Upper Blue 4 (UB4). In den Vereinigten Staaten werden Luftstraßen unter 18 000 Fuß als »Victor-Luftstraßen« und über dieser Höhe als »Jetways«, z. B. Victor 494, Jet 121, bezeichnet.

In der ganzen Welt ist der Luftraum in große Gebiete unterteilt, die sogenannten Fluginformationsgebiete (FIR), und in den oberen Lufträumen, in die sogenannten oberen Fluginformationsgebiete (UIR). Alle Grenzen sind auf den Karten eindeutig vermerkt. Die Grenze zwischen zwei FIR's in verschiedenen Ländern ist gleichzeitig die Landesgrenze. Innerhalb der FIR/UIR unterliegen nur im kontrollierten Luftraum flie-

gende Flugzeuge – wie weiter vorne erläutert – der Luftverkehrskontrolle (ATC) und den Instrumentenflugregeln (IFR). Außerhalb kontrollierten Luftraums ist es Flugzeugen gewöhnlich gestattet, ein- oder aus-
zufliegen wann immer sie wollen, obwohl sie sich natürlich an die Luft-
vorschriften zu halten haben. In vielen Ländern wird jedoch sogar von
Leichtflugzeugen außerhalb der Kontrollzonen ein Flugplan verlangt,
wenn sie über bestimmte Entfernungen (insbesondere in Kanada und
entlegenen Gebieten) oder längere Zeit über See fliegen, der bei ATC
einzureichen ist. Die Tage der »Freiheit in der Luft« sind nicht mehr das,
was sie einst waren.

Aufgrund des großen Verkehrsaufkommens in einer Richtung und zur
gleichen Zeit gibt es über dem Nordatlantik ein Kurssystem mit einer
Reihe angenähert paralleler Flugwege, um sich die besten Windgeschwindigkeiten zunutze zu machen oder das Schlimmste zu verhüten.
Computer berechnen die besten Flugwege und diese werden zweimal
täglich veröffentlicht. Der gesamte Luftraum auf dem Nordatlantik-Kurs-
system über Flugfläche 280 untersteht in beiden Richtungen ATC.

Staffelung

Bis zum heutigen Tage gibt es an Bord von Flugzeugen keine Kollisi-
ons-Warngeräte, und so müssen sich die Piloten schlicht und einfach
hinsichtlich einer Staffelung der Flüge auf ATC verlassen. Einige Ver-
kehrskontrollen (ATCC) verfügen jedoch über »Zusammenstoß-Warnsy-
steme«, die den Fluglotsen ernstliche Zwischenfälle anzeigen. Unglücklicherweise gibt es natürlich Gelegenheiten, daß sich Flugzeuge unvor-
hergesehen zu nahe kommen, und in diesen Fällen wird von den betroffenen Piloten ein Bericht »Near miss« – Gefährliche Begegnung – ver-
faßt. Die Hauptaufgabe für ATC besteht somit darin, eine sichere Staffelung des gesamten Flugverkehrs vorzunehmen. Die annehmbaren minimalen Grenzen für im Flug befindliche Flugzeuge sind wie folgt wiedergegeben.

Auf Flughäfen mit Radarkontrollen beläuft sich die geringste Staffelung von Flugzeugen auf gleichem Abflugkurs auf 2 Minuten und auf
verschiedenen Kursen auf 1 Minute. (Ein Leichtflugzeug wird hinter einem großen Jet hingegen erst 10 Minuten später starten, um den durch
das Großflugzeug verursachten Randwirbel-Turbulenzen zu entgehen.)
Da sich sowohl die Fluggeschwindigkeit als auch die Flugwege ändern,
wird wartenden Flugzeugen nicht immer die Freigabe zum Start in exak-
ter Reihenfolge erteilt. Auf Luftstraßen unter Radarkontrolle beläuft sich
die Seitenstaffelung zwischen Flugzeugen auf etwa 30 Seemeilen, in
den Vereinigten Staaten nur auf 20 Seemeilen. Da ziviles Radar nur angenähert 200 Seemeilen erfaßt und in vielen Teilen der Welt – Atlantik,

Pazifik, Afrika, Indien und zum größten Teil auch in Australien – überhaupt kein Streckenradar zur Verfügung steht, wird hier eine Staffelung von 10, 15 oder unter gewissen Umständen sogar 20 Minuten zwischen den Flugzeugen je nach örtlichen Richtlinien vorgenommen. Am Zielflughafen wird innerhalb des Nahverkehrsbereichs (TMA) eine Staffelung unter Radarführung von 5 Seemeilen und innerhalb des Flughafenbereichs im Anflug auf 3 Seemeilen vorgenommen, so daß sich eine Landefolge von einer Minute ergibt. (Die Staffelung eines landenden

Kontrollturm in Chicago.

Leichtflugzeugs mag auf 6 Seemeilen ausgedehnt werden, um wiederum die Randwirbel-Turbulenz zu vermeiden.)

Auf den meisten Luftstraßen erfolgt der Verkehr in beiden Richtungen, und eine Höhenstaffelung wird durch die Halbkreisregel aufrechterhalten, die Flügen in östlicher oder westlicher Richtung bestimmte Flugflächen zuteilt (siehe Fluginstrument S. 139). Auf der Nordatlantikroute beträgt die Staffelung zwischen Flugzeugen auf gleichem Kurs 2000 Fuß, jedoch können sich Flugzeuge auf Parallelkurs auf der gleichen Flugfläche befinden. Seitenstaffelungen zwischen Flugzeugen auf gleichem Kurs liegen bei 15 Minuten und die Staffelung der Flugwege bei 60 Seemeilen. Somit fliegen Flugzeuge auf gleicher Höhe, in derselben Richtung auf unterschiedlichen Kursen mit einem seitlichen Abstand von 60 Seemeilen. Im Notfall oder bei der Umkehr zum Abflughafen fliegen die Flugzeuge entlang der Mittellinie zwischen zwei Kursstrecken.

Luftverkehrslotsen

Alle im kontrollierten Luftraum fliegende Flugzeuge sind zu jeder Zeit vom Luftverkehrslotsen erfaßt. Die Kontrolle beginnt am Abflughafen, wobei alle Bewegungen am Boden vom Rollverkehrslotsen in Zusammenarbeit mit dem für Start und Landung zuständigen Fluglotsen im Kontrollraum überwacht werden. Sie sitzen hoch oben im Kontrollturm und können so nicht nur die Start- und Landebahnen, sondern auch alle den Flughafen umgebenden Rollwege usw. übersehen. Bei Flughäfen mit parallelen Start-/Landebahnen arbeiten zwei Lotsen auf unterschiedlichen Frequenzen, wobei einer den abfliegenden Verkehr auf einer Startbahn, der andere den landenden Verkehr auf der Parallelbahn überwacht.

In abgedunkelten Räumen unter den Lotsen im Kontrollturm verrichten die Lotsen der Anflugkontrolle (die mit »Approach« angesprochen werden) ihren Dienst. Sie überwachen die landenden Flugzeuge auf ihren Bildschirmen, die ein Gebiet von 100 Seemeilen Durchmesser abbilden. An einigen Flughäfen teilen sich die mit der Abflugkontolle und der Anflugkontrolle befaßten Lotsen die Räume, an anderen Flughäfen sind sie getrennt untergebracht. Bezirkslotsen (die mit ihren entsprechenden Gebieten – Boston, New York, London, Schottland, Frankreich usw. – in Verbindung gebracht werden) arbeiten in Hauptkontrollzentren (ATCC). Die Abflugverkehrslotsen befassen sich, wie ihr Name besagt, mit dem abfliegenden Verkehr innerhalb des Einzugsbereichs eines Flughafens, bevor sie die Flüge an den ersten Strecken-Bezirkslotsen weitergeben, der sodann die durch seinen Bezirk fliegende Flugzeuge übernimmt. Befindet sich ein Flugzeug auf einer Luftstraße und fliegt durch mehrere Kontrollbezirke, wird es von einem zum nächsten Lotsen wei- **181** tergereicht. Die Fluglotsen verfolgen den Flugverlauf entweder durch Radar oder anhand von Positionsmeldungen der Piloten und stehen in ständigem Funkkontakt auf einer festgelegten Frequenz für diese bestimmte Strecke eines Kontrollbezirks. In einer Zentrale sitzen die einen bestimmten Sektor kontrollierenden Lotsen Seite an Seite. Verläßt das Flugzeug den Sektor, bittet der Lotse den Piloten, die Frequenz zu wechseln, der dann auf einer anderen Frequenz mit dem nächsten Lotsen Kontakt aufnimmt. Ist man an der Grenze eines ATCC angekommen, wird die Überwachung dem nächsten an der Strecke liegenden Zentrum übergeben, und dies setzt sich während des ganzen Fluges von Sektor zu Sektor und von Zentrum zu Zentrum fort. Ein Kontakt der Hauptverkehrs-Kontrollzentren untereinander erfolgt über Telefonleitungen.

Der Flugplan

Für alle Flüge innerhalb kontrollierten Luftraums ist bei ATC am Abflughafen zeitig genug vor dem Start ein Flugplan einzureichen. Der Flugplan enthält Einzelheiten über den Abflug, Zielflughafen und Ausweichflughäfen, die Flugstrecke und beantragte Flugfläche, wie auch das Rufzeichen des Flugzeugs, Registriernummer und Typ. Er enthält ebenfalls Angaben über die geschätzte Abflugzeit (EDT – gewöhnlich die flugplanmäßige Abflugzeit); vorausberechnete Ankunftszeiten an bestimmten Punkten entlang der Strecke bezogen auf die EDT, die Eigengeschwindigkeit (TAS) und Mach-Zahl (siehe Fluginstrumente S. 137), Selcal Code (siehe Funk und Radar S. 69) und die an Bord mitgeführte Funkausrüstung. Dieser Flugplan wird dann fernschriftlich an die ATCC's entlang der Route weitergeleitet.

Der Flugplan enthält natürlich nur die Bitte um eine bestimmte Route oder Flugfläche, obgleich die Zustimmung bei nach Flugplan fliegenden Verkehrsflugzeugen nur eine Routineangelegenheit ist. Einige Zeit vor dem Start benötigt der Pilot jedoch eine ATC-Freigabe, daß der Flugplan angenommen ist. Ist dies aufgrund der Überfüllung des Luftraums nicht der Fall, wird eine neue Freigabe für eine andere Route notwendig werden. Der Zeitpunkt, zu dem der Pilot eine ATC-Freigabe erhält, ist in den Ländern unterschiedlich. Diese kann durch ATC kurzfristig vor dem Start gegeben werden, um eine Koordination des Fluges mit dem anderen Verkehr sicherzustellen. Die tatsächliche Startzeit wird nach dem Abheben fernschriftlich an die ATCC's entlang der Route durchgegeben und somit die geschätzte Ankunftszeit über den einzelnen Meldepunkten auf den letzten Stand gebracht. In der Praxis sind die meisten Flüge großer Jets flugplanmäßige, regelmäßig durchgeführte, und so weichen die angegebenen Abflugzeiten und Routen selten ab. Es können sich natürlich unerwartete Verzögerungen beim Abflug ergeben, und auf der Route können unvorhergesagte Winde die Ankunft des Flugzeugs an einem Meldepunkt verfrühen oder verspäten, wodurch natürlich im Flugplan angegebene vorausberechnete Zeiten durcheinandergeraten. Trotz der den ATCC's zugestellten Flugplanung wird das anfliegende Flugzeug von jedem Lotsen übernommen, und es können sich Änderungen in der Route oder Flugfläche ergeben, um die erforderliche Staffelung zu gewährleisten. Im überfüllten Luftraum Europas und den Vereinigten Staaten bewegen sich die Flugzeuge entlang eines Luftstraßenbandes auf unterschiedlichen Routen, in verschiedenen Höhen, mit unterschiedlichen Geschwindigkeiten und in entgegengesetzter Richtung auf der gleichen Luftstraße. Durch sich kreuzende Luftstraßen kann es erforderlich werden, daß Flugzeuge ihre Geschwindigkeit erhöhen oder verlangsamen, oder sie werden radargeführt (d. h. erhalten ihre Steuerkurse), um die Staffelung aufrechtzuerhalten. Abfliegende vollbeladene Flugzeuge werden vielleicht einige Zeit langsam durch die Flugflächen überfüllter Luftstraßen steigen, bevor sie ihre Reiseflughöhe erreichen, während andere ihre Anflugfreigabe zum Zielflughafen erhalten. Inmitten dieses verworrenen Netzes eines schnell fließenden Verkehrs müssen Staffelungen zwischen den Flugzeugen jederzeit erfolgen. Diese Aufgabe läßt sich in den überfüllten Lufträumen der Welt nur mit Computern und Radar und natürlich hochqualifizierten Fluglotsen lösen.

Flugverkehrsfreigaben

Am Abflughafen enthält die erste ATC-Freigabe die Standardinstrumenten-Abflugroute (SID), die das Flugzeug von lärmempfindlichen Gegenden fernhält. (Die SID variiert mit der in Betrieb befindlichen Startbahn und der Flugroute.) Gewöhnlich heißt es: »Freigegeben zum Zielflughafen gemäß Flugplan«, was bedeutet, daß die erbetene Route genehmigt worden ist. Theoretisch enthält diese Freigabe nur den Sektor der Luftstraße im Abflugland, und der Pilot muß auf der Route wieder und wieder Freigaben anfordern, wenn er die Grenzen überfliegt, obgleich Flüge zwischen befreundeten Staaten meist ohne diesen Aufwand auskommen. In einer Reihe Länder allerdings (z. B. Osteuropa, das östliche Mittelmeer, Naher und Ferner Osten, Arabien, Afrika, Asien usw.) ist man bezüglich seines Luftraumes äußerst penibel, und so ist es unerläßlich, vor Einflug in die entsprechenden Lufträume Freigaben einzuholen.

In zahlreichen Gegenden verfügen die zivilen ATCC über kein Streckenradar, und so können die Lotsen den Flugverlauf nur durch übermittelte Positionsmeldungen verfolgen. Hier ändern sich die Flugflächen beispielsweise dadurch, daß Flugzeuge gefährlichen Verkehr aus der entgegengesetzten Richtung beobachten und dies per Funk melden. Können diese Flugzeuge keinen Sichtkontakt bestätigen, müssen Positionsmeldungen ergeben, daß sich die Flugzeuge weit genug voneinander entfernt befinden, ehe eine Steigfreigabe erteilt werden kann. Auch in Sperrgebieten sind, obwohl ATCC bereits alle Einzelheiten des Flugplans und die voraussichtliche Ankunftszeit erhalten hat, exakte Meldungen erforderlich, und per Funk muß eine erneute Freigabe eingeholt werden, ehe in das Gebiet eingeflogen werden darf. Da sich viele Teile unserer Erde am Rande eines Konflikts befinden, sind diese Maßnahmen zwar verständlich, jedoch häufig zeitraubend und selten notwendig.

Es ist jedoch durchaus nicht unbekannt, daß beim unangemeldeten Einflug in einen fremden Luftraum Abfangjäger auftauchen. Wenigstens zweimal wurden Flugzeuge in den letzten zwei Jahrzehnten beschossen und zur Landung gezwungen. Die grundlegende Praxis eines Abfangens verläuft folgendermaßen: Der Abfangjäger setzt sich vor das Flugzeug und wackelt mit den Tragflächen und fliegt sodann eine langsame Kurve auf dem Kurs, was bedeutet »Folgen Sie mir«. Kreist der Abfangjäger über einem Flugplatz und fährt das Fahrwerk aus, muß der »Eindringling« auf diesem Flughafen landen. Ein steiles Aufsteigen des Abfangjägers bedeutet hingegen, daß das Flugzeug seinen Weg fortsetzen kann. Fliegt der Abfängjäger neben dem Flugzeug her und wackelt mit den Tragflächen, bedeutet dies »Befolgen Sie meine Anweisungen«. Das abgefangene Flugzeug antwortet ebenfalls mit einem Wackeln der Tragflächen, um zu erkennen zu geben, daß die Anweisung verstanden ist und der Pilot sie befolgen wird. In der Nacht bedienen sich beide ihrer Positonslichter und wackeln mit den Tragflächen. In sehr seltenen Fällen, wenn vielleicht gerade ein Krieg ausgebrochen ist (wie im Nahen Osten während der letzten zehn Jahre), werden große Teile des Luftraumes einfach gesperrt, und so sind längere Umleitungen die Folge.

Aufgrund der Verkehrsdichte werden auf dem Nordatlantik ebenfalls erneute Freigaben erforderlich. Flugpläne werden mit der Bitte um einen bestimmten Kurs und bestimmte Flugfläche abgegeben; dennoch werden im Verlaufe des Fluges am Kurs-Einflugpunkt erneute Freigaben ergehen. Shanwick (eine Kombination aus Shannon und Prestwick) erteilt sie für Flüge in westlicher Richtung in Großbritannien, und für Flüge in östlicher Richtung ist Gander in Kanada zuständig. Auf der Route nehmen Flugzeuge am Einflugpunkt Kontakt mit einer der obigen Kontrollstellen auf und lassen sich den angeforderten Kurs und die Flugfläche bestätigen. Die vorausberechnete Ankunftszeit am Einflugpunkt wird übermittelt und einem Computer eingegeben, der die zur Verfügung stehenden Kurse und Flugflächen errechnet. Zwischenzeitlich nähert sich das Flugzeug dem Einflugpunkt für den angeforderten Kurs, der gewöhnlich zur Atlantiküberquerung zugewiesen worden ist, allerdings nicht immer auf der gewünschten Flugfläche. Ist das Verkehrsaufkommen erheblich, kann ein anderer Kurs zugewiesen werden, und das Flugzeug hat seine Route zu ändern; normalerweise, also unter Radarführung, fliegt es zu einem neuen Einflugpunkt, bevor die Atlantiküberquerung fortgesetzt werden kann. Da die an Bord mitgeführten Papiere natürlich auf den angeforderten Kurs abgestellt sind, hat der Copilot bei Zuweisung einer anderen Route die ganze Arbeit für die Katz gemacht und kann nun das gesamte Fluglog handschriftlich für den neuen Kurs umschreiben.

Grundlegende Luftverkehrskontrollverfahren

Allen Fluglotsen – vom Abflug- bis zum Zielflughafen – wird der Flugplan eines bestimmten Fluges übermittelt, diese Flugpläne werden von ihren Assistenten, wie in Abb. 9.1 gezeigt, auf Kontrollstreifen zusammengefaßt. Wo computergesteuerte Radaranzeigen vorhanden sind, werden die Informationen auf einem Bildschirm (weiter unten beschrieben) dargestellt. Der Kontrollstreifen wird auf einer mit einem geschlitzten Rahmen ausgestatteten Metallplatte ganz oben befestigt, sobald die Flugkontrolle einsetzt. Am Abflughafen wird die Kontrolle zunächst vom Rollverkehrslotsen übernommen, wenn »Ground« um die Freigabe zum Anlassen der Triebwerke gebeten worden ist. Die Startfreigabe erfolgt von der Rollkontrolle in Abhängigkeit von der Verkehrssituation und kann sich natürlich verzögern, um den Verkehrsfluß in den Griff und das Verkehrsaufkommen auf den Luftstraßen in seine Bahnen zu bekommen.

Flugzeugen, die von europäischen Flughäfen auf den verkehrsreichen Routen über den Kontinent abfliegen, können »Slot Times« (bewilligte Durchflugzeiten) vorgeschrieben werden. Zu dieser Zeit muß das Flug-

Abb. 9.1 Flugverlaufsstreifen.

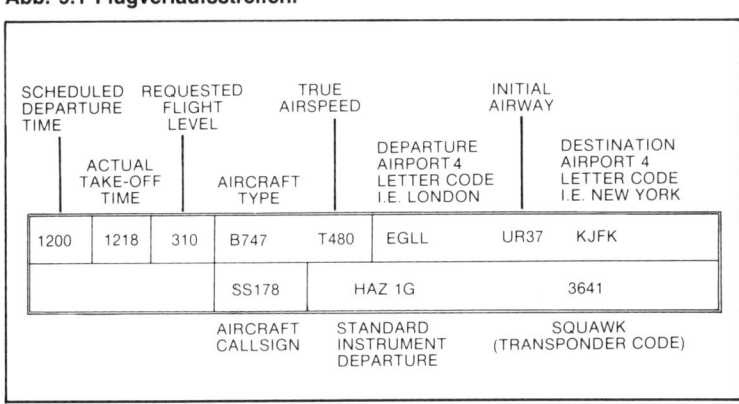

zeug in der Luft sein, oder Verspätungen sind unvermeidlich. Erbitten weitere Flugzeuge die Freigabe zum Anlassen der Triebwerke, werden ihre Kontrollstreifen in kontinuierlicher Reihenfolge am oberen Rand des Brettes eingeschoben, wenn sie der Rollverkehrskontrolle unterliegen. An manchen Flughäfen erteilt die Rollverkehrskontrolle ATC-Freigaben, an anderen werden diese Freigaben auf einer anderen Frequenz 10 Minuten vor dem Rollen erteilt. Geschieht dies nicht, übernimmt der Kontrollraum die Freigabe.

Die Rollkontrolle gibt Rollanweisungen bis zum Haltepunkt an der Startbahn und überwacht alle Flugzeugbewegungen auf dem Flughafen. Der Rollverkehrslotse hat seinen Platz hoch oben im Kontrollturm und übersieht somit nicht nur den gesamten Flughafen einschließlich der Befeuerung der Rollwege und der Start-/Landebahnen. Nähert sich das Flugzeug dem Rollhaltepunkt an der Startbahn, weist der Rollverkehrslotse den Piloten an, sich mit dem Kontrollturm in Verbindung zu setzen.

Zu diesem Zeitpunkt ist der Kontrollstreifen am unteren Ende des Brettes angelangt und wird an »Tower« übergeben. Der Flugverkehrslotse im Tower übernimmt von nun an die Verantwortung für das Flugzeug und pinnt den Kontrollstreifen am oberen Ende seines Brettes – der Abflugkontrolle – an. So wird der Kontrollstreifen laufend von Boten – beinahe wie Staffelläufer – von Lotse zu Lotse weitergereicht, und sobald dies möglich ist, ergeht die Startfreigabe.

Kurz nach dem Start erhält der Pilot vom Tower die Anweisung, sich auf einer anderen Frequenz mit der Abflugverkehrskontrolle in Verbindung zu setzen (Departure). Diese sitzt ein oder mehrer Stockwerke tiefer im Kontrollraum und erhält den Kontrollstreifen von oben – manch-

Ein Blick in die Betriebszentrale.

mal per Rohrpost. Befindet sich die Abflugverkehrskontrolle in einem Kontrollzentrum, werden ihr von der Rollverkehrskontrolle alle Daten bis zum unmittelbaren Start telefonisch durchgegeben – Flugzeug am Rollhaltepunkt, auf der Startbahn, Startzeit – so daß sie den Flug unmittelbar nach dem Start übernehmen kann. Die Abflugverkehrskontrolle ist nunmehr im Besitz des Kontrollstreifens und überwacht den Flug bei seinem Instrumentenstart, übermittelt zu steuernde Radarvektoren, wenn dies erforderlich ist, und gibt die Steigfreigabe auf höhere Flugflächen, wenn die Verkehrslage dies gestattet. Ist das Flugzeug einmal außerhalb des Flughafenbereiches auf seiner Route, übernehmen Streckenlotsen die Verantwortung, während das Flugzeug von einem ATCC zum anderen weitergereicht wird.

Beim Anflug von den Luftstraßen in den Flughafenbereich wird gewöhnlich nach einer Standard Terminal Arrival Route (STAR – Standardanflugroute) geflogen, wie sie für eine Anzahl Flughäfen vorgeschrieben ist. Während des Abstiegs werden die Flugzeuge von den Luftstraßen entlang der STAR eingefädelt und vom letzten Streckenlotsen zu einem Endpunkt freigegeben, der gewöhnlich einige Meilen außerhalb des Flughafens durch ein Funkfeuer markiert ist. Diese Punkte sind als Haltepunkte bekannt, normalerweise einer in jedem Quadrat. Hier endet die freigegebene Route des Fluges. Treten Verzögerungen bei der Landung auf, haben Flugzeuge über diesen Punkten zu warten, indem sie normalerweise eine vierminütige Halteschleife mit Rechtskurven fliegen. Dies sind die sogenannten Warteräume, in denen die Flugzeuge übereinander in Abständen von 1000 Fuß (von etwa 7000 Fuß aufwärts) kreisen und die Anflugfreigabe erwarten. Ist die nächstniedrigere Fläche frei, sinken die Flugzeuge durch die einzelnen Schichten des Warteraums und verlassen sodann das Warte-Funkfeuer auf einem zugewiesenen Steuerkurs, wenn die Anflugverkehrskontrolle sie freigegeben hat. Nun übernimmt die Anflugverkehrskontrolle die Verantwortung und führt das Flugzeug mittels Radar auf das Instrumentenlandesystem (ILS). Hat das Flugzeug das ILS geschnitten, wechselt die Kontrolle zum Kontrollturm über, der die Landefreigabe erteilt. Nach der Landung übernimmt die Rollverkehrskontrolle das Flugzeug und führt es nach Verlassen der Landebahn zum Flugsteig.

Maastricht – Luftverkehrskontrollzentrum

In den verkehrsreichen Gebieten des Globus, wie Europa und Amerika, sind die zuvor beschriebenen ATC-Verfahren größtenteils auf moderne, computerausgestattete Radarsysteme der ATCC übertragen worden, obwohl man natürlich einige manuelle Systeme im Falle des Versagens der Computer zurückbehalten hat. In der ganzen Welt am wei-

Der Betriebsraum, links die Kontrollplätze für den Sektor Brüssel, im Hintergrund die Konsolen für den Sektor Hannover.

testen entwickelt ist Eurocontrol ATCC in Maastricht, in der südöstlichen Ecke der Niederlande. Rufzeichen: »Maastricht Control«. Dieses Zentrum ist für den oberen Luftraum in Belgien, Luxemburg und Nordwestdeutschland, eine der verkehrsreichsten Gegenden im europäischen Luftstraßennetz, zuständig.

Als Beispiel für dieses System wollen wir einem imaginären Flug – International World Airways 179 (Rufzeichen Skyship: eins sieben neun) – von London Control über Maastricht Control folgen, bei dem das Flugzeug bei Koksy (Kok) an der belgischen Küste auf Upper Green 1 (UG1) westlich von Maastricht und Upper Amber 24 (UA 24) östlich von Maastricht nach Diekirch (Dik) nahe Luxemburg (diese Route kann auf der

Planungsplätze mit Bildschirmkonsole und Flugverlaufsstreifen-Brett.

188

Karte auf S. 97, Navigation 1, verfolgt werden) einfliegt. UG1 führt über den Maastricht-Kontrollsektor 1A (Frequenz 132,2 MHz) und UA24 Kontrollsektor 3A (Frequenz 133,35 MHz).

Die für jeden Sektor verantwortlichen Lotsen werden von Assistenten unterstützt sowie von Planungslotsen und Assistenten für die Flugdaten, die die Computer mit den Details der Flugpläne speisen und die Flüge koordinieren, um eine Überfüllung der Luftstraßen zu vermeiden. (Aufgrund der anstrengenden Arbeit wird diesen Fluglotsen alle zwei Stunden eine Ruhepause zugestanden.) Jeder Lotse, jeder Assistent und Planungslotse hat seine eigene Wiedergabeeinheit, siehe Abb. 9.2. Der kreisförmige Bildschirm stellt kein durch Radar, sondern vielmehr ein durch Computer erzeugtes Bild dar, das unter Verwendung von verarbeiteten, von einer Anzahl Radarstationen gemeldeter Informationen erhalten worden ist. Die Genauigkeit wird durch Gegenprüfen der von den einzelnen Radarstationen erhaltenen Werte gewährleistet, jedoch arbeitet die Wiedergabe auch dann noch, wenn eine Radarstation ausgefallen ist. Die Fluglotsen überwachen den gleichen Kontrollsektor regelmäßig und sind mit den entsprechenden Flugstraßen und Meldepunkten bestens vertraut, wenn auch diese auf den Bildschirmen ohne Identifizierung wiedergegeben werden. Gemäß Flugplan verlassen auch die meisten Flüge zur gleichen Zeit ihren Flughafen, und so sind die Lotsen

Abb. 9.2 ATC Bildschirmkonsole.

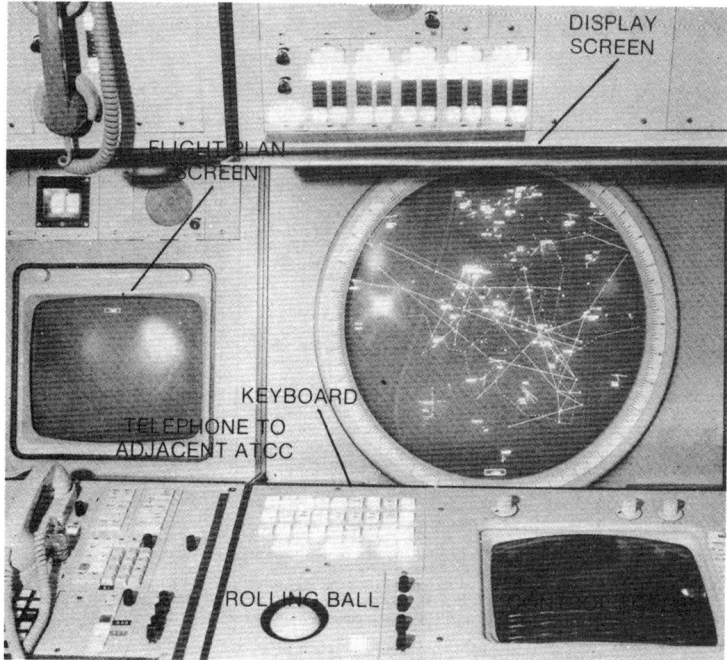

natürlich mit den geschätzten Ankunftszeiten (ETA) auf der Route vertraut.

Der kreisförmige Bildschirm gibt mit Transpondern ausgerüstete Flugzeuge innerhalb eines Höhenbereiches von 16 000 bis 45 000 Fuß wieder, kann jedoch ebenfalls dazu angewandt werden, primäre Echos (siehe Radar S. 70) anzuzeigen. Militärflugzeuge werden durch einen Stern oder Kreis identifiziert. Ein Flugzeug wird auf einem Bildschirm durch ein Positionssymbol, bestehend aus einem kleinen Quadrat mit einem Schwanz von drei Punkten, angezeigt, wodurch seine vorherigen Positionen in Intervallen von fünf Sekunden wiedergegeben werden. Dieser Schwanz ist als »Geschwindigkeitsvektor« bekannt und zeigt die Flugrichtung des Flugzeugs an, seine Länge gibt die Fluggeschwindigkeit wieder. Längs des Quadrats befindet sich ein Kontrollstreifen, der das Rufzeichen des Flugzeugs und die tatsächliche Flugfläche angibt, wie es der Transponder anzeigt. Somit kann der Lotse jede geringfügige Abweichung der Flugrichtung oder der Flughöhe feststellen. Mit jedem individuellen Flugsymbol und dem Kontrollstreifen kann die Flugposition alle fünf Sekunden abgelesen werden. Somit läßt sich eine genaue Identifizierung des Flugzeugs erreichen. Der Pilot wird aufgefordert, die »ident«-(Identifizierungs-)Taste auf dem Transponder zu drücken (siehe Radar, S. 71). Dies führt zu einer Vergrößerung des Quadrats und einem 30sekündigen Aufblinken des Positionssymbols. Bewegungen auf dem Bildschirm und Funkgespräche werden kontinuierlich aufgezeichnet und können im Falle eines Zwischenfalls zurückgespielt werden.

Der Kontrollschirm unter der kreisförmigen Wiedergabe enthält den gesamten Flugplan für den zu kontrollierenden Sektor (in ähnlicher Weise wie der Kontrollstreifen auf der Anzeigetafel des Fluglotsen). Einzelne Flugplaninformationen eines bestimmten Fluges können links auf dem Schirm eingespielt werden und enthalten die vorausberechnete Ankunftzeit am Meldepunkt entlang der Route wie auch die üblichen Flugplaninformationen (Rufzeichen, Abflughafen, Flugzeugtyp, Flugfläche usw.). Der Computer wird etwa alle sechs Stunden mit den tatsächlich im oberen Luftraum vorherrschenden Windbedingungen gefüttert und korrigiert die wahre Eigengeschwindigkeit (TAS) der Flugzeuge, wie sie den Flugplänen entnommen werden, um angenäherte Grundgeschwindigkeiten für die Ankunftszeit (ETA) auszurechnen. So werden alle erforderlichen Zeiten auf den neuesten Stand gebracht.

Mit einer kugelförmigen Steuerung läßt sich ein Markierungssymbol (Cursor) auf dem Bildschirm bewegen, ähnlich wie bei elektronischen Spielen. Dadurch können Kurs und Entfernungen abgefragt werden, wenn das Flugzeug zu einem vorherbestimmten Punkt radargeführt wird. Der Cursor wird zunächst über das Ziel geschoben, dann wird ein Knopf gedrückt. Der Cursor kann sodann zu jeder beliebigen Stelle bewegt werden, wodurch Entfernung und Peilung des Flugzeugs laufend

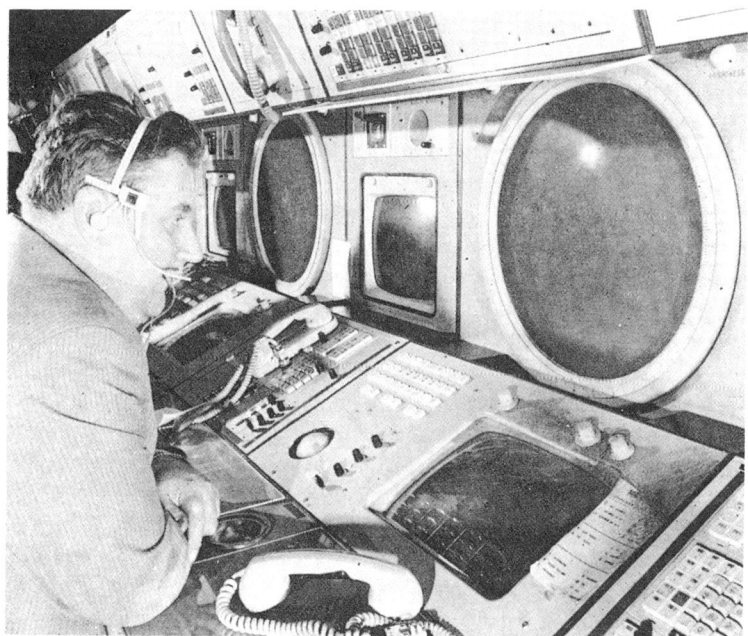

Arbeitsplatz des Radarlotsen für einen Brüsseler Sektor.

angezeigt werden.

Über Fernschreiben weitergegebene Flugdaten werden für Skyship eins sieben neun in Maastricht vor dem Abflug empfangen, wenn es

Kontrollschirm, der die zusammengefaßten Einzelheiten des Flugplans als Ersatz für den Flugverlaufsstreifen wiedergibt.

191

sich um einen flugplanmäßigen Flug handelt, und sind somit bereits im Computer gespeichert. Wenn dies nicht der Fall sein sollte, wird der Assistent den Computer mit den entsprechenden Flugdaten programmieren. Auf der Strecke aus der Londoner Kontrollzone wird London ATCC, in West Drayton, an Maastricht eine ETA für das Überfliegen der Grenze zwischen beiden Kontrollzonen (ein Punkt zwischen Dover und Koksy), die tatsächlich eingehaltene Flugfläche (oder die Flugfläche, auf die das Flugzeug nach Verlasssen Londons steigt) und das zugeordnete Transpondercode weiterleiten. Die endgültigen Daten werden in den Computer von dem Assistenten in Maastricht eingegeben. Sollte sich in Maastricht hinsichtlich der Flugfläche irgendein Problem ergeben, so kann dies mit London über eine direkte Telefonverbindung abgeklärt werden. Zehn Minuten vor der vorausberechneten Grenzüberschreitung erscheinen die Flugplandaten von Skyship eins sieben neun oben auf dem Bildschirm des Fluglotsen in Maastricht. Erreicht das Flugzeug die Transponder-Reichweite von Maastricht, bestätigt der Computer die Flugzeugposition, bevor das Positionssymbol auf dem Schirm angezeigt wird; hier wird die flugplanmäßige Position mit der durch Radar empfangenen tatsächlichen Position verglichen. Jede Unstimmigkeit klärt der Lotse. Besteht Übereinstimmung, wird die Position des Flugzeuges automatisch auf der Wiedergabe durch das Positionssymbol angezeigt, und die eingespeisten Daten leuchten mehrmals digital auf, bis der Lotse die Kontrolle übernommen hat. Nahe der Grenze bittet London ATCC Skyship eins sieben neun, Maastricht auf der Frequenz 132,2 MHz anzurufen.

Sobald eine Verbindung hergestellt ist, übernimmt der Fluglotse in Maastricht die Verantwortung für den Flug, indem er den entsprechenden Eingangswahlschalter auf der Computerkonsole drückt. Das Aufflackern des Positionssymbols geht in eine feststehende Anzeige über. Die zusammengefaßten Einzelheiten des Flugplans befinden sich nun mit denjenigen anderer kontrollierter Flüge auf dem Bildschirm sowie ebenfalls die vollständigen Flugdaten mit den geschätzten Ankunftszeiten an den Meldepunkten entlang der Strecke. Skyship eins sieben neun überquert den Maastricht-Sektor 1A, wird überwacht und bleibt auf 132,2 MHz auf Hörbereitschaft.

10 Minuten vor der geschätzten Einflugzeit in den Sektor 3A erscheinen sämtliche Daten am oberen Ende des Schirms des nächsten Lotsen, der auf der Frequenz 133,35 MHz erreichbar ist. Ein Wechsel der Kontrolle beginnt 3 Minuten vor dem Übergangspunkt, wenn das Positionssymbol von Skyship eins sieben neun erneut zu flackern beginnt. Diesmal im Sektor 3A der kreisförmigen Darstellung auf dem Schirm. Der Fluglotse mit der Frequenz 132,2 MHz weist den Piloten entsprechend an und dieser setzt sich auf 133,35 MHz mit dem nächsten Lotsen in Verbindung.

Kapitel 10

Flugcrew

In der ganzen Welt ist die Ausbildung der Flugcrews breit gefächert und unterschiedlich; der Eintritt in eine Fluggesellschaft erfolgt oft aus den verschiedensten Richtungen und Bereichen. Viele beginnen ihre Flugausbildung bei der Luftwaffe oder in der Flugschule gleich nach dem Schulabschluß, andere nachdem sie eine Hochschul- oder Universitätsausbildung abgeschlossen haben, während einige einen bereits ergriffenen Beruf an den Nagel hängen und der Verlockung des Fliegens nicht widerstehen können. Die Luftwaffen sind jedoch hauptsächlich die Zulieferer von Piloten, die bei einer Fluggesellschaft tätig werden. Viele Gesellschaften übernehmen für ausgewählte Kandidaten auch die Ausbildungskosten für Lehrgänge an anerkannten Flugschulen. Das Erlangen des Verkehrsfliegerscheins durch einen Lehrgang dauert gewöhnlich ein Jahr. Wenige können es sich nur leisten oder haben die Ersparnisse, auf eigene Kosten eine Flugschule zu besuchen, während wieder andere teure Fluglehrgänge dadurch vermeiden, daß sie nach der Erlangung der Privatpiloten-Lizenz Flugstunden sammeln.

Dies ist jedoch kein einfacher Weg, da die meisten Regierungen von den Bewerbern intensive Flugerfahrung erwarten, bevor die erforderlichen Prüfungen und Flugtests zum Erlangen der Verkehrspiloten-Lizenz (CPL) stattfinden können. Viele eignen sich die notwendige Erfahrung dadurch an, daß sie zunächst eine Fluglehrerberechtigung erwerben und im Rahmen eines Flugclubs Schüler für die Privatpiloten-Lizenz unterrichten. Das Schleppen von Segelflugzeugen oder Absetzen von Fallschirmspringern kann auch zum Sammeln der erforderlichen Flugstunden beitragen. Luftwaffenpersonal benötigt natürlich auch eine Zivillizenz, bevor es für eine Fluggesellschaft fliegen kann, und viele müssen sie auf eigene Kosten erwerben.

Neben einer CPL muß der zukünftige Pilot natürlich auch eine Instrumentenflugberechtigung (IR) besitzen, wozu (für den Anfangstest) ein Flug in einem zweimotorigen Flugzeug unter simulierten Instrumentenflugbedingungen gehört, einschließlich Warteverfahren und Instrumentenanflug. Der Test wird so durchgeführt, daß der Prüfling eine Kappe aufgesetzt bekommt, die jegliche Sicht, mit Ausnahme derjenigen auf die Fluginstrumente, ausschließt. Obgleich Verkehrspiloten jedes Jahr auf ihrem Flugzeugtyp zum Aufrechterhalten ihrer Lizenz einen gleichen Instrumenten-Berechtigungstest (gewöhnlich im Simulator) absolvieren müssen, ist dennoch der erste Instrumentenflug wohl der wichtigste **193**

Flugtest in einer Pilotenkarriere, da nicht nur der Test schwierig, sondern der Pilot auch noch relativ unerfahren ist.

Die Kombination von CPL/IR bildet das grundlegende Erfordernis zum Eintritt bei einer Fluggesellschaft; und alle Piloten, die als Verkehrsflieger beginnen, müssen im Besitz dieser Lizenzen sein. Als Anmerkung sei erwähnt, daß Fluglizenz-Inhaber nur Flugzeuge fliegen dürfen, die in dem Land, in dem die Lizenz erworben wurde, registriert sind. Will ein Pilot ein Flugzeug fliegen, das in einem anderen Land registriert ist, hat er sich zunächst der gleichen Prozedur zu unterziehen, um die Lizenz dieses Landes zu erwerben, es sei denn, es bestehen wechselseitige Übereinkommen zwischen den Ländern – und ein solches besteht zwischen Großbritannien und den Vereinigten Staaten nicht. Es spielt aber keine Rolle, wie die CPL-/IR-Lizenz erworben wurde, der Weg zum erfolgreichen Abschluß ist nicht leicht. Die Auswahl für eine Luftwaffenausbildung oder durch eine Fluggesellschaft ist rigoros, und man sieht sich vielen Mitbewerbern gegenüber. Viele Bewerber verfügen über ausgezeichnete Qualifikationen und selbst über Universitätsdiplome, dennoch werden nur sehr wenige eingestellt. Es wird jeder Versuch unternommen, geeignete Kandidaten auszuwählen, dennoch ist trotz Auswahlverfahren die Ausfallquote in den Flugkursen sehr hoch. Flugausbildung ist eine sehr kostspielige Angelegenheit, und die Kosten häufen sich dramatisch, sowohl bei der Fluggesellschaft als auch bei der Luftwaffe, wenn Piloten die fliegerische Grundausbildung bestanden haben. So wurde beispielsweise berechnet, daß sich die Kosten für einen Luftwaffenpiloten vom Anfänger bis zum taktisch vollausgebildeten Flieger eines schnellen Jets auf etwa 6 Millionen Mark belaufen.

Sowohl die Luftwaffe als auch die Fluggesellschaften sind somit darauf bedacht, die besten Kandidaten auszuwählen, aber wen man nun auswählen soll, ist eine schwierige Frage. Natürlich sind einige Qualitäten wie Koordinierungsvermögen erforderlich, und eine Vielzahl von Befähigungstests müssen überstanden werden. Selbstverständlich kann fast jeder fliegen lernen (oder Auto fahren, ein Pferd reiten), aber nur wenige haben die besondere Fähigkeit, die an einen Verkehrspiloten gestellt wird (genau wie an einen Rennfahrer oder einen Turnierreiter), und diese Tests dienen der Aussiebung ungeeigneter Bewerber. (In den frühen Anfängen wurden Luftwaffenpiloten aus der Kavallerie ausgewählt, da man davon ausging, daß jemand, der ein Pferd richtig reiten kann, dies auch mit einem Flugzeug tut.) Weiterhin sind persönliche Qualitäten wie ein gewisses Selbstvertrauen und Selbstdisziplin sowie eine bestimmte Persönlichkeitsstruktur erforderlich, um in einem Team zu arbeiten. Auch die gleichen Qualitäten, wie sie an andere Berufsgruppen wie Geschäftsleute, Ärzte und Anwälte gestellt werden.

Die wenigen erfolgreich Ausgewählten müssen sich sodann mit der Härte der Fluglehrgänge auseinandersetzen. Diejenigen, die die nötigen

194

Kosten aufbringen können, um an anerkannten Fluglehrgängen teilzu-
nehmen, können diese strengen Auswahlverfahren vielleicht umschiffen,
wenn auch kein Erfolg vorausgesetzt werden kann. Ein arbeitsüberlade-
nes Jahr mit Prüfungen, Flugprüfungen liegt hinter ihnen, und sollten sie
versagt haben, wird nichts zurückgezahlt. Diejenigen jedoch, die entweder durch Auswahl oder Umstände eine Befreiung von einem Lehrgang
– vielleicht durch Sammeln von Flugstunden – ein steiniger Weg – erreicht haben, sehen sich großen Opfern zum Erreichen ihres Zieles gegenüber. Und natürlich gibt es nach Erlangung des CPL/IR keine Garan-
tie, daß eine Fluggesellschaft einen Bewerber einstellt, und viele müssen ihre Erfahrungen zunächst irgendwo anders suchen. Wenn Fluggesellschaften in wirtschaftliche Bedrängnis geraten, führt ein Einstellungs-
stopp sogar dazu, daß sie die auf eigene Kosten ausgebildeten Bewerber nicht einstellen.

Zweifellos ist die größte Hürde für den angehenden Linienpiloten die
Erlangung der CPL/IR und die Einstellung durch eine Fluggesellschaft;
(wobei man davon ausgeht, daß der Bewerber sowohl medizinisch ge-
sund als auch akademisch gebildet, den höchsten Anforderungen gewachsen ist). Von denjenigen, die möglicherweise von einer Gesellschaft angestellt werden und die notwendigen Lizenzen besitzen, werden viele nur Erfahrungen auf Leichtflugzeugen gesammelt haben, und
auch diejenigen von der Luftwaffe mögen nur Kampfflugzeuge geflogen
haben, schon eine hochentwickelte Angelegenheit an sich, das hat jedoch nur entfernt mit dem Fliegen von Verkehrsflugzeugen zu tun. Für
viele Bewerber, die einer Gesellschaft beitreten, beginnt die Flugausbildung eigentlich erst jetzt. Diejenigen, die mit einer Grundausbildung und
einigen hundert Flugstunden anfangen, benötigen etwa fünf Jahre, um
für eine Fluggesellschaft die nötige Erfahrung zu sammeln und somit
alle Beschränkungen überwunden zu haben. Selbst in diesem Stadium
versagen einige und erreichen ihr Ziel nicht. Nach erfolgreichem Abschluß sind jedoch die meisten Piloten in der Lage, die höchste Lizenz
zu erhalten, nämlich die Berufspilotenlizenz (ATPL – in Großbritannien)
oder Berufspilotenberechtigung (ATR – in den USA und Kanada) oder
ein entsprechendes Äquivalent, die viele hundert Stunden Flugerfahrung
(in Abhängigkeit des Landes) und den erfolgreichen Abschluß weiterer
Prüfungen voraussetzen. Copiloten mit der nötigen Erfahrung erhalten
die ATPL/ATR sobald als möglich, und jeder Kapitän muß im Besitz
einer derartigen Lizenz sein.

Sobald im Besitz dieser Berufspilotenlizenz, kann der Weg des Copi-
loten bis zum Kapitän unter gewissen Umständen tatsächlich lang sein.
Wenn Kapitäne einer Fluggesellschaft in den Ruhestand treten, werden
neue Kapitäne bestimmt (obgleich nur dann, wenn sie einen rigorosen
Kapitänslehrgang mitgemacht haben), und zwar in der Reihenfolge der
Dienstjahre als Copilot; bei manchen Fluggesellschaften betragen die

Die Flugcrew. Der Kapitän sitzt links, Copilot rechts. Der Flugingenieur sitzt etwas nach hinten versetzt zwischen den Piloten.

Wartezeiten 15 oder 20 Jahre vom Eintrittstag, bevor eine Kapitänsposition verfügbar ist, so kann die Wartezeit recht frustrierend sein.

Unabhängig jedoch davon, ob Kapitän oder Copilot, müssen die Lizenzen während der gesamten Berufstätigkeit aufrechterhalten werden, und so sind einige Tests regelmäßig erforderlich. Medizinische Untersuchung (alle sechs Monate); Instrumentenflugberechtigung (13 Monate), Flugzeugtypenberechtigung und Befähigungsnachweis (sechs Monate), Nachweis über Kenntnisse der Sicherheitsausrüstung und Notverfahren (13 Monate), Streckenflugüberprüfung (13 Monate), Fragebogen über Flugzeugtechnik und -systeme (13 Monate) und so weiter. Kein anderer Berufsstand wird sorgfältiger geprüft. Obwohl es ungewöhnlich ist, daß Piloten durch Versagen bei technischen oder Flugtests ihre Position aufs Spiel setzen, besteht immer die Furcht, die Fluglizenz aus medizinischen Gründen zu verlieren. Mit dem Federstrich eines Arztes kann die Flugkarriere vorbei sein. Dennoch sind die Einkünfte angesichts des ständigen konstanten medizinischen Risikos, der häufigen Prüfungen, einer frühen Pensionierung (55–60 Jahre), eines unsteten Lebens und großer Verantwortung doch recht hoch, und bei einigen europäischen und amerikanischen Fluggesellschaften verdienen Spitzenkapitäne zur Zeit mehr als 150 000 Dollar pro Jahr.

Zusammensetzung der Crew

Die Crew auf großen Jets setzte sich zumeist aus drei Besatzungsmit-

gliedern zusammen, dem Kapitän, dem Copiloten und dem Flugingenieur. Meistens ist das dritte Mitglied (auf den Strecken von Europa nach Australien und Neuseeland) ein Flugingenieur (F/E), der selbst nicht ausgebildeter Flugzeugführer, sondern ein hochqualifizierter Flugzeugingenieur ist. Diese Erfahrung kommt dann zum Zuge, wenn sich in entlegenen Gebieten der Welt, wo sich an den Flughäfen kein ausgebildetes Personal befindet, technische Schwierigkeiten ergeben. Flugingenieure verfügen über Wartungslizenzen, die es ihnen gestatten, lebenswichtige Arbeiten an Flugzeugen vorzunehmen, wodurch ausgedehnte Verzögerungen verhindert werden. In den USA und Kanada ist der dritte Mann auf den großen Jets meist ein ausgebildeter Pilot, der seine ersten Flugerfahrungen auf dem Sitz des Ingenieurs sammelt und sein Flugtraining im Heimathafen absolviert, um seine Lizenz gültig zu halten. Sobald der Platz frei wird, wechselt er auf den Platz des Copiloten über.

Wer auch immer den dritten Platz innehat, kümmert sich der F/E um die Treibstoff- und Triebwerkfunktionen, überwacht sie und bedient die ganzen Systeme. Bei Fluggesellschaften, die nur einen Flugingenieur (d. h. keinen Piloten) beschäftigen, beginnt der Copilot seine Flugkarriere meist auf kleineren Flugzeugen und arbeitet sich bis zu den großen Jets hinauf. Ein Pilot beginnt zunächst als zweiter Offizier mit einem goldenen Streifen am Uniformärmel und erwirbt sich weitere Streifen nach erfolgreichem Abschluß mehrerer Jahre im Flugdienst; beispielsweise ein erster Offizier (F/O) mit zwei Streifen nach zwei Jahren, ein erster Offizier mit längerer Flugerfahrung (Senior First Officer, S/F/O) mit drei Streifen nach acht Jahren, und er trägt diese Streifen so lange, bis er zum Kapitän ernannt wird und vier goldene Streifen tragen darf.

Der Kapitän nimmt den linken, der Copilot den rechten Sitz ein. Warum der Kapitän links sitzt, läßt sich nicht mehr genau erklären, obgleich dies so ist, seitdem Flugzeuge mit nebeneinanderliegenden Sitzen fliegen. Der Flugingenieur hat seinen Platz etwas weiter hinten zwischen beiden Piloten. Flugnavigatoren gibt es auf den großen Jets nicht mehr, weil nun das Trägheitsnavigationssystem ihre Rolle übernommen hat. Obgleich im Cockpit Männer vorherrschend sind, gibt es keinen Grund, daß nicht auch Frauen heutzutage im Cockpit zu finden sind. Obgleich ihre Zahl gering ist, nehmen sie doch im Laufe der Zeit zu, und wenige Fluggesellschaften in den Vereinigten Staaten und Europa (United, TWA, Aer Lingus, British Caledonian, UK Air und Dan Air usw.) beschäftigen bereits weibliche Piloten. Im Jahre 1979 wurde der erste weibliche Jet-Kapitän, Kapitän Yvonne Sintes (jetzt im Ruhestand), auf einer »Comet«, der Dan Air von ihrem ersten Offizier und Copiloten, Marilyn Booth, begleitet, der ersten rein weiblichen Flugcrew. Im Juli 1984 war Kapitän Lynn Rippelmeyer von People Express der erste weibliche Kommandant, der eine Boeing 747 über den Atlantik steuerte.

Zusammenarbeit der Crew

Die Flugcrew hat zu jeder Zeit auf ihren Sitzen angeschnallt zu sein, wenn nicht ein Mitglied sich gerade einmal die Beine vertritt. Sogar die Mahlzeiten werden von Tabletts auf dem Schoß eingenommen. Im Reiseflug können natürlich alle Notfall-Drills von zwei Crewmitgliedern durchgeführt werden, so daß sich kurze Erholungspausen für das dritte ergeben. Kapitän und Copilot kümmern sich meist um das Fliegen, wobei sie sich abwechseln, dies bedeutet, einer fliegt, während der andere die Aufgaben des Copiloten hinsichtlich des Überwachens der Fluginstrumente, Führen des Logbuches, Funkverkehr usw. übernimmt, auf dem nächsten Streckenabschnitt kann es dann genau umgekehrt sein. Die Fähigkeiten von Berufspiloten sind nahezu die gleichen, obwohl natürlich einer besser als der andere sein kann. Diese Fähigkeiten sind jedoch nicht so wichtig, wie man sich vorstellen kann, da der Flug zumeist automatisch verläuft und der heutige Pilot mehr oder weniger die entsprechenden Geräte zu programmieren hat. Piloten haben die üble Angewohnheit, über Kollegen zu reden: Einer mag eher ein guter Planer, aber ein weniger einfühlsamer Pilot – mancher kann ein Flugzeug mit großer Genauigkeit fliegen, allerdings nur in einen Berg, und der mag ein ausgezeichneter Pilot, jedoch ein schlechter Planer sein!

Piloten müssen natürlich gelegentlich große Flugzeuge auf Flughäfen im bergigen Gelände landen und haben nicht viel mehr verfügbar als ihr Schätzvermögen, Fingerspitzengefühl und das bekannte Gefühl im Hintern – vielleicht all das auch noch bei Nacht und schlechtem Wetter. Es kann sein, daß keine Anflughilfen zur Verfügung stehen, betriebsuntüchtig sind oder gerade repariert werden. Es kann natürlich auch vorkommen, daß aufgrund der Windrichtung ein Anflug auf eine Landebahn vorgenommen werden muß, wo aufgrund der Geländebedingungen kein Instrumentenlandesystem installiert werden konnte. In einem solchen Fall hat sich der Pilot aller Flugtechniken zu bedienen, die er früher einmal lernte, vielleicht eine Platzrunde vor dem Endanflug zu fliegen, sich aller Handgriffe und Verfahren eines Leichtflugzeugpiloten zu bedienen, obwohl er einen schweren Jumbo fliegt. Auch ist ein manuelles Fliegen dort erforderlich, wo zwar bei nebligem Wetter bei leichten Winden eine automatische Landung durchgeführt werden könnte, jedoch bei Querwinden von über 15 Knoten nicht mehr möglich ist, und auch Luftturbulenzen dies verbieten. Derartige Sichtanflugverfahren und Landungen mögen nur einige Minuten in Anspruch nehmen, das Abschätzen des richtigen Augenblicks zum Abfangen zur Landung bei Querwindbedingungen vielleicht nur einige Sekunden bis zum Aufsetzen erfordern, aber viel Übung und Erfahrung bedarf es. Flugcrews mögen öfter, wie natürlich auch andere Berufsgruppen, Entscheidungen treffen, die eigentlich sehr einfach aussehen. Um diese Fingerfertigkeiten und Fähigkeiten beizubehalten und nicht einrosten zu lassen, müssen Flugcrews natürlich regelmäßig fliegen (ähnlich des Übens eines Instruments), und den Vorschriften nach, muß ein Pilot oder Flugingenieur innerhalb von 28 Tagen einmal geflogen sein, oder eine erneute Prüfung hat am Heimatflughafen stattzufinden.

Crewmitglieder mögen sich zuvor noch nie getroffen haben. Standardisierte Arbeitsabläufe im Cockpit haben höchsten Stellenwert. Selbst ein kritischer Beobachter und Kenner der Materie wird Schwierigkeiten haben, festzustellen, ob eine bestimmte Crew bereits zusammen geflogen ist oder nicht. (Dieses System verhindert, daß die Crew schlechte Gewohnheiten annimmt und ebenso eine Unterbrechung der üblichen Routine, wenn ein Mitglied nicht anwesend ist.) Jedes Mitglied der Flugcrew hat seine eigenen besonderen Pflichten, die einen integrierten Teil des gesamten Flugablaufes ausmachen, und so ist eine Koordination unter den Crewmitgliedern sehr wichtig. Flugcrews arbeiten im wesentlichen als Team mit dem Kapitän an der Spitze, und im engen Cockpit überwacht jeder sorgfältig auch die Handlungen der anderen beiden, während er seine eigenen Aufgaben wahrnimmt. (Die meisten Cockpits sind sehr klein, und da es erforderlich ist, daß jedes der drei Crewmitglieder vom Sitz aus alle Ausrüstungen in Reichweite hat, sind die Sitze eng beieinander. Auf der B 747 kann der Sitz des Flugingenieurs elektrisch hin- und hergeschoben werden, damit er das ausgedehnte Instrumentenbrett erreichen kann.) Checklisten, Verfahren und Drills sind ergonomisch angelegt, um wirksam und logisch zu sein, und von der Arbeit der Crew erwartet man, daß sie sich auf dem höchsten beruflich erforderlichen Kenntnisstand befindet. Crewmitglieder machen natürlich auch einmal Fehler oder vergessen etwas, aber in der engen überwachten Welt des Cockpits, wo jeder von jedem korrigiert wird, funktioniert das System sehr gut.

Der größte Teil des Flugbetriebs ist Routine, wobei die Crew standardisierten und praktizierten Verfahren folgt, wie dies auch andere Berufsgruppen in ihrer Umgebung tun – vom Theater bis zum TV-Studio –, und es ist naiv zu vermuten, daß der Kapitän alle paar Sekunden wichtige Entscheidungen fällt.

Auf jedem Flug ändern sich jedoch die Umstände, selbst wenn man wiederholt auf der gleichen Route fliegt. Und wie in jeder anderen täglichen Situation müssen kleinere Schwierigkeiten überwunden werden. Jeder Autofahrer kennt beispielsweise die Probleme mit Straßenarbeiten, Verkehrsstaus, Pannen, Umleitungen und Wetter. Beim Fliegen ergeben sich ähnliche Probleme durch Arbeiten auf den Flughäfen, Start- und Landeverzögerungen, Versagen von Instrumenten, Umleitungen, Wetter und so weiter. Wie andere Berufsgruppen muß die Crew die Routinearbeit nicht nur gut verrichten, es handelt sich ja um eine hochentwickelte Technik, sondern muß auch auf alle Notfälle vorbereitet sein. **199**

Bei seltenen Gelegenheiten, wo tatsächlich ein echter Notfall auftritt – Unwetter, Systemversagen, Triebwerkausfall, Feuer an Bord usw. –, müssen manchmal in Sekundenschnelle Entscheidungen getroffen werden, die der Sicherheit des Flugzeugs und dem Leben hunderter Menschen dienen. Hier hat der Kapitän die alleinige Entscheidung zu treffen, und die Crew hat ihre Ausbildung und Kenntnisse unter Beweis zu stellen.

Crews verstehen von vielen Dingen ein wenig, und wie Kapitän Ian Frow von British Airways sagte: »Die Sache ist, daß man ein Lehrling auf vielen Gebieten sein muß, um auch ein Meister zu sein.« Flugdetails (Wettervorhersage, Treibstoff, Flugplan, Ladung usw.) müssen vor dem Start erst gründlich überprüft werden. Obgleich der meiste Papierkram vom Bodenpersonal übernommen wird, kann sich die Praxis beim Fliegen als eine andere erweisen als diejenige, wie sie in Handbüchern, Graphiken und Statistiken aufgezeigt ist. Hier haben die Crews das Spezialwissen, in letzter Minute erforderliche Änderungen vorzunehmen, wobei wiederum die endgültige Entscheidung beim Kapitän liegt. Die Crew ist das letzte Glied, Irrtümer abzuwenden, die vielleicht sonst mit in die Luft getragen würden. Letztendlich ist es die Crew, die »den Krug zum Brunnen trägt«, und die letzte Verantwortung liegt beim Kapitän. Bei ihm schließt sich die Kette der letzten Verantwortung.

Die Arbeit der Crew ist schwierig zu beschreiben, und Analogien abzuleiten, erst recht. Natürlich sind Start, Steigflug, Sinkflug und Landung die anstrengendsten Phasen, doch auch hier kann man kaum eine physische Aktivität der Crew beobachten, da das Flugzeug zum größten Teil vom Autopiloten geflogen wird. In dieser Situation ähneln Piloten eher konzentrierten Schachspielern, physisch oft unbeweglich, aber der Geist ist hellwach. Wie beim Schachspiel besteht der Betrieb großer Jets in einer Anzahl grundlegender einfacher Bewegungen, die sich als Ganzes gesehen dann aber zu einer Komplexität entwickeln. Crews kann man schlecht mit Großmeistern vergleichen. Das Fliegen eines großen Jets erfordert jedoch Tausende von Zügen, und ein »Schachmatt« ist nicht erlaubt. Zählt man dem die Verantwortung für viele hundert Leben und den hohen finanziellen Wert eines Flugzeugs und dessen Inhalt (eine Boeing 747 kostet angenähert 300 Millionen Mark) hinzu, hat man hier kein einfaches Spiel.

Trotz der hochentwickelten Ausrüstung sind Crews darauf trainiert, der Automatik gegenüber skeptisch zu sein. Je zuverlässiger die Apparatur, um so leichter können Crewmitglieder beim Versagen aus der Bahn geraten. Ein großes, schnelles Düsenflugzeug im Griff zu behalten, erfordert Konzentration und Wachsamkeit, insbesondere beim Start und bei der Landung, und obgleich der Autopilot unter Kontrolle sein mag, ruft sich jeder Pilot kontinuierlich ein geistiges Bild ins Auge bezüglich der Position des Flugzeugs und der während des ganzen Fluges erforderlichen Handgriffe und Anforderungen. Es mag Nacht sein oder das Flugzeug in den Wolken, aber ohne den Vorteil elektronischer Signale muß das Gehirn die ganze Szenerie erfaßt haben durch Beobachten der Instrumente, Abhören von Meldungen anderer Flugzeuge, Abstimmen von Funkfeuern etc., um die Automatik zu überwachen und gegenzuprüfen. Es ist ein klein wenig dessen, als wenn man das Sonnensystem von der Erde aus beobachtet. Der besseren Klarheit wegen geben meist Modelle das Sonnensystem wieder, dem Beobachter erscheint es jedoch, als wenn er es von draußen sieht. Beim Beobachten des Flugverkehrs vom Rande eines Flughafens erscheint das Bild ähnlich klar. Will man sich jedoch ein geistiges Bild vom Innenleben eines Flugzeugs machen und nimmt seine eigenen Fähigkeiten zu Hilfe, ist dies gar nicht so einfach. So überrascht es nicht, daß die ersten Astronomen glaubten, die Sonne würde die Erde umkreisen!

Auch der Autopilot bedarf der Aufmerksamkeit, da er selbst weder denken noch den Anweisungen der Flugverkehrskontrolle lauschen kann; so müssen die Piloten die erforderlichen Informationen kontinuierlich in die Automatik einspeisen. Werden falsche Einzelheiten eingegeben, so folgt der Autopilot ohne Rückfrage, und demnach ist höchste Wachsamkeit von größter Wichtigkeit. Fliegergeist, die Grundlagen aller Flieger (also gemeinsame Anwendung und Umsetzung der Ausbildung, handwerkliche Fähigkeit, Erfahrung und das beruflich geschulte Beurteilungsvermögen) müssen von allen Besatzungsmitgliedern der Flugcrew zu jeder Zeit peinlich genau beachtet werden.

Crew-Einsatz

Die Bedingungen der Flugcrew variieren mit den Fluggesellschaften, dem Flugzeugtyp und dem Streckennetz. Einige Crews arbeiten ständig auf einer festgelegten Strecke, während andere weltweit dorthin fliegen, wo sie das Flugzeug hinbringt. Bei einigen Fluggesellschaften werden der Crew vom Schreibtisch aus ihre Touren zugeteilt, bei anderen besteht eine Art Bewerbungsverfahren, bei dem einzelne Crewmitglieder sich um verfügbare Arbeit bewerben können, so ähnlich, als ob man auf einer Briefmarkenauktion bietet. Je älter das Crewmitglied ist, um so erfolgreicher sind die Aussichten. Viele Fluggesellschaften betreiben Kurzstreckenflüge, so daß sechs Tage geflogen wird, um dann drei Tage frei zu haben. In diesen Fällen verbringt die Crew die meisten Nächte zu Hause und braucht sich nicht den unbequemen Übernachtungen irgendwo auf dieser Welt auszusetzen. Auf Langstreckenflügen kann die Crew jedoch bis zu zwei Wochen hintereinander unterwegs sein; vielleicht 180 Tage oder sogar mehr im Jahr von zu Hause fort.

Während die Crew fern dem Heimathafen ist, wird sie in Fünfsterne-hotels untergebracht und bekommt Sonderzuwendungen für die Verpfle-gung in jeder örtlichen Währung, US-Dollars (oder äquivalent) oder Rei-sechecks. Dies hängt natürlich von der Geschäftspolitik der Fluggesell-schaften ab. Kurzstreckencrews mögen nur den gewöhnlich 24 Stunden betragenden Aufenthalt zur Besichtigung fremder Städte zur Verfügung haben, während Langstreckencrews allgemein auf der Strecke eine Ru-hepause haben. Da die meisten Flüge jedoch täglich durchgeführt wer-den, wird die Crew allgemein auf Trab gehalten. Eine in New York statio-nierte Crew, die auf einem weltweiten Flug von New York über Ancho-rage, Tokio, Hongkong, Delhi, Bahrain, London und zurück nach New York ist, kann theoretisch eine Weltumrundung in 10 Tagen absolviert haben. Sie arbeitet dann bis zu 10 Stunden am Tag mit einem Aufent-halt von je einem Tag in jeder Stadt. Dies ergibt einen achtstündigen Flug und einen vierundzwanzigstündigen Aufenthalt am Transitort, wo eine neue Crew das Flugzeug zum nächsten Bestimmungsflughafen übernimmt. (Während des Transit können natürlich auch erhebliche Zei-tunterschiede auftreten, doch die meisten Crewmitglieder versuchen, nach der Ortszeit zu leben.) 24 Stunden später übernimmt die ausge-ruhte Crew die nächste Strecke, und dieses Verfahren wiederholt sich.

Ruhepausen für die Crew von 12 oder 36 Stunden wären natürlich ideal, so daß sie wenigstens eine oder zwei Schlafperioden hat. Kom-merzielle Überlegungen führen aber gewöhnlich dazu, daß die Ruhe-pause 24 Stunden beträgt. Da der normale 24stündige Tagesrhythmus vorsieht, daß man 8 Stunden schläft und dann anschließend 16 Stunden

Bremsklötze vor dem Bugrad, um ein Rollen des Flugzeugs zu verhindern. Die Flugzeiten der Crew werden vom Bremsklotzentfernen bis zum -vorle-gen gerechnet.

wach ist, kehrt die Crew oft genug nach 24 Stunden Ruhepause in den Dienst zurück, hat gerade eine Schlafperiode gehabt und eine zweite beginnt eigentlich zu diesem Zeitpunkt.

Die Nordatlantikflüge finden in westlicher Richtung gewöhnlich während des Tages und in östlicher Richtung während der Nacht statt. Europäische Crews fliegen somit am Tage nach Nordamerika, verbringen eine Nacht und den Teil des nächsten Tages am Bestimmungsort und fliegen dann über Nacht wieder zurück. Amerikanische Crews fliegen in östlicher Richtung während der Nacht, verbringen einen Tag und eine Nacht in Europa und fliegen am Tage wieder zurück. Auf diese Weise bleiben die Flugzeuge mehr oder wenig ständig in Bewegung, nur jedes mal mit einer neuen Crew. Fliegt eine Fluggesellschaft aber nur einmal in der Woche zu einem exotischen Eiland, wie Mauritius im Indischen Ozean, hat die Crew den Vorzug, eine Woche in der Sonne zu warten, bis der nächste Flug eintrifft (mehr oder weniger ein Gratisurlaub). Einige Fluggesellschaften stationieren auch Crewmitglieder mit ihren Familien für mehrere Monate hintereinander in anderen Städten.

Die überwiegende Beschränkung für Flugcrews sind die tatsächlichen Flugstunden, die vom Gesetzgeber gewöhnlich auf 100 Stunden innerhalb einer Periode von 28 Tagen vorgeschrieben sind. Die Crewmitglieder sind gesetzlich verpflichtet, alle Flugstunden in einem persönlichen Flugbuch festzuhalten. Die Zeiten in mittlerer Greenwich-Zeit (GMT) werden vom »Bremsklotz weg« bis zum »Bremsklotz hin« gerechnet. Kritiker sagen, daß Crews eine Menge Geld für einen Teilzeitjob erhalten; wenn auch 100 Stunden innerhalb von 28 Tagen nicht viel erscheinen mögen, kann sich die Crew dennoch tatsächlich beträchtlich länger im Dienst befinden, obgleich nur ein paar echte Flugstunden aufscheinen. Bei einem kurzen halbstündigen Flug kann die Crew z. B. drei Hin- und Rückflüge an einem Tag durchführen, was dann nur 3 Stunden ergibt. Durch Flugvorbereitungen und Wartezeiten am Boden auf jedem Flugplatz kann sie aber gut und gerne 8 bis 10 Stunden im Dienst sein. Auf einer Langstrecke, sagen wir Colombo–Seychellen–Johannesburg, beträgt die gesamte Flugzeit etwa 9 Stunden, der gesamte Arbeitstag kommt aber 12 Stunden wesentlich näher und kann sogar um Mitternacht beginnen. Bei Langstreckenflügen mit Zwischenstopps zu allen Tageszeiten und in der Nacht wird natürlich viel Nachtarbeit verrichtet (z. B. Flüge von Europa nach Australien sind so geplant, daß sie zu annehmbaren Zeiten abfliegen und ankommen, wobei der Aufenthalt am Transitort dann jedoch meist in der Nacht beginnt). Selten, doch es kann vorkommen, daß Crewmitglieder durch Verspätungen bis zu 16 Stunden (und regelmäßiger bis zu 13) arbeiten, was ungefähr einer Büroarbeit von morgens 9 Uhr bis eine Stunde nach Mitternacht entspricht; woran sich dann noch eine schwierige Heimfahrt anschließt.

Um Ermüdungserscheinungen vorzubeugen, ist durch Gesetz der maximale Arbeitstag der Crew in Abhängigkeit von der Abflugzeit, der Anzahl zu fliegender Strecken und nach Kriterien, ob der Flug zu Hause oder weg vom Heimatflughafen beginnt, beschränkt, und dies muß von den Fluggesellschaften in der Einsatzplanung berücksichtigt werden. Trotz aller Vorschriften kann jedoch das Unterdrücken von Ermüdungserscheinungen zum Problem werden, und so reagieren Crewmitglieder unterschiedlich unter verschiedenen Umständen. Wie jeder andere Reisende hat auch die Crew während des Fluges mit der Müdigkeit fertig zu werden, und dazu noch das Flugzeug zu fliegen. Um die Einreiseformalitäten im Ausland zu erleichtern, werden alle Crewmitglieder auf einer gemeinsamen Erklärung aufgelistet. Sie werden meistens getrennt durch die Paß- und Zollbeamten abgefertigt, was natürlich eine große Erleichterung darstellt. (In nahezu jedem Land sind die Zollbestimmungen für die Crew wesentlich strenger als für die Passagiere.) Müdigkeit ist oft das Ergebnis mehrerer Faktoren und kann auf Langstrecken durch den niedrigen Feuchtigkeitsgehalt der Luft und zu geringe Sauerstoffaufnahme aufgrund der Kabinenhöhe ausgelöst werden. Große Zeitunterschiede, Temperatur- und Wetterextreme, fremdländische Nahrung (»Verlasse Kalkutta mit einem trockenen Furz, das ist Glückseligkeit!«) ändern natürlich den Biorhythmus. (Durch zu lösende schwierige Aufgaben kommen selbst geringste Veränderungen in der Leistungsfähigkeit deutlich zum Ausdruck); oder vielleicht etwas so Einfaches wie die Unfähigkeit, in einem Hotel am Tage vor einem Nachtflug zu schlafen (jedes Hotel scheint einen pflichtgetreuen Mann mit Hammer in fester Anstellung zu haben). All dies fordert seinen Tribut. Was alkoholische Getränke und Fliegen anbelangt: Crews dürfen zwischen 8 bis 24 Stunden vor Dienstantritt keinen Alkohol zu sich genommen haben. Die Zeitspanne hängt von den Landesgesetzen ab (Großbritannien: 8 Stunden; USA: 24 Stunden).

Teil 2
Der Flug

Kapitel 11

Ein Transatlantikflug
von London nach New York

Es wird davon ausgegangen, daß der Leser mit den vorhergehenden Kapiteln vertraut ist, und so wird »Der Flug« im wesentlichen unter Verwendung der Luftfahrt-Terminologie geschrieben. Obwohl alle Flüge mehr oder weniger Routine sind, gleichen sie natürlich einander nicht immer. Im folgenden soll nun ein typischer Flugverlauf geschildert werden.

Flugplanung

Papiere über Papiere für den Flug sind über dem Tisch ausgebreitet. Die Flugdienstberatung hat bereits alle erforderlichen Einzelheiten zusammengetragen und legt sie nun der Crew zur Prüfung und Bestätigung vor. Bis zum Abflug ist es weniger als eine Stunde, die geschäftigste Zeit steht jedoch noch bevor. Genau eine Stunde vor dem Abflug trägt sich die Crew in die Anwesenheitsliste ein, sichtet letzte Mitteilungen der Gesellschaft, Post usw., und wenn sie am Heimatflughafen ist und man sich zuvor noch nie getroffen hat, nutzt man die Zeit, sich gegenseitig vorzustellen. Die Dienstzeit beginnt mit der Eintragung.

Die Crew, bestehend aus Kapitän (K), Copilot (CP) und Flugingenieur (FI), fliegt für International World Airways in westlicher Richtung rund um die Welt (Rufzeichen des Flugzeugs: »Skyship One«). Für heute ist der Abschnitt London–New York vorgesehen. Abflugzeit ist 14 Uhr mittlere Greenwich-Zeit (GMT), (die gleiche wie die Ortszeit Londons im Winter); mit einer planmäßigen Ankunftszeit von 21.35 Uhr GMT (Ortszeit New York 16.35 Uhr, d. h., New York liegt im Winter fünf Stunden hinter GMT). Die Flugzeit wird somit 7,35 Stunden betragen. Eingeschlossen hierin sind die Roll-, Start- und Landeverzögerungen. Die tatsächliche **205**

Flugzeit – vom Abheben bis zum Aufsetzen – beträgt 6,57 Stunden. Der längste planmäßige Nonstop-Service wird von Pan Am mit einer Boeing 747SP von Sydney nach San Francisco mit einer Flugzeit von 13,25 Stunden angeboten. Der längste Überführungsflug – ebenfalls mit einer Boeing 747SP – erfolgte von Seattle nach Kapstadt (8936 Seemeilen) mit einer Gesamtflugzeit von 17,22 Stunden, und bei der Landung war noch für zwei Stunden Treibstoff vorrätig; eine erstaunliche Leistung, obwohl das Flugzeug leer geflogen wurde. Trotz Großraumflugzeugen mit größeren Treibstoffkapazitäten und ausgefeilterer Elektronik sind die Bedingungen für die Crew eigentlich nicht leichter geworden. Die Kosten zwingen einen Kapitän oftmals zur Mitnahme minimaler Treibstoffmengen. Die Sicherheit verdient hier besondere Beachtung, und gelegentlich erfordern wirtschaftliche Überlegungen, daß Flugzeuge an der Grenze ihrer Auslastbarkeit geflogen werden, woraus sich ergibt, daß Großraumflugzeuge schwere Ladungen über sehr lange Entfernungen unter schlechten Sichtverhältnissen bei der Landung befördern müssen.

Es ist jetzt Mitte Februar, in den USA nähert sich der Winter seinem Ende, und der Kapitän studiert sorgfältig das vorhergesagte Wetter von New York. Der Wetterbericht nach dem internationalen Wetterschlüssel (Abb. 11.1) gibt das Wetter für 24 Stunden an, von 12 Uhr GMT am Abflugtag bis 12 Uhr GMT am folgenden Tag: Wind 060°T mit 11 Knoten, Sicht 2400 Meter, Regen, Wolkendecke 8/8 Stratus in 300 Fuß; häufig zwischen 12 und 20 Uhr GMT, Sicht 4800 Meter, Regen, 8/8 Stratus in 700 Fuß, allmählich übergehend zwischen 19 und 20 Uhr GMT, Wind 250°T mit 14 Knoten, Sicht mehr als 10 Kilometer, Wetter entfällt, 8/8 Stratocumulus in 2000 Fuß, zwischen 20 und 23 Uhr GMT 40%ige Wahrscheinlichkeit für Sicht 3200 Meter, Regen und Schnee, Wolken 8/8 Stratus in 1000 Fuß; allmählich übergehend zwischen 22 und 23 Uhr GMT Wind 290°T mit 17 Knoten, Böen 28 Knoten, Wolken 5/8 Stratocumulus in 3500 Fuß; allmählich übergehend zwischen 5 und 7 Uhr GMT, Wolken und Sicht o. k, allmählich übergehend von 10 bis 11 Uhr GMT Wind 270°T mit 15 Knoten.

Abb. 11.1 Wettervorhersage für New York nach dem Wetterschlüssel.

```
NEW YORK ( JFK ) CODED TERMINAL AREA WEATHER FORECAST



TAF
KJFK 1212 06011 2400 61RA 8ST003 INTER 1220 4800 61RA 8ST007
GRADU 1920 25014 9999 WX NIL 8SC020 PROB40 2023 3200 83RASN
8ST010 GRADU 2223 29017/28 5SC035 GRADU 0507 CAVOK GRADU 1011
27015=
```

Die Vorhersage zeigt eine Wetterbesserung zur Ankunftszeit, aber noch ist es nicht sehr gut. Die Wolkendecke liegt über dem größten Teil der Ostküste, und alle wichtigen Städte sind betroffen. Boston, normalerweise der Ausweichflughafen, hat eine Wolkendecke von 8/8 Nimbostratus in 500 Fuß mit einer Sicht von etwa 1,85 km in Schnee, und dies liegt unter den minimalen Grenzen für einen Ausweichflughafen von 800 Fuß Wolkenuntergrenze und etwa 1,60 km Sicht. Schnee ist im Winter in den USA nichts Ungewöhnliches, und schwere Schneestürme können zum Schließen aller großen Flughäfen an der Ostküste innerhalb von Stunden führen. Sollte sich das Wetter nicht schneller als vorausgesagt bessern, könnte es zur Ankunftszeit in New York schlecht sein und zu Landeverzögerungen führen. So muß genügend Treibstoff getankt werden.

Eine Betrachtung der kanadischen Flughäfen ergibt für Montreal einen Wind aus 270°T mit Böen von 15 bis 20 Knoten und eine Sicht von mehr als 10 Kilometern bei 8/8 Stratocumulus in 3000 Fuß. Der Kapitän benennt Montreal als Ausweichflughafen mit der gleichzeitigen Entscheidung, die höchstzulässige Treibstoffmenge im Falle von Landeverzögerungen in New York aufzunehmen. Für die am Meer gelegenen kanadischen Flughäfen (Gander, Halifax, St. Johns usw.) sind niedrige Wolken, heftiger Regen und starke Winde vorausgesagt. Sollte eine Umleitung während des Fluges erforderlich werden, erscheint Gander am günstigsten. Die Vorhersagen für London und Shannon werden ebenfalls einer sorgfältigen Prüfung unterzogen. Zwar sind Wolken und Regen zu erwarten, trotzdem wird die Sicht gut sein. Beide kommen also in Frage, sollten sich während des Fluges Probleme ergeben und zu einer Umkehr zwingen. Flugkarten für die oberen Lufträume (ähnlich denjenigen im Abschnitt Meteorologie) werden ebenfalls nach Höhenwinden, Klarluft-Turbulenzen (CAT) und anderen Wettererscheinungen durchforscht.

Eine Durchsicht der Nachrichten für Luftfahrer zeigt nichts an, was den Abflug verhindern könnte (geschlossene Rollbahnen oder Flughäfen, Luftraumbeschränkungen usw.). In London sind zwar die üblichen Bauarbeiten im Gange und in New York einige wenige Befeuerungssysteme und eine Sprechfunkfrequenz ausgefallen. In Montreal steht nichts im Wege. In den USA findet eine Militärübung statt und somit sind einige Luftstraßen gesperrt, keine jedoch, die den Flug beeinträchtigen könnte. Die vervollständigten Treibstoffangaben im Flugplan werden über den Daumen gepeilt und die Berechnungen auf Fehler hin durchgesehen. Der gesamte erforderliche Treibstoff ist mit 102,0 Tonnen angegeben, von denen 80 Tonnen auf den Flug London Heathrow (LHR) nach New York, J. F. Kennedy (JFK), 16,5 Tonnen auf eine evtl. Umleitung (incl. Reserve) nach Montreal, für alle Fälle 4,5 Tonnen als Sicherheitsreserve und 1 Tonne für das Rollen in London (Abb. 11.2) entfallen.

```
ROUTE 05/100 FL310  53N015W/FL350
MINIMUM COST PLAN  -  REQUIRED FUEL 102174 KG
                      ONE ZERO TWO ONE SEVEN FOUR

STD  1400  STA  2135  TOT  0735

-B747/H-S/C
-EGLL1420
-0499F310 UG1 STU UD10 CRK 53N015W/M084F350 NATF SG/0490F350
 NA140 ENE DCT ENE219085 V16
-KJFK2117 CYMX
-REG/XTFOF SEL/ABCD
EST/15W1538 SG/1904

GROUND DIST 3076  AV W/C M036
TOW 304874 KG          ZFW 203700 KG          LWT 224700 KG

TRIP FUEL         80174 KG    6.57    PLD REM 21000 KG
DIVERSION         12116 KG    45      YMX
CONTINGENCY        4500 KG    30
RESERVE            4384 KG    30
REQUIRED FUEL    101174 KG    8.42
EXCESS                0 KG
TAXI               1000 KG
TANKS            102174 KG    -OPERATIONAL PLAN NO.  1

DIVERSIONS CYMX FL330 P 27 430NM 12116 KG  T45 DIV FUEL
           KBOS FL170 P  8 204NM  8022 KG  T34

EQUAL TIME POINT  3.41
RMKS

A/C PERF DEFECTS- NONE
```

Abb. 11.2 Flugverkehrskontroll- und Treibstoff-Flugplan.

Fluglogs für den ganzen Flug werden erstellt (Abb. 11.3), die die Streckenführungen enthalten. Sie müssen mit dem zuvor bei der Flugplanung eingereichten ATC-Flugplan (Abb. 11.4) verglichen werden. Die beantragte Route ist »Upper Green One« bis Strumble, »Upper Blue Ten« bis Cork auf Flugfläche 310, dann »Foxtrott« von Cork auf Flugfläche 350; auf den Koordinaten 53N 15W, 54N 20W, 55N 30W, 54N 40W, 51N 50W bis Springdale an der neufundländischen Küste. Von Springdale die Nordamerika-Route 140 bis Kennebunk nördlich von New York und in Richtung auf Kennedy zu.

Das Kurssystem über den Nordatlantik besteht aus etwa sechs ungefähr parallelen Kursen, die sich von Eintrittspunkten an der britischen und irischen Küste bis zu den Ausgangspunkten an der kanadischen Küste erstrecken, und natürlich auch umgekehrt. (Normalerweise finden Flüge in westlicher Richtung am Tage, in östlicher Richtung hingegen während der Nachtstunden statt). Die Kurse werden zweimal täglich von Computern ermittelt, um starken Gegenwinden auszuweichen, wenn von Europa in die USA geflogen wird. Auf dem Flug in östlicher Richtung macht man sich die Rückenwinde zunutze, und die Flugzeit wird

POSITION IDEN/FREQ MSA	NOTE AWY	TRM	DRF	LAT LONG TRT	PFL TMP WIND	MNO GS DIS	ETA TIM	RETA	ATA TTLT	GDTG AWTG	FOB REQ
LONDON				N51 292						3076	....
LON113.6				W000 279		....	....	....		M036	802
2.4 SID		-268-		01L 262.6	32008	16	6		6		
-WOODLEY				N51 272	100					3060	
WOD 357.0				W000 527	P03	360	....	....	....	M036	
3.1 SID		-285-		01L 278.2	32009	42	8		14		
-ABM LYNEHAM				N51 330	210					3018	
				W001 599	M18	358	....	....	....	M037	
3.1 SID		-281-		02L 274.8	34017	12	3		17		
-HTN				N51 340	245					3006	
116.3	BCN	112R36D		W002 198	M25	356	....	....	....	M037	
4.0 SID		-292-		04L 285.6	34026	36	6		23		
-BRECON				N51 434	285					2970	
BCN116.3				W003 157	M33	351	....	....	....	M038	
4.2 UG1		-292-		05L 284.5	34036	66	6		29		
-TOC					310					2904	....
					M38	344	....	....	....	M038	707
4.2 UG1		-292-		04L 284.5	34037	2	0		29		

Abb. 11.3 Fluglog.

teilweise erheblich verkürzt. In den USA sind die festgelegten Kurse mit Buchstaben bezeichnet, nämlich in westlicher Richtung A, B, C, D, E und F, in östlicher Richtung U, V, W, X, Y und Z. Der erbetene Kurs hängt von dem Abflug- und Zielflughafen ab, und für »Skyship One« stellt »Track F« die kürzeste Flugzeit in Aussicht. Die endgültige Kurszuweisung hängt natürlich vom verfügbaren Luftraum ab.

Auch die Koordinaten für den Transatlantikflug werden einer genauen Prüfung unterzogen. Bei den vielen Flugzeugen, die zur gleichen Zeit auf nahezu parallelen Kursen den Atlantik auch noch in gleicher Richtung überqueren, kann ein simpler Fehler bei der Aufzeichnung einer Koordinate zu einer Katastrophe führen. Leider neigen Fluggesellschaften dazu, ihre Abflüge zu gleichen Zielorten nahezu zur gleichen Zeit zu planen. So verwundert es kaum, daß gerade auf dem Nordatlantik ein Gedränge entsteht, da Großraumflugzeuge gewöhnlich auf Flugflächen in dem engen 11 000-Fuß-Bereich von 28 000 bis 39 000 Fuß operieren.

Alle Flugunterlagen sind nun durchgesehen, und die Crew kann sich zum Bus begeben, der sie zum Flugzeug bringt. Registriernummer **209**

X-TFOF; der Jumbo steht auf der Westseite des Flughafens an der Position Kilo 14 (K 14). (Der erste Registrierbuchstabe steht für das Land, z. B. D = Deutschland, F = Frankreich, G = Großbritannien, N = Nordamerika usw., wobei die verbleibenden vier Buchstaben einer Autonummer ähneln. Mit den letzten beiden Buchstaben wird gewöhnlich das Flugzeug selbst angesprochen, in diesem Falle »Oscar Foxtrot«.) Kilo 14 ist eine Position, an der das Flugzeug mit der Nase nach vorn geparkt ist, und die Passagiere kommen durch die vorderen Türen durch eine überdachte Passagierbrücke an Bord. Es ist nun 40 Minuten vor der Startzeit, und viele »checks« stehen noch bevor.

Vor dem Flug

An Bord beginnen Kapitän und Copilot, die Checklisten für die Vorflugüberprüfung durchzugehen, während der Flugingenieur seinen Rundgang um das Flugzeug beendet. Hier hat er den sogenannten »Außencheck« vorgenommen, das Fahrgestell und die Bereifung überprüft, einen Blick in die Triebwerke geworfen, nach Beschädigungen der Außenhaut und nach Lecks gesehen, alle Steuerflächen einer Inspektion unterzogen. (Die Bereifung wird nicht regelmäßig erneuert, nur dann, wenn dies erforderlich ist. Wenn Reifen stark abgenutzt sind oder Risse mit einer mehr als der zulässigen Tiefe aufweisen, werden sie natürlich ausgetauscht. Werden jedoch nur leichte Abnutzungen festgestellt, kann ein Wechsel zu einem günstigeren Zeitpunkt erfolgen.) Das Bordbuch wird meist zuerst vom Kapitän durchgesehen, das Aufschluß über den Zustand seines Flugzeugs gibt; jeder wichtige Defekt, der eine nachteilige Wirkung haben könnte, wird notiert. Eine Liste tolerierbarer Defekte, wie geringe Ausfälle, deren Behebung zu einem späteren Zeitpunkt erfolgen kann und mit denen ein Start ohne weiteres möglich ist, sind in einer Anlage zum Bordbuch enthalten.

Der Flugzeugwartung wird natürlich große Aufmerksamkeit zuteil, und vor jedem Flug und auch bei Zwischenlandungen werden Routineprüfungen durchgeführt und geringe Fehler, soweit es die Zeit erlaubt, behoben. Manchmal ist der Grund hierfür nur Staub, Feuchtigkeit oder eine gelöste Verbindungsstelle, und so sind Reinigungsmittel und leichtes Handwerkszeug meist ausreichend, um den Fehler zu beheben. Defekte, die sich nicht klären lassen, werden ins Wartungsbuch eingetragen und am Heimatflughafen gemeldet. Wenn sich unbrauchbares Gerät an Bord befindet, ist dies für die Crew zwar häufig unbequem, geht jedoch in keinem Fall zu Lasten der Sicherheit. Schwerwiegende Ausfälle (an Hauptfluginstrumenten, Steuerelementen, Triebwerkprobleme oder Störungen am Fahrwerk und den Klappen) werden vor dem Abflug behoben, was dann manchmal zu Verzögerungen führt. Obgleich dies für Crew und Passagiere ärgerlich ist, hat dennoch die Sicherheit Vorrang.

Am Stützpunkt werden in der Flugzeugwerft Wartung und Instandsetzung nach Vorschriften des Herstellers vorgenommen, der die Häufigkeit und den Umfang der Wartung sowie das Ersetzen von Teilen vorschreibt. Dies in Abhängigkeit von den Flugstunden, der Anzahl der Landungen usw. Es werden natürlich auch in regelmäßigen Abständen Vorsorgeinspektionen vorgenommen. Eine Zustandsüberwachung kann ebenfalls durch eingebaute Überwachungssysteme jeder Zeit vorgenommen werden. Alle Boeing 747 sind z. B. mit integrierten Datensystem (AIDS) ausgerüstet, die den Flugverlauf, die Triebwerkleistung und die Autopilotparameter aufzeichnen und speichern. Dies erfolgt während des gesamten Fluges. Somit kann der Zustand der Triebwerke und Geräte in regelmäßigen Abständen überwacht und Abweichungen rechtzeitig festgestellt werden. Vom Flugingenieur wird ebenfalls ein Triebwerklog geführt, das ständig hinsichtlich der Triebwerkfunktion vervollständigt wird. Diese Überwachung findet auf jedem über drei Stunden liegenden Streckenabschnitt statt.

In der Werft wird ebenfalls ein Programm hinsichtlich Materialermüdung und Korrosionsanalyse durchgeführt. Die heutigen Flugzeuge sind für eine Lebensdauer von wenigstens 25 Jahren gebaut und stark genug, um den täglichen Belastungen des Fliegens gewachsen zu sein. Wetterextreme, starke Temperaturschwankungen (35 °C am Boden bis −60 °C im Reiseflug stellen nichts Ungewöhnliches dar), Tragflächen-Durchbiegungen, Lande- und Startbelastungen und Triebwerkvibration schaffen wenig Probleme. Einzelne Flugzeuge können natürlich in Zwischenfälle verwickelt werden wie harte Landungen, schlechtes Wetter oder schwere Turbulenzen, und ein Auslaufen gefährlicher Fracht, der Toiletten oder Flüssigkeiten aus der Bordküche kann zu Korrosionen führen. Korrosion oder Risse deuten auf Materialermüdung hin, und das Wartungspersonal richtet besonders hierauf sein Augenmerk. In der Werft können Abschnitte des Flugzeugs geröntgt werden, und es können mittels eines Ultraschallgeräts bis in die Tiefe des Materials an besonders sicherheitsempfindlichen Stellen des Flugzeugs Untersuchungen auf Haarrisse gemacht werden. Entdeckte Risse in der Umgebung von Befestigungen etc. können mit einem Gerät genau geortet werden, das Verformungen mittels Wirbelstromwellen mißt. Trotz aller modernen Hilfsmittel spielt dennoch eine Inaugenscheinnahme eine wesentliche Rolle, und niemand kann den altmodischen, weißgekleideten Prüfer ersetzen, der mit Taschenlampe und Lupe in jeden Winkel blickt.

Im Cockpit schaltet nun der Copilot die drei INS-Systeme an, richtet sie aus und stimmt sie aufeinander ab. Dann tastet er die derzeitige Position ein, die er einem Handbuch entnimmt. (LHR – London Heathrow –

51, 28,3 N; 000, 27,5 W). Die Ausrichtung dauert etwa 13 Minuten, bis das System anspricht, und während dieser Zeit kann das Flugzeug nicht bewegt werden. Es ist wichtig, das System möglichst zeitig in Betrieb zu setzen. Das Gerät ist nun auf Navigationsbetrieb eingestellt. Die Instrumentenchecks können erst dann beginnen, wenn sich die INS-Kreisel drehen und die Warnflaggen verschwunden sind.

Nun werden alle wichtigen Flugunterlagen unter der Crew verteilt – eine Kopie des Fluglogs an jeden, der Treibstoffplan an den Flugingenieur, und solche Unterlagen wie der ATC-Flugplan und allgemeine Notizen werden auf der Mittelkonsole ausgebreitet, so daß sie für jeden verfügbar sind. Auf jedem Flug wird eine große Anzahl Bücher, Handbücher und Dokumente mitgeführt (die sogenannte »Bibliothek«). Der Copilot vergleicht sie mit einer Liste, die alle Einzelheiten hinsichtlich des Einsatzgebietes enthält.

Nachdem die Warnflaggen verschwunden sind, können die Instrumentenchecks und Überprüfungen weiterer Geräte beginnen. Das Verfahren ist als »scan check« bekannt, und es wird jeder Gegenstand der Reihe nach aus dem Gedächtnis überprüft. Diese Überprüfung beginnt am oberen rechten Instrumentenbrett über den Piloten, setzt sich rauf und runter fort (jeder Knopf, jeder Schalter, jede Sicherung . . .), quer hinunter zum Autopiloten und den Vortriebsreglern, zurück zum Blendschutz, im Zickzack über das mittlere Armaturenbrett, zum Instrumentenbrett des Copiloten. (Das linke Armaturenbrett wird vom Kapitän selbst überprüft.) Letztlich entlang der verschiedenen Instrumente auf der Mittelkonsole. Die Checks sind zu vielfältig, um sie alle beim Namen zu nennen. Funktioniert das Sauerstoffsystem, sind noch alle Funkgeräteschalter vorhanden, zeichnet der »Cockpit-Voice-Recorder« einwandfrei auf, leuchten alle Warnlampen auf, funktioniert die Außenbeleuchtung? Arbeiten alle Fluginstrumente einwandfrei? Stimmt die Trimmeinstellung für den Start? Die Scheibenheizung wird durch Anschalten auf ihr Funktionieren geprüft. (Cockpit-Fenster sind fünf bis sechs Zentimeter dick und werden zum Entfrosten beheizt, um die Aufnahme von Kälte bei niedrigen Temperaturen zu verhindern, was sie brüchig machen könnte.) Im Herstellerwerk wird die Widerstandsfähigkeit der Fenster gegen Vogelschlag dadurch getestet, daß Hühnchen auf die Verbundglasscheiben aus einer Kanone geschossen werden!

Aber zurück an Bord! Der Flugingenieur hat mit einem ähnlichen »scan check« auf seinem Instrumentenbrett begonnen. (Die Größe macht es in einem Jumbo erforderlich, daß sich sein Sitz mittels in Schienen eingelassener Rollen mühelos vom einen zum anderen Ende bewegen läßt.) Er stellt den Kabinendruck ein, prüft die Treibstoffsysteme, überwacht das Auftanken, beobachtet die Feuerwarnanzeigen, blickt auf die Triebwerkanzeigen, kümmert sich um die Sicherheitseinrichtungen usw. Er beschäftigt sich natürlich auch mit dem Wartungsbuch und klärt Kapitän und Copilot über mögliche Defekte auf, die den Flug beeinflussen könnten.

Zwischenzeitlich hat der Kapitän seinen Instrumentencheck abgeschlossen und beginnt die ersten neun Zwischenstationen in das INS entlang der Strecke einzutasten, während der Copilot mit den Startberechnungen beschäftigt ist. Die vorherrschenden Wetterbedingungen werden über ATIS abgehört und notiert; zur Zeit wird Information »Sierra« ausgestrahlt: Wind aus 250° M mit 15 Knoten, Temperatur 12 °C/Taupunkt 8 °C, Luftdruck 1023 hPa, Startbahn 28 L. Dem Starthandbuch wird das maximal zulässige Startgewicht unter den heutigen Bedingungen entnommen. (Hierfür ist eine graphische Darstellung vorgesehen.) Hieraus ergeben sich Einzelheiten in Übereinstimmung mit den Gegebenheiten für die Startbahn 28 L in Heathrow. Das ermittelte Gewicht wird auf einem Startformblatt notiert. Die graphische Darstellung gibt Bahnlänge und -gefälle wieder und wird mit der Windkomponente und Temperatur eingetragen. Das ermittelte maximale Startgewicht gestattet einen genügenden Abstand über Hindernissen, sollte ein Triebwerk während der ersten Flugphase ausfallen, d. h. beim Steigen, Einfahren des Fahrwerks und der Klappen und des Steigens unterwegs. (Ein maximaler Schub kann mit drei intakten Triebwerken im Falle eines Ausfalls des vierten für bis zu 10 Minuten nach dem Abheben beibehalten werden. Sollte ein Ausfall beim Start auftreten, werden die Klappen in 1000 Fuß über Grund eingefahren.)

Sobald das tatsächliche Abfluggewicht bekannt ist, kann die vorläufige Aufzeichnung vervollständigt und die Startgeschwindigkeit sowie die Schubeinstellung für die Triebwerke berechnet werden. Das Startgewicht wird mit 300 Tonnen angenommen, jedoch ist das genaue Gewicht erst dann bekannt, wenn die Beladung beendet und die Ladekarte dem Kapitän zur Unterschrift vorgelegt ist. Dies geschieht etwa 10 Minuten vor dem Start. Die Trimmung der Höhenflosse ergibt sich ebenfalls aus der Ladekarte. Flugingenieur und Copilot sind mittlerweile damit beschäftigt, den Triebwerk-Vorschriften das maximale Verdichter-Druck-Verhältnis (EPR) zu entnehmen (d. h. 1,44 EPR). Der Wert wird für richtig befunden und ebenfalls aufgezeichnet. Da das Startgewicht unter dem Maximum liegt, kann ein stufenweiser Schub in Betracht gezogen werden. Berechnungen der Startgeschwindigkeiten von V1, V2 und VR (V steht für Geschwindigkeit) schließen sich an. V1 ist die Entscheidungs-Geschwindigkeit, zu starten oder nicht. Sollte ein Notfall vor Erreichen von V1 eintreten, steht noch ausreichend Rollbahn zum Stoppen zur Verfügung, nach V1 muß das Flugzeug jedoch abheben. V1 ist tatsächlich nur bei hohen Startgeschwindigkeiten kritisch, und hier ist ein Startabbruch bei hohen Geschwindigkeiten und hohem Gewicht eine gefährliche Angelegenheit. Überhitzte Bremsen und platzende Reifen stellen eine Möglichkeit dar, und wird nicht schnell gehandelt, ist ein

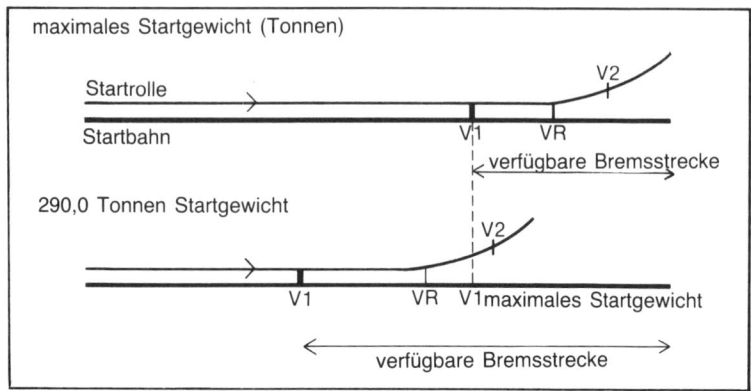

Abb. 11.4 Wirkung des Startgewichts auf die Halteentfernung.

Hinausrollen über die Bahn unvermeidlich. Da die meisten Starts nicht mit Maximalgewicht stattfinden, ist V1 weniger kritisch. Es mag ratsam sein, V1 für alle Starts mit gleicher Geschwindigkeit anzusetzen. Wiegt das Flugzeug jedoch weniger als etwa 290 Tonnen, ist die Abhebgeschwindigkeit (d. h. die Rotationsgeschwindigkeit VR) auf den meisten Startbahnen tatsächlich geringer als V1-Geschwindigkeit bei maximalem Startgewicht. Da eine Geschwindigkeit von V1 höher als die Rotationsgeschwindigkeit Unfug, ist (schließlich kann man keinen Start abbrechen, wenn sich das Flugzeug bereits in der Luft befindet), stellt V1 eine festgelegte Zahl in Knoten (gewöhnlich 10 bis 20 Knoten) unter VR für ein bestimmtes Startgewicht dar. Dies hat jedoch die anormale Wirkung auf die Entscheidungs-Geschwindigkeit V1, die mit zunehmendem Startgewicht zunimmt, wenn man auch eher an eine Abnahme glauben möchte.

Tatsächlich ist V1 die Maximalgeschwindigkeit zum Startabbruch bei einem Notfall. Trotz bereits eingeleiteter Maßnahmen kann das Flugzeug allerdings noch um wenige Knoten über V1 beschleunigen, ehe es sich verlangsamt. So liegt die Geschwindigkeit, bei der nach Startabbruch das Flugzeug langsamer wird, und die Rotationsgeschwindigkeit sehr nahe beieinander, jedoch sind V1 und VR nur bei maximalen Startgewichten und auf begrenzten Rollbahnlängen (Abb. 11.4) kritisch. Um wieviel Knoten verringert werden muß, um V1 zu erhalten, ist im Starthandbuch auf der Kartenseite für »runway 28L« vermerkt. Auf einer nassen Rollbahn muß VR ebenfalls um einige Knoten verringert werden, und dies sind gewöhnlich 20 Knoten, um eine »nasse V1« zu erhalten. Auf nassen Rollbahnen besteht die Gefahr des Aquaplaning, wobei es durch sich aufstauendes Wasser, das sich zwischen Reifen und Rollbahnoberfläche bilden kann, zu einer geringeren Bodenhaftung der Reifen kommt. Stehendes Wasser, Pfützen, Schnee oder Schneematsch

214

auf der Rollbahn können nur bis zu einer gewissen Dicke toleriert werden, über der Starts nicht mehr zugelassen sind. Dort, wo Starts unter derartigen Bedingungen möglich sind, werden an das Startgewicht scharfe Beschränkungen gelegt, um so die Startgeschwindigkeiten zu verringern. Eine Verringerung des Startgewichts kann auch dann erforderlich werden, wenn Defekte, wie ein weniger Schub erzeugendes Triebwerk oder wenn bei mehr als zwei Bremsen die Antiblockiersysteme nicht arbeiten, auftreten.

Die geringste annehmbare V1-Geschwindigkeit ist die kleinste Steuergeschwindigkeit am Boden (VMCG), die sich normalerweise auf rund 122 Knoten in Meereshöhe beläuft. Unter VMCG fließt nicht genug Luft über die Seitenruder, um das Flugzeug bei Ausfall eines Außenbordtriebwerks bei gegebener Startleistung gerade auf der Bahn zu halten, wenn der Start fortgesetzt werden muß.

Die Startgeschwindigkeiten von VR und V2 entsprechend dem tatsächlichen Startgewicht werden einer Tabelle entnommen. VR, die Rotationsgeschwindigkeit, ist die Startgeschwindigkeit für ein bestimmtes Gewicht, bei der der Pilot die Nase des Flugzeugs hochzieht (rotiert), und V2 ist die sichere Steiggeschwindigkeit im Falle eines Triebwerkausfalls nach V1. Die normale Steiggeschwindigkeit beträgt V2 + 10 Knoten. Die minimalen Geschwindigkeiten zum Einfahren der Klappen von 10° auf 5° V2 + 40; von 5° auf 1° V2 + 60; und von 1° bis volleingefahren V2 + 80.

Zu diesem Zeitpunkt prüft der Kapitän das Instrumentenabflug-Verfahren, stimmt die Funkfeuerfrequenzen ab und setzt die VOR-Radialen in das Kursfenster für die erforderliche Streckenführung. Eine Startfreigabe wird nicht vor dem Einholen der Erlaubnis zum Anlassen der Triebwerke gegeben, jedoch ist von der ATIS-Ansage die in Betrieb befindliche Startbahn bekannt, und die Crew ist gewöhnlich mit dem Standardinstrumenten-Abflug (SID) vertraut, der für ihre Strecke von einer bestimmten Startbahn aus durchzuführen ist. Wird in letzter Minute eine Startbahnänderung bekanntgegeben – z. B. Wechsel paralleler Bahnen zwecks Lärmverteilung, Umschlagen des Windes etc. – oder ein unerwarteter Instrumentenabflug bekanntgegeben, müssen alle Startberechnungen, Auswahl der Sender etc. erneut überprüft und gegebenenfalls geändert werden, was ein schnelles Umdenken und Handeln erfordert.

Heute kann die Crew einen »Brecon-one-golf«-Abflug von der 28L erwarten, der auf der SID-Streckenkarte (Abb. 11.5) verzeichnet ist. Die Crew hat diese Streckenkarte gewöhnlich im Gedächtnis, aber es werden ebenfalls Karten entfaltet und an die Steuersäule gepinnt. Die Abflugstrecke besteht in einem Steigen auf Startbahnkurs, um die 261° R von London-VOR zu schneiden und bei 7 DME Entfernung von London der 261° R zu folgen, dann Rechtskurve auf Kurs 274° M zum Woodley-NDB kurven, dann über ALY und HTN zum Brecon-VOR. Das Flugzeug

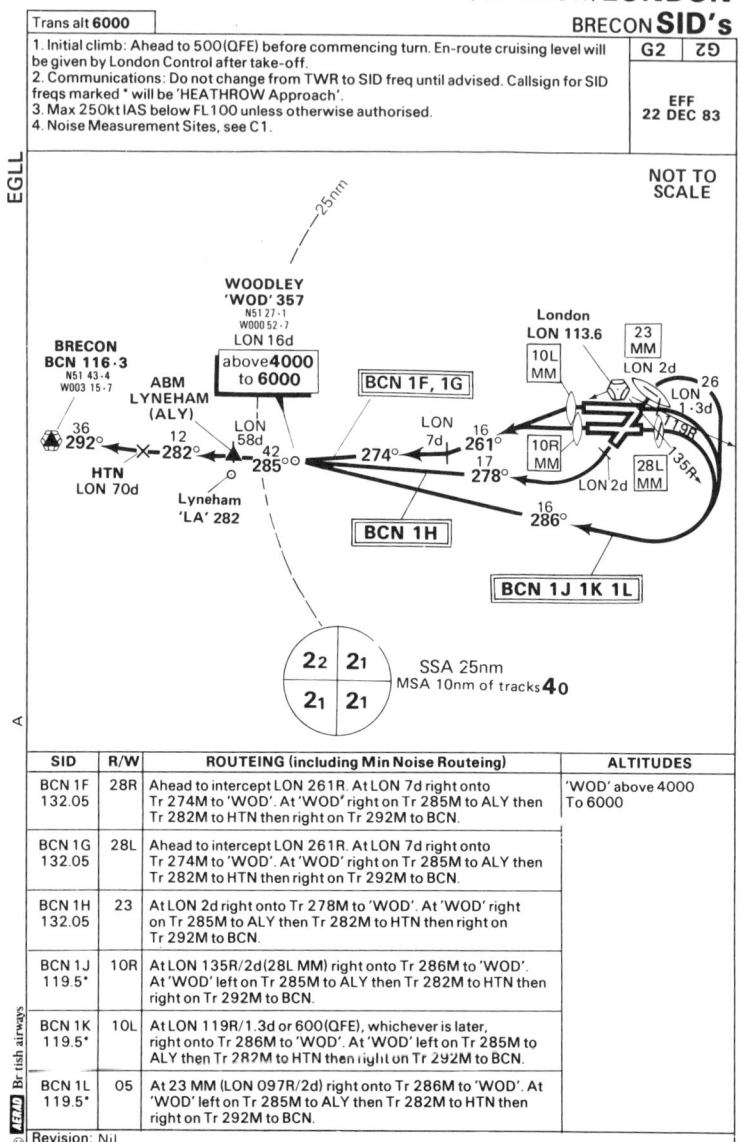

Trans alt **6000**				
1. Initial climb: Ahead to 500 (QFE) before commencing turn. En-route cruising level will be given by London Control after take-off.			G2	Z9
2. Communications: Do not change from TWR to SID freq until advised. Callsign for SID freqs marked * will be 'HEATHROW Approach'. 3. Max 250kt IAS below FL100 unless otherwise authorised. 4. Noise Measurement Sites, see C1.			EFF 22 DEC 83	

EGLL

NOT TO SCALE

WOODLEY
'WOD' 357
N51 27·1
W000 52·7
LON 16d

above**4000**
to **6000**

London
LON 113.6

BRECON
BCN 116·3
N51 43·4
W003 15·7

ABM
LYNEHAM
(ALY)

BCN 1F, 1G

23 MM
LON 2d
26 LON 1·3d
10L MM
10R MM
28L MM
LON 2d

36 292°
12 282°
LON 58d
42 285°
274°
LON 7d 16 261°
17 278°
HTN LON 70d

Lyneham 'LA' 282

BCN 1H

16 286°

BCN 1J 1K 1L

2₂	2₁	SSA 25nm
2₁	2₁	MSA 10nm of tracks **4**0

SID	R/W	ROUTEING (including Min Noise Routeing)	ALTITUDES
BCN 1F 132.05	28R	Ahead to intercept LON 261R. At LON 7d right onto Tr 274M to 'WOD'. At 'WOD' right on Tr 285M to ALY then Tr 282M to HTN then right on Tr 292M to BCN.	'WOD' above 4000 To 6000
BCN 1G 132.05	28L	Ahead to intercept LON 261R. At LON 7d right onto Tr 274M to 'WOD'. At 'WOD' right on Tr 285M to ALY then Tr 282M to HTN then right on Tr 292M to BCN.	
BCN 1H 132.05	23	At LON 2d right onto Tr 278M to 'WOD'. At 'WOD' right on Tr 285M to ALY then Tr 282M to HTN then right on Tr 292M to BCN.	
BCN 1J 119.5*	10R	At LON 135R/2d(28L MM) right onto Tr 286M to 'WOD'. At 'WOD' left on Tr 285M to ALY then Tr 282M to HTN then right on Tr 292M to BCN.	
BCN 1K 119.5*	10L	At LON 119R/1.3d or 600(QFE), whichever is later, right onto Tr 286M to 'WOD'. At 'WOD' left on Tr 285M to ALY then Tr 282M to HTN then right on Tr 292M to BCN.	
BCN 1L 119.5*	05	At 23 MM (LON 097R/2d) right onto Tr 286M to 'WOD'. At 'WOD' left on Tr 285M to ALY then Tr 282M to HTN then right on Tr 292M to BCN.	

© Revision: Nil

British airways

Abb. 11.5 SID-Routenkarte.

muß Woodley über 4000 Fuß überfliegen und in den Geradeausflug in 6000 Fuß übergehen, sodann weitere Steiganweisungen abwarten. Die Abflugfrequenz ist 132,05 MHz. Ankommende Flugzeuge sind im Sinkflug an den Wartepunkten auf eine minimale Flugfläche 70 beschränkt, um eine Staffelung zu gewährleisten. Diese SID's fädeln das Flugzeug nicht nur in die Luftstraßen ein, sondern halten das Flugzeug ebenfalls von lärmempfindlichen Gebieten fern. Der Kapitän wählt die London-VOR-Frequenz 113,6 MHz auf jedem Empfänger, überprüft die Morsecode-Identifizierung, L-O-N, und stellt in jedem Kursanzeigefenster 261 ein. Woodley-NDB-Frequenz 357 kHz wird auf beiden ADF-Geräten eingestellt (Kennung W-O-D). Die erste Höhenbeschränkung in 6000 Fuß wird im Höhenfenster eingedreht und der Kursanzeiger auf dem Kompaß auf die genaue Startbahnausrichtung 276° M gestellt. Start- und Landebahnen werden durch Aufrunden der genauen magnetischen Richtung auf die nächsten 10° und sodann durch Weglassen der letzten Null bezeichnet. Somit wird 276 gleich 280 und somit 28. Parallelbahnen werden durch die Ergänzung links oder rechts gekennzeichnet, wie 28L (links).

Copilot und Flugingenieur setzen ihre Vorbereitungen für den Flug fort, während sich der Kapitän nun eventuell auftretenden Problemen widmen kann. Eine Flugvorbereitung ist eine logistische Übung erheblichen Ausmaßes, was viel Gerät und viele Menschen erfordert. Treibstoff wird an Bord gepumpt, Motoröl und Hydraulikflüssigkeit ersetzt, tragbare Wassertanks werden gefüllt, Toiletten gewartet, Fracht und Gepäck verladen, die Bordküchen aufgefüllt, die Kabine wird gereinigt, geringfügige Mängel werden behoben, und im Winter wird Eis und Schnee von der Flugzeugoberfläche entfernt. So ist es nicht verwunderlich, daß von Zeit zu Zeit einige Schwierigkeiten auftreten, und der Kapitän wird über den Fortgang der Dinge laufend informiert. Wenn es die Zeit gestattet, ordnet jedes Crewmitglied die für den Flug erforderlichen Karten, überprüft die Funkfeuer, Instrumentenwahl und die INS-Wegepunkte (waypoints). Sitze, Kopfhörer und die Seitenruderpedale erfordern ebenfalls eine Einstellung, und all dies kostet Zeit. (Wenn die Pilotensitze für den Start nach vorne gerichtet sind, ergibt sich ein gutes Blickfeld, und man hat wenig Gefühl für die ungeheure Masse, die hinter einem liegt.) Nach Beendigung des Auftankens überprüft der Flugingenieur die Zahlenwerte mit dem Tankwart und übergibt dem Kapitän das Treibstoffbuch zur Abschlußprüfung und Gegenzeichnung.

Nach Erfüllung der einzelnen Aufgaben kommen die drei Crewmitglieder zum erstenmal als Team zusammen und beginnen mit dem Triebwerkanlaß-Check. Es ist nun etwa 10 Minuten vor dem Abflug, und der Copilot liest die Checkliste (Abb. 11.6), auf die jeder bei Nennung entsprechender Posten antwortet. Ein Abschlußcheck ist für alle vorgesehen und beinhaltet die derzeitige Einstellung des INS und der ersten drei Wegepunkte. Das Einschalten der Funkgeräte wird bestätigt und die genaue Höhenmessereinstellung vorgenommen. Das Lesen der Checkliste wird bei der Spalte »Startgeschwindigkeiten« unterbrochen, und man wartet auf die Ladekarte mit dem abschließenden Startgewicht. Zu diesem Zeitpunkt und mit noch einigen Minuten zur Verfügung beginnt der Kapitän seine Flugvorbesprechung, kurze Unterrichtung der ande-

ENGINE START CHECKLIST

Pre-Flight Check	Completed	ALL
Circuit Breakers	Set	E
Flight Deck Door	As Required	C
INS	Nav Mode	ALL
Oxygen Mask and Press	Checked	ALL
Window Heat	On	P
Emergency Lights	Guard closed, Light Out	C
Flt. Cont. Switches	Guards closed, Lights Out	C
Radios	Set	ALL
Pressure Altimeters	QNH set and cross-checked	ALL
Fuel on Board	....Kg	C/E
Probe Heat	Pitots only	P
Take-off Data	Checked indexed & bugged	ALL
Thrust & Start Levers	Closed and cut-off	C
Start Clearance (ATC)	Obtained	P
Seats & Safety Harness	Locked & Secure	ALL
Doors	Status....	E
Beacon	On	P
Galley Power	Off	E
Boost Pumps	On	E
Pack Valves	All Off	E
Clear to Start	Obtained	P/G
Brake Pressure	Pump ON and Checked	E
No.1 ADP or No.4 ADP	Auto (Pushback only)	E
Parking Brake & Press	Set and Checked	ALL
Start Pressure	Checked	E
Start Engines	4,1,2 and 3	E

Start Levers	Idle	C
Stabiliser Trim	Checked & Set	C/P
Nacelle Anti-Ice	As Required	C/P
APU Bleed Air Switch	Closed	E
Electrical Power	Lights Out, ess normal	E
Standby Power	Normal	E
Galley Power	On	E
Air Cond	Set	E
Bleed Valves	Open	C/E
Hydraulics	Auto amd Normal	E
Aft Cargo Heat	Normal	E
Doors	Lithts Out	E
Anti-Skid Grouni Mode	Tested	E
Chocks & Grd. Eguip	Removed	C
Dep. Time & U/C pins	GMT, U/C Pins Removed	C
AIDS	Insert	E
APU	Stopped	E
Brake Pressure	Checked	ALL
Engine Start Check	Completed	P

C - Captain   P - Co-Pilot   E - Fligth Engineer   G - Ground Engineer

Abb. 11.6 Triebwerkstart-Checkliste.

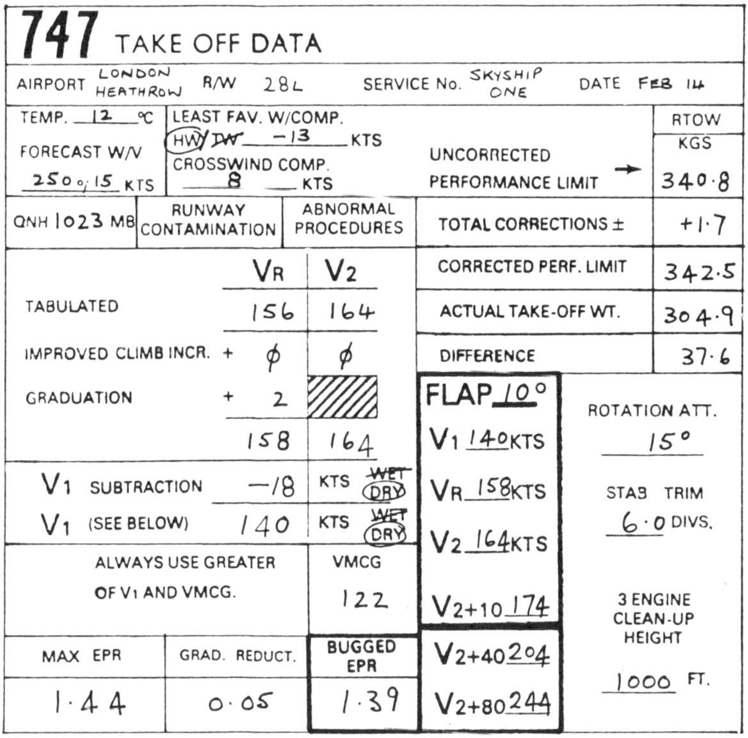

747 TAKE OFF DATA

| AIRPORT LONDON HEATHROW | R/W 28L | SERVICE No. SKYSHIP ONE | DATE FEB 14 |

TEMP. 12 °C	LEAST FAV. W/COMP.		RTOW
FORECAST W/V	HW/TW —13 KTS	UNCORRECTED	KGS
250°/15 KTS	CROSSWIND COMP. 8 KTS	PERFORMANCE LIMIT →	340·8
QNH 1023 MB	RUNWAY CONTAMINATION	ABNORMAL PROCEDURES	TOTAL CORRECTIONS ±	+1·7

		V_R	V_2	CORRECTED PERF. LIMIT	342·5
TABULATED		156	164	ACTUAL TAKE-OFF WT.	304·9
IMPROVED CLIMB INCR. +		ϕ	ϕ	DIFFERENCE	37·6
GRADUATION +		2	///////		

FLAP 10°
V_1 140 KTS
V_R 158 KTS
V_2 164 KTS
V_2+10 174
V_2+40 204
V_2+80 244

ROTATION ATT. 15°

STAB TRIM 6·0 DIVS.

3 ENGINE CLEAN-UP HEIGHT 1000 FT.

	158	164
V_1 SUBTRACTION	—18	KTS WET DRY
V_1 (SEE BELOW)	140	KTS WET DRY
ALWAYS USE GREATER OF V1 AND VMCG.	VMCG 122	

MAX EPR	GRAD. REDUCT.	BUGGED EPR
1·44	0·05	1·39

Abb. 11.7 Startdaten.

ren Crewmitglieder über seine Absichten – Briefing genannt:

»Normaler Start mit stufenweiser Leistung. Abflug ist von der zwei acht links, geradeaus Startbahnkurs, um die zwei sechs eins Radiale zum DME sieben zu erwischen, dann rechts, um zwei sieben vier Grad nach Woodley zu folgen. Oberhalb viertausend bei Woodley ist die erste Höhe sechstausend. Übergangshöhe ist sechstausend. Der Wind kommt von links, so werde ich am Querruder einen Schlag nach links trimmen. Wir benötigen eventuell nach dem Start eine Triebwerkenteisung, ich überlasse es dem Ingenieur, sie einzuschalten, wenn es erforderlich wird. Wenn vor V1 ein Notfall eintritt, werde ich »Startabbruch« rufen, die Gashebel zurücknehmen und die Bremsen betätigen, manuell die Bremsklappen ausfahren und Leerlauf für Schubumkehr wählen. Sollte es sich um einen Triebwerkausfall handeln, sagen Sie mir die zur Verfügung stehenden symmetrischen Triebwerke an (asymmetrische Schubumkehr nicht gestattet), und wenn die Geschwindigkeit über einhundert Knoten ist, werde ich Schubumkehr verwenden. Tritt der Zwischenfall nach V1 auf, wird so lange nichts unternommen, bis das Fahrwerk eingefahren ist. Dann werde ich den Notfall nochmals wiederholen und um die entsprechenden Drills bitten. Ich fliege das Flugzeug und kümmere mich um den Funkverkehr, während Sie beide die Notfallverfahren drillmäßig ausführen.«

Bis zum Start sind es noch 6 Minuten, und der Lademeister präsentiert dem Kapitän die Ladekarte, als er sein Briefing beendet hat. Der Copilot notiert das tatsächliche Startgewicht (304,9 Tonnen), setzt die Höhenflossen-Trimmung (6,0) und vervollständigt das Startblatt (Abb. 11.7), während der Kapitän die Beladung prüft. Die Geschwindigkeiten sind wie folgt angezeigt: V1 − 140 Knoten, VR − 158 Knoten, V2 − 164 Knoten, V2 + 10 − 174 Knoten, V2 + 40 − 204 Knoten, V2 + 80 − 244 Knoten. Die Differenz zwischen tatsächlichen und maximal zulässigem Gewicht gestattet eine Leistungsverringerung um 0,05 EPR, was eine EPR-Einstellung für den Start von 1,39 EPR (maximal 1,44) für jedes Triebwerk ergibt. Nachdem die Ladekarte überprüft und unterzeichnet ist, verschwindet der Lademeister, und man hört das Einrasten der zuletzt noch offenen Tür. Kapitän und Copilot stellen die Knöpfe an ihren Fahrtmessern (ASI) in Übereinstimmung mit den auf dem Startblatt angegebenen Geschwindigkeiten, und die EPR-Zeiger werden auf das benötigte EPR gedreht. Mit festgelegten Startdaten werden die Schub- und Starthebel als geschlossen und abgeschaltet festgestellt, und die »Freigabe« zum Anlassen der Triebwerke wird eingeholt. Der Copilot wählt 121,7 MHz auf dem Funksprechgerät Nr. 1. (Copilot ist im folgenden »CP« und die Bodenfunkstelle mit »BF« abgekürzt.)

CP − Rollkontrolle (ground), guten Tag, Skyship One, Position Kilo vierzehn, Information »Sierra« erhalten, erbitten Freigabe zum Anlassen der Triebwerke.

− Keine Antwort −

CP − Guten Tag, Skyship One, wie verstehen Sie mich? (Es gibt bei Verständigungsproben die Stufen von 1 bis 5, 1 ist gänzlich unverständlich, 5 ist ausgezeichnet.)

BF − Guten Tag, Skyship One, verstehe Sie Stärke 5, bitte um Entschuldigung. Freigabe zum Start nach Kennedy, Brecon-one-golf-Abflug, squawk fünf drei vier zwei. Rufen Sie 121,9 zum Zurückstoßen.

Der Copilot bestätigt die Startfreigabe und liest sie wörtlich zurück, was üblich ist. Sitz- und Schultergurte werden überprüft auf Sitz und Verriegelung, die Türen sind verschlossen, das Zusammenstoßwarnlicht eingeschaltet. Der Copilot fragt den Bodeningenieur auf einer Direktleitung (Intercom), ob alles klar zum Anlassen der Triebwerke ist. Die Parkbremse wird geprüft und gesetzt. Der Druck auf dem Anlassergerät wird für ausreichend befunden. Die Triebwerke werden in der Reihenfolge 4, 1, 2, 3 gestartet, wobei das Triebwerk 4 das hydraulische System 4 mit

Energie versorgt, das die Hauptbremsen speist. Der Start der Triebwerke erfolgt in einer genauen Reihenfolge, und der Flugingenieur steht in enger Verbindung mit dem Bodeningenieur auf Intercom. Der Flugingenieur bestätigt »starte Nr. 4« und stellt den Zündschalter auf »Bodenstart«, um das Triebwerk in Umdrehung zu versetzen. Der Bodeningenieur bestätigt auf Intercom, daß N1 (der Bläser) sich zu drehen beginnt, während der Flugingenieur die N2-Umdrehung und das Ansteigen des Öldrucks auf den Instrumenten überwacht. Bei 22% ruft der Flugingenieur »Twenty-two percent!«, und der Kapitän stellt den Nr.-4-Starthebel auf Leerlauf, während der Copilot die Stoppuhr drückt. 20 Sekunden ist die höchstzulässige Zeit für das Anlassen. Treibstoff wird nun in das Triebwerk gepumpt, und die Zündkerzen beginnen zu arbeiten. Der Treibstoffdurchfluß wird überprüft und als normal befunden. 5 bis 10 Sekunden später steigt die Abgastemperatur (EGT) ständig an, was den Start bestätigt. Gelegentlich liegt hier eine Störung vor, und die Abgastemperatur steigt schnell auf ihren höchsten Wert von 650 °C an. Es wird »hot start!« gerufen, und die Starthebel müssen schnell ausgeschaltet werden, um den Treibstoffdurchfluß zu unterbrechen. Man läßt das Triebwerk 30 Sekunden abkühlen und beginnt es erneut anzulassen.

Diesmal aber geht alles gut. Der Flugingenieur ruft »Thirty percent N two!« (30% N2), und ein Blick auf alle Triebwerkanzeigen für Nr. 4 zeigt, daß das Triebwerk normal läuft. Bei 50% N2 läuft das Triebwerk von allein, und der Flugingenieur löst den Zündschalter. Die EGT steigt weiter an und geht dann auf den Leerlaufwert zurück. Die Triebwerkinstrumente werden auf einen normalen Betrieb hin überprüft, alle Warnlampen sind erloschen. Triebwerk Nr. 4 läuft, und der Kapitän bittet den Copiloten, den Schlepper zum Zurückschieben zu rufen.

An allen Positionen mit überdachten Passagierbrücken müssen die Flugzeuge mit der Nase zum Gebäude geparkt werden und somit zurückgeschoben werden, bevor sie selbständig rollen können. Diese Schlepper sind mit schweren Gewichten beladene Spezialfahrzeuge, die das Flugzeug über zwei am Bugrad befestigte Schubstangen zurückschieben. Ist vor dem Flugzeug zuwenig Raum vorhanden, sind diese Fahrzeuge so flach, daß sie unter den Flugzeugrumpf fahren können und das Flugzeug von unten zurückschieben. Diese Fahrzeuge werden ebenfalls zum Schleppen auf dem Flughafengelände benutzt.

Der Copilot schaltet nun auf 121,9 MHz auf dem Funksprechgerät Nr. 1.

CP – Rollkontrolle, guten Tag, Skyship One, Kilo vierzehn, erbitten Zurückschieben.

BF – Skyship One, freigegeben zum Zurückschieben nach Süden.

Der Kapitän verständigt sich auf Intercom mit dem Bodeningenieur, daß alle Bodengeräte entfernt und das Flugzeug klar ist, daß die Bremsklötze abgenommen sind und die Passagierbrücke zurückgefahren ist.

Bodeningenieur – Lösen Sie die Bremsen.

Kapitän – Bremsen gelöst.

Man hört das Motorengebrumm des Zurückschiebeschleppers unter dem Bug, wenn sich das Flugzeug langsam rückwärts bewegt. Es ist jetzt 14.03 GMT. (Abflüge innerhalb von 3 Minuten nach Flugplan werden als pünktlich betrachtet.) Der Bodeningenieur bleibt auf Intercom und geht neben dem Bugrad her, während Triebwerk Nr. 1 nun angelassen wird. Wenn sich das Flugzeug in seiner Rollposition befindet, bittet der Bodeningenieur, die Bremsen auf »Parken« zu stellen, und die Triebwerke 2 und 3 werden angelassen.

Das Anlassen nimmt ein paar Minuten in Anspruch, und sobald alle Triebwerke laufen, wird der Anlaßcheck fortgesetzt. Die Starthebel befinden sich im Leerlauf, Höhenflossen-Trimmung wird geprüft und gesetzt, elektrische Anschlüsse für Reserve- und Bordküchenenergie als in Ordnung festgestellt, ebenso die Klimaanlage, Überdruck- und Ausgleichsventile sind geöffnet, Hydraulik ist normal, Türlichter aus, APU wird abgeschaltet, Bremsdruck normal. Der Kapitän hat ein letztes Wort mit dem Bodeningenieur auf Intercom und bestätigt die Abflugzeit mit 14.02 und bittet ihn, ihm auf der linken Seite das »all clear« (alles frei) zu geben. Der Triebwerkanlaß-Check ist abgeschlossen. Das Schleppfahrzeug ist abgekoppelt und weggefahren, während der Bodeningenieur die Kopfhörer abkoppelt und in sicherer Entfernung an einer Seite des Flugzeugs steht, den Arm senkrecht angehoben, alles klar!

Kapitän – Erbitten Sie Rollfreigabe.

CP – Skyship One erbittet Rollfreigabe.

BF – Skyship One, freigegeben zum Rollen. Lassen Sie Pan Am 747 auf ihrer rechten Seite vorbeirollen, folgen Sie dem äußeren Rollweg zur 28L.

Um die Mittelfläche des Flughafens sind innere und äußere Rollwege vorgesehen. Nachdem die Pan Am 747 passiert hat, zeigt ein schneller Check nach beiden Seiten, daß alles frei ist. Der Kapitän löst die Bremsen und schiebt die Schubhebel mit der rechten Hand nach vorn, die Linke am Bugrad-Steuerrad. Der Schub wird kleinstmöglich gehalten, um Beschädigungen von Gegenständen oder Verletzungen von Personal zu vermeiden, die maximal erlaubte EPR beträgt 1,05. Das Aufheulen der Triebwerke steigt an, und das Flugzeug bewegt sich mit eigener Kraft. In der Luft zwar elegant zu fliegen, ist die Boeing 747 am Boden schwerfällig; und das Rollen des Flugzeugs ist vergleichbar mit dem Fahren eines Londoner Busses vom Oberdeck aus durch eine enge Gasse. Die maximale Rollgeschwindigkeit beträgt in Kurven 10 Knoten und 5 Knoten unter rutschigen Bedingungen. Es ist jetzt 14.09 Uhr, und Skyship One befindet sich auf seinem Weg.

Der Kapitän bittet nun um die Checks vor dem Start (before take-off check), während das Flugzeug den äußeren Rollweg entlangrumpelt. (Alle Checklisten werden allein vom Flugingenieur gelesen.) Der Check verläuft der Reihe nach wie folgt: Startklappen 10°, Bremsklappen unten, Steuerflächen betriebsbereit und beweglich, Fluginstrumente überprüft, Trimmung überprüft und auf »Start« (Höhenflossentrimmung 6,0, Seiten- und Querrudertrimmung 0), Anzeigebrett geprüft, alle Warnlichter aus, Druck geprüft und eingestellt. Der Kapitän fügt seinem ersten Briefing, soweit erforderlich, noch etwas hinzu, und wenn es die Zeit erlaubt, heißt er die Passagiere an Bord willkommen. In der Kabine sind die Abflugvorbereitungen und Notfallbriefings abgeschlossen, und der Chefsteward erstattet dem Kapitän Bericht, daß die Kabine zum Start bereit ist, alle Türen sind auf Automatik gestellt (hierdurch entfalten sich die Rutschen automatisch, wenn die Türen im Notfall geöffnet werden).

BF – Skyship One, rollen Sie Bahn 05 hinunter, folgen Sie Pan Am zur 28L. Rufen Sie Tower auf 118,5.

CP – Roger, Skyship One, 05 hinunter, folgen Pan Am und rufen Tower. Guten Tag. (Der Copilot schaltet auf 118,5 MHz.)

CP – Tower, guten Tag, Skyship One ist auf Frequenz.

Tw – Skyship One, roger. Ich rufe zurück. Sie sind Nr. 3.

Skyship One nähert sich dem Rollhaltepunkt hinter der Pan Am (Rufzeichen Clipper One), als ein Saudi-Tristar auf die Startbahn kurvt und startet. Clipper One ist in die Halteposition freigegeben. Pan Am fliegt ebenfalls nach New York und könnte Skyship One die Chancen für den erbetenen Kurs verderben.

Tw – Skiship One, rücken Sie nach abfliegender Pan Am auf und halten Sie 28 L.

CP – Skyship One, nach Pan Am aufrücken und halten.

Zwei Minuten später erhält Clipper One Startfreigabe, und während Pan Am 747 die Startbahn herunterrumpelt, bewegt sich Skyship One an die Startbahnschwelle. Der Kapitän erbittet den Abschluß des »before take-off check«, und der Flugingenieur macht die letzte Borddurchsage und kündigt den Start an. Die Hilfspumpen sind eingeschaltet, das Treibstoffsystem ist in Ordnung, Hydraulik und Bremsen überprüft, die

Klimaanlagenventile sind geschlossen, Zündschalter befinden sich auf »flight start« für den Fall eines Triebwerkerlöschens beim Start. Da sich das Flugzeug nun gerade auf der Bahn befindet, wird die Bugradsteuerung abgeschaltet. Ein letzter Check aus dem Gedächtnis (unter Verwendung der Gedächtnisstütze G-I-F-T-S – G = guards closed on instrument switches, I = Instruments checked and set, F = flags retracted on all instruments and take-off flap set, T = trim set for take-off, S = steering checked off), wird durchgeführt und von jedem bestätigt. Alles ist in Ordnung. G = Schalterdeckel an allen Instrumentenschaltern geschlossen; I = Instrumente geprüft und eingestellt; F = Flaggen auf allen Instrumenten eingezogen und Startklappen gesetzt; T = Trimmung auf Start, S = Bugradsteuerung aus. Das Flugzeug ist nun startklar, und Skyship One wartet auf die Startfreigabe.

Starten und Steigen

Trotz der immensen Größe der Jets bedient man sich noch immer des Vorteils vorherrschender Winde, und wo möglich, landet und startet das Flugzeug in den Wind. Bei hohen Startgewichten können sogar geringfügige Änderungen in der Windrichtung oder -geschwindigkeit kritisch sein. In heißen Gebieten können ebenfalls Temperaturschwankungen ein Problem darstellen, und sogar ein Anstieg um 1 °C kann eine Verringerung von 2 Tonnen des maximalen Startgewichts erforderlich machen. Bei den heutigen Bedingungen bläst der Wind aus 250° M mit 15 Knoten von 30° links auf der Startbahn und ergibt eine Gegenwindkomponente von 13 Knoten und einen Seitenwind von 8 Knoten. Die Rotationsgeschwindigkeit beträgt 158 Knoten, und so wird das Flugzeug mit einer Bodengeschwindigkeit von 145 Knoten (158 minus 13) abheben, was einen gewaltigen Unterschied bei hohen Startgewichten ausmachen kann, insbesondere wenn der Flughafen in heißem und hohem Gelände liegt. Beim Rotieren wird der ASI natürlich 158 Knoten anzeigen.

Die Boing 747 kann mit Rückenwind starten und landen (in Abhängigkeit von der Länge der Piste und dem Flugzeuggewicht. Die maximal annehmbare Rückenwindstärke beträgt nur 10 Knoten. Seitenwindkomponenten beeinflussen das Flugzeug auch, und der maximal annehmbare Seitenwind beläuft sich auf 30, in Böen 40 Knoten und bei der Landung auf 25, in Böen 35 Knoten. Natürlich sind dies Maximalbegrenzungen, und es bedarf unter diesen Bedingungen zahlreicher Handgriffe. Alle Autofahrer kennen Seitenwindeinflüsse auf freier Strecke, wie auf erhöhten Landstraßen und Hängebrücken, und ein offener Wagen kann gelegentlich in starken Winden umkippen. Diese Wirkungen verstärken sich bei der Größe der Boeing 747, bei der die Rumpfseite wie ein Riesensegel wirkt, und sogar ein Seitenwind von 8 Knoten wird wahrgenommen. In allen Seitenwindlagen neigt das Flugzeug dazu, sich um sein Fahrgestell zu drehen wie eine Wetterfahne in den Wind. Beim heutigen Flug muß daher etwas Rechtsruder gegeben werden, um das Flugzeug gerade auf seinem Kurs zu halten. Bei starken Seitenwinden wird volles Seitenruder auf der dem Wind entgegengesetzten Seite beim Start und Abheben gegeben und allmählich gelöst, um das Flugzeug gerade zu halten, wenn es mit voller Geschwindigkeit die Startbahn entlangrast. Orangenfarbene Windsäcke sind nahe den Enden der Pisten aufgestellt und sind noch immer eine gute Hilfe. Sie geben eine klare Anzeige bezüglich der Seitenwindrichtung. Ein nahezu waagerecht aufgeblasener Windsack zeigt eine Windgeschwindigkeit von 25−30 Knoten an. Ein weiteres Problem bei Seitenwinden ist, daß die in den Wind hängende Tragfläche mehr Auftrieb als diejenige auf der Leeseite erhält, und ein bißchen Querruder ist zum Ausgleich der Tragflächen erforderlich. Heute hat der Kapitän während seines Briefings nur erwähnt, daß er einen kleinen Schlag links Querruder für erforderlich hält, was der Copilot bei Start und Abheben ausführt.

Pan Am ist nun einige Minuten voraus im Steigflug, und Skyship One erhält die Startfreigabe.

Tw − Skyship One, freigegeben zum Start. Wind 250 mit 15.

CP − Skyship One, freigegeben zum Start.

Die rechte Hand des Kapitäns liegt auf den Schubhebeln, die linke Hand am Steuerrad, und Seitenruder wird mit dem rechten Fuß gegeben. Das Flugzeug wird durch Drücken der Zehenbremsen stationär gehalten. Der Copilot hält mit der Steuersäule das linke Querruder nach unten, und der Flugingenieur nimmt etwas hinter den Piloten Platz, bereit, den Schub zu überwachen. Der Kapitän ruft »standby for take-off!« (bereit zum Start). Beim Lösen der Bremse richtet der Kapitän die Schubhebel nach oben in die senkrechte Lage, und die verflossene Zeit wird auf den Uhren gestoppt. Bei Bewegen der Schubhebel in die Startkonfiguration ertönt ein Warnsignal, wenn ein wichtiges Teil, wie Klappen oder Bremsklappen, nicht richtig eingestellt ist. Die Triebwerkanzeigen steigen an, und wenn die Triebwerke stabilisiert sind, schiebt der Kapitän die Schubhebel nach vorne bis zur erforderlichen Schubeinstellung.

Kapitän − Triebwerkleistung einstellen.

Der Flugingenieur lehnt sich nach vorne und stellt jeden Schubhebel auf die genaue EPR-Einstellung. Die Beschleunigungsgeschwindigkeit ist groß, und das Flugzeug gewinnt an Geschwindigkeit mit 3−5 Knoten pro Sekunde. Nun wird auch der Fahrtmesser aktiv, und die Nadeln bewegen sich sowohl auf den Instrumenten des Kapitäns als auch des Copiloten, und der Copilot ruft: »Geschwindigkeit baut sich auf!« Bei 80 Knoten spricht auch das Seitenruder an, und beim Ausruf »Eighty knots!« wechselt die linke Hand des Kapitäns auf die Steuersäule, und er steuert nun mit den Seitenrudern.

Kapitän – Ich habe die Steuersäule.

CP – Sie haben die Flugzeugführung.

Die Steuerung fühlt sich mit rechtem Seitenruder und linkem Querruder für den Kapitän unbequem überkreuzt an. Einige Vögel flattern am Startbahnrand, ein Star fliegt unter der Flugzeugnase, steigt, um sich schnell in Sicherheit zu bringen. (Vögel auf Flugplätzen waren immer ein Problem, und alle Bemühungen zum Vertreiben, Lärmvorrichtungen und selbst warnende Vogelstimmen, wurden aufgewandt. Mikrowellen sind dafür bekannt, daß sie Vögel verscheuchen, indem sie ihre Federn angreifen, und derartige Vorrichtungen befinden sich nun im Test.) Während das Flugzeug die Startbahn hinunterrast, wird es durch vorsichtige Bewegung der Ruderpedale auf der Mittellinie gehalten. Die rechte Hand des Kapitäns liegt auf den Schubhebeln, bereit, sie im Falle eines Startabbruchs zu schließen, während seine linke Hand auf der Steuersäule liegt und die dem Wind zugewandte Tragfläche herunterdrückt. Copilot und Flugingenieur überwachen die Fluginstrumente. Bei 140 Knoten ruft der Copilot »V one!« (V1). Das Flugzeug kann nun abheben, und der Kapitän bewegt seine rechte Hand von den Schubhebeln zur Steuersäule, der Flugingenieur kümmert sich um die Triebwerke. Die Beschleunigung ist noch sehr groß. Wenn die Geschwindigkeit 158 Knoten erreicht, ruft der Copilot »rotate!«. Der Kapitän zieht die Steuersäule

Reihenfolge des Fahrwerkeinziehens.

im rechten Maß – nicht zu langsam, weil dann der Auftrieb verringert würde, nicht zu schnell, weil sonst das Heck den Boden berühren könnte, in eine 15°-Fluglage (Nase nach oben), was durch den Fluglageanzeiger (ADI) angezeigt wird, und das Flugzeug wird in seiner Lage gehalten. Um 14.18 GMT hebt Skyship One ab und ist »airborne«.

Bei Normalgewicht beträgt das Rollen beim Start für eine Boeing 747 etwa 35–40 Sekunden, kann jedoch bei höheren Startgewichten 50 Sekunden überschreiten, wobei etwa 3/4 der Startbahnlänge benötigt werden. Der Kapitän fliegt nun nach Instrumenten, egal wie das Wetter ist. »V2!« wird nahezu sofort vom Copiloten ausgerufen. Die Anzeige gibt eine positive Steigrate wieder. Auf Anweisung des Kapitäns wird jetzt das Fahrgestell eingefahren. (Beim Einfahren werden die Schächte zuerst geöffnet und erhöhen den Luftwiderstand, ehe das Fahrgestell in den Schächten verschwindet.) Bei 174 Knoten (V2 + 10) wird durch Nachsteuern der Steigrate die Geschwindigkeit des Flugzeugs gehalten. In einer Höhe von 300 Fuß beginnt sich der Seitenwind bemerkbar zu machen, und der Kapitän dreht das Flugzeug in den Wind und schlängelt sich entlang der verlängerten Mittellinie der Startbahn durch die Luft, wobei Seiten- und Querruder mittig gehalten werden. Eine leichte Turbulenz stößt das Flugzeug in den Wind. Bei Annäherung auf 1000 Fuß zeigt der Leitbalken eine Radiale 261° vom London-VOR an und bewegt sich von rechts zur Mitte des Instruments, und der Copilot ruft: »Leitbalken spricht an!« Der Kapitän legt das Flugzeug in eine Linkskurve und hält Kurs auf die Radiale, wobei der Leitbalken auf dem Instrument mittig verbleibt.

Tw – Skyship One, rufen Sie Abflugkontrolle auf 132.05.

CP – Skyship One, guten Tag. (Der Schalter des Funksprechgeräts wird umgelegt.)

CP – Guten Tag, Abflugkontrolle, Skyship One überquert 1300.

BF – Guten Tag, Skyship One, bleiben Sie auf 6000 beim Erreichen.

CP – Skyship One. Bleiben auf 6000.

Die Abflugkontrolle bestätigt die im SID bestätigte Höhe oder weist, soweit frei, eine höhere Flugfläche zu. In 1500 Fuß gibt der Copilot die Höhe bekannt, und der Kapitän fordert Steigschub. Die Schubhebel werden vom Flugingenieur auf Steigschub zurückgestellt, was auf dem EPR-Anzeiger sichtbar wird, und der Kapitän verringert die Steigung durch Senken der Nase auf etwa 10–12°, wodurch sich eine Schubverringerung ergibt. Flugkommandoanlagen (Flight Director) werden nun eingeschaltet, und der Höhenwahlschalter wird in Funktion gesetzt. Steigwinkel- und Steuerkursbalken werden entsprechend gesetzt, um   **227** den Flugweg anzuzeigen, während der Kapitän das Flugzeug fliegt. Die Nase ist nun ein bißchen gesenkt, um Geschwindigkeit zum Einfahren der Klappen zu gewinnen. Wenn sich die Geschwindigkeit erhöht auf angenähert 204 Knoten und weiter ansteigt, fordert der Kapitän 5° Klappen. Die Geschwindigkeit wird durch den Copiloten überprüft und die Klappen werden dann bis auf 5° eingefahren, während der Flugingenieur den Betrieb überwacht.

CP – Klappen auf 5 gefahren.

Das Flugzeug befindet sich nun in einer Höhe von 2000 Fuß, kaum noch steigend, und beschleunigt immer noch. Beim DME 7 auf der 261° R Radiale ruft der Copilot die Entfernung aus, und der Kapitän kurvt zum Woodley-NDB (etwa 9 Seemeilen entfernt); hierbei bedient er sich der ADF-Nadeln am Funkpeilkompaß (RMI), die in Richtung des Funkfeuers weisen. Gerade über 224 Knoten fordert der Kapitän Klappen 1°. Nach einem Blick auf die Geschwindigkeit setzt der Copilot die Klappen auf 1°, und als sich die Klappen von 5° auf 1° zurückgestellt haben, werden auch die Vorflügel zur Hälfte automatisch eingefahren. Wenn die Klappen um mehr als 1° ausgefahren sind, ist eine maximale Geschwindigkeitsbegrenzung auf 240 Knoten gesetzt, und der Kapitän hat die Geschwindigkeit innerhalb des engen 16-Knoten-Bandes zwischen minimalen und maximalen Geschwindigkeiten von 224 Knoten und 240 Knoten (der Grenzwert ist sogar bei größerem Gewicht geringer) durch Steigen des Flugzeugs zu halten, bis die Klappen auf 1° gesetzt sind und eine erneute Beschleunigung erfolgen kann. Der Kapitän muß sich nun auch auf den Kurs von Woodley konzentrieren.

CP – Klappen eins gesetzt.

Das Flugzeug passiert nun 3800 Fuß, 2 Seemeilen von Woodley entfernt und wird wiederum beschleunigt.

Kapitän – Klappen einfahren, bitte.

Die Geschwindigkeit wird mit über 244 Knoten festgestellt, und der Copilot wählt die Klappenstellung Null. Die Vorflügel fahren nun ebenfalls automatisch mit ein.

CP – Klappen eingefahren.

Skyship One fliegt nun in die Wolken und wird von den leichten Turbulenzen weiterhin etwas geschüttelt.

Kapitän – Check nach dem Abheben bitte. Die Temperatur ist zu niedrig, so werde ich die Triebwerkenteisung anschalten und lasse besser das Anschnallzeichen für einen Moment an.

Als Vorsichtsmaßnahme wird die Triebwerkenteisung angeschaltet, wenn die Temperatur bei sichtbarer Feuchtigkeit unter 10 °C abfällt. Die entsprechenden Schalter werden vom Flugingenieur betätigt, und es wird heiße Luft aus den Kompressorenschlitzen in den Triebwerkeinlässen zugeführt, um eine Eisansammlung zu verhindern. Heißluft kann ebenfalls den Tragflächennasen zum Verhindern einer Eisbildung zugeführt werden. In der Nacht wird ein Einflug in die Wolken nicht immer wahrgenommen, aber durch Einschalten der Landelichter wird die Wolke angestrahlt, und die Lage ist geklärt.

Der Flugingenieur beginnt nun mit dem »after take-off«-Check. Während Woodley in 4300 Fuß (minimale Höhe 4000 Fuß) überflogen wird, schwingen die Nadeln herum und zeigen nach hinten. Der Kapitän dreht das Flugzeug nach rechts auf Kurs 285° M von Woodley und schaltet zwei der INS-Geräte ein, die als weitere Überprüfung den Kurs über Grund und die Abdrift zeigen. INS wird auf dem »Flight Director« gewählt, und bei 250 Knoten Geschwindigkeit tritt diese Anzeige in Funktion. Die zwei gelben Balken des »Flight Director« auf dem ADI geben nun die Kurs-Mittellinie und erforderliche Höhe an, um eine Geschwindigkeit von 250 Knoten beizubehalten (in den meisten Nahverkehrsbereichen beläuft sich die unter 10 000 Fuß gestattete maximale Geschwindigkeit auf 250 Knoten). Bei 5000 Fuß ruft der Copilot »One to go!« (was bedeutet, daß noch 1000 Fuß zu steigen sind, bis die vorgeschriebene Flughöhe erreicht ist).

Kapitän – Rufen Sie ihn und sagen Sie, daß wir uns sechs nähern.

CP – Abflug, Skyship One oberhalb von fünf- auf sechstausend.

Abflugkontrolle hat Skyship One auf dem Radar mit einer Höhenanzeige, bei der Anzahl der zu kontrollierenden Flugzeuge kann eine Steigfreigabe aber verzögert gegeben werden.

BF – Skyship One, bleiben Sie auf sechstausend.

Ankommende Flugzeuge verhindern offensichtlich ein weiteres Steigen. Immer noch in den Wolken, steigt das Flugzeug schnell in Richtung auf 6000 Fuß, und der Kapitän verringert den Schub. Auf dem Wetterradar überzeugen sich die Piloten, daß die vor ihnen liegende Flugstrecke keine Gewitteraktivität zeigt, während der Flugingenieur den »after take-off«-Check beendet. Zusatzwärme bleibt an, Zündung eingeschaltet im Falle eines Erlöschens eines Triebwerks in der derzeitigen Turbulenz. Die Temperatur liegt unter 10 °C, und die Enteisung ist schon angeschaltet, die »no smoking«-Anzeige ist aus (das Rauchen während Start und Landung ist eine Feuergefahr und somit nicht gestattet), die Anschnallzeichen blieben an, wie dies der Kapitän gefordert hatte, die Außenbord-Landelichter bleiben bis zu einer Höhe von 10 000 Fuß angeschaltet (eine Vorsichtsmaßnahme, um zu sehen und gesehen zu werden), Fahrgestell ist eingefahren, und der Hebel steht auf »off«, alle Lichter sind aus, Klimaanlage und Druck werden geprüft und eingeregelt, Treibstoffsysteme werden überprüft und geregelt und die Klappen als eingefahren festgestellt. Der »after take-off«-Check ist vollständig. Bei Annäherung auf 6000 Fuß zeigt ein grünes Licht an, daß die Höhe erreicht ist.

Alle – Höhe grün.

Der Kapitän drückt die Steuersäule leicht nach vorne, um die Höhe zu halten und zieht die Schubhebel zurück, um 250 Knoten zu halten. Der Geschwindigkeits-Wahlschalter ist auf »aus« gesprungen, und der waagerechte gelbe Flight-Director-Balken zeigt nun die zum Beibehalten von 6000 Fuß erforderliche Fluglage an. Kaum ist das Flugzeug bei 250 Knoten in den Horizontalflug übergegangen, gibt die Abflugkontrolle schon die Freigabe zum weiteren Steigen.

BF – Skyship One, drehen Sie nach rechts Kurs zwei neun fünf für Vektoren nach Brecon, jetzt freigegeben auf Flugfläche eins zwei null. Rufen Sie London auf 133,6 mit anliegendem Steuerkurs.

CP – Skyship One, rechts zwei neun fünf, Freigabe auf Flugfläche eins zwei null. London auf eins drei drei sechs mit anliegendem Steuerkurs. Guten Tag.

Skyship One wird außerhalb ankommenden Verkehrs zum weiteren Steigen radargeführt.

Kapitän – Steigleistung, bitte.

Der Flugingenieur wählt erneut Steigleistung, und der Kapitän dreht auf Steuerkurs 295° M, drückt die Steuersäule leicht; und das Flugzeug steigt mit 250 Knoten. Das Flugzeug befindet sich nun außerhalb der Londoner Übergangshöhe von 6000 Fuß, und die Standard-Druckeinstellung wird auf 1013,2 hPa eingestellt und auf beiden Höhenmessern überprüft.

CP – London, Skyship One, guten Tag, wir sind aus 6000 raus für Flugfläche eins zwei null, Steuerkurs zwei neun fünf.

London – Skyship One, guten Tag, bleiben Sie auf Steuerkurs zwei neun fünf, jetzt freigegeben Flugfläche eins acht null.

CP – Skyship One, behalten Steuerkurs bei, freigegeben Flugfläche eins acht null.

Brecon-VOR (Frequenz 116,3 MHz) wird auf beiden VOR-Empfängern gewählt und identifiziert. Die Anflugradiale zu Brecon, 292°, wird auf den Kursanzeigern eingestellt, wobei das DME 70 Seemeilen anzeigt, und die Crew hat nun auf ihren Fluginstrumenten eine bildliche Darstellung bezüglich ihrer Position zum Flugweg, während sie vom Radar überwacht wird. Beim Passieren von 10 000 Fuß ruft der Copilot »Höhenmesser-Check!«, und alle bestätigen »Passieren zehn für eins acht null, Standard-QNH eingestellt«. Nun werden die Landelichter ausgeschaltet. Der Kapitän drückt die Flugzeugnase zum Beschleunigen auf die normale Steiggeschwindigkeit von 320 Knoten und stellt die Trimmung nach.

Nun, im Steigen mit 320 Knoten, schaltet der Kapitän den Autopiloten »A« auf, wobei die Steuerkurshaltung gewählt wird, um 295° M beizubehalten und die Geschwindigkeitshaltung wird auf 320 Knoten eingestellt. Der Höhenschalter wird eingerastet, um automatisch beim Erreichen auf Flugfläche 180 zu fliegen. In 12 000 Fuß durchbricht das Flugzeug die Wolkenobergrenze in strahlendblauem Himmel. Zündung und Enteisung werden abgeschaltet, und der Kapitän schaltet das Anschnallicht aus. Nun können sich Passagiere und Kabinenbesatzung frei bewegen. Auf dem Funksprechgerät Nr. 2 übermittelt der Flugingenieur der Gesellschaft die Startzeit, die New York über die geschätzte Ankunftszeit informiert.

Bei Annäherung an Flugfläche 180 gibt London Skyship One auf Flugfläche 280 frei und den direkten Flug zum Brecon-VOR in Südwales. Brecon-Koordinaten liegen im Streckenabschnitt 3 und 0−3 wird in das INS (jetzige Position direkt zu Brecon) eingetastet und das INS in Funktion gesetzt. Grüne Navigationslichter glühen auf den Armaturenbrettern der Piloten auf und bestätigen das Arbeiten des Geräts. »Nav. green« wird ausgerufen, und nun führt das INS das Flugzeug mit dem Autopiloten »A« direkt zum Funkfeuer Brecon. Die Richtung wird durch VOR bestätigt. Beim Erreichen von 20 000 Fuß wird der zweite Höhencheck durchgeführt, und das INS zeigt an, daß bis Brecon noch 9 Minuten zu fliegen sind. Geschätzte Überflugzeit 14.40 GMT, jetzt ist es 14.31 Uhr. Das Flugzeug befindet sich gerade 13 Minuten in der Luft.

Während des Steigflugs trägt die Crew Zwischenzeiten in jedes Fluglog ein, um geschätzte Zeiten an Positionen entlang der Route nach JFK zu bestimmen. Der Copilot notiert die geschätzte Zeit für Cork mit 15,03, bei 53N 15 W, die erste Position auf Flugstrecke »F« mit 15.36 Uhr.

Kapitän − Sie sollten Shanwick jetzt besser für die Atlantik-Freigabe anrufen. Ich bleibe auf London, wenn Sie Shanwick auf Gerät 2 rufen.

127,65 MHz wird auf der VHF-Gerät 2 eingedreht, und der Copilot ruft Shanwick Oceanic Control.

CP − Shanwick, guten Tag, Skyship One.

Shanwick − Skyship One, guten Tag, kommen.

CP − Skyship One, aus Heathrow raus um 14.18, schätzen Cork um   **231**

15.03, und 53N 15W um 15.36. Erbotten Strecke »F«, Flugfläche drei fünf null, Mach 0,84.

Shanwick – Verstanden, Skyship One, warten Sie.

Der Copilot bleibt auf 127,65 MHz, während die Flugdaten zur Analyse dem Oceanic Control Computer eingespeist werden. Auf VHF-1 ruft London und gibt Skyship One die Freigabe, weiter auf die ursprünglich freigegebene Flugfläche 310 zu steigen. Der Kapitän bestätigt und wählt 31 000 auf der Höhenwahl; der Flugingenieur bestätigt.

Shanwick – Skyship One, Shanwick, Ihre »oceanic« (Atlantikfreigabe).

Der Copilot signalisiert dem Flugingenieur, die Freigabe mit zu überwachen – bei derartig wichtigen Freigaben ist es unerläßlich, daß zwei mithören.

CP – Skyship One, kommen.

Shanwick – Shanwick gibt Skyship One frei, Strecke Foxtrot nach Kennedy, Flugfläche drei drei null, Mach 0,84, von fünf drei Nord, eins fünf West.

CP – Skyship One freigegeben Strecke Foxtrot, Flugfläche drei drei null, Mach 0,84, von fünf drei Nord, eins fünf West.

Scheinbar steht Flugfläche 350 auf »F« nicht zur Verfügung.

Kapitän – Schade um die Höhe. Welche anderen Strecken sind günstig?

Der Treibstoffplan weist aus, daß »Echo« die nächstbeste Strecke ist, nur zwei Minuten länger. Wenn Flugfläche 350 auf »Echo« verfügbar ist, könnte Treibstoff eingespart werden.

Kapitän – Fragen Sie ihn nach Flugfläche 350 auf »Echo«.

CP – Shanwick, Skyship One.

Shanwick – Skyship One, Shanwick, kommen.

CP – Skyship One, wir würden Flugfläche 350, wenn möglich, bevorzugen. Was ist mit Fläche 350 auf »Echo«?

Shanwick – Verstanden, Skyship One, warten Sie.

Während des Steigens durch Fläche 290 mit 500 Fuß pro Minute zieht Brecon unten vorbei, und die Vor-Nadeln schwingen herum, als das Flugzeug automatisch auf 292° M dreht, die Mittellinie der Flugstraße UG1 nach Strumble an der Küste von Wales. Die INS-Wegepunkte zeigen 3 nach 4, wobei Cork auf Wegpunkt 5 liegt. Strumble wird gewählt und auf beiden VOR identifiziert. Während des Steigens nimmt das Leistungserfordernis laufend zu, und der Flugingenieur überwacht dies kontinuierlich, regelt die Schubhebel dementsprechend ein.

Shanwick – Skyship One, Shanwick.

CP – Skyship One, kommen.

Shanwick – Shanwick erteilt Skyship One Freigabe Strecke »Echo«, Flugfläche drei fünf null, Mach 0,84, von fünf vier Nord, eins fünf West.

CP – Verstanden, Shanwick, Skyship One jetzt freigegeben Strecke Echo, Flugfläche drei fünf null, Mach 0,84 von fünf vier Nord, eins fünf West.

Shanwick – Das ist »affirmative« (richtig). Bleiben Sie jetzt auf Inlandfrequenz, guten Tag.

Der letzte Höhencheck wird gemacht, als das Flugzeug Flugfläche 300 durchfliegt. »One thousand to go.« Die Machzahl nimmt mit der Höhe zu (tatsächlich nimmt die Schallgeschwindigkeit bei abfallender Temperatur ab, und bei Erreichen von Mach 0,82 während des Steigfluges wird die Geschwindigkeitssperre gelöst, und das Flugzeug steigt unter Benutzung der vertikalen Geschwindigkeitsregelung, wobei M 0,82 konstant gehalten wird. Die in einer Tabelle gezeigten Werte von Flugfläche 310 und dem Steiggewicht von 294 Tonnen (10 Tonnen werden normalerweise beim Steigflug verbraucht) werden auf den Instrumenten eingestellt. Triebwerk-Reiseflug-EPR 1,32 und geringste Reisefluggeschwindigkeit von 252 Knoten werden an den Instrumenten mit Marken eingestellt. Die erforderliche Geschwindigkeit wird mit M 0,835 festgestellt. (Vor dem Abflug wird das Gesamtgewicht auf einer Anzeige eingestellt, die mit dem Treibstoffverbrauch abläuft und kontinuierlich das Gesamtgewicht des Flugzeuges anzeigt.).

CP – Wir haben jetzt Flugfläche drei fünf null auf »Echo«.

Kapitän – Okay, ich werde den Funksprechverkehr machen, während Sie den Papierkram im Griff behalten.

Das Flugzeug war natürlich für Strecke »F« vorbereitet und nun sind viele Umänderungen erforderlich. Bei Flugfläche 310 rastet die Höhenhaltung ein und alle rufen »Altitude green« (Höhe grün).

Kapitän – London, Skyship One jetzt Fläche drei eins null.

London – Verstanden, Skyship One, Fläche drei eins null, rufen Sie Shannon eins drei fünf Komma Sechs.

Reiseflug

Es ist jetzt 14.46 Uhr, und das Flugzeug befindet sich über Strumble. Das Steigen auf Flugfläche 310 hat 32 Minuten in Anspruch genommen, und 175 Seemeilen sind zurückgelegt. (Bei maximalem Startgewicht benötigt man 200 Seemeilen, bevor eine Reiseflughöhe bis Flugfläche 290 von auf Meeresspiegelhöhe liegenden Flugplätzen erreicht ist.)

Kapitän –   Shannon, Skyship One, guten Tag, Flugfläche drei eins null.

Shannon –   Skyship One, guten Tag, wir haben Sie über Strumble auf drei eins null. Haben Sie Ihre Atlantik-Freigabe?

Kapitän –   Skyship One, »affirmative«. Strecke Echo, Flugfläche drei fünf null.

Shannon –   O. k., Skyship One, fliegen Sie gleich nach Cork. Wenn Sie eine Schätzung für fünf vier Nord, eins fünf West geben können, lassen Sie es mich wissen, und ich versuche, Sie direkt freizugeben.

Kapitän –   Verstanden, Skyship One, fliege nach Cork. Warten Sie auf Schätzung.

»E« sollte tatsächlich bei Shannon beginnen, aber da andererseits von Shanwick Freigaben an ankommende Flugzeuge gegeben werden, hat Shannon-Control die schwierige Aufgabe, die vielen Flugzeuge auf den ihnen zugeteilten Kurs umzudirigieren, wenn sie sich am Einflugpunkt Atlantik versammeln. Über Strumble kurvt Skyship One auf Kurs 276° M entlang der Mittellinie von Luftstraße UB 10 nach Cork. Cork-VOR wird nun gewählt und auf beiden Empfängern identifiziert. Bei Mach 0,835 teilt der Flugingenieur mit, daß Reisefluggeschwindigkeit erreicht ist, und der Kapitän fordert Reiseflugleistung. Der Flugingenieur bringt die Schubhebel sachte zurück auf Reiseflugleistung 1,32 EPR, und das Flugzeug geht in den Reiseflug über.

Abb. 11.8 Streckenkarten.

Die INS-Wegepunkte von 6 aufwärts enthalten die Position für Kurs Foxtrot, und der Kapitän tippt die neuen Positionen für »Echo« in das INS ein. »Echo«: 54N 15W, 55N 20W, 56N 30W, 55N 40W, 52N 50W nach Dotty, eine imaginäre Position außerhalb der Ostküste Neufundlands (Abb. 11.8). Wegpunkt 6 ist jetzt die Position 54N 15W. Eine Abfrage auf dem INS mit 0–6 ergibt eine Zeit von 50 Minuten von der jetzigen Position nach 54N 15W. Es ist jetzt 14.51 Uhr, und der Kapitän gibt die geschätzte Zeit von 15.41 Uhr für 54N 15W an Shannon durch.

Zwischenzeitlich richtet der Copilot die Flugunterlagen und berechnet sie für die neue Route. Der Treibstoffplan wird nicht wesentlich beeinträchtigt, da der neue Kurs nur 1° nördlich liegt und nur zwei Minuten länger in Anspruch nimmt, aber die Fluglogs müssen vollständig neu geschrieben werden, und Blankologs und Logs für die erwartete Umleitung über Nordamerika werden aus der Reserveablage entnommen. Zunächst wird die Frequenz 133,8 MHz auf der VHF-Box 2 für den Streckenfunk gewählt, und der Copilot überprüft die Koordinaten für Kurs »E« mit den Durchsagen derjenigen gegen, die schon im Fluglog aufgezeichnet worden sind. Nachdem Kurs »E« bestätigt worden ist, werden in die Blankologs die Koordinaten für Echo eingetragen und die Kurse und Entfernungen aus einem Handbuch entnommen. Geschwindigkeiten über Grund werden dem ursprünglichen Treibstoffplan entnommen und die geschätzten Zeiten jedes Streckenabschnitts in das Fluglog eingetragen. Die vervollständigten Flugunterlagen werden vom Flugingenieur überprüft und sodann an die Crew verteilt.

Beim Anflug auf Cork, um 14.59 Uhr, wird Skyship One von Shannon direkt bis 54N 15W auf einer Flugfläche von 350 freigegeben, wobei eine weitere Schätzung angefordert wird. Der Flugingenieur teilt dem Kapitän mit, daß das Flugzeug für eine Flugfläche von 350 ein bißchen zu schwer ist, und nun wird eine Anfrage abgesetzt, Flugfläche 310 noch beizubehalten.

CP –   Verstanden, Skyship One, freigegeben direkt bis 54N 15W, schätzen 15,39. Wir sind ein bißchen schwer und würden lieber noch auf Flugfläche 310 bleiben.

Shannon –   O. k., Skyship One, bleiben Sie auf Flugfläche 310. Überfliegen Sie 54N 15W auf Fläche drei fünf null, und rufen Sie mich beim Verlassen und Erreichen wieder.

CP –   Skyship One, »wilco« (wird ausgeführt), bleiben auf drei eins null.

Der Kapitän bespricht unterdessen mit dem Flugingenieur die Frage über das Gewicht und die Entscheidung, 10 Minuten vor Erreichen von 54N 15W auf Flugfläche 350 zu steigen, während der Copilot die Koordinaten auf dem INS für Kurs »E« überprüft, die vom Kapitän eingegeben worden sind. Auf der VHF-Box Nr. 2 ist inzwischen die Notfrequenz 121,5 MHz gewählt worden, die laufend abgehört wird. Als allgemeine »Quasselfrequenz« für alle den Atlantik überquerenden Piloten, 123,45 MHz, wird auf VHF-Box 3 eingerastet.

Um 15.29 Uhr wiegt das Flugzeug 286 Tonnen, und der Kapitän bittet um Steigleistung. Der Flugingenieur schiebt die Schubhebel nach vorn, und 35 000 Fuß wird im Höhenmesserfenster eingestellt, um automatisch die Höhe zu erreichen. Das Flugzeug steigt mit Mach 0,82, und das Variometer (VSI) zeigt eine Steiggeschwindigkeit von 400 Fuß pro Minute an. Die neue Reiseflugleistung wird auf 1,44 EPR eingestellt und die Grenzgeschwindigkeit auf 255 Knoten und die für den Kurs Echo erforderliche Reisegeschwindigkeit von Mach 0,84 festgestellt.

CP –   Shannon, Skyship One verläßt Fläche drei eins null nach drei fünf null.

Shannon –   Verstanden Skyship One, geben Sie Flugfläche drei fünf null bekannt.

Bei Erreichen der Flugfläche 350 wird »Altitude green« angesagt, und bei Erreichen einer Reisegeschwindigkeit von Mach 0,84 werden die Schubhebel auf eine Reiseleistung von 1,44 EPR zurückgenommen. Skyship One nähert sich 54N 15W, und die nächsten Wegpunkt-Koordinaten auf dem INS werden nachgeprüft. Das INS gibt Informationen für die Instrumente wieder, und der Kompaß zeigt nun einen rechtweisenden Steuerkurs und der Leitbalken auf dem INS den Kurs über Grund an. Über 54N 15W dreht das Flugzeug automatisch um einige Grade nach links, um 291° T nach 55N 20W zu folgen.

CP –   Shannon, Skyship-One, fünf vier Nord eins fünf West auf eins fünf drei neun, Flugfläche drei fünf null, schätze fünf fünf Nord zwei null West um eins sechs null fünf; fünf sechs Nord, drei null West nächste Position.

Shannon-Control wiederholt die geschätzten Zeiten und veranlaßt Skyship One, Shanwick Control bei 20W auf Kurzwelle 8854 kHz oder Sekundärfrequenz 13288 kHz zu rufen. Der Copilot stellt HF-2 auf einer Frequenz von 8854 kHz ein und ruft Shanwick bezüglich eines Selcal-Checks. Das Gerät gibt ein »Ding-Dong« als Anzeige wieder, daß es in Betrieb ist. Die Kopfhörer werden nun in dem Bewußtsein beiseite gelegt, daß Shanwick bei Bedarf die Crew erreicht, und die Lautsprecher werden eingeschaltet, um die Notfrequenz 121,5 MHz zu überwachen. Handmikrophone sind für den Funkverkehr verfügbar und beim Reiseflug natürlich sehr bequem, wenn ein Anruf über den Lautsprecher erfolgt. Allerdings ist ihre Benutzung während des Fluges unter 1500 Fuß nicht gestattet. Der Kapitän hat sich nun darangemacht, die Ankunftszeit in New York zu errechnen, und greift nach dem Bordsprechgerät, um die Passagiere zu verständigen. (Mit diesem Gerät lassen sich an Bord Durchsagen an die Passagiere machen. Es ist hinter der Mittelkonsole installiert.)

Kapitän – Guten Tag, meine Damen und Herren, hier spricht Ihr Kapitän. Ich hoffe, Sie haben einen guten Flug. Wir befinden uns nunmehr auf Flugfläche 350, 250 Meilen westlich von Irland, und unsere Flugzeit wird etwa $5^3/_4$ Stunden betragen. Wir werden in New York etwa um 16.35 Uhr New-York-Zeit, landen. Wer seine Uhr jetzt auf New-York-Zeit einstellen möchte, so ist es genau zehn Minuten nach elf am Morgen. Die heutige Atlantikroute wird uns über 56Nord, 30W bringen, so daß wir in Neufundland an der Ostküste Kanadas ankommen werden. Wir werden sodann über den St.-Lorenz-Golf fliegen, weiter über New Brunswick, über die amerikanische Grenze, über Bangor in Maine, herunter nach Boston in Massachusetts und direkt nach Kennedy. Das Wetter entlang der Strecke ist gut, obgleich es von Zeit zu Zeit etwas unruhig werden kann; die Wettervoraussage für New York, bedeckt mit auffrischenden Winden und möglichen Regenschauern. Wenn wir irgend etwas für Sie tun können, lassen Sie es uns bitte wissen, ansonsten wünsche ich Ihnen einen angenehmen Flug.

Bei Annäherung an 20W werden die INS-Wegpunkte erneut überprüft bezüglich des nächsten Abschnitts, und um 16.05 dreht das Flugzeug automatisch auf 30W. Die für 20W und 56N 30W geschätzten Zeiten werden im Fluglog vermerkt, und der Copilot übermittelt die Positionsmeldung auf Kurzwelle an Shanwick (bei 30W übernimmt Gander die Kontrolle).

CP –   Shanwick, Skyship One, geht auf acht acht fünf vier Position. Fünf fünf Nord zwei null West, um eins sechs null fünf, Flugfläche drei fünf null, fünf sechs Nord, drei null West, um eins sechs fünf fünf; fünf fünf Nord, vier null West nächste Position, Temperatur −47 °C, Wind aus zwei vier null mit drei fünf.

Der Flugingenieur hat zwischenzeitlich den ersten Treibstoffcheck beendet, während sich die Piloten auf den Flug konzentrieren. Der verbrauchte Treibstoff wird von den Instrumenten abgelesen und mit dem noch in den Tanks vorhandenen Treibstoff verglichen, der in Kilogramm angegeben wird. Das Gesamtgewicht wird ebenfalls mit der Nutzlast (wie weiter vorne beschrieben) verglichen. Es wird die Brennstoffmenge zum Zielflughafen berechnet, um die Menge des bei der Ankunft noch vorhandenen Treibstoffs zu ermitteln. Natürlich ist am Zielflughafen nur eine geringe Brennstoffmenge erforderlich. Im Falle eines Ausweichens aufgrund schlechten Wetters oder den nachteiligen Bedingungen zu starken Gegenwindes oder niedriger Flughöhen können die Reserven auf einen Wert abgefallen sein, daß eine Landung entlang der Strecke notwendig wird. Der Treibstoff wird daher sorgfältig während des ganzen Fluges überwacht und Treibstoffchecks innerhalb regelmäßiger Intervalle durchgeführt.

Die Crew befindet sich nun über 3 Stunden im Dienst und kann eine kurze Pause einlegen, bis in etwa 45 Minuten der nächste Meldepunkt erreicht ist. Zwei Flugcrew-Mitglieder müssen zu allen Zeiten des Fluges angeschnallt im Cockpit sitzen, um den Flugverlauf zu überwachen und bei einem eventuell auftretenden Notfall handeln zu können; der dritte Mann kann unterdessen für etwa 10 Minuten seine Beine strecken. Während das Flugzeug den Atlantik überquert, wird der Flug automatisch durchgeführt, und die Aufgaben der Crew bestehen zum größten Teil in der Überwachung. Die Navigation wird an jedem Wegpunkt geprüft, Flug- und Triebwerkinstrumente häufig beobachtet, Systeme auf ihren normalen Betrieb hin überprüft, und auch die Flugzeuggeschwindigkeit wird ständig überwacht. Während des Reisefluges muß man die Augen nicht ständig auf den Instrumenten haben, da viele, wie die Triebwerkinstrumente, in Blöcken angeordnet sind und ihre Zeiger miteinander ausgerichtet sind. Schert ein Zeiger aus oder es erscheint eine kleine rote Warnlampe an einem Fluginstrument, deutet dies wie ein schlimmer Daumen auf die mit dem Cockpit vertraute Crew. Treibstoff-, Triebwerk- und Fluglogs werden ebenfalls auf dem laufenden gehalten, erforderlichenfalls Positionsmeldungen gefunkt, das Wetter am Zielflughafen in Abständen über Funk mitgehört, und ein waches Auge hält auf der Strecke nach widrigen Wetterbedingungen Ausschau. Natürlich kann sich die Flugcrew während des Reisefluges nicht so entspannen, daß es zum Genuß eines guten Buches reichen würde, jedoch kann man während des Beobachtens der Instrumente eine Illustrierte lesen oder sich einem verzwickten Kreuzworträtsel zuwenden, ohne die Sicherheit des Fluges zu beeinträchtigen. Selbstverständlich ändern sich die Bedingungen von Flug zu Flug, und auf manchen Flügen können sich die Crewmitglieder geringen Aktivitäten gegenübersehen, während sie auf anderen durch Umfliegen von Schlechtwettergebieten, unerwartete Routenänderungen, Abhören von Schlechtwetterberichten für den Zielflughafen, intensiven Funkverkehr oder das Umrechnen von Reservetreibstoff usw. in Atem gehalten werden kann.

In den Tropen, von Afrika bis Australien, können sich große Gewitterwolken bis zu 60 000 Fuß erstrecken, und das Umfliegen von Schlechtwettergebieten in diesen Zonen kann mit einem über einen längeren Weg von Turbulenzen geschüttelten Flugzeug langwierig und ermüdend sein. Bei dem dichten Verkehr über dem Nordatlantik haben Flugzeuge normalerweise keine Chance und müssen den Kurs und Flugfläche beibehalten und sind somit allen schlechten Wetterbedingungen und Turbulenzen ausgesetzt, obwohl sie in diesem Gebiet selten sind. In entlegenen Gebieten der Tropen sind wetterbedingte Kursabweichungen von 85 oder sogar etwa 170 km nicht unüblich. Wenn man während des Tages nicht in den Wolken fliegt, kann man große Gewitter in der Nachbarschaft sehen und während der Nacht die aus den Wolken schießenden Blitze über Hunderte von Kilometern hinweg ausmachen. Die Augen auf das Wetterradar geheftet, der Autopilot arbeitet mit Steuerkurshaltung, schlängeln die Piloten ihr Flugzeug ganz behutsam um die Wolkenansammlungen, um die schlimmsten Turbulenzen zu umgehen. Große Cumulonimbus-Wolken können ein Flugzeug recht erheblich schütteln, und aus Sicherheitsgründen und zur Bequemlichkeit der Passagiere wird jede Anstrengung unternommen, sie zu meiden. (Die maximalen Belastungen einer Boeing 747 im Fluge sind +2,5 g bis −1,0 g, wobei »g« für die Schwerkraft steht und minus »g« der Ausdruck für scheinbare Schwerelosigkeit ist.)

Auf der Nordatlantikroute folgen Kurse nicht Großkreisen, sondern unter den vorherrschenden Windbedingungen den vorteilhaftesten Strekken bezüglich der Zeit. Während des Flugverlaufes von einer Position zur anderen entlang des Kurses (z. B. von 55N 20W nach 56N 30W) führt das INS das Flugzeug jedoch entlang eines Großkreises, die kürzeste Entfernung zwischen zwei Punkten auf dem Globus, und der Kompaß zeigt ständig einen anderen Steuerkurs an, wenn das Flugzeug dem Großkreis folgt. Über den Kontinenten folgen die Luftstraßen nicht direkten Routenführungen, sondern traditionellen, von einem an Flughäfen, Städten und entlang internationaler Grenzen liegenden Funkfeuer zum anderen. Viele Luftstraßen sind kurz, und so müssen Flugzeuge sich von einem Funkfeuer zum anderen entlang der Route winden und Kurven fliegen. Wenn das INS eingeschaltet ist, fliegen Flugzeuge natürlich Großkreiskurse zwischen den Funkfeuern, aber bei vielen kurzen Strecken werden kaum Einsparungen erreicht. Luftstraßen sind bis zu 10 Seemeilen (ca. 19 km) breit, und mit dem INS ist das Fliegen auf der Mittellinie recht genau.

In den Tagen, als es noch kein INS gab, waren die Flugzeuge natürlich wegen der Schwankungen der Funkfeuer auf den Luftstraßen und aufgrund der Ungenauigkeit herkömmlicher Navigationsmittel in entlegenen Gebieten mehr verstreut. Die heutige präzise Navigation gestattet es, daß in entgegengesetzter Richtung fliegende Flugzeuge einander viel näher passieren, da sie alle genau auf ihrem Kurs fliegen, und so ist die Staffelung zwischen den Flugzeugen eine Lebensnotwendigkeit. In vielen Teilen der Welt gibt es kein Radar. Jeder Pilot ist gehalten, selbst den Luftraum mit zu beobachten. Es wird immer ein rotleuchtendes Zusammenstoßwarnlicht eingeschaltet, das aus allen Winkeln sichtbar ist. Es sind ebenfalls Warnlichter an den Tragflächenspitzen vieler Flugzeuge angebracht, und sie strahlen ein sehr helles weißes Blitzlicht aus, das aus einer Entfernung von vielen Kilometern sichtbar ist. Nachts werden die Navigationslichter eingeschaltet, die aus der Seefahrt herrühren. Das linke oder Backbordlicht ist rot und das rechte oder Steuerbordlicht grün, dazu ein weißes Hecklicht. »Es gibt links keinen roten Hafen« dient als Gedächtnisstütze, daß rot Backbord und somit links ist.

Obgleich man in der heutigen modernen Zeit Navigations- und Zusammenstoßwarnlichter als Anachronismus betrachten könnte, sind sie dennoch zum Überwachen von Bewegungen anderer Flugzeuge in der näheren Umgebung, insbesondere bei Nacht, wo kein Radar zur Verfügung steht, notwendig. Wenn sich Lichter eines anderen Flugzeuges bezogen auf einen Beobachter bewegen, können die Flugzeuge in sicherem Abstand aneinander vorbeifliegen, erscheinen jedoch die beobachteten Lichter feststehend, besteht eine definitive Kollisionsgefahr und eine Kursänderung ist angezeigt. Landelichter sind ebenfalls eine gute Zusammenstoßhilfe und werden nicht nur zum Rollen, Starten oder Landen, sondern immer unter 10 000 Fuß benutzt. Selbst am Tage werden sie als Vorsichtsmaßnahme zum »Sehen und Gesehenwerden« eingeschaltet. Während des Reisefluges werden die Scheinwerfer oft eingeschaltet, um andere Flugzeuge aufmerksam zu machen. Insbesondere auf Luftstraßen in entlegenen Gebieten bei Nacht werden vom entgegenkommenden Verkehr die Scheinwerfer als weitere Sicherheitsmaßnahme eingeschaltet. Um zur Konfusion beizutragen, blinken einige Sterne und Planeten rot und grün und können so manchmal irrtümlich für ein entferntes Flugzeug gehalten werden. Es gibt mehr als einen Piloten, der sich dabei ertappte, einen Stern angeblinkt zu haben! Gelegentlich kann der Verkehr in entgegengesetzter Richtung so stark sein, daß das Aufblitzen eines Landelichts dazu führen kann, daß ein Dutzend Flugzeuge aus der Entfernung zurückblinken.

In bestimmten Gebieten stehen direkte Strecken außerhalb der Luftstraßen zur Verfügung, wo eine gute Radarüberwachung stattfindet, wie in Mitteleuropa und Nordamerika. Wenn man sich auf der Luftstraße befindet, werden andererseits Funkfeuer entlang der Strecke ausgewählt, um die Abweichungen und Ablagen des INS zu prüfen. In etwas heiklen Gebieten, vom Balkan bis nach Fernost, haben sich Flugzeuge genau an das Luftstraßensystem zu halten. Funkmeldungen können entnervend und sehr formell sein, und oft muß erst eine Genehmigung zum Einfliegen in den Luftraum eingeholt werden. Gelegentlich kann man mit zwei oder sogar drei Fluglotsen in Funkkontakt stehen, wie beispielsweise über Zypern, wo der zypriotische, der türkische und der Verkehrslotse in Beirut gleichzeitig eine Positionsmeldung wünschen, wobei keiner mit dem anderen in Kontakt steht.

Bei bestimmten Flügen müssen Streckenänderungen vorgenommen werden, die jedoch vorher schon bekannt sind. So muß bei Flügen von

Europa nach Südafrika lybischer Luftraum mit einer Umleitung über

Ägypten ausgespart werden, und dies verlängert den Flug natürlich. In krisenanfälligen Gebieten, wie dem Nahen Osten oder dem Persischen Golf sind unplanmäßige Strecken- oder Flugflächenänderungen nicht ungewöhnlich. All dies ist für die Crew eine Arbeitsmehrbelastung. Wenn z. B. im Libanon sich die Lage gelegentlich verschärft, kann Beirut-Verkehrskontrolle vollständig verschwunden sein! Streiks oder Dienst nach Vorschrift von Fluglotsen tragen weiterhin zum Streß bei, und in den letzten Jahren gab es in Großbritannien, Frankreich, Italien, Skandinavien und den Vereinigten Staaten derartige Ausfälle. Verzögerungen verlängern unausweichlich den Arbeitstag der Crew.

Wetterberichte und andere aktuelle Meldungen hinsichtlich des Zielflughafens, des Ausweichflughafens und der an der Route liegenden Flughäfen werden auf Kurzwelle in regelmäßigen Abständen (alle 30 Minuten) gesendet; bei erwarteten Schlechtwetterbedingungen zur Ankunftszeit werden während des gesamten Fluges alle Meldungen mitgeschrieben (wenn Sendungen empfangen werden können) in der Hoffnung, daß eine Besserung eintritt. Bei einer drohenden Umleitung wegen schlechten Wetters am Zielflughafen werden alle Fluglogs vorbereitet und Treibstofferfordernisse für den Ausweichflughafen berechnet oder vielleicht, was zweckmäßiger sein mag, in Abhängigkeit von den Wetterberichten. Wenn wegen schlechten Wetters ein sehr frequentierter Flughafen schließt, ist das organisierte Chaos unvorstellbar. Jeder redet mit jedem zur gleichen Zeit bezüglich offener Flughäfen, und man hat sich auf alle Möglichkeiten vorzubereiten!

Um 16.56 GMT dreht »Oscar Foxtrot« über 56N 30W, dem Mittelpunkt der Atlantiküberquerung, auf einen Kurs von anfänglich 264° T auf dem Großkreis in Richtung 55N 40W. Cork liegt weniger als zwei Stunden zurück und die Küste bei Gander zwei Stunden voraus. Bei jeder Atlantiküberquerung wird ein Halbzeitpunkt, der den Wind berücksichtigt, zwischen geeigneten zurückliegenden oder vorausliegenden Flug-

Simulator-Cockpit der Boeing 747.

Cockpitinstrumente einer Boeing 747

Obgleich wesentlich größer, sind die Cockpitinstrumente einer 747 weniger kompliziert als diejenigen einer 707. Der Hauptteil des Instrumentariums in einer 747 wird hier anhand eines Superjet-Cockpits der Trans World Airlines erklärt:

1 oberes Schalterpanel
2 Ersatzkompaß
3 Funknavigationswähler
4 Autopilot-Eingriffsschalter
5 Navigationsmodewähler
6 Geschwindigkeitsmodewähler

7 Flugzeugregistriernummer
8 Karten, Panel mit Lichtschaltern
9 zentrale Instrumentenwarnlampen
10 Anflugverlaufsanzeige
11 Trägheitsnavigations-Warnlampen

12 Umkehrschub-Anzeigelampen
13 Steigungstrimsteuerung
14 Uhr
15 Mach-/Geschwindigkeitsanzeige
16 Kreiselhorizont
17 elektrischer Höhenmesser

18 Funkhöhenmesser
19 Anzeigelichter für Navigations-Markierungsfunkfeuer
20 Gesamtlufttemperatur
21 Einrastanzeige für ausgefahrenes Fahrgestell
22 Mikrophonschalter
23 Schalter zum Außerfunktionsetzen des Autopiloten
24 Bugradsteuerung
25 Kartenhalter
26 Steuersäule des Piloten
27 Horizontkommandoanzeige
28 Variometer
29 Ersatzhöhenmesser
30 Triebwerk-Druckverhältnis-Kalibrierungen
31 Kompressor für niedrigtouriges Triebwerk
32 Abgastemperatur
33 Kompressor für hochtouriges Triebwerk RPM
34 Treibstoff-Fließanzeige
35 Anzeige für Klappenstellung
36 statische Lufttemperatur
37 Wendeanzeiger
38 Anzeige für Flugsteuerlage
39 Signal-Lampenpanel
40 Anzeige der wahren Eigengeschwindigkeit
41 Landeradsteuerhebel
42 funkmagnetische Anzeige
43 Instrumentenschalter
44 Reservebremsen
45 Luftbremsenhebel
46 Schubhebel

47 Trägheitsnavigations-Steuerorgane
48 Bremsdruck
49 Wassereinspritzsteuerung
50 Computerwahlschalter
51 Wetterradarschirm
52 Seitenruderpedal
53 manueller Stabilisatortriebhebel
54 Durchstartschalter
55 Klappenhebel
56 Steigtrimmung
57 Parkbremsenklinke
58 Parkbremsenlicht
59 Triebwerkstarthebel
60 Schalter zum Außerfunktionsetzen der Stabilisatortrimmung
61 Armlehne, nach unten geklappt
62 Wetterradar-Kontrollpanel
63 automatisches Peilgerät
64 Transponder (für die Luftverkehrskontrolle)
65 VHF-Radio
66 UHF-Radio
67 Querrudertrimmung
68 Seitenrudertrimmung
69 Abstellschalter für Warnhupe
70 Sitz-Verstellmechanismus
71 Telefon des Piloten für tercom und Passagieransagen
72 Armlehne in aufrechter Lage

Boeing 747 Flugsimulator.

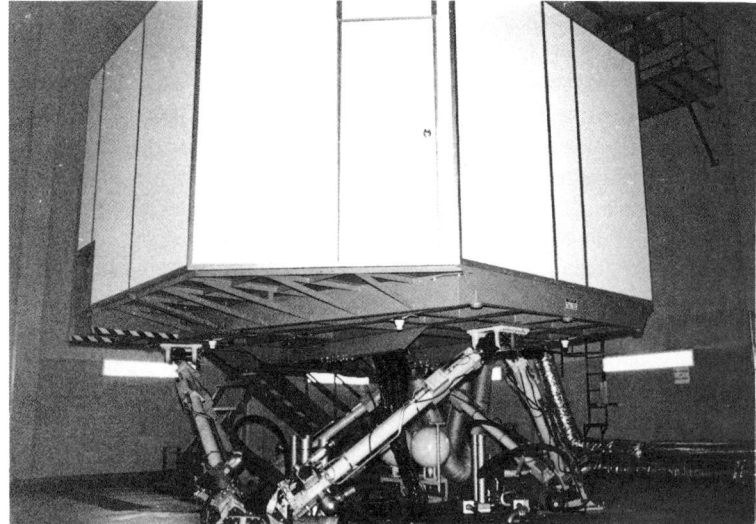

242

häfen berechnet; dies für einen Notfall mitten über dem Atlantik. Vor dem Abflug war das Wetter sowohl in Shannon als auch Gander annehmbar, und der zwischen beiden ausgerechnete Zeitpunkt liegt bei 17,10 GMT. Wenn ein Notfall, wie ein Triebwerkausfall, vor dieser Zeit auftreten sollte, geht es schneller, nach Shannon zurückzukehren und danach den Flug nach Gander fortzusetzen.

Heutzutage sind Notfälle jedoch eine Seltenheit. Die moderne Ausrüstung ist zuverlässig und ein Versagen ungewöhnlich, obgleich Crew-Mitglieder geschult werden, um allen Eventualitäten gewachsen zu sein. Um dem Standard zu genügen, müssen Flugcrews einmal im Jahr in einem Simulator (einem Apparat am Boden, der den Flug sehr einfach simuliert) Notfallverfahren drillmäßig üben. Die ersten zur Verfügung stehenden Simulatoren wurden geringschätzig als »cock ups of mock pits« (sehr abfällige Wortspielerei über Cockpitattrappe) bezeichnet, jedoch stellen die heutigen Modelle genaue Nachbildungen eines bestimmten Cockpits dar und sind hochentwickelte Geräte. Simulatoren bewegen sich nun frei in allen Richtungen und können auch die Himmelslandschaft oder die Start/Landebahnen sehr realistisch widergeben.

Früher wurde die gesamte Flugausbildung auf Flugzeugen durchgeführt, da sich aber mehr Unfälle beim praktizierten Triebwerkausfall als tatsächlichen Triebwerkausfällen einstellten, wurde das Training mehr und mehr auf die Simulatoren umgestellt. Bei den heutigen Gesellschaften schließt das Pilotentraining (egal ob es sich um Neueinstellungen oder eine Umschulung auf einen anderen Typ handelt) Instrumentenflug-Prüfungen und Auffrischung der Cockpitverfahren ein, und all dies wird auf dem Simulator durchgeführt. Erfahrene Piloten schneller Jets pflegen auf Umschulungskursen zu sagen, daß eine Umschulung von der Boeing 727 auf die Boeing 747 nur einiger weniger Stunden im Flugzeug nach einem Simulatortraining bedarf, bevor man seinen Dienst antritt. Und heutzutage sind die Simulatoren so hoch entwickelt, daß in den Vereinigten Staaten die Zustimmung gegeben wurde, das vollständige Umschulungstraining auf fortschrittlichen Simulatoren durchzuführen. So ist man dann tatsächlich überhaupt nicht praktisch geflogen, wenn man den Streckenflug unter Aufsicht antritt. Das Simulatortraining ist wirksam, sicher und billig. Es kann die Flugerfahrung einer Lebensspanne in relativ kurzer Zeit am Boden erreicht werden, wobei die Flugcrew mit allen Situationen vertraut gemacht werden kann, die wahrscheinlich beim Flug aufgrund der großen Zuverlässigkeit der Ausrüstung niemals eintreten werden. So zweckmäßig Simulatoren unter diesen Bedingungen auch sein können, können sie natürlich die tatsächliche Flugerfahrung nicht ersetzen. Während kniffliger Übungen im Simulator mögen die Leute schwitzen, aber es ist eine andere Art von Schweiß. In der Luft sind es die beim tatsächlichen Fliegen auftretenden Probleme, die das Adrenalin nur so strömen lassen. Es gibt keinen sichereren Piloten als denjenigen, der gelegentlich etwas Angstschweiß gehabt hat.

An Bord aller großen Düsenflugzeuge zeichnet ein Flugschreiber (FDR) während des gesamten Fluges eine Reihe Flugparameter auf, und das Cockpit-Tonaufzeichnungsgerät (Voice Recorder, CVR) nimmt alle Cockpitunterhaltungen auf einer kontinuierlichen halbstündigen Basis auf. Der FDR befindet sich im Heck, was als der widerstandsfähigste Teil des Flugzeugs angesehen wird, und ist so eng gebaut, daß er einem Aufschlag von rund 3000 kg, dem 100fachen Lastvielfachen (100 g) und einer Temperatur von 1100 °C widersteht. (Dies ist die sogenannte »Black box«, die zum schnelleren Auffinden tatsächlich aber grellorange ist.). Einzelheiten von Zwischenfällen und Notfällen werden sorgfältig aufgezeichnet und können späterhin ausgewertet werden. Sicht- und hörbare Warnvorrichtungen, die die Crew im Falle einer Störung oder eines Versagens alarmieren, sind rundherum im Cockpit vorgesehen, und Lampen (flackernde und feststehende), Glocken, Hörner, Rasseln, Heuler, Ton- und Stimmenwarngeräte leuchten auf oder tönen, um die Crew auf eine Gefahr aufmerksam zu machen. Warnlichter, die gruppenweise auf dem Instrumentenbrett angeordnet sind, leuchten bei kleinen Störungen bernsteinfarben und bei ernsthaften Fehlern rot auf. (Jedes Warnlicht enthält zwei Glühbirnen im Falle des Ausfalls einer.) Alle Verfahren, ob es einen Fehler zu suchen gibt, oder ob sie vorsichtshalber oder im Ernstfall durchgeführt werden, werden peinlich genau aus Checklisten entnommen, Notfalldrills jedoch, die einer schnellen Handlung bedürfen, werden aus dem Gedächtnis eingeleitet. Das Bild, das man aber von dem schnellreagierenden Düsenpiloten hat, der eiligst zur Tat schreitet und durch die entsprechenden Drills rast, ist weit von der Wirklichkeit entfernt. In den meisten Fällen werden Situationen sorgfältig überdacht und vielleicht sogar des Längeren unter den Crewmitgliedern besprochen, bevor man handelt. Einige wenige Ausnahmen sind Triebwerkausfall beim Start, wenn schnelles Denken und sofortiges Handeln unerläßlich sind.

Ein Triebwerkbrand ist ein sehr ernsthafter Zwischenfall, und in einem solchen Fall schrillen Glocken und auf dem zugeordneten Feuerhandgriff scheint ein rotes Licht auf. Auf Befehl des Kapitäns leiten Copilot und Flugingenieur aus dem Gedächtnis den Feuerdrill ein, während der Kapitän das Flugzeug unter Kontrolle hält und den Funkverkehr abwickelt. Der zugeordnete Schubhebel wird geschlossen, der Starthebel wird auf »abstellen« gebracht und unterbricht somit die Treibstoffzufuhr, und der Feuerhandgriff wird gezogen, indem er das System von dem betroffenen Triebwerk abschaltet und das Feuerlöschsystem auslöst. Das Unterbrechen der Treibstoffzufuhr löscht normalerweise das Feuer, wenn jedoch das Feuer-Handgrifflicht nicht erlöscht und anzeigt, daß das Triebwerk noch brennt, wird ein Feuerlöschmittel enthaltendes Gefäß in das Triebwerk 30 Sekunden später entleert. Es kann zu seltenen Gelegenheiten auch angezeigt sein, die Geschwindigkeit zu erhöhen, um das Feuer auszublasen.

Ein Notfall, wie ein Triebwerkausfall beim Start, erfordert eine sekundenschnelle Entscheidung und sofortige Maßnahmen. Bei den hohen Schubstellungen zum Start fällt das Triebwerk mit einem gehörigen Knall aus. Die Entscheidungsgeschwindigkeit V1 wird festgestellt, und bis zu dieser Geschwindigkeit steht noch ausreichend Startbahn zum Stoppen des Flugzeugs zur Verfügung. Nach V1 reicht die verbleibende Startbahn nicht mehr aus, und das Flugzeug muß zwangsläufig abheben. Ein Startabbruch nahe V1 ist eine gefährliche Angelegenheit, und eine Entscheidung wird nicht sehr leicht gefällt. Tritt ein ernsthafter Notfall vor V1 auf, ruft der Kapitän »Startabbruch«, schließt die Schubhebel, richtet die Bremsklappen auf, wählt Schubumkehr und tritt zur gleichen Zeit voll in die Bremsen. Beim Start mit Maximalgewicht kann die V1-Geschwindigkeit nahe 145 Knoten (280 km/h) liegen, und ein Anhalten bei dieser Geschwindigkeit führt zur Entwicklung enormer Bremshitze. Die Bremsen werden nahezu überhitzt, mit einer sich ergebenden Feuergefahr, und brauchen Stunden zum Abkühlen. Die Reifen sind mit schmelzbaren Propfen versehen, die bei etwa 175 °C schmelzen und eine Explosion verhindern.

Zu Notfällen in der Luft, die ein schnelles Handeln erfordern, gehören plötzlicher Druckverlust aufgrund eines Systemversagens, Bersten eines Fensters oder ein Durchlöchern der Rumpfhaut. Wenn in der Kabine ein Druckabfall eintritt, kondensiert Feuchtigkeit in der Kabinenluft, und es entsteht ein feiner Nebel, der die Sicht in der Kabine verringert. Über etwa 10 000 Fuß beginnt sich aufgrund des Sauerstoffmangels die menschliche Leistungsfähigkeit zu verschlechtern, obwohl die davon Betroffenen ein falsches Vertrauen in ihre Fähigkeiten setzen. Dieser Zustand des Sauerstoffmangels im Gehirn ist medizinisch als »Hypoxia« bekannt. Nach 1 bis 1½ Minuten schwindet das Bewußtsein, wenn der Mensch ständig der dünnen Atmosphäre in 35 000 Fuß ausgesetzt wird. Wenn eine derartige Situation eintritt, fallen in der Kabine die Sauerstoffmasken automatisch aus der Decke, die Flugcrew legt die Sauerstoffmasken an, und ein Sturzflug wird eingeleitet. Es ist genügend Sauerstoff vorhanden, um die Passagiere und Crew einige Zeit in niedrigeren Höhen zu versorgen, nimmt jedoch in der Höhe rapide ab. Ebenso kann sich ein Versagen des Sauerstoffsystems als katastrophal erweisen, so daß ein Sinkflug sofort eingeleitet werden muß.

Der Kapitän schließt die Schubhebel, wählt die Bremsklappen und wartet eine Geschwindigkeit zum Ausfahren des Fahrgestells bei 270 Knoten ab. Sodann wird das Fahrgestell ausgefahren und der Autopilot ausgeschaltet. Der Kapitän dreht das Flugzeug vom Kurs und drückt die Nase scharf nach unten, bis maximale Geschwindigkeit erreicht ist. Bei dem in diesem Zustand auftretenden erheblichen Widerstand sinkt das

Flugzeug mit 10 000 bis 12 000 Fuß pro Minute. Irgendwo zwischen 10 000 und 14 000 Fuß oder in Abhängigkeit von der Sicherheitshöhe auch höher wird das Flugzeug abgefangen und auf dem nächstgelegenen Flugplatz zur Landung angesetzt. Unter 14 000 Fuß können die Passagiere ohne Sauerstoffmasken frei atmen, die Flugcrew bleibt jedoch auf Sauerstoff, bis das Flugzeug unter 10 000 Fuß gesunken ist. Zu Notfallverfahren gehören auch die Feuerdrills für die Kabine (BCF). Feuerlöscher für alle Feuerarten und flüssige Feuerlöscher zum Eindämmen tieferliegender Feuer sind an einer Mehrzahl Stellen über das Flugzeug verteilt. Diese Drills umfassen: Laderaumfeuer, Entfernung von Cockpit und Kabinenrauch, den Anflug und das Landen mit nur zwei Triebwerken, das Landen mit nur teilweise ausgefahrenem Fahrgestell (d. h. wenn ein Fahrgestell nicht ausgefahren werden konnte), Systemstörungen, Versagen von Klappen, Höhenflosse und Flugsteueranlagen und viele andere. Die Checkliste enthält normale, wahlweise und Notfall-Drills, was ein ganzes Buch für sich selbst ergibt.

Das Unwohlsein eines Mitgliedes der Flugcrew ist ein Problem, dessen die Piloten gewahr sind, und entsprechende Verfahren werden im Simulator praktiziert. Solche Situationen sind zwar selten, wenngleich Zwischenfälle medizinischer Art oder Nahrungsmittelvergiftungen auftreten können; und es ist bekannt, daß sie ihren Tribut gefordert haben. (Das Essen für die Cockpitcrew wird von getrennten Caterfirmen – Küchen, die sich auf das Bordessen spezialisiert haben – zubereitet, und Kapitän und Copilot bekommen verschiedene Gerichte zu unterschiedlichen Zeiten serviert.) Zwei Mitglieder der Flugcrew können eine Boeing 747 landen, obwohl dies unter normalen Bedingungen nicht getan wird. Der Flugverkehrskontrolle wird ein Notfall erklärt, und der Crew wird jede Hilfe und die erforderliche Zeit gewährt. Einmal litt ein Kapitän im Flug an Durchfall. Ein als Passagier mitreisender Arzt empfahl ihm, drei Tabletten einzunehmen, um seine häufigen Toilettenbesuche einzuschränken. Der Kapitän zögerte zunächst, die angebotene Medizin anzunehmen, war dann aber letztlich aufgrund des Drängens des guten Doktors bereit, die Pillen zu schlucken. Aber der Doktor hatte die Pillen verwechselt und dem Piloten Schlaftabletten verabreicht. Nun schnarchte der Kapitän geräuschvoll in seinem Sitz und wachte erst Stunden später nach der Landung im Flughafen-Krankenhaus wieder auf!

Bei Fehlfunktionen der Flugsteuerung, d. h. den Steuerorganen, Ausfall wichtiger Systeme oder Problemen mit dem Fahrwerk, kann mit einer Bruchlandung gerechnet werden, und es wird ein Notfall erklärt. Die Feuerwehr, die Polizei, Rettungsmannschaften, Krankenhäuser werden in Alarmzustand versetzt. (Es werden von diesen Institutionen in Abständen praktische Übungen durchgeführt, um zu prüfen, daß sie im Ernstfall den auftretenden Situationen gewachsen sind.) Bruchlandun-

246

gen als solche sind selten, und der Ausdruck bezieht sich mehr auf Landungen im Notfall, wo Hilfe erst dann gebraucht wird, wenn das Flugzeug sicher am Boden ist. So muß z. B. bei einer Fahrwerkanzeige »nicht eingerastet« ein Bruchlandungsdrill eingeleitet und die entsprechenden Stellen in Alarmbereitschaft versetzt werden, wenn das Flugzeug dann auch ohne jeglichen Zwischenfall sicher landet. Ein loderndes Triebwerkfeuer bei der Landung erfordert natürlich das Eingreifen der Feuerwehr, und sofort nach dem Stillstand wird eine Evakuierung des Flugzeugs erforderlich. Tatsächlich kann ein Triebwerkfeuer nach der Landung oder ein Bruch in den Treibstofftanks die größte Gefahr darstellen, und in diesen Fällen muß die Evakuierung der Passagiere natürlich so schnell wie möglich geschehen. Tests haben ergeben, daß beim Riß eines Treibstofftanks durch Schlageinwirkung sich der ausfließende Treibstoff durch Inberührungkommen mit der Luft in einen hochentflammbaren Nebel verwandeln kann. Es wurde jetzt ein Polymeradditiv mit hohem Molekulargewicht entwickelt, das dieser Nebelwirkung entgegenwirkt, und man hofft, daß es die Gefahr eines sofortigen Treibstoffbrandes nach dem Absturz bei andererseits überlebbaren Unfällen größtenteils verringert. Fahrgestell eingefahren oder nur teilweise ausgefahren ist eine weitere Bruchlandungsursache; auf vielen Flugplätzen können Schaumteppiche auf der Landebahn ausgebreitet werden, um Funken aufzufangen und die Gefahr eines Feuers zu mindern.

In einer Notfallsituation mit der Aussicht auf eine Notevakuierung werden die Passagiere entsprechend informiert. Brillen, Schlipse, Gebisse und Schuhe sind abzulegen, die Sitze aufrecht zu stellen, so daß der Passagier nicht vom Vordersitz verletzt und der hinter ihm Sitzende durch einen nach hinten rutschenden Sitz keinen Schaden nimmt. Die Tische werden natürlich sicher verstaut. Während aller Starts und Landungen ist es wichtig, daß das Handgepäck unter den Sitzen verstaut wird, um die Gänge und die Türen freizuhalten. Bei Bruchlandungen wird der Copilot in einer Höhe von etwa 1000 Fuß vor dem Aufsetzen die Passagiere über die Borddurchsage informieren. Die Passagiere werden aufgefordert, sich nach vorne zu lehnen und die Anschnallgurte festzuziehen, ihren Kopf auf Kissen und die Arme über den Kopf zu legen. Auf 200 Fuß ruft der Copilot »brace, brace« (machen Sie sich zur Notlandung bereit), und die Passagiere nehmen die vorgeschriebene Haltung ein. Wenn der Notfall von einem nicht sicheren Fahrgestell oder einem Triebwerk- oder Kabinenfeuer herrührt, kann eine Ausbreitung des Feuers vorausgesehen werden, und so kann es natürlich vernünftig sein, eine Evakuierung sofort beim Halt des Flugzeuges einzuleiten. Zuerst werden die Bremsen betätigt, die Druckluft ausgeschaltet und die Triebwerke abgeschaltet. Das Signal zur Evakuierung der Passagiere ertönt, und die Kabinencrew öffnet die Türen unter automatischem Auslösen der Notrutschen. Die Passagiere werden aufgefordert, hintereinander auf die Rutschen zu springen. So kann ein vollbesetzter Jumbo in 90 Sekunden (vorausgesetzt, daß die Hälfte der Ausgänge zur Verfügung steht) evakuiert werden.

Bruchlandungen in entlegenen Gegenden sollten immer in Betracht gezogen und vorausgeplant werden. So wird z. B. auf Transpolarflügen eine entsprechende Ausrüstung mitgeführt, wie Polaranzüge, Kerosinöfen und Schneeschaufeln usw. Sitze werden aus dem Heck der Kabine herausgenommen, und die Polarausrüstung wird am Boden unter Haltenetzen untergebracht.

Da der größte Teil der Erde aus Wasserflächen besteht, liegt eine Wasserung durchaus im Bereich des Möglichen. Obwohl dies heutzutage sehr selten ist, werden auf allen Überseeflügen Schwimmwesten und Schlauchboote in Form von Rettungsinseln (Abb. 11.9) mitgeführt. Eine Schwimmweste befindet sich unter jedem Sitz, und an jeder Haupttür, mit Ausnahme der auf der Tragfläche befindlichen Notausgänge, sind kombinierte Notrutschen/Rettungsinseln angebracht, die automatisch aufgeblasen werden, wenn sich die Tür öffnet. Sobald sich diese Ausrüstungen auf offener See befinden, kann ein Verdeck zum Schutz der Passagiere entfaltet werden. An den Tragflächenausgängen sind Rutschen und Überlebensausrüstungen in den oberen Gepäckfächern vorhanden.

Die Flugcrew hat bei einer Notlandung auf See Anweisung, das Flugzeug längs der Dünung und Wellenkämme zu landen, und zwar entweder auf den Wellenkämmen oder im Lee der Wellen. Das Flugzeug wird mit vollen Klappen und bei normaler Geschwindigkeit aufsetzen, wobei jedoch das Fahrwerk eingezogen bleibt, damit ein glatter Flugzeugkörper auf die Wasseroberfläche auftrifft. Nachdem das Flugzeug auf der Wasseroberfläche aufgesetzt hat, werden die Türen geöffnet und die Rutschen automatisch entfaltet. Bei den über den Tragflächen vorgesehenen Notausgängen sind die Rutschen scharnierartig mit der Tür verbunden und werden unaufgeblasen ins Wasser geschleudert. Ein straffes Ziehen ihrer Leinen im Wasser führt zum Aufblasen, und die Evakuierung kann beginnen. Mit Passagieren, Crew und Überlebensausrüstungen befinden sich natürlich auch Notsender (die beim Aufrichten der Antenne einen Pfeifton auf der Notfrequenz 121,5 MHz senden) im Boot. Auch werden Erste-Hilfe-Ausrüstungen mitgeführt, und die Rutschen und Rettungsinseln können losgelöst werden und sich von dem sinkenden Flugzeug entfernen. Wenn man genügend weit vom Flugzeug entfernt ist, können Versuche unternommen werden, die Rettungsboote zu einer Gruppe zusammenzufügen, um eine Rettung zu erleichtern.

Auf zwei weitere Eventualitäten ist die Crew ebenfalls gut vorbereitet, nämlich Flugzeugentführungen und Bombendrohung. Der erste Fall eines ungesetzlichen Eingriffs in den Zivilluftverkehr fand im Jahre 1930 in Peru statt, als eine Gruppe Revolutionäre einer F-7 befahl, außer Landes zu fliegen. Erst in den späten vierziger und frühen fünfziger Jahren nahm die Zahl der Flugzeugentführungen zu, als etwa ein Dutzend Fälle von Luftpiraterie erfolgreich waren; Verkehrsflugzeuge wurden von Menschen in ihre Gewalt gebracht, die dem Eisernen Vorhang entrinnen wollten. Nach einer Beruhigungspause begannen zu Ende der fünfziger Jahre die »Flieg-mich-nach-Kuba«-Entführungen, die das Verbrechen der Luftpiraterie weltweit epidemische Ausmaße annehmen ließen. Es häuften sich 70 erfolgreiche und 19 versuchte Flugzeugentführungen im Jahre 1969, die größte Anzahl bis zum heutigen Tage in einem Jahr.

1970 begannen Flugzeugentführungen durch die Volksfront zur Befreiung Palästinas (PFLP), um arabische Guerillas aus europäischen Gefängnissen zu befreien. Am 6. September 1970 wurden von der PFLP gleichzeitig drei Flugzeuge – eine TWA Boeing 707, eine Swissair DC 8 und eine Pan Am Boeing 747 – entführt, und schon am 9. September wurde von der gleichen Organisation eine BOAC VC 10 besetzt. Die Pan Am Boeing 747 wurde am darauffolgenden Tag in Kairo zerstört,

Abb. 11.9 Notrutsche.

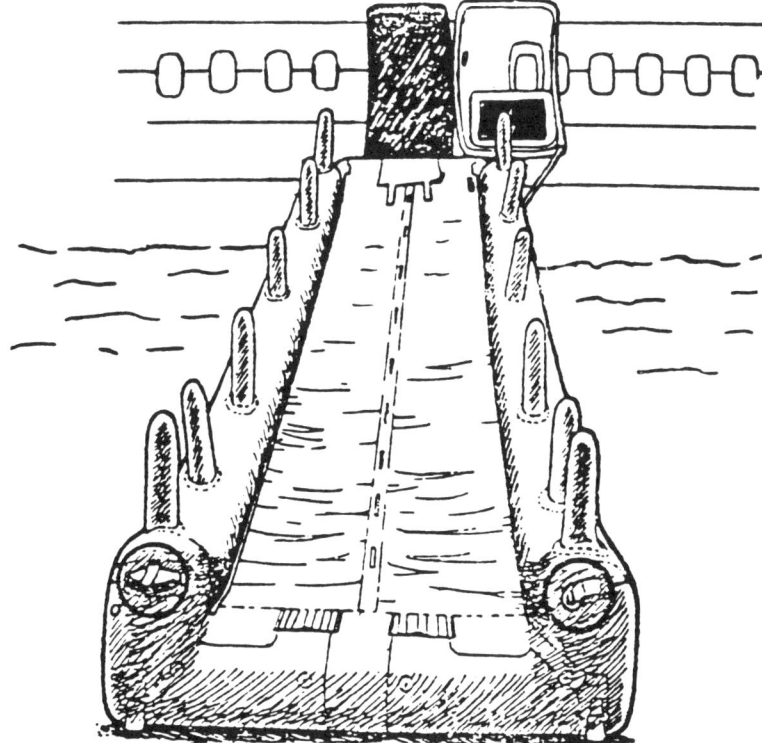

während die anderen Flugzeuge (B707/DC8/VC10) zu einem außer Betrieb befindlichen Flugplatz in Jordanien – Dawson's Field – geflogen wurden. Dort blieben sie einige Tage, bis sie am 12. September 1970 systematisch gesprengt wurden. Die Passagiere wurden weitere drei Wochen von den Terroristen gefangengehalten, während die Regierungen zur Befreiung der Gefangenen in Verhandlungen eintraten. Das Ergebnis war die Freilassung von insgesamt sieben arabischen Guerillas durch die Schweiz, die Bundesrepublik und Großbritannien. So endete der schwärzeste Monat in der Geschichte der Flugzeugentführungen.

In den frühen Siebzigern begannen Entführungen aus finanziellen Gründen. Es wurden enorme Summen als Gegenleistung für eine sichere Freilassung von Passagieren, Crew und Rückgabe des Flugzeuges gefordert. Nahezu alle scheiterten mit Ausnahme einer recht bemerkenswerten, begangen von einem Mann in den mittleren Jahren und als D. B. Cooper bekannt, der dann so etwas wie ein amerikanischer Volksheld wurde. Am 24. November 1971 drohte der bewußte Mr. Cooper, eine Boeing 727 in der Luft zu sprengen, wenn er nicht 200 000 Dollar und zwei Fallschirme bekäme. Das Flugzeug landete und blieb gerade so lange auf dem Flughafen von Seattle, um seine Forderungen zu erfüllen. Kurz nach dem Start sprang Cooper aus dem Flugzeug und ward nie mehr gesehen.

In den späten siebziger und frühen achtziger Jahren gingen die Flugzeugentführungen merklich zurück, wenn dieses Verbrechen nicht überhaupt aus der Mode gekommen ist. Die Chancen für Entführer haben sich beträchtlich verschlechtert, nachdem Regierungen der Länder der dritten Welt nun weniger tolerant gegenüber diesem Verhalten sind. Sicherheitsvorkehrungen auf Flughäfen sind verschärft worden, und Metallsonden, das Durchleuchten des Handgepäcks und das Identifizieren einzelner Gepäckstücke haben die Sicherheit erheblich verbessert; nicht nur im Hinblick auf Flugzeugentführungen, sondern auch gegenüber Bombendrohungen. Auch die Beamten haben sich auf Flugzeugentführer eingestellt, und das Risiko für diese Kriminellen ist nun so hoch geworden, daß eine Gefangennahme in den meisten Fällen das Ergebnis ist. Es kommt nur ganz selten vor, daß Täter von den Sicherheitskräften erschossen werden.

Die Fluggesellschaften und Länder nehmen verschiedene Haltungen hinsichtlich der Bekämpfung des Luftterrorismus ein. In den Vereinigten Staaten verbietet die Luftfahrtbundesbehörde (Federal Aviation Authority – FAA –) Passagieren einen Cockpitbesuch während des Fluges, während in der UdSSR die Besatzungen aufgefordert werden, Entführungsversuche zu bekämpfen. Bei manchen Gesellschaften wird die Cockpittür immer verriegelt, und bewaffnete Beamte, die sogenannten »sky marshals«, begleiten die Flüge, obwohl eine Schießerei mit Terroristen in der Luft katastrophale Folgen haben kann, wenn ein Geschoß die Flugzeugwand durchschlägt. Andere wiederum haben eine mehr entspannte Haltung im Hinblick auf den Zugang zum Cockpit, indem sie nicht ganz unberechtigt davon ausgehen, daß mit modernen Waffen ausgerüstete Terroristen eine nicht bewaffnete Crew leicht überwältigen können und daß der Weg des geringsten Widerstandes für die Passagiere der sicherste ist. Tatsächlich kommt es in den seltensten Fällen bei Entführungen, obgleich sie manchmal blutig und heftig sind, zu einem Flugzeugunglück. Die letzten Erfahrungen haben auch gezeigt, daß bei einer Überwältigung die Sicherheit am besten aufrechterhalten werden kann, wenn die Crew den Forderungen der Terroristen entspricht. Wie dem auch immer sei, sind strenge Sicherheitsvorkehrungen auf den Flughäfen die einzige Antwort, und in Zukunft, wenn sich alle Regierungen weigern, Terroristen Asyl zu gewähren, können Flugzeugentführer nirgend woanders mehr hingehen als ins Gefängnis.

Hin und wieder treffen auch einmal Bombendrohungen ein, wenn die Fluggesellschaft davon unterrichtet wird, daß sich an Bord eines bestimmten Fluges ein Explosivkörper befindet. Obgleich eine derartige Drohung ernst genommen wird, erweist sie sich später meistens als Falschmeldung. Ergeht eine Bombendrohung, wenn sich das Flugzeug noch am Boden befindet, kann schnell gehandelt werden; die Passagiere werden evakuiert, und es findet eine sofortige Durchsuchung statt. Ist das Flugzeug in der Luft, ist dies etwas anderes, und das Flugzeug muß auf dem nächstgelegenen Flugplatz landen. Auf dem Flug zum Ausweichflughafen wird das Flugzeug diskret durchsucht und die Passagiere auf eine Notevakuierung nach der Landung vorbereitet. Wird ein verdächtiger Gegenstand gefunden, wird er mit Decken, Sitzkissen und Handgepäck bedeckt, um eine mögliche Explosion zu dämpfen. Als weitere Vorsichtsmaßnahme wird in den Sinkflug übergegangen und der Überdruck in der Kabine aufgehoben, um das Risiko einer Beschädigung der Zelle im Falle einer Explosion zu verringern.

*

Skyship One überfliegt 55N 40W um 17,41 GMT und begibt sich in Richtung der nächsten Kursposition von 52N 50W. Die Temperatur beläuft sich auf −51 °C, und der Wind kommt aus 245° T mit 40 Knoten, was eine Geschwindigkeit über Grund von 463 Knoten ergibt. Der Kapitän schaltet den Autopiloten aus, um die Trimmung zu prüfen und stellt einen Anstellwinkel von 2 1/2° auf dem ADI beim Wiedereinschalten des Autopiloten fest. Ein zusätzlicher Vorteil dieses Anstellwinkels besteht darin, daß die Unterseite des Flugzeuges positiven Auftrieb erzeugt und weitere Treibstoffeinsparungen resultieren. Der Navigationscheck bestätigt die INS-Wegpunkte und den Kurs, das Fluglog wird auf den letzten Stand bei 50W gebracht und die Positionsmeldung an Gander auf 13288 kHz abgesetzt.

CP – Gander, Skyship One auf eins drei, Positionsmeldung Gander – Skyship One, Gander, kommen.

CP – Skyship One, fünf fünf Nord vier null West um eins sieben vier eins, Fläche drei fünf null, fünf zwei Nord fünf null West um eins acht drei vier. Dotty nächster Punkt.

Gander wiederholt die Meldung und gibt Skyship One die Anweisung, bei 50W sich auf 8854 kHz zu melden.

CP – Skyship One, das ist alles richtig Gander, und wir rufen bei 50W auf acht acht fünf vier.

Irgendwann während des Fluges möchte die Crew etwas essen, und allgemein wird die Mahlzeit serviert, wenn die Passagiere bedient worden sind. Die Mahlzeiten werden von Tabletts auf dem Schoß gegessen. Einige Fluggesellschaften gestatten auch während des Fluges Besuche im Cockpit, und dies liegt im Ermessen des Kapitäns. Gelegentlich werden Passagiere zu einer Besichtigung eingeladen, obwohl, wie bereits gesagt, nicht in den USA, wo die FAA-Richtlinien dies verbieten. Im allgemeinen ist der erste Eindruck der, daß das Cockpit klein und lauter als erwartet ist, wobei man aus dem Hintergrund das Pfeifen der Luft hört. Viele vermissen auch eine Bewegung des Flugzeuges, da es über den weit unten liegenden Wolken stillzustehen scheint.

Die Cockpitinstrumente der Boeing 747 sind nicht die fortschrittlichsten, da das Flugzeug in den späten 60er Jahren gebaut und erstmals 1970 in Dienst gestellt wurde. Es wurden natürlich Modernisierungen eingeführt und weiter entwickeltere Ausrüstungen kontinuierlich eingebaut. Die Grundinstrumenten-Ausstattung blieb jedoch mit ihrer Analog- und Digitaldarstellung mit vielen Skalen und Zeigern. Modernere Cockpits haben ihr überhäuft wirkendes Aussehen verloren, und die Wiedergaben bestehen zum größten Teil aus Digitalanzeigen auf fernsehähnlichen Kathodenstrahlröhren-Bildschirmen (CRT). Das Cockpitdesign der Boeing 757, 767 und des Airbus A 310 bedient sich im vollen Umfang der CRT-Geräte. Der Fluglagenanzeiger und das Variometer sind keine mechanischen und elektrischen Instrumente mit beweglichen Teilen mehr, sondern durch Computer erzeugte Bilder, die auf einem kleinen Bildschirm wiedergegeben werden.

Zusätzlich zum Trägheitsnavigationssystem (INS) stehen der Computernavigation nun die Computer des Flug-Management Systems (FMS) zur Verfügung, die Informationen über die Flugzeugleistung, Treibstoffverbrauch und Navigationsdaten geben. Die Einzelheiten werden digital auf einen kleinen Bildschirm überspielt und können, soweit erforderlich, jeweils einzeln abgerufen werden. Informationen werden durch Drücken numerierter Tasten ähnlich wie beim INS eingegeben und abgefragt. Durch diese Fluginformationen können die günstigsten Zeiten, niedrigsten Kosten, Maximalbereich oder kleinste Treibstoffmenge ermittelt werden, jedoch besteht der offensichtliche Vorteil des FMS in seiner Kapazität, Treibstoff zu sparen. Dem FMS werden kontinuierlich Daten bezüglich der Höhe, Geschwindigkeit über Grund, Treibstoffdurchfluß, Triebwerk-Druckverhältnis, N1 (Gebläse)-Geschwindigkeit und die Flugzeug-Konfiguration eingegeben.

Beim Flugmode können optimale Höhe, Geschwindigkeit, Triebwerkleistungseinstellungen während des Reisefluges und günstige Leistungsprofile für alle Flugphasen dargestellt werden. Im Navigationsmode werden die Navigationseingaben vom Computer wiedergegeben. Vor dem Abflug wird eine entsprechende Streckenzahl eingetippt, und das Flugzeug wird sodann automatisch entlang der angestrebten Route geführt. Das FMS wählt ebenfalls automatisch VOR/DME-Funkfeuer auf der Strecke, stimmt sie ab und bringt die Navigationsinformationen laufend auf den neuesten Stand.

Die Verwendung des FMS während des Fluges gestattet einen automatischen Betrieb der Schubhebel über einen Vortriebsregler-Computer, um die benötigte Leistungseinstellung und Geschwindigkeiten beizubehalten. Geringfügige Geschwindigkeitsveränderungen werden durch den Autopiloten mit Hilfe einer Art Energiesparprogramm gesteuert, daß die Fluggeschwindigkeit mit der Höhe optimiert wird. Geringfügige Schwankungen in der Fluggeschwindigkeit, bedingt durch auffrischende Winde, werden in Höhe umgesetzt, und zwar durch leichtes Steigen oder Sinken mit zunehmender oder abnehmender Fluggeschwindigkeit, und wird mit nur kleinen Abweichungen in der Höhe (plus oder minus 50 Fuß) erzielt. Das beste Flugprofil wird ohne kontinuierliche geringfügige Bewegungen der Schubhebel erzielt, was nur zum Verschwenden von Treibstoff führt. Der Vortriebsregler-Computer ist ebenfalls programmiert, um die im Falle eines Triebwerkausfalls benötigte Flugzeughöhe zu berechnen und um das Triebwerk vor Blockierung und Erlöschen zu schützen.

Beim Start können einige Vortriebsregler-Systeme in Eingriff gebracht werden, um die Schubhebel automatisch nach vorne zu drücken und somit die Startleistung vorher einzustellen. Schub wird während des Steigens durch Wahl des Steigmode verringert, und das Flugzeug kann bei einer konstanten Leistungseinstellung, Geschwindigkeit und Machzahl in Abhängigkeit von den Erfordernissen steigen. Beim Anflug stellt der Vortriebsregler-Computer die für das Flugprofil vom Piloten ausgewählte Leistung ein und schließt automatisch die Schubhebel nach dem Aufsetzen bei einer automatischen Landung. Wenn sich ein Fehlanflug ergibt, wird automatisch Durchstartleistung eingestellt, wobei ein Durchstartknopf an den Schubhebeln gedrückt wird.

Dieses hochentwickelte, weiter oben beschriebene System, befindet sich heute an Bord der neuesten Düsenflugzeuge, und das Cockpit der Zukunft, oder wenigstens für die nächsten Jahrzehnte, ist bereits vorhanden. Blickfeld-Anzeigen, die sich auf der Windschutzscheibe befinden, sind z. B. in Kampfflugzeugen üblich und werden zur Zeit für die

Verwendung in Verkehrsmaschinen weiterentwickelt. Mit derartigen Anzeigen kann der Pilot seinen Kopf in der normalen Lage beim Landen halten, während Informationen von den Hauptfluginstrumenten auf der Windschutzscheibe vor ihm angezeigt werden; und dies ist insbesondere unter ungünstigen Wetterbedingungen vorteilhaft. Gleitpfad und Rollbahn-Mittellinien werden ebenfalls überspielt werden, möglicherweise in Form einer künstlichen Start-/Landebahn, die mit der tatsächlichen Start-/Landebahn ausgerichtet ist, wenn das Flugzeug durch die Wolken bricht.

Am Boden sind bereits Mikrowellen-Landesysteme auf einigen Flughäfen installiert, die eventuell die Funksignale des ILS ersetzen werden. Mikrowellen-Landesysteme unterliegen nicht Interferenzen und gestatten bei der Landung Kurvenanflüge. Es sind nun Flugregelanlagen – bekannt als »fly-by-wire« in Benutzung und arbeiten durch elektrische Signale, wobei keinerlei mechanische Verbindungen mit den Rudern und Steuerflächen mehr vorhanden sind. Wenn ein Pilot einen Flugzustand durch Bewegen der Steuersäule ändert, wird die benötigte Bewegung der Steuerfläche durch den Computer bestimmt. Derartige Systeme können so programmiert werden, daß sie vom Piloten vorgenommene Steuerbewegungen, die einen sicheren Flugablauf in Frage stellen könnten, zurückweisen. Es sind ebenfalls Änderungen der Flugsteuerung in Aussicht genommen, und ein Airbus A 300 wird bereits mit einem Mini-Steuerknüppel neben dem linken Knie des Piloten anstelle der Steuersäule testgeflogen. Der Mini-Steuerknüppel ist nur 12 cm lang und gestattet das Fliegen des Flugzeugs mit nur einer Hand. Das Entfernen der herkömmlichen Steuersäule würde ebenfalls zu einer Verbesserung der Sicht auf die Fluginstrumente führen.

Bei der Navigation sind Laser-Kreisel-Navigationssysteme im täglichen Gebrauch, und die Satellitennavigation befindet sich in der Entwicklung und wird für Flugzeuge etwa im Jahre 1990 zur Verfügung stehen. Ein System, Navstar, besitzt neun Satelliten, die im Weltraum senden, und für den Yachtbesitzer stehen heute schon leichte Navigationsausrüstungen zur Verfügung. Vierundzwanzig Satelliten sind insgesamt erforderlich, um die ganze Welt navigatorisch voll zu erfassen, und sobald sie vorhanden sind, werden Flugzeuge weltweit mit einer Genauigkeit von 20 Fuß navigiert werden können.

Die Größe der Flugzeuge wird sich im nächsten Jahrzehnt nicht wesentlich ändern, jedoch wird das Oberdeck der Boeing 747 weiter und weiter nach hinten gestreckt. Das gestreckte Oberdeck der Boeing 747-300 Reihe kann 80 Personen aufnehmen, und so liegt die Boeing 747 mit insgesamt 700 und mehr angebotenen Sitzplätzen im Doppeldeck nicht in so ferner Zukunft.

Für internationale Flüge bestehen bilaterale Abkommen zwischen den Regierungen bezüglich Routenführungen, Flugplänen und Flugtarifen über die Luftfahrtbehörden, wie die Civil Aviation Authority (CAA) in Großbritannien und der Federal Aviation Authority (FAA) in den Vereinigten Staaten. Anträge von Fluggesellschaften, bestimmte Flugpreise für beflogene Strecken anzubieten, unterliegen ebenfalls der Zustimmung der Regierungen. Auf einigen Strecken wird ein gemeinsamer Service angeboten; jede nationale Fluggesellschaft führt eine gleiche Zahl an Flügen durch, und die erzielten Einnahmen werden gleichmäßig unter beiden verteilt. Es gibt ebenfalls eine Anzahl internationaler Flugvereinigungen wie die ICAO und IATA beispielsweise. ICAO – die International Civil Aviation Organization – ist eine UNO-Behörde, zu der Regierungsbeamte gehören, die technische Normen bezüglich der Ausrüstung, Wartung, Flugverfahren und Sicherheit usw. erlassen. Obgleich sich die meisten Gesellschaften nach der ICAO richten, sind die USA und UdSSR bemerkenswerte Ausnahmen, die ihre eigenen Normen setzen.

1944 wurde das Abkommen der internationalen Fluggesellschaften bestätigt, als 52 Nationen das Chicagoer Abommen unterzeichneten, daß die fünf Freiheiten der Luft festlegte. Freiheit eins: das Recht zum Überfliegen eines Landes; zwei: eine technische Zwischenlandung in einem Land zwecks Auftanken und Inanspruchnahme von Dienstleistungen; bis zur fünften und nunmehr sechsten Freiheit, die internationalen Fluggesellschaften zum Beispiel gestattet, zahlende Passagiere zwischen zwei anderen Nationen zu befördern, z. B. hat Pan American – auf der Strecke New York – London – Brüssel – Rechte ausgehandelt, Passagiere in London an Bord zu nehmen und in Brüssel abzusetzen.

IATA – International Air Transport Association – ist eine Art internationale Handelskammer, der Repräsentanten der Fluggesellschaften von Mitgliedern angehören, die kommerzielle Normen bezüglich der Passagiereinrichtungen, Flugservice, Bestuhlung (einschließlich der Erhöhung der Sitzplatzkapazität durch Hinzufügen von Plätzen), das Catering (einschließlich der Zusammensetzung der Mahlzeit), Freigepäckgrenze usw. und sogar wieviel Drinks oder Geschenke dem Fluggast kostenlos übergeben werden dürfen, regelt. Von den Mitgliedern erwartet man, daß sie den »Empfehlungen« folgen. Viele Fluggesellschaften halten es jedoch für vorteilhafter, der IATA nicht beizutreten, aber die meisten der großen Fluggesellschaften bevorzugen die Sicherheit der Mitgliedschaft.

*

Es ist jetzt 18.45, und Skyship One befindet sich 200 Seemeilen von der Küste Neufundlands entfernt, auf Flugfläche 350. Die letzte Positionsmeldung über Kurzwelle wurde bei 52N 50W an Gander abgesetzt, wobei eine Schätzung für Dotty mit 19,03 angegeben wurde, und Skyship One erhielt die Mitteilung, Gander auf 126,9 MHz (VHF) beim Anflug auf Dotty anzurufen. Im Cockpit hat die Crew ihre Mahlzeit beendet   255 und bereitet Karten für die nächste Phase des Fluges vor, während in der Kabine gerade der nach dem Essen gezeigte Film seinem Ende zugeht, einige Passagiere gehen im Flugzeug herum und strecken ihre Beine. Das letzte New Yorker Wetter wird um 18.10 auf Kurzwelle 8868 kHz mitgeschrieben; die Vorhersage für JFK zeigt niedrige Wolken und Regen. In 35 000 Fuß über dem westlichen Atlantik herrscht zur Zeit ein Wind aus 270° T mit 50 Knoten, und die OAT beträgt −62 °C. Die Geschwindigkeit über Grund ist 437 Knoten.

CP −   Gander, Skyship One, fliegen auf drei fünf null, schätzen Dotty eins neun null drei.

Gander −   Skyship One, guten Abend, squawk fünf sechs zwei vier (auf dem Transponder wird 5624 eingestellt).

Gander −   Skyship One, Sie sind radaridentifiziert, freigegeben nach Kennedy über Dotty, Nordamerikaroute eins sechs null, bleiben Sie auf drei fünf null. Lassen Sie Positionsmeldungen weg.

Die Nordamerika-Route 160 wird als hohe Flugfläche und Jet 581 nach Conay, Fredericton, Bangor, Kennebunk (und nach New York) den entsprechenden Karten entnommen, bestätigt und mit den Fluglogs verglichen.

Über Neufundland, mit noch annähernd 2 1/2 Stunden Flugzeit bis Kennedy, spricht der Kapitän zu den Passagieren, gibt eine Lagemeldung und informiert sie über die Ankunftszeit, die flugplanmäßig auf 4.35 p. m. Ortzeit geschätzt wird, und über das zu erwartende Wetter in New York. Um 19.10 wird das Wetter wiederum aufgezeichnet, diesmal auf der Kurzwellen-Frequenz 5652 kHz, und die Vorhersage für Kennedy lautet: Wolken in 900 Fuß aufgebrochen, 2200 Fuß bedeckt, Sicht ca. 5 km, Regen, Nebel, Temperatur 4 °C, Taupunkt 3 °C, Wind aus 180° T mit 13 Knoten. Skyship One möge Gander nun auf der Frequenz 133,9 MHz rufen.

CP − Gander, Skyship One heavy, guten Tag, fliegen drei fünf null, erbitten Fläche drei sieben null und wenn möglich direkte Streckenführung.

(Dem Rufzeichen wird nun »heavy« hinzugefügt, um anzugeben, daß es sich um ein großes Düsenflugzeug handelt.)

Skyship One wird gebeten, auf Hörbereitschaft zu bleiben, bis der Computer die Streckenführungen nach New York festgestellt hat. Eine direkte Route wird zu dieser Stufe des Flugablaufs oft erbeten, und da das Flugzeug für eine Flugfläche 390 noch zu schwer ist, stehen entgegengesetzte Flugflächen, wie in diesem Fall 370, häufig zur Verfügung, da der meiste Flugverkehr in der gleichen Richtung verläuft. Zur Zeit besteht die Freigabe für Flugfläche drei sieben null, und der Steigflug wird eingeleitet. Über dem St.-Lorenz-Strom, dreißig Minuten später, wird ebenfalls die Freigabe erteilt, von der jetzigen Position direkt nach Norwich, 100 Seemeilen nördlich von New York, einer gesamten direkten Entfernung von über 600 Seemeilen zu fliegen. Norwich ist der INS-Streckenabschnitt 9, und 0–9 wird in das INS eingetastet und das Flugzeug in eine Kurve gelegt, um den Großkreis direkt zu fliegen, was Zeit und Treibstoff spart. Entlang der Strecke werden natürlich noch Funkfeuer angepeilt, um den Flugverlauf zu überwachen, aber das Flugzeug fliegt hauptsächlich auf dem direkten Weg von Funkfeuer zu Funkfeuer. Da das Flugzeug sich jetzt auf Flugfläche 370 befindet, untersteht es Moncton-Control auf einer Frequenz von 133,1 MHz, und beim Überfliegen der Küste von New Brunswick beim Prince Edward Island wird es an Moncton, Frequenz 132,15 MHz, weitergereicht.

Um 20.14, querab vom Funkfeuer Fredericton, ist das Flugzeug nur noch fünf Minuten von der Grenze nach den USA entfernt, und nun ist die Flugverkehrskontrolle von Boston auf 134,8 MHz zuständig. Boston fordert Skyship One auf, 2333 auf den Transponder zu rasten, und die direkte Streckenführung nach Norwich auf Flugfläche 370 wird bestätigt, mit einem Saybrook-3-Anflug auf New York. (Saybrook-3-Anflug steht hier für eine festgelegte Route über mehrere Funkfeuer, wie in den Anflugkarten ausgedruckt.) Während des Fluges bleibt die Frequenz Boston schweigsam, da keine Positionsmeldungen in den USA erforderlich sind und wenig Funkverkehr herrscht. Selcal wird jedoch schon auf der VHF-Box Nr. 3 gewählt und auf die Frequenz von Arinc New York 129,9 MHz abgestimmt, und Selcal-Signale ertönen, die anzeigen, daß ein Kontakt hergestellt wird. (Arinc ist eine amerikanische Fernmeldegesellschaft, die kommerzielle und private Nachrichten innerhalb Amerikas übermittelt, und dieses System kann ebenfalls mit normalen Telefonleitungen verbunden werden.) Skyship One erhält über 129,9 MHz der Arinc-Frequenz eine Mitteilung der Gesellschaft, daß aufgrund des Wetters mit 30minütigen Landeverspätungen in Kennedy zu rechnen ist. Der Treibstoff reicht für eine 30minütige Verspätung auf Kennedy zuzüglich einer Umleitung nach Montreal nicht aus, sollte Kennedy geschlossen werden, aber ein schneller Blick auf die Wettervorhersage für Boston zeigt, daß Boston die Grenzen nicht unterschreitet, und der Kapitän benennt Boston als Ausweichflughafen. Der Flugingenieur stellt den erforderlichen Treibstoff für ein Ausweichen von Kennedy nach Boston mit 14,9 Tonnen fest. Geht man von den geschätzten verbleibenden 20,0 Tonnen aus, verbleiben 5,1 Tonnen für Verzögerungen im Warteraum. Dieser benötigte Treibstoff wird mit 9,0 Tonnen pro Stunde berechnet, was ein Kreisen von 34 Minuten bei den verfügbaren 5,1 Tonnen ausmacht. Gerade genug für die erwarteten Verzögerungen.

Über dem Funkfeuer von Bangor in Maine ist es nun 20.31 Uhr. Das

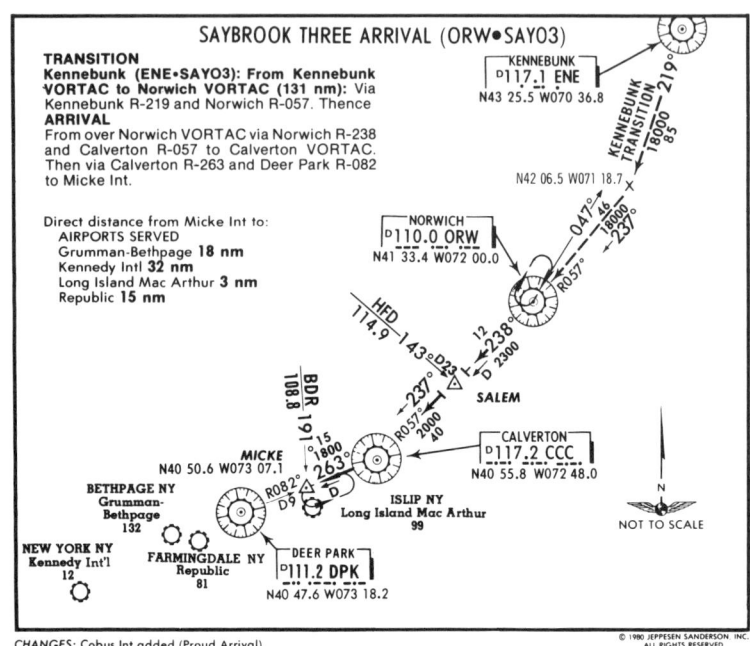

CHANGES: Cobus Int added (Proud Arrival).

Abb. 11.10 Anflugkarte für den Ankunftsabschnitt Saybrook-3.

Flugzeug befindet sich noch auf Flugfläche 370, und Skyship One wird an Boston-Control auf 134,95 MHz abgegeben. Es werden Vorbereitungen zum Sinken, Anflug und die Landung getroffen. Es wird noch einmal die Standard-Anflugroute Saybrook 3 mit den Karten verglichen (Abb. 11.10) und zeigt eine Streckenführung entlang der 238°-Radiale vom Norwich-VOR weg nach Calverton-VOR, sodann die 263°-Radiale von Calverton nach Deer Park-VOR über Micke, ein imaginärer Punkt (DME 9 entfernt von Deer Park); und dies stellt die freigegebene Grenze eines Saybrook-3-Anfluges dar. Die Warteschleife über Micke ist links herum in Richtung der 082°-Radiale vom Deer Park-VOR gezeigt, und dies ist ein Kurs in 262°-T-Richtung. Zum Überbrücken von Verspätungen können Flugzeuge leider nicht während des Fluges wie ein Auto an einer roten Ampel halten und haben keine andere Wahl als zu kreisen; es müssen allerdings über einem bestimmten Punkt genaue Flugwege eingehalten werden, und man kann nicht einfach herumkreisen.

Die letzte Wettervorhersage für New York gibt einen Wind aus 180° T mit 13 Knoten (192° M – Abweichung 12° W) an, so daß eine Landung in den Wind auf der Landebahn 22 links oder 22 rechts (JFK verfügt über zwei Gruppen paralleler Start-/Landebahnen in NE/SW-Richtung, d. h. O4L und R, 22R und L – und NW/SE – d. h. 31L und R und 13R und L – (gleich einem Puzzlespiel, Abb. 11.16). Der Kurs von Deer Park zur

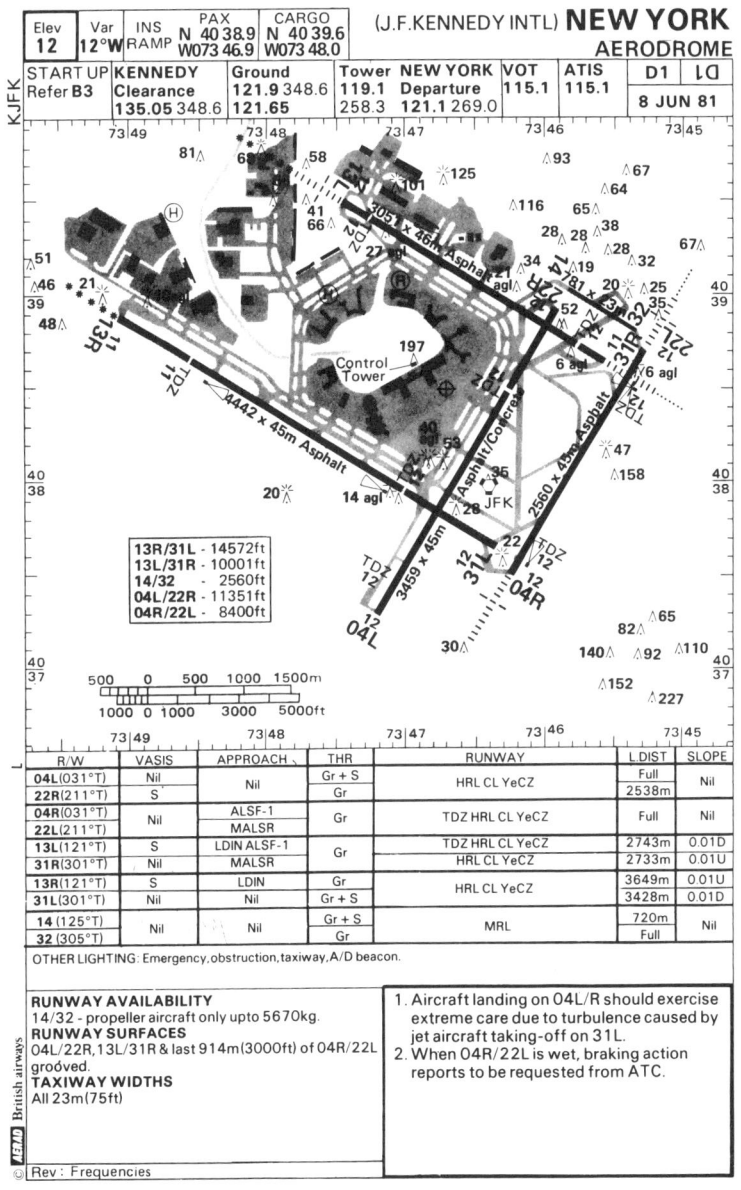

	Elev	Var	INS	PAX	CARGO	
KJFK	12	12°W	RAMP	N 40 38.9 W073 46.9	N 40 39.6 W073 48.0	(J.F. KENNEDY INTL) **NEW YORK** AERODROME

START UP Refer B3	KENNEDY Clearance 135.05 348.6	Ground 121.9 348.6 121.65	Tower 119.1 258.3	NEW YORK Departure 121.1 269.0	VOT 115.1	ATIS 115.1	D1 8 JUN 81	LD

Control Tower

197

JFK

4442 x 45m Asphalt

3051 x 46m Asphalt

2560 x 45m Asphalt

3459 x 45m

13R/31L - 14572ft
13L/31R - 10001ft
14/32 - 2560ft
04L/22R - 11351ft
04R/22L - 8400ft

500	0	500	1000	1500m
1000	0 1000	3000	5000ft	

R/W	VASIS	APPROACH	THR	RUNWAY	L.DIST	SLOPE
04L(031°T)	Nil	Nil	Gr + S	HRL CL YeCZ	Full	Nil
22R(211°T)	S		Gr		2538m	
04R(031°T)	Nil	ALSF-1	Gr	TDZ HRL CL YeCZ	Full	Nil
22L(211°T)		MALSR			Nil	
13L(121°T)	S	LDIN ALSF-1	Gr	TDZ HRL CL YeCZ	2743m	0.01D
31R(301°T)	Nil	MALSR		HRL CL YeCZ	2733m	0.01U
13R(121°T)	S	LDIN	Gr	HRL CL YeCZ	3649m	0.01U
31L(301°T)	Nil	Nil	Gr + S		3428m	0.01D
14 (125°T)	Nil	Nil	Gr + S	MRL	720m	Nil
32 (305°T)			Gr		Full	

OTHER LIGHTING: Emergency, obstruction, taxiway, A/D beacon.

RUNWAY AVAILABILITY
14/32 - propeller aircraft only upto 5670kg.
RUNWAY SURFACES
04L/22R, 13L/31R & last 914m(3000ft) of 04R/22L grooved.
TAXIWAY WIDTHS
All 23m(75ft)

1. Aircraft landing on 04L/R should exercise extreme care due to turbulence caused by jet aircraft taking-off on 31L.
2. When 04R/22L is wet, braking action reports to be requested from ATC.

Rev : Frequencies

D1   AERODROME (JOHN F. KENNEDY INTL) **NEW YORK**

Abb. 11.11 Kennedy Airport Lande-/Starbahn-Karte und Rollwege.

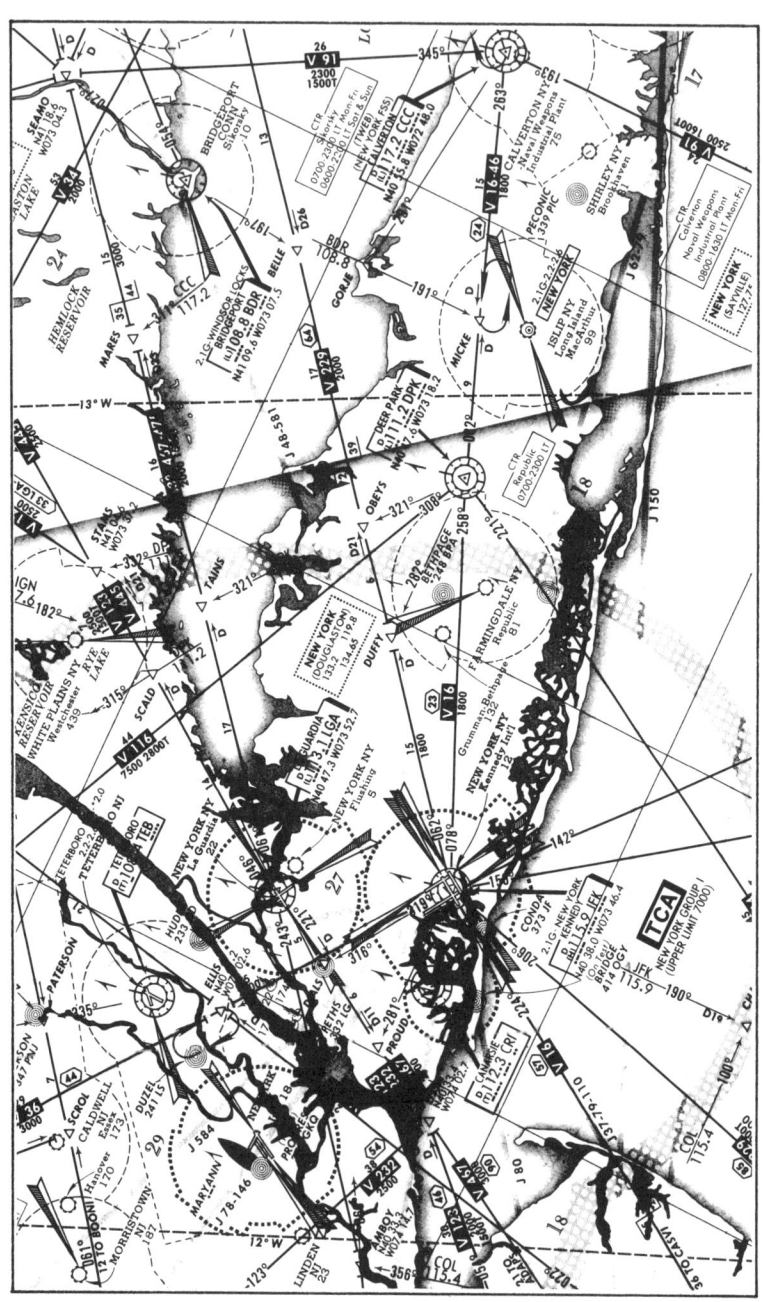

Gebietskarte von New York.

260

Landebahn 22 beträgt etwa 36 Seemeilen, und so ist eine Höhe von 10 000 Fuß über Deer Park-VOR wohl richtig. Als überschlägliche Hilfe wird die zum Sinkflug benötigte Entfernung als der erforderliche Höhenverlust geteilt durch 300 berechnet, d. h. 10 000 dividiert durch 300 = 33 Seemeilen. Um in einer Höhe von 10 000 Fuß mit der in den USA gestatteten Geschwindigkeit von 250 Knoten unter dieser Höhe über Deer Park anzukommen, muß einer Tabelle, aus der die erforderliche Sinkgeschwindigkeit unter Berücksichtigung des Flugzeuggewichtes und der Windkomponente ersichtlich ist, die Entfernung nach Deer Park entnommen werden, um den Sinkflug einzuleiten. In diesem Fall beträgt die aufzugebende Höhe 27 000 Fuß (von Flugfläche 370 herunter auf 10 000 Fuß), und das Flugzeug wiegt noch etwa 230 Tonnen, die durchschnittliche Gegenwindkomponente wird auf 25 Knoten geschätzt. Die Entfernung wird mit 75 Seemeilen festgestellt, was tatsächlich etwa der Entfernung von Norwich-VOR zum Deer Park-VOR (tatsächlich 76 Seemeilen) entspricht, so daß der Sinkflug über Norwich, etwa 100 Seemeilen von New York entfernt, eingeleitet werden kann.

Trotz Berechnung des besten Ortes, einen Sinkflug zu beginnen, neigt jedoch ATC in den USA dazu, Flugzeuge weit eher zum Sinkflug aufzufordern, und so bereitet sich die Crew darauf vor, den Sinkflug bereits etwas vor Norwich einzuleiten. Es werden die Anflug- und Landeverfahren für die Landebahn 22 durchgesehen, der Landekarte (Abb. 11.12) die Sicherheitshöhen, Anflug- und Fehlanflugverfahren und weitere Einzelheiten bezüglich der ILS-Frequenz sowie Anflugkurs, Lage des Voreinflugzeichens, die Höhe, mit der dieses Voreinflugzeichen zu überfliegen ist, und der Landeanflug (unter Prüfen des ILS-Gleitweges), Zustand der Landebahnschwelle, Landebahnbeleuchtung und -länge entnommen. Der Warteraum über Micke wird überprüft und das Einflugverfahren bestätigt. Zu diesem Zeitpunkt ist sich die Crew natürlich durchaus noch nicht sicher, ob die Landebahn 22 zur Verfügung steht oder ob eine Umplanung in letzter Minute erforderlich wird; was sie wissen, ist der Anflug über Saybrook-3 mit einer möglichen Verzögerung über Micke, doch geht man davon aus, daß der Anflug unter Radarkontrolle von Deer Park zum ILS auf die 22 links oder rechts steht.

Gerade über Boston und noch 15 Minuten bis Norwich, eine Überflugzeit wird auf 21.00 Uhr geschätzt, wechselt die Flugverkehrskontrolle auf 134,47 MHz. Das Wetter Boston wird von ATIS abgehört auf der Boston-VOR-Frequenz 112,7 MHz und wird als geeignet zum Ausweichen bestätigt. Da sich das Flugzeug nun nahe dem Sinkflug befindet, verlangt der Kapitän den »before descent check« (eine Überprüfung aller Maßnahmen vor dem Sinkflug). Wieder einmal liest der Flugingenieur die Checkliste, während die beiden anderen antworten. Das Landegewicht wird auf 223 Tonnen geschätzt und eine Minimalgeschwindigkeit zum Überqueren der Landebahnschwelle mit voll ausgefahrenen Klappen, die Bezugsgeschwindigkeit – V_{ref} – wird unter Berücksichtigung des Gewichtes entsprechenden Tabellen entnommen. Die angezeigte V_{ref}-Geschwindigkeit von 132 Knoten wird auf einer Landekarte zusammen mit den entsprechenden Geschwindigkeiten für ein Klappensetzen auf 20° (V_{ref} + 10 – 142 Knoten), Klappen 5° (V_{ref} + 40 – 172 Knoten) und keine Klappen (V_{ref} + 80 – 212 Knoten) – alle Werte auf die Bezugsgeschwindigkeit bezogen – notiert. Es wird die Triebwerksleistung im Falle eines Fehlanflugs unter den jetzigen Bedingungen auf 1,41 EPR berechnet und ebenfalls auf die Landekarte aufgetragen. Weitere wichtige Informationen sind die Sicherheitshöhe, Höhe des Voreinflugzeichens, Höhe eines Fehlanflugs und Landebegrenzungen (d. h. geringste Höhe beim Herauskommen aus den Wolken und kleinste annehmbare Sicht), in diesem Fall 320 Fuß über Meeresspiegel (bezogen auf die Druckhöhe) und 4000 Fuß Sicht für einen handgeflogenen ILS und 200 Fuß über Grund (vom Funkhöhenmesser) und 2000 Fuß für eine handgeflogene Landung unter Zuhilfenahme eines Anflugs mittels Autopilot. Hier ist die Sicht der wesentliche Faktor. Ein Landen mit dem Autopiloten ist auf der Landebahn 22L gestattet, ist jedoch für Wetterbedingungen unter denjenigen eines Anflugs mittels Autopilot nicht vorgesehen.

Da das Wetter auf JFK nicht so gut ist, beabsichtigt der Kapitän, das Flugzeug auf dem ILS auf eine minimale Höhe mit Sichtkontakt herunterzufliegen, auf 200 Fuß über Grund auf dem Funkhöhenmesser – die Entscheidungshöhe, wenn ein Durchstarten für den Fall eingeleitet werden muß, daß die Landelichter nicht sichtbar sind. Sollten sie zum Zeitpunkt der Entscheidungshöhe sichtbar sein, kann der Anflug fortgesetzt, der Autopilot ausgeschaltet und die Landung manuell erfolgen; oder natürlich im Falle der 22L automatisch. Wenn der Autopilot irgendwann während des Anflugs ausgeschaltet wird, bevor Sichtkontakt zum Boden hergestellt ist, bezieht sich die Entscheidungshöhe auf einen Grenzwert von 320 Fuß hinsichtlich der Druckhöhe. Alle angezeigten Geschwindigkeiten werden auf dem ASI zusammen mit 80 Knoten markiert, die Geschwindigkeit, bei der die Schubumkehr normalerweise verringert wird. Die Höhen von 200 und 320 Fuß werden ebenfalls in den Funk- und Höhenmessern eingestellt. Der Flugingenieur stellt das Kabinendruckverhältnis zur Landung ein, Befeuchtungsanlagen werden abgeschaltet, die Instrumentenschaltungen werden überprüft, Sitz- und Schultergurte werden verriegelt, die Landedaten und Beschränkungen werden einer Überprüfung unterzogen und eingestellt, Sicherheitshöhen bestätigt, und der Kapitän gibt der Crew die Landeverfahren bekannt. In diesem Fall ist ein Autopilotanflug auf die 22L oder R unter Verwendung des ILS beabsichtigt, wobei die Auswahl der Funkfeuer, Höhe des Voreinflugzeichens, Landebegrenzungen und das Fehlanflugverfahren allgemein besprochen werden. Der Flugingenieur gibt bekannt, daß der »Landecheck« abgeschlossen ist.

Boston – Skyship One heavy, freigegeben, nach Ermessen des Piloten zu sinken und Flugfläche zwei zwei null beim Überflug von Norwich auf zwei zwei null beizubehalten.

Aufgrund des Verkehrs wurde die Sinkfreigabe früher als erhofft gegeben, aber die Crew hat keine andere Wahl, als ihr zu folgen. Da der anfängliche Abstieg schnell vor sich gehen wird, dürften 40 Seemeilen außerhalb von Norwich ausreichend sein, um den Abstieg von 15 000 Fuß zu beginnen und bei Norwich in den Horizontalflug überzugehen.

Abb. 11.12 Landekarte.

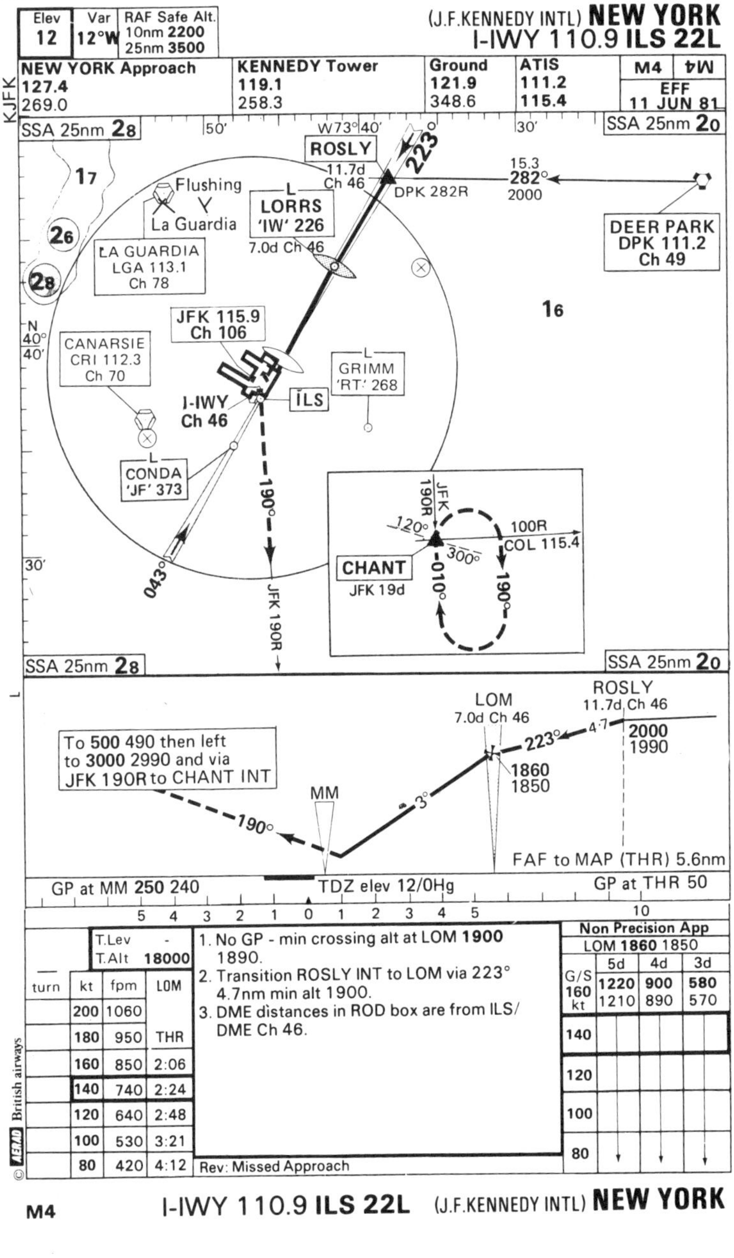

Elev 12	Var 12°W	RAF Safe Alt. 10nm **2200** 25nm **3500**		(J.F.KENNEDY INTL) **NEW YORK** I-IWY 110.9 ILS 22L			
NEW YORK Approach **127.4** 269.0		**KENNEDY** Tower **119.1** 258.3		Ground **121.9** 348.6	ATIS **111.2** **115.4**	M4 ⊬W EFF 11 JUN 81	

Chart content (I-IWY 110.9 ILS 22L, J.F. Kennedy Intl, New York):

SSA 25nm **28** · 50' · W73°40' · ROSLY 11.7d Ch 46 · 223° · 30' · 15.3 282° 2000 · SSA 25nm **20**

17 · Flushing · La Guardia · LORRS 'IW' 226 7.0d Ch 46 · L DPK 282R · DEER PARK DPK 111.2 Ch 49

26 · LA GUARDIA LGA 113.1 Ch 78

28 · JFK 115.9 Ch 106 · 16

N 40°40' · CANARSIE CRI 112.3 Ch 70 · L GRIMM 'RT' 268

I-IWY Ch 46 · ILS

CONDA L 'JF' 373 · 190° · JFK 190R · CHANT JFK 19d · JFK 190R 120° 300° 010° 190° · 100R COL 115.4

043° · 30'

SSA 25nm **28** · SSA 25nm **20**

LOM 7.0d Ch 46 · ROSLY 11.7d, Ch 46 · 223° · 4.7 · 2000 1990

To **500** 490 then left to **3000** 2990 and via JFK 190R to CHANT INT · MM · 3° · 1860 1850 · N

190° · FAF to MAP (THR) 5.6nm

GP at MM **250** 240 · TDZ elev 12/0Hg · GP at THR 50

5 4 3 2 1 0 1 2 3 4 5 10

	T.Lev – T.Alt **18000**			1. No GP - min crossing alt at LOM **1900** 1890.		Non Precision App			
turn	kt	fpm	LOM	2. Transition ROSLY INT to LOM via 223° 4.7nm min alt 1900.		LOM **1860** 1850			
				3. DME distances in ROD box are from ILS/ DME Ch 46.		G/S **160** kt	5d **1220** 1210	4d **900** 890	3d **580** 570
	200	1060				140			
	180	950	THR						
	160	850	2:06			120			
	140	740	2:24						
	120	640	2:48			100			
	100	530	3:21			80	↓	↓	↓
	80	420	4:12	Rev: Missed Approach					

British airways

263

M4 · I-IWY 110.9 **ILS 22L** · (J.F.KENNEDY INTL) **NEW YORK**

Sinken und Warten

CP – Boston, Skyship One heavy, verlasse Flugfläche drei sieben null und sinke auf zwei zwei null.

Die Variometermarkierung stellt der Kapitän auf eine Sinkgeschwindigkeit von 3000 Fuß pro Minute ein, und beim Verlassen von Flugfläche 370 fordert er Sinkleistung an. Der Flugingenieur nimmt die Schubhebel zurück, und nun gleitet das Flugzeug bei geringster Leistung. Die Sinkfluggeschwindigkeit liegt zunächst bei 0,82 Mach, aber wenn das Flugzeug in die dichteren Luftschichten eintritt, ist der ASI als Hauptgeschwindigkeitsinstrument in Funktion, und die Sinkgeschwindigkeit wird auf 5000 Fuß pro Minute eingestellt, während sich die IAS auf 340 Knoten erhöht. Das Geschwindigkeitsmode wird gewählt und der Sinkflug bei 340 Knoten fortgesetzt, wodurch sich die Sinkgeschwindigkeit etwas verringert. Beim Sinken des Flugzeuges beginnt das an den Innenseiten der kalten Metallecken am Cockpitfenster gebildete Eis beim Anschalten der Befeuchtungsanlage zu schmelzen, wenn sich die Außenluft erwärmt, und tropft auf die Crew hinunter.

Innerhalb des Bereiches der ATIS-Übertragung vom Deer Park-VOR schreibt der Flugingenieur die Mitteilung »Bravo« mit: Wolken 400 Fuß aufgelockert, 900 Fuß aufgebrochen, 1700 Fuß bedeckt, Sicht etwa 5,5 km, Regen, Nebel, Wind aus 195° M mit 15 Knoten, Temperatur 4 °C, Taupunkt 3 °C, Luftdruck 29,50 (Zoll Quecksilber, etwa 1015 hPa), Landebahn ILS 22L. Der Flugingenieur ruft ebenfalls die Gesellschaft auf VHF-Box 2 an und gibt die ETA durch.

Kapitän – Guten Tag, meine Damen und Herren, hier spricht Ihr Kapitän. Wir haben nun unseren Sinkflug auf New York begonnen, wurden jedoch davon in Kenntnis gesetzt, daß wir eine 30minütige Wartezeit aufgrund des Wetters haben, so daß wir nun in etwa 50 Minuten landen werden. Ich werde Sie über jede Neuigkeit informieren. In New York ist eine niedrige Wolkendecke, Regen mit auffrischenden Winden, und die jetzige Temperatur beträgt 5 °C.

Beim Verlassen von Norwich auf Flugfläche 220 und durch das INS auf der Saybrook-Ankunftsroute navigiert, schaltet Skyship One auf New York 133,3 MHz um. Das Volumen der Funkgespräche nimmt nun bemerkenswert zu, und man hat sich in Geduld zu fassen. Skyship One ist inzwischen auf 12 000 Fuß gemäß der Höhenmessereinstellung von 29,50 freigegeben. Die Übergangshöhe für die gesamten Vereinigten Staaten liegt in Flugfläche 180, und da Skyship One unter dieser Flugfläche freigegeben wurde, werden beide Höhenmesser auf 29,50 eingestellt und überprüft. Die Instrumente geben nun die Höhe des Flugzeuges über Meeresspiegel im Gebiet New Yorks an. Eine weitere Freigabe erfolgt, auf 10 000 Fuß zu sinken und bei Micke in den Horizontalflug überzugehen und sich dort in die Warteschleife zu begeben. Im Augenblick wird der Flug noch automatisch durchgeführt, während die Crew den Flugverlauf überwacht und sich ein Bild von der Flugzeugposition anhand der Instrumentenanzeigen und Peilungen verschafft. Micke ist noch ein wenig voraus, und es wird etwas Leistung gegeben, um den Sinkflug zu verlangsamen. Das INS führt das Flugzeug im Augenblick ein bißchen rechts des Kurses, das Kursmode wird eingeschaltet, und das Flugzeug kehrt auf seinen Kurs zurück unter Betätigen des Kursknopfes und mit Hilfe der Instrumente. Beim Überfliegen von Calverton-VOR in einer Höhe von 11 000 Fuß mit einer Geschwindigkeit von 340 Knoten dreht der Kapitän das Flugzeug auf die Radiale 263° zu Micke.

Alle: eintausend noch zu fliegen. Nun ist die Verkehrskontrolle von New York auf der Frequenz 125,7 MHz zuständig, und es entwickelt sich ein reger Funkverkehr.

CP – New York, Anflugkontrolle, Skyship One heavy auf zehntausend.

New York – Skyship One heavy, behalten Sie zehntausend bei. Eine Warteschleife über Micke, dann direkt Deer Park.

Offensichtlich hat sich die angekündigte 30minütige Warteverzögerung erübrigt, und Skiship One muß nur vier Minuten in der Warteschleife fliegen. Das Flugzeug befindet sich nun nur noch 13 Seemeilen von Micke entfernt, und »Höhe grün« wird beim Abfangen in 10 000 Fuß ausgerufen, die Geschwindigkeit verringert sich. Zu diesem Zeitpunkt befindet sich das Flugzeug in einem Höhenbereich von 6000 bis 14 000 Fuß, und es wird in den USA erwartet, daß es innerhalb dieser Grenze eine Geschwindigkeit von 210 Knoten einhält. Die niedrigste Geschwindigkeit ohne Klappen ist mit 212 Knoten eingegeben, so wird die Erlaubnis eingeholt und erteilt, über Micke mit 230 Knoten zu fliegen, was keine Klappen erfordert und Treibstoff spart. Die in Warteschleifen in den USA vorgeschriebenen Geschwindigkeiten sind: vom Boden bis 6000 Fuß – 200 Knoten; 6000 bis 14 000 Fuß – 210 Knoten und über 14 000 Fuß 230 Knoten; die ICAO-Bestimmungen für die gleichen Höhen: 210, 220 und 240 Knoten. Diese Werte gelten für Flugzeuge in der Warteschleife, jedoch werden auch höhere Geschwindigkeiten zugestanden, wenn das Flugzeug »sauber« ist, d. h. die Landeklappen nicht ausgefahren sind.

Die Schubhebel sind nun geschlossen, um die Geschwindigkeit zu verringern. Da das Flugzeug aerodynamisch gut gebaut ist, bedarf es bei einer Flughöhe von 10 000 Fuß lediglich 10 Seemeilen, um von 340 auf 230 Knoten in der Warteschleife zu kommen. Auf beiden VORs wird **265** nun Deer Park gewählt und der Kurs nach Micke, 262°, auf dem Kursanzeiger eingestellt. Micke ist DME 9 von Deer Park entfernt, wie die Instrumente anzeigen, und mit einer Geschwindigkeit von 230 Knoten und einer Höhe von 10 000 Fuß bringt der Kapitän das Flugzeug unter Anwenden der Kurssteuerung für eine Minute auf die Ausflugskurve von 082°. Sodann wird der Steuerkurs eingestellt, um eine Abdrift auszugleichen. Mit jeder etwa einminütigen Kurve und etwa einminütigem Fliegen auf dem Außenstück der Warteschleife, ausgerichtet zum Wind, wird eine vierminütige Warteschleife erzielt. Der Einflug in die Warteschleife bei Micke ist für Skyship One einfach, da das Flugzeug auf das Außenstück kurvt, das Einfliegen in die Warteschleife aus anderen Richtungen erfordert jedoch schwierige Einflugmanöver. Gelegentlich werden Flugzeuge unerwartet angewiesen, über Funkfeuern zu kreisen. Diese Anweisungen ergehen so kurzfristig, daß die Warteschleife, der Sektor, in dem sich das Flugzeug gerade befindet und das Einflugverfahren schnell erarbeitet werden müssen. (Während der Ausbildung kurven Flugschüler gelegentlich in die falsche Richtung.)

Nach einer Minute auf dem Außenstück dreht der Kapitän das Flugzeug nach links gegen Micke und stellt den Kurs ein, um das Innenstück zu befliegen, wobei der Leitbalken dann in der Mitte des Instrusments liegt. Das Flugzeug war angewiesen worden, eine Warteschleife zu fliegen und setzt seinen Flug bei Micke nach Deer Park fort.

New York – Skyship One heavy, bestätige Achttausend, Verlassen Sie Deer Park, Steuerkurs zwei fünf null. Wenn Achttausend erreicht, Geschwindigkeit 210 Knoten.

Skiship One kommt der Anweisung nach, und als sich die Geschwindigkeit verlangsamt, werden die Landeklappen auf 1° ausgefahren. Der Kapitän bittet um den Anflug-Check. Der Copilot prüft die Geschwindigkeit, wählt Klappen 1° und überprüft, daß die Klappen ausgefahren sind – »Klappen eins gefahren« – während der Flugingenieur den Anflug-Check weiterliest. Kabinenzeichen werden eingeschaltet, Hilfspumpen angeschaltet, die Tankschaltung geprüft und auf Landung gesetzt, Zündung wird auf Flugstart eingestellt, die Bremsklappen werden zum automatischen Aufrichten nach dem Aufsetzen eingeklinkt, die automatischen Bremsen werden auf ihren kleinsten Wert gebracht und die Höhenmessereinstellungen überprüft. Der Anflug ist nicht abgeschlossen, bevor die Klappen auf 5° ausgefahren sind, aber alle anderen Erfordernisse sind erfüllt.

Kapitän – Meine Damen und Herren, die langen Warteverzögerungen sind doch nicht eingetreten, und wir beginnen nun unseren Anflug. Wir werden in etwa 15 Minuten landen. Von hier aus fliegen wir südwestlich runter nach Long Island, machen eine Linkskurve auf den Endanflug und werden in südöstlicher Richtung landen.

Genau um 21.14 Uhr überfliegt das Flugzeug Deer Park und geht in eine Linkskurve auf Steuerkurs 250°, Flughöhe 8000 Fuß, Geschwindigkeit 210 Knoten. Ortszeit in New York 16.14, und es ist immer noch hell, obwohl sich eine tiefe Wolkendecke ausgedehnt hat, so daß noch keine Bodensicht besteht. Skyship One ist nun unter Radarkontrolle und auf die Anflugfrequenz 132,4 MHz freigegeben.

Anflug und Landung

Der heutige Anflug unter Radar wird fast ausschließlich vom Boden kontrolliert, wobei ATC den Flugzeugen Steuerkurse, Höhen und Geschwindigkeiten durchgibt. In modernen Radarkontrollzentren haben die Fluglotsen auf ihren Bildschirmen Anzeigen bezüglich des Flugzeugkurses, der Höhe und Geschwindigkeit über Grund. Jedoch können sie keine Steuerkurse, Fluggeschwindigkeiten oder Steig- und Sinkraten angeben und müssen sich nach diesen Werten bei den Piloten erkundigen. Flugzeuge werden in »S« Kurven (und auch Kreisen) geflogen oder zuvor verlangsamt, alles immer unter Radarkontrolle, um sich mit der erforderlichen Staffelung in den Endanflug einzureihen. Radar-Steuerkurse führen den Flug schließlich mit einem Winkel von angenähert 30° bis 40° zur Landebahn-Mittellinie etwa 10 Seemeilen von der Landebahnschwelle entfernt; und der ILS- und Endanflug werden entweder automatisch oder mit Hand unter der Kontrolle der Piloten geflogen.

Wo auf weniger verkehrsreichen Flughäfen keine Radarkontrolle zur Verfügung steht, bedarf es immer noch einer Sinkfreigabe, jedoch werden Sinkflug, Anflug und Landeverfahren, einschließlich Höhen und Geschwindigkeiten, von den Piloten selbst geplant und durchgeführt. In derartigen Fällen bedingt die ATC-Freigabe normalerweise den Abstieg in Richtung auf ein Funkfeuer an dem Flughafen auf eine gewisse Höhe, sagen wir 4000 Fuß, und es bleibt den Piloten überlassen, mit der korrekten Höhe und Geschwindigkeit dort anzukommen, wobei bereits alle Anflugchecks ausgeführt sind. Bei schlechtem Wetter ist man auf einen vollständigen Instrumentenflug angewiesen, und dies bedingt zumeist, daß man seine Position außerhalb des Flughafens durch Sinken auf eine bestimmte Höhe erreicht. Dies führt dann dazu, daß man erst einmal vom Flughafen wieder wegfliegt, und zwar in entgegengesetzter Richtung zum Einflugkurs auf der Landebahn-Mittellinie. Sodann wird das Flugzeug mit einer Verfahrenskurve auf die Einflugstrecke in Richtung des Flughafens geflogen –, dann entlang der Landebahn-Mittellinie, und erst im Endanflug sinkt man, um zu landen. Anflugkarten für alle Landebahnen für einen Instrumentenanflug befinden sich an Bord und geben die Verfahren und Sinkprofile sowie die Erhöhungen und viele weitere Einzelheiten wieder.

Flughäfen unter vollständiger Radarkontrolle geben ebenfalls vollständige zu fliegende Anflugverfahren im Fall der Betriebsunfähigkeit von Ausrüstungen an. Es müssen genaue Kurse durch Anpassen des Steuerkurses unter Berücksichtigung der Abdrift geflogen werden, Stoppuhren messen die Zeitstrecken und Kurvenflüge, und Geschwindigkeiten, Höhen und Sinkprofile müssen sehr genau eingehalten werden. Bei schlechtem Wetter erfordert dies große Konzentration, um das sich in den Wolken schüttelnde Flugzeug akkurat zu fliegen. Wenn die Anflugeinrichtung ein ILS ist, stehen Landebahn-Mittellinien- und Gleitpfadführungen bis zum Aufsetzpunkt zur Verfügung, und das Flugzeug kann entweder per Hand nach den Instrumenten oder automatisch durch den Autopiloten geflogen werden, der die Funkfeuer des ILS abfliegt. Einige ILS-Anflüge an gewissen Flughäfen werden durch Präzisions-Anflugradar bei schlechtem Wetter überwacht, und die Piloten werden bei einer bemerkenswerten Abweichung vom ILS gewarnt – z. B. in Hongkong, wo ILS-Anflüge auf die Bahn 31 zwischen den Inseln geflogen werden. Anflüge nach Vor und NDB werden nur zum Durchstoßen der Wolken benutzt, wobei direkt nach unten zur Landung handgeflogen wird, und ein Sichtbezug ist bei kurzen Endanflügen unerläßlich. Ein VOR-Anflug ist weniger genau als ein ILS-Anflug, und somit ist eine höhere Wolkenunterbegrenzung erforderlich, während ein NDB noch höhere Grenzwerte erfordert, da er das unzuverlässigste unter allen Anflugverfahren ist.

Beim Anflug auf einen ruhigen Flughafen in gutem Wetter mag der Kapitän einen Sichtanflug mit Landung erbitten, wobei das Flugzeug relativ zu der Landebahn durch einen Blick aus dem Fenster (wie bei einem Leichtflugzeug) ausgerichtet wird, während Flughöhe, Steuerkurs und Geschwindigkeit genau nach den Instrumenten geflogen werden. Ein visuelles Ausrichten für die Landung erspart Zeit und vermeidet langwierige Verfahren. Wenn natürlich ein ILS oder andere Anlagen zur Verfügung stehen, werden diese zur Führung auf den Endanflug benutzt. Wird das Flugzeug visuell zur Landebahn ausgerichtet, ist es natürlich sehr wichtig, durch verfügbare Hilfsmittel gegenzuprüfen, ob das Flugzeug auch zur richtigen Landebahn ausgerichtet ist, wenn Parallelbahnen vorhanden sind, und daß man sich auch auf dem richtigen Flughafen befindet. Solche Flughäfen, wie z. B. Sharjah und Dubai am Persischen Golf, liegen sehr nahe beieinander und ihre Start-/Landebahnen haben gleiche Ausrichtung, und es ist Piloten nicht unbekannt, auf dem falschen Flughafen gelandet zu sein.

268   Das Wetter für Sichtanflüge muß den Sichtwetterbedingungen (VMC) entsprechen, die vorschreiben, daß der Pilot Bodensicht, eine Sicht von wenigstens 8 km und einen waagerechten und senkrechten Abstand von Wolken von wenigstens 1,5 km bzw. 300 m hat. Wo die Wetterbedingungen schlecht sind, spricht man von Instrumentenwetterbedingungen (IMC), und von dem Piloten wird erwartet, daß er solange nach Instrumenten fliegt, bis er Sichtkontakt zur Landebahn in einer gewissen Höhe über dem Landepunkt hat. In VMC folgt das Flugzeug den Sichtflugregeln (VFR), die grundsätzlich besagen, daß der Pilot für seine eigene Staffelung zwischen Flügen verantwortlich ist und keinen Freigaben oder Anweisungen der Flugverkehrskontrolle unterliegt. In IMC, nachts und im kontrollierten Luftraum müssen selbst in klarem Wetter Flugzeuge den Instrumentenflugregeln (IFR) folgen, und bestimmte Regeln sind vorgeschrieben. Alle großen Düsenflugzeuge operieren meist im kontrollierten Luftraum und unterliegen deshalb den IFR, die vorschreiben, daß ein ATC-Flugplan mit allen Einzelheiten bezüglich des Fluges einzureichen ist, daß ATC-Freigaben und -Anweisungen gefolgt werden muß, daß bestimmte geeignete Funkausrüstungen mitgeführt werden und daß die Piloten über eine geeignete Lizenz verfügen müssen, d. h. eine gültige Instrumentenflugberechtigung besitzen.

Während der Ausbildung müssen alle Piloten, gleich ob auf einmotorigen Propellermaschinen oder den großen Jets, Starts und Landungen im Platzrundenbetrieb (»circuits and bumps«) durchführen. Eine Platzrunde hat rechteckige Form, was das Starten in den Wind auf eine Sicherheitshöhe durch eine Steigkurve auf den Kurs mit rechten Winkeln zur Startbahn und Abfangen bei einer bestimmten Höhe (1500 Fuß für die großen Jets) bedeutet. Sobald das Flugzeug im Geradeausflug ist, wird es in einen Gegenanflug gedreht, um parallel zur Landebahn bis hinter die Landebahnschwelle zu fliegen. Sodann folgt eine weitere 90°-Kurve, um im rechten Winkel zur Landebahn zu sinken, und schließlich sinkt man in einer weiteren Kurve zur Landebahn-Mittellinie, um zu landen. Beim Verlangsamen des Flugzeugs auf der Rollbahn bereitet man sich schnell auf einen weiteren Start vor, und ohne anzuhalten, wird volle Startleistungen gegeben, und das Flugzeug hebt sich wieder in die Lüfte. Das Platzrundenfliegen erfordert alle grundlegenden Flugverfahren vom Start, Steigflug, Kurvenflug, Horizontalflug, Sinkflug, Anflug bis zur Landung.

Jede Platzrunde dauert etwa 10 Minuten und bringt einen ganzen Teil Arbeit mit sich. Diese Erfahrung kann jedoch bei einem Sichtanflug gute Dienste leisten. Anstatt den Flughafen zu überfliegen und einen Vollkreis zu fliegen, bringt der Pilot das Flugzeug visuell in den Gegen- und Endanflug (entweder links oder rechts in Abhängigkeit von Anflugrichtung des Flughafens), beurteilt Entfernung und Höhe von der Landebahn unter Verwendung der beim Platzrundenflug gesammelten Erfahrungen, und fliegt das letzte Stück zur Landung herunter. Liegt der Flughafen geradevoraus, kann der Pilot das Flugzeug für einen Direktanflug ausrichten.

Wenn im Sichtflug gelandet wird, stehen normalerweise einige Funkeinrichtungen zur Führung auf den Endanflug zur Verfügung, aber nur das ILS (wenn eins vorhanden ist) zeigt den Gleitpfad an. Ohne Funkhilfen ist es nicht schwierig, auf der Mittellinie aufzusetzen, da man sie vor sich sieht und die Anflugbefeuerung einen deutlichen Hinweis gibt. Das genaue Sinkprofil zu beurteilen, ist hingegen schwieriger, und so sind eine Anzahl Hilfsmittel zur Führung entwickelt worden. Die Gleitwinkelbefeuerung (VASI) besteht aus zwei farbigen Balken, die übereinander angeordnet sind, und an beiden Seiten der Landebahn am Aufsetzpunkt stehen. Wenn das Flugzeug zu hoch ist, zeigen die Balken Gelb, wenn zu niedrig Rot und wenn sich das Flugzeug auf dem Gleitpfad befindet, sind die oberen gelb und die unteren rot. Im Fernen Osten, Australien und Neuseeland gibt es ein »T«-Balkensystem von Lichtern, und sieht man ein »T«, ist das Flugzeug zu tief, und ein umgekehrtes »T« zeigt an, daß das Flugzeug zu hoch ist. Wenn nur der Kreuzbalken sichtbar ist, befindet sich das Flugzeug auf dem Gleitpfad.

Das modernste System ist der Präzisions-Anflugpfad-Anzeiger (PAPI), der aus einer Reihe waagrechter vierfarbiger Lichter besteht, die rechts vom Aufsetzpunkt vorliegen. Das Flugzeug befindet sich auf dem Gleitpfad, wenn zwei rote und zwei gelbe Lichter sichtbar sind; es ist zu hoch bei mehr als zwei gelben und zu niedrig, wenn mehr als zwei rote Lichter sichtbar werden. Viele ILS-Landebahnen haben ebenfalls Sichtführungssysteme installiert, einmal als Überprüfung des ILS-Gleitpfades und zum anderen für Sichtanflüge, wenn Ausrüstungen zur Wartung entfernt oder ausgefallen sind.

Dort, wo es derartige Sichteinrichtungen nicht gibt oder wo ein Anflug in Wolken ohne ILS unter Verwendung von VOR oder NDB stattfindet, ist eine Gleitpfadführung nicht verfügbar, und es sind einfache geistige Berechnungen als Hilfe erforderlich. ILS- und Sichtanflugsysteme zeigen Gleitpfade gewöhnlich mit einem Winkel von 3° zur Horizontalen an, und dies gestattet ein Sinken von 300 Fuß pro nautischer Meile beim Anflug (etwa 100 m pro 1,85 km). Wenn vom DME (INS ist nach langen Flügen nicht genau genug) die Entfernung bis zum Aufsetzpunkt bekannt ist, ist die zu jedem Punkt im Anflug erforderliche Höhe einfach die Entfernung zur Landebahnschwelle mal 300, d. h. 5 Seemeilen bis zum Aufsetzen – erforderliche Höhe 1500 Fuß; 3 Seemeilen – erforderliche Höhe 900 Fuß usw. Während solcher Anflüge ist die Gleitwinkelbefeuerung ein wichtiges Instrument, und die Regel ist einfach, die auf dem INS angezeigte Geschwindigkeit über Grund mit 5 zu multiplizieren, um die benötigte Sinkgeschwindigkeit zu erhalten, z. B. 140 Knoten Geschwindigkeit über Grund, erforderliche Sinkgeschwindigkeit = 140 × 5 = 700. In diesem Fall hält ein Sinken um 700 Fuß pro Minute einen 3°-Gleitpfad auf der VASI.

Wo ein Voreinflugzeichen für den Anflug benutzt wird, wird das Flugzeug mit einer in den Anflugkarten verzeichneten Höhe über das Funkfeuer geflogen, z. B. 1600 Fuß. Die vom Voreinflugzeichen bis zum Aufsetzpunkt erforderliche Zeit ist ebenfalls auf den Karten gegen die Geschwindigkeit über Grund verzeichnet. Wenn die angegebene Zeit zwei Minuten beträgt, sind natürlich 800 Fuß pro Minute Sinkgeschwindigkeit vom Funkfeuer auf die Meeresspiegelhöhe der Landebahn erforderlich. Über dem Voreinflugzeichen wird die Stoppuhr als »count-down« zur Landebahnschwelle eingeschaltet, und es kann eine weitere Überprüfung des Gleitpfades an dem Punkt vorgenommen werden, der noch 1 Minute vom Aufsetzen entfernt liegt. Wenn an diesem Punkt die angezeigte Höhe auf dem Höhenmesser 750 Fuß beträgt, ist eine Sinkgeschwindigkeit von 750 Fuß pro Minute für einen kurzen Endanflug zum Aufsetzpunkt erforderlich.

Sichtanflüge, d. h. nach Augenmaß und eigener Beurteilung, sind im Gegensatz zum ILS nicht ungewöhnlich, dies sogar auf größeren Flughäfen, wenn aus einem einfachen Grund diese Einrichtung zur Wartung entfernt worden ist oder vielleicht eine Landung auf einer wenig benutzten, nicht mit ILS ausgestatteten Landebahn aufgrund der Windbedingungen erfolgen muß. Bei derartigen Sichtanflügen ist es jedoch sehr ungewöhnlich, nicht irgendeine sichtbare Gleitpfadhilfe oder die Möglichkeit zu einfachen Berechnungen zu haben. Das Beurteilen von Höhe und Entfernung von einem großen Jet, indem man im Winkel auf die Landebahn blickt, ist recht schwierig, obgleich natürlich bei sehr seltenen Gelegenheiten der Pilot keine andere Wahl hat. Ein Beispiel wäre eine neugebaute Start-/Landebahn, auf der noch keine Landehilfen installiert worden sind. Es können sich auch dann Sichtanflüge als notwendig erweisen, wenn Lärmminderungsverfahren oder eine Einreihung in den Verkehr dies erforderlich machen oder natürlich wegen Geländeproblemen beim Anflug. So wird z. B. selten der ILS-Anflug auf die Landebahn 13L auf JFK durchgeführt, da das Flugzeug Manhattan und Queens überfliegen müßte und mit dem Verkehrsfluß nach La Guardia, gerade 16 km nördlich von JFK, ins Gehege kommen würde. So werden die Anflüge mit rechten Winkeln zur Landebahn über das Canarsie-VOR-Funkfeuer zum Ostteil von JFK durchgeführt, sodann eine 90°-Kurve unter 1000 Fuß, etwa 3 Seemeilen vom Aufsetzpunkt entfernt, geflogen. Piloten von Großraumflugzeugen werden angewiesen, im Anflug bei spätestens 800 Fuß eine stabile Fluglage hergestellt zu haben, und große Kurvenflüge bei niedriger Höhe nahe der Landebahnschwelle sind nicht einfach, insbesondere unter Seitenwindbedingungen. Auf der 13L sind jedoch am Boden Warnlichter und VASI zur Führung verfügbar, und eine gute Sichthilfe bietet die Aqueduct-Rennbahn, 2 Seemeilen entfernt von der Landebahnschwelle, und die weiße Fassade des International Hotel bei kurzen Endanflügen auf der verlängerten Landebahn-Mittellinie.

Auf den Karibischen Inseln hat z. B. Antigua ausreichende Ausstattung mit einem VOR und zwei NDB-Funkfeuern, aufgrund des Geländes ist jedoch die Verwendung dieser Hilfen beim Anflug begrenzt. Beim Anflug in östlicher Richtung zur Landung auf die Landebahn 07 ist VASI für den Endanflug verfügbar, jedoch ist der einzige Bezugspunkt im Gegenanflug für den Piloten die sichtbare Landebahn, und wenn man in den Queranflug einkurvt, verschwindet selbst dieses Stück hinter einem Berg. Der Anflug wird dann über die Stadt St. John's fortgesetzt, und der kurze Endanflug zur Landung erfolgt zwischen den Hügeln. Nicht der leichteste Flughafen in einer regnerischen, windigen Nacht!

Hongkong ist ein weiterer Flughafen mit Geländeproblemen, und ein direkter Anflug nach Südosten ist nicht möglich, da sich nördlich Berge erstrecken. So wird beim Landen auf der Landebahn 13 der Anflug auf einem dem ILS ähnlichen System begonnen, das jedoch mit 47° zur Landebahn versetzt ist und als ein Instrumenten-Führungssystem (IGS) bezeichnet wird. Die IGS-Signale werden von den Piloten in etwa 700 Fuß aufgefangen und das Flugzeug in Richtung eines großen rot-weißen »Schachbretts« geflogen, bevor eine scharfe 40°-Kurve in etwa 500 Fuß auf die Landebahn eingeleitet wird. Das IGS weist ein Paar DMEs mit eingebauten Relais auf, die die Entfernung zur Landebahnschwelle angeben, und am Boden markieren Warnlichter die zu fliegende Kurve, um den VASI-Gleitpfad zu erreichen. (In Hongkong dürfen nur Warn- und Befeuerungslichter aufblitzen, alle kommerziellen Reklamelichter dürfen sich nicht verändern.)

*

Skyship One befindet sich nun auf einem Steuerkurs von 250°, auf 8000 Fuß, Geschwindigkeit 210 Knoten und unter der Radarkontrolle von New York-Anflug auf 132,4 MHz. Das Flugzeug ist 20 Seemeilen von John F. Kennedy entfernt und fliegt den Flughafen mit Südwestkurs an; der Kapitän wählt die 22L-ILS-Frequenz 110,9 MHz (Identifizierung I-W-Y) auf seiner Seite mit einem 22L-Anflugkurs von 223°, eingegeben ins Kursfenster, um eine genaue Darstellung des ILS-Leitbalkens auf die Mittellinie der Landebahn zu erhalten. Der Copilot hat die JFK-VOR-Frequenz 115,9 MHz bereits auf seiner Seite gewählt, wobei das DME 20 Seemeilen anzeigt (und ebenfalls 223° im Kursfenster). Beide Hilfen werden durch ihre Morsekodierungen identifiziert. Dem ILS ist ein DME zugeordnet, daß mit der VOR-DME-Entfernung überprüft und gegen die INS-Entfernung als ein INS-Genauigkeitscheck verglichen wird.

New York-Anflug –Skyship One heavy, machen Sie Linkskurve, Steuerkurs eins drei null zum Einordnen. Verkehr in ein Uhr, bewegt sich von rechts nach links, Höhe unbekannt.

CP – Skyship One heavy, Linkskurve eins drei null. Wir versuchen, den Verkehr zu finden.

Viele Leichtflugzeuge befinden sich in der Umgebung, die die Fluglotsen auf ihren Schirmen haben und die großen Jets auf sie aufmerksam machen. Funkübermittlungen sind mit einem einzigen Lotsen in kontinuierlichem Fluß, der viele Flugzeuge überwacht.

New York-Anflug –Skyship One heavy, drehen Sie nach links, Steuerkurs null acht null.

CP – Skyship One heavy, Linkskurs null acht null. Wo sollen wir denn jetzt hin?

Das Flugzeug wurde angewiesen, gen Osten, nach Long Island und weg von New York zu fliegen.

New York-Anflug –Skyship One heavy. Ich muß Sie den ganzen Weg noch mal herumschicken, um sie einzureihen. Machen Sie jetzt Linkskurve drei sechs null, beschleunigen Sie auf 180 Knoten, und gehen Sie auf viertausend.

CP – Verstanden, Skyship One heavy, links drei sechs null, Geschwindigkeit 180 Knoten, runter auf viertausend.

Der Kapitän stellt die Schubhebel zurück und bittet um 5°-Landeklappen. Der Copilot setzt die Klappen, und als die Geschwindigkeit bei 180 Knoten liegt, drückt der Kapitän die Nase zum Sinkflug nach unten unter Benutzung des Variometers. Mit einer Klappenstellung von 5° verkündet der Flugingenieur, daß der Anflugcheck abgeschlossen ist.

Beim Erreichen von 7000 Fuß kommt das Flugzeug in die Wolken, und die Triebwerkenteisung wird angeschaltet; die Leistung wird geringfügig erhöht, um genügend Heißluft zu erhalten. Skyship One schüttelt sich in den Wolken, und gelegentlich streicht kräftiger Regen über die Windschutzscheibe, und in der Ferne leuchten Blitze auf.

New York-Anflugkontrolle – Skyship One heavy, drehen Sie nach links. Steuerkurs drei drei null.

Während der Linkskurve auf 330° wird in 5000 Fuß ausgerufen: »Noch eins tausend!« Bei »Höhe grün« wird das Flugzeug in 4000 Fuß abgefangen, immer noch in den Wolken, von leichten Turbulenzen geschüttelt.

New York-Anflugkontrolle – Skyship One heavy, drehen Sie nach links, zwei vier null, sinken Sie auf 2000, Freigabe ILS zwei zwei links, Minimalgeschwindigkeit 160 bis Voreinflugzeichen. Rufen Sie Tower beim Überflug.

Die Entfernung bis zum Aufsetzen beläuft sich nun auf 15 Seemeilen, und das Flugzeug hat einen Steuerkurs, um das 22L-ILS zu kriegen. Klappenstellung 10° wird erbeten. Skyship One befindet sich im Sinkflug mit 180 Knoten, wobei noch etwas Leistung zum Enteisen gegeben wird. Auf Anforderung des Kapitäns wählt und identifiziert der Copilot auf seiner Seite die ILS-Frequenz der 22L, und es werden beide Platzfunkfeuer-Frequenzen von 226 kHz gewählt und identifiziert. Nachdem alle ILS- und Platzfunkfeuereinrichtungen gewählt und überprüft sind, wählt der Kapitän das Landemode auf dem Autopiloten und betätigt den Autopiloten »B«. Beide Autopiloten sind nun in Vorbereitung eines ILS-Anflugs aufgeschaltet. Autopilot »A« fliegt das Flugzeug weiter, bis bei 1500 Fuß das doppelte grüne Licht aufleuchtet und beide Autopiloten die Steuerung übernehmen. Als sich Skyship One auf 2000 Fuß befindet, wird »Höhe grün« gerufen, das Flugzeug befindet sich 8 Seemeilen vom Aufsetzpunkt entfernt, Steuerkurs 240°, und immer noch ist der Boden nicht in Sicht. Es wird Leistung bis auf etwa 1,1 EPR gegeben, und mit einer Geschwindigkeit von 180 Knoten wird der Vortriebsregler eingeschaltet. Die Crew hat ihre Blicke auf die Instrumente geheftet und verfolgt sorgfältig den automatischen Flugverlauf. »Nav grün«. Die grünen Navigationslichter leuchten auf, als der Autopilot den ILS-Landekurs erfaßt, die Leitbalken bewegen sich von ihrer Stopplage an der rechten Seite des Instruments und schwingen auf die Mitte zu, worauf das Flugzeug eine scharfe Linkskurve macht, um der Mittellinie der Landebahn zu folgen. Der Kapitän hat seine Hände leicht auf der Steuersäule während des gesamten automatischen Anflugs. Fast gleichzeitig kann man die Gleitpfadzeiger sich vom oberen Teil des Instruments nach unten bewegen sehen, wenn der Gleitpfad erfaßt ist. »Gleitpfad aktiv« wird gerufen.

Kapitän –   Klappen zwanzig, bitte.

Die Klappen werden auf 20° gefahren, und der Kapitän stellt den Vortriebsreglerknopf auf 170 Knoten ein, die Schubhebel gehen automatisch auf verminderte Leistung zurück. Beim Erreichen des Gleitpfades wird »Gleitpfad grün« gerufen, und die Flugzeugnase senkt sich im Sinkflug, während die Autopiloten den Gleitpfad fliegen.

CP –   Tower, Skyship One heavy, ILS zwei zwei links erfaßt.

New York Tower – Skyship One heavy, setzen Sie Anflug fort. Rufen Sie mich über dem Funkfeuer.

Der Autopilot »B« geht unerwartet aus, und die Warnlichter flackern orange, ein schneller Check zeigt jedoch einen normalen Betrieb, und der Autopilot wird mit Erfolg in seinen Betriebszustand zurückgeführt. Der Kapitän nimmt die Geschwindigkeit des Vortriebsreglers vorsichtig auf 160 Knoten zurück und bittet um das Ausfahren des Fahrwerks.

Kapitän –   Fahrwerk raus. Landecheck.

Der Copilot fährt das Fahrwerk aus, und ein grünes Licht zeigt an, daß alles in Ordnung ist, dennoch überprüfen es alle drei. Ein letzter Check der Hydraulik durch den Flugingenieur ergibt, daß das System einwandfrei arbeitet, und der Landecheck ist somit beendet. Über dem Voreinflugzeichen schwingen die ADF-Nadeln herum, und die Lichter flackern blau mit einem unterbrochenen Signalton. Stoppuhren werden in Gang gesetzt (die Zeit vom LOM bis zur Landeschwelle mit 2 Minuten 24 Sekunden festgelegt), und die Höhenmessereinstellungen werden mit der für das Einflugzeichen angegebenen Höhe von 1860 Fuß bezüglich des Gleitpfades verglichen.

CP –   Skyship One heavy, Voreinflugzeichen erreicht.

New York Tower – Skyship One heavy, freigegeben zur Landung. Landebahn ist naß – Bremswirkung als gut gemeldet.

Dort, wo Start-/Landebahnoberflächen mit Regen, Schnee oder Eis verunreinigt sind, werden die Bremswirkungen mit gut, mittel oder schlecht angegeben. Automatische Bremsen können auf minimal, mittel oder maximal in Abhängigkeit von den jeweiligen Bedingungen eingestellt werden. Bei minimaler Einstellung benötigt Skyship One bei einer Landegeschwindigkeit von 137 Knoten eine Strecke bis zum Stillstand von 2,5 km. Die Landebahn 22L ist 3,1 km lang. Die meisten Start-/Landebahnen auf großen Flughäfen sind gewöhnlich 3,5 km lang, aber es gibt natürlich auch bemerkenswerte Ausnahmen wie Doha am Persischen Golf und Harare in Zimbabwe mit Start-/Landebahnlängen von 4,6 km. Die normale Landestrecke einer Boeing 747 liegt bei 2,1 km. Skyship One ist nun 5 Seemeilen vom Aufsetzen entfernt und passiert in dicken Wolken 1500 Fuß, wobei die Geschwindigkeit immer noch bei 160 Knoten liegt. Der Wind kommt aus 180° T mit 20 Knoten, während das Flugzeug sich entlang des Landebahnkurses mit 5°-Linksvorhalt auf einem Steuerkurs von 218° bewegt. »Doppelt grün« wird gerufen, als das Licht anzeigt, daß beide Autopiloten aufgeschaltet sind. Der Kapitän bittet um die Landeklappenstellung (Klappen 30°), der Copilot stellt   **275** diese ein, und die Crew überprüft dies. Die Geschwindigkeit des Vortriebsreglers wird auf 137 Knoten verringert (5 Knoten über V_{ref}). Das Flugzeug neigt die Nase beachtlich nach unten, und bei voller Landeklappenwahl verringert der Vortriebsregler die Leistung, um die Geschwindigkeit zu verlangsamen.

Gelegentlich muß ein Flugzeug im Endanflug aus vielerlei Gründen durchstarten. Es kann sein, daß die Landebahn durch ein nicht schnell genug landendes oder startendes Flugzeug blockiert wird, das Flugzeug einem anderen zu nahe kommt oder die Sicht plötzlich unter die Grenze sinkt. In Abhängigkeit von den Umständen kann die Crew von ATC die Anweisung erhalten, ein Fehlanflugverfahren durchzuführen, oder dem Kapitän paßt die Sache nicht, und er ergreift selbst entsprechende Maßnahmen. Der Kapitän ruft dann »Durchstarten, Klappen 20« und zieht die Steuersäule wieder an (oder stellt die automatischen Durchstartschalter ein), während er gleichzeitig die Schubhebel nach vorne schiebt. Der Copilot wählt die Klappenstellung zu 20°, und der Flugingenieur stellt die Schubhebel auf Durchstartleistung ein. Das Fahrgestell wird auf Anforderung des Kapitäns vom Copiloten eingefahren, wenn eine geeignete Steiggeschwindigkeit erreicht ist. Instrumentenstrecken und -höhen für Fehlanflüge sind in den Landekarten verzeichnet und im Gedächtnis der Piloten vor einem Anflug, obwohl auf den meisten größeren Flughäfen Radarkontrollen für eine Rückkehr zum Endanflug vorhanden sind.

Bei Erreichen von 1000 Fuß bestätigt der »eintausend Fuß«-Check, daß das Fahrgestell ausgefahren und die Landeklappen gesetzt sind, alle Warnflaggen sind zurückgezogen und die Höhe von 3000 Fuß für einen Fehlanflug wird in das Höhenmesserfenster eingegeben. Plötzlich durchbricht das Flugzeug die Wolkendecke, und man sieht die Landebahn 3 Seemeilen voraus sehr klar. Ein leichter Regen fällt, und eine 5°-Abdrift kann dem Anflugwinkel entnommen werden, die Landebahn scheint etwas rechts zu liegen. Sobald er die Landebahn sieht, schaltet der Kapitän die Autopiloten und Vortriebsregler aus und setzt den Anflug handgeflogen bis zur Landung fort. Die Triebkraft der Boeing 747 führt zum Fliegen eines relativ stabilen Flugweges, jedoch müssen alle Abweichungen durch Querruder und Höhensteuer ausgeglichen werden. Die Seitenruderpedale werden natürlich mittig gehalten und werden nur in einem asymmetrischen Flug und zur Führung entlang der Start-/oder Landebahn benutzt.

Bei dieser Anflugstufe muß das Flugzeug unter Kontrolle gehalten werden, und es können heftige Steuerausschläge oder Schubhebelbewegungen, insbesondere bei böigen Winden, erforderlich werden. Jedoch auch in einer stabilen Fluglage werden kontinuierlich Korrekturen vorgenommen, um mit Steuerung und Schubhebeln auf kleine Veränderungen in der Windgeschwindigkeit und Richtung zu reagieren. Während des Endanfluges überwacht der Kapitän nicht nur die Mittellinie der Landebahn und die Gleitweganzeige auf den Balken des Flight Director, die Leitbalken und die diversen Zeiger, sondern ebenfalls Höhe, Geschwindigkeit, Steuerkurs, Fluglage und Sinkgeschwindigkeit, Triebwerksleistung und Zeit bis zum Aufsetzen, und seine Augen bewegen sich ständig von einem Instrument zum anderen. Zu diesem Zeitpunkt muß die Leistung bei etwa 1,05 EPR liegen, und jede Leistungszunahme führt zu einer nach oben gerichteten Fluglage (wobei die Triebwerkgondeln unter den Flügeln angebracht sind), die durch ein Herunterdrücken der Höhensteuerung korrigiert werden muß, um den Gleitpfad beizubehalten, und gleichzeitig muß bei Leistungsverringerungen mit dem Höhensteuer nachkorrigiert werden. Auf 500 Fuß, 45 Sekunden noch bis zur Landung, wird die Windgeschwindigkeit vom Tower mit 190° M bei 15 Knoten durchgegeben, woraus ein Gegenwind von 13 Knoten mit einer 3°-Abdrift resultiert. Die angezeigte Fluggeschwindigkeit beträgt 138 Knoten (V_{ref} + 1/2 Gegenwindkomponente), Geschwindigkeit über Grund ist 125 Knoten, der Steuerkurs 220°; die Flight Director-Balken in der Mitte gekreuzt, was dem Kapitän anzeigt, daß er sich genau auf dem ILS befindet. Copilot und Flugingenieur überwachen indessen sorgfältig den Flugverlauf.

In der letzten Phase des Endanflugs, wenn sich das Flugzeug nahe dem Boden befindet, können bestimmte Windbedingungen einen Scherwind hervorrufen, der für den Flug eine Gefahr darstellen kann. Windscherung ist ein schneller Wechsel der Windrichtung und Geschwindigkeit und kann die Strömung über den Tragflächen nachteilig beeinflussen. Meistens tritt sie ohne Vorwarnung auf. Beim Anflug werden Abdrift und Windkomponente durch den Copiloten sehr sorgfältig überwacht hinsichtlich jeder Veränderung, und die Abdrift wird vom INS abgelesen und die Windkomponente durch einen Vergleich der wahren Eigengeschwindigkeit (TAS) mit den auf dem INS angegebenen Skalen für die Geschwindigkeit über Grund festgestellt. Eine höhere Eigengeschwindigkeit weist auf einen Gegenwind, eine niedrigere auf einen Rückenwind hin. Scherwindmeßgeräte befinden sich zur Zeit in Erprobung, wobei ein Laserstrahl das von Staubpartikeln in einer Entfernung von 300 m vor dem Flugzeug herrührende reflektierte Licht mißt, unter Verwendung der angegebenen Geschwindigkeit über Grund, so daß eine erwartete Eigengeschwindigkeit vorausgesagt werden kann. Ein Abfall in der TAS weist auf eine Windscherung hin. Starker Regen kann ebenfalls eine Gefahr darstellen. Regen und Regentropfen verursachen auf den Tragflächen beträchtlichen Widerstand. Gewitter in der Nähe eines Flughafens können natürlich zu gefährlichen Fallwinden führen. In den meisten Fällen verzögern die Piloten einfach den Start oder den Anflug, bis sich die Sturmwolken aufgelöst haben. Schwache Turbulenzen können beim Anflug ein weiteres Problem darstellen, weil beim Landen oder Starten das Flugzeug hinter sich Wirbelschleppen entwickelt, große waagrechte Luftwirbel mit tangentialen Drehgeschwindigkeiten, die sich bei einer C5A oder Boeing 747 auf bis zu 90 Knoten belaufen können. Die Wirbelkerne können über 42 bis 85 m im Durchmesser sein und sich schnell nach hinten von jeder Tragflächenspitze ausbreiten, bis sie sich schließlich überlappen und verschwinden. Landeabstände zwischen Jumbos und kleineren Flugzeugen werden gewöhnlich vergrößert. Aber eine Wirbelschleppe ist keine so große Gefahr für einen großen Jet.

Als Skyship One 420 Fuß durchfliegt, ruft der Copilot »noch hundert« und bei 320 Fuß »Entscheidungshöhe«. Der Kapitän antwortet »weiter«. Seine Augen wechseln nun ständig von den Instrumenten zur Landebahn, um die letzte Phase des Anflugs abzuschätzen, während der Copilot den Funkhöhenmesser überwacht und die jeweiligen genauen Höhen über der Landebahn angibt.

CP – einhundert Fuß. Fünfzig Fuß (die Landebahnschwellenlichter überflogen), dreißig Fuß.

In 30 Fuß zieht der Kapitän die Nase etwas nach oben und läßt das Flugzeug ausschweben, um die Sinkfluggeschwindigkeit zu stoppen und nimmt gleichzeitig die Schubhebel zurück. (Luft, die zwischen die Unterfläche des Flugzeugs und den Boden gepreßt wird, wirkt als Aufsetzdämmung und ist als Bodeneffekt bekannt.) Obgleich die Höhen vom Funkhöhenmesser vom Copiloten ständig bekanntgegeben werden, erfordert es dennoch eine gute Höhenabschätzung, und die Augen des Kapitäns sind auf die Landebahn gerichtet, um den Winkel zu verbessern. (Beim Stoppen eines Kraftfahrzeuges an einer Straßenseite kann die Entfernung besser durch einen Blick geradeaus als direkt auf die Kante zu sehen, eingeschätzt werden.) Das Flugzeug schert noch etwas aufgrund der Abdrift aus, wobei sich die Nase links von der Mittellinie befindet, und unmittelbar vor dem Aufsetzen wird rechtes Seitenruder gegeben, um die Nase geradeauszuhalten. Bei der Gierbewegung schwingt der linke Flügel in den Wind, und ein zusätzlich erzeugter Auftrieb hebt die Tragfläche an und muß durch Runterhalten des linken Querruders ausgeglichen werden. Am Aufsetzpunkt liegt die Hand des Kapitäns auf den zurückgestellten Schubhebeln, die linke Hand auf der Steuersäule und zieht sie leicht zurück, um im gleichen Augenblick linkes Querruder zu geben, um die Tragflächen ausgerichtet zu halten, der rechte Fuß richtet das Flugzeug mit dem Pedal geradeaus. Die Reihenfolge gesteuerter Bewegungen dauert nur wenige Sekunden, und eine richtige zeitliche Abstimmung wird erst bei Seitenwinden nötig. Skyship One landet glatt um 21.29 GMT, und beim Aufsetzen richten sich die Spoiler automatisch auf. Die Passagiere schätzen natürlich eine sanfte

Landung, aber bei regnerischen und windigen Wetterbedingungen kann es aus Sicherheitsgründen zweckmäßiger sein, härter zu landen, um einen guten Kontakt zwischen Rädern und der Landebahn herzustellen und ein Abdriften von der Landebahn bei heftigen Seitenwinden zu vermeiden.

Die Aufsetzgeschwindigkeit beläuft sich etwa auf 257 km/h, und bei einem Gewicht von angenähert 220 Tonnen benötigt das Flugzeug eine erhebliche Bremsstrecke. Beim Aufsetzen beschleunigen die Räder enorm unter Erzeugen einer Rauchfahne, und sofort treten die automatischen Bremsen (die durch ein Antiblockiersystem – ABS – geschützt sind) in Betrieb, um das Flugzeug zu verlangsamen. Der Kapitän drückt die Steuersäule sanft nach vorn, um das Bugrad zu senken, während er die Tragflächen mit den Querrudern ausgerichtet hält. Zu dieser Zeit wählt mit der rechten Hand Schubumkehr und wartet ab, bis alle Ablenkklappen geschlossen sind, bevor er Schub gibt. Wenn die Triebwerke aufheulen, hält der Kapitän das Flugzeug durch die Seitenruder auf der Landebahn. Schubumkehr ist bei hohen Geschwindigkeiten angezeigt. Sobald man fühlt, daß der Schub wirkt, verlangsamt das Flugzeug, und die automatischen Bremsen werden entsprechend einreguliert. Bei 80 Knoten wird die Schubumkehr aufgehoben, und der Copilot gibt die Geschwindigkeit von 80 um jeweils zehn Knoten bis herunter zu 10 Knoten an. Beim Verlangsamen des Flugzeuges wird die automatische Bremse ausgeschaltet und mit den Fußbremsen gebremst. Der Kapitän steuert das Flugzeug jetzt über das Bugrad, und seine Hand wechselt nach links zum Steuerhebel. Skyship One verläßt die Landebahn über einen geeigneten Rollweg und wird angewiesen, auf der Tower-Frequenz zu bleiben.

New York Tower – Skyship One heavy, folgen Sie rechts Zulu, links Golf, halten Sie kurz vor der zwei zwei rechts.

Die Parallelbahn ist in Betrieb. Die meisten großen Flughäfen haben mit Buchstaben oder Nummern gekennzeichnete Rollwege, und die Crew folgt ihnen unter Zuhilfenahme der Karten. Gelegentlich stehen Einweisfahrzeuge (»follow me«) bereit, um das Flugzeug zum Flugsteig zu führen. Der Kapitän bittet um das Lesen der Checkliste nach der Landung; Landeklappen und Bremsklappen werden eingefahren, Geräte ausgeschaltet. Der Flugingenieur setzt die Hilfsturbine (APU) während des Rollens in Gang. Beim Annähern an die 22R wird Skyship One zum Überqueren freigegeben und angewiesen, die Rollkontrolle auf 121,9 MHz zu rufen.

CP –   Rollkontrolle, Skyship One heavy, zwei zwei
                 rechts überquert.

New York-Rollkontrolle – Skyship One heavy, erste rechts, auf äußerem
                 Rollweg zum Flugsteig.

Am zugewiesenen Flugsteig wird das Flugzeug verlangsamt, um mit der Nase nach vorn am Abfertigungsgebäude anzudocken, als der Copilot vom INS die Geschwindigkeit mit 8 Knoten bekanntgibt. Eine sich vom Abfluggebäude erstreckende Leitlinie gibt den Weg zur Parkposition an, und der Kapitän dreht das Flugzeug, um dieser Linie mit dem Bugrad zu folgen. Der Flugingenieur gibt der Kabinenbesatzung auf der entsprechenden Bordtelefonleitung die Anweisung, die Türen auf manuelle Betätigung zu stellen, und der Check nach der Landung ist abgeschlossen. Das Einparken muß sehr genau erfolgen, um das Flugzeug mit den beweglichen Passagierbrücken auszurichten, meistens sind entsprechende Schilder angebracht, um dem Kapitän die richtige Andockstelle zu weisen. Haltepunkt-Anzeigen mögen variieren, doch normalerweise zeigen Mittellinien und kleine senkrechte Balken oder manchmal auch zwei senkrechte grüne Balken dem Kapitän an, wo er das Flugzeug zu stoppen hat. Die letztere ist als Azimut-Führung für ein Parken der Flugzeugnase in Richtung des Gebäudes (AGNIS) bekannt, und wenn sich das Flugzeug nicht genau auf der Linie befindet, zeigt dies ein entsprechender roter Balken an.

Der Haltepunkt wird häufig durch eine Tafel an der Seite angezeigt, die Markierungen für die einzelnen Flugzeugtypen hat, bekannt als PAPA und gewöhnlich auch durch einen gelb-schwarz gestreiften Balken, der über dem Parkhafen in Höhe der Windschutzscheibe angebracht ist. Dort, wo derartige Hilfen nicht vorhanden sind oder wo weit vom Abfertigungsgebäude entfernt geparkt werden muß, werden die Flugzeuge in ihre Position eingewinkt. Die Einweiser benutzen tagsüber rote Kellen und nachts Lichtstäbe (Abb. 11.13). Beide Arme werden über den Kopf bewegt, um den Piloten anzuzeigen, daß sie geradeaus rollen müssen, und der jeweilige Arm gibt die Kurven an. Anhalten wird durch Kreuzen der Arme über dem Kopf angezeigt. Bei einigen Flughäfen, wie Dulles International in Washington, USA, stehen riesige mobile Warteräume an der Position des Flugzeuges, um bis zu 100 Passagiere

Abb. 11.13 Einwinkersignale

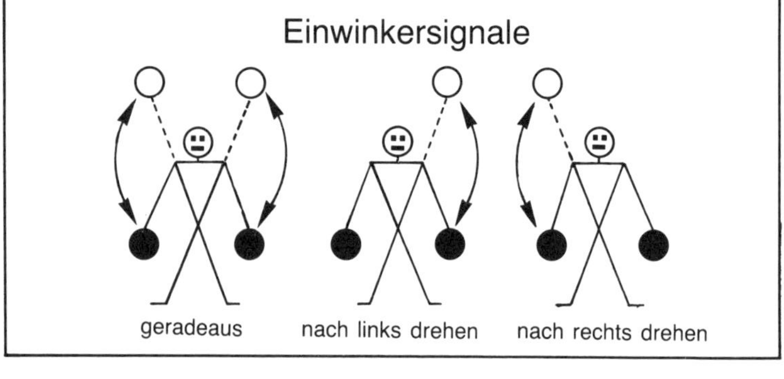

Einwinkersignale

geradeaus   nach links drehen   nach rechts drehen

zur gleichen Zeit zum Abfertigungsgebäude zu bringen. (Ein Fahrzeug mit ausfahrbaren Übergängen, das über ein Hubwerk je nach Bedarf angehoben oder abgesenkt werden kann, um sich dem unterschiedlichen Niveau zu den Ein- bzw. Ausgängen anzupassen.)

Als sich Skyship One der Parkposition nähert, setzt der Copilot das Ansagen der Geschwindigkeit fort, während sich der Kapitän auf die Markierungszeichen konzentriert. An der genau vorgeschriebenen Stelle wird das Flugzeug zum Stillstand gebracht, die Parkbremse gesetzt, und der Kapitän fordert den letzten Check vor Verlassen des Flugzeugs. Die Bremsklötze werden vor das Bugrad gelegt. Die Zeit: 21.36 Uhr (eine Minute später als es der Flugplan vorsah). Nachdem die Energieversorgung auf das Hilfsaggregat (APU) umgestellt worden ist, werden die Triebwerke ausgeschaltet, die Kabinenzeichen gelöscht, und nacheinander werden die Fluggeräte abgeschaltet. Ehe das INS ausgeschaltet wird, werden Vergleiche zwischen der tatsächlichen Position des Flugzeuges und der durch das INS angezeigten Positionen (Anzeigen 1, 2 und 3) angestellt. Es ergibt sich eine Abweichung von 3, 5 und 13 Seemeilen – nicht schlecht nach 3000 zurückgelegten nautischen Meilen. Die Fluginstrumente werden auf »Vor-Startcheck« für die nächste Crew eingestellt, alle Flugunterlagen zusammengetragen, die Karten zusammengefaltet und verstaut. Ein Bodenstromaggregat wird so schnell wie möglich herbeigeschafft und die Hilfsturbine abgestellt. Der Check vor Verlassen des Flugzeuges ist abgeschlossen.

30 Minuten, nachdem die Bremsklötze gesetzt sind, befindet sich die Crew außer Dienst. Es ist gerade 17.00 Uhr. New Yorker und somit 22.00 Uhr Londoner Zeit. Es kann sein, daß die Crew bereits morgen die nächste Strecke gen Westen (auf einem Rund-um-die Welt-Service) fliegt, oder vielleicht auch in östlicher Richtung zurück nach London. Sollte sie jedoch in New York stationiert sein, wird sie für einige Ruhetage nach Hause gehen; während der Rest, Zehntausende von Crewmitgliedern, tausende Flugzeuge rund um die Uhr zu allen Punkten des Globus fliegt. Nur sehr selten wird dem Flugzeug eine Ruhepause eingeräumt.

ANHANG

Die Großraumflugzeuge

Boeing 747.

Boeing 747-100, 200 und 300 Serien

Tragflächenspannweite:	59,64 m
Länge:	70,66 m
Höhe:	19,33 m

Treibstoff-Fassungsvermögen: Serie 100 183 570 Liter; Serie 200 198 380 Liter; Serie 300 198 380 Liter.

Maximales Startgewicht: Serie 100 332 900 kg; Serie 200 371 900 kg; Serie 300 377 850 kg.

Maximale Sitzplatzkapazität: Serie 100 500; Serie 200 550; Serie 300 660.

Reichweite mit voller Ladung: Serie 100 6460 km; Serie 200 10 900 km; Serie 300 10 500 km.

Reichweite voll aufgetankt / verbleibende Ladekapazität: Serie 100 13 480 km; Serie 200 13 850 km; Serie 300 13 850 km.

Übliche Reiseflughöhen: 9300 bis 13 000 m. Übliche Reiseflugge- **283** schwindigkeit: 0,80 bis 0,85 Mach.

Triebwerke (4): Serie 100 Pratt und Whitney JT9D-7 (21 128 kg Schub) oder General Electric CF6-45A2 (20 925 kg Schub); Serie 200 Rolls-Royce RB211-524D (23 900 kg Schub) oder General Electric C56-50E2 (23 625 kg Schub) oder Pratt und Whitney JT9D-7Q (23 850 kg Schub); Serie 300 Pratt und Whitney JT9D-7R4G2 (24 638 kg Schub).

Lockheed Tristar L-1011-500 (Langstreckenbereich)

Tragflächenspannweite: 50,09 m, Länge: 50,04 m, Höhe: 18,86 m.

Treibstoff-Fassungsvermögen: 119 776 Liter.

Maximales Startgewicht: 224 900 kg.

Maximale Startkapazität: 330.

Reichweite mit voller Ladung: 8520 km.

Reichweite voll aufgetankt / verbleibende Ladekapazität: 12 410 km.

Übliche Reiseflughöhen: 9300 bis 13 000 m.

Übliche Reisefluggeschwindigkeit: 0,80 bis 0,85 Mach.

Triebwerke (3): Rolls-Royce RB211−525 (22 500 kg Schub).

Lockheed Tristar − L1011

McDonnel Douglas DC10

McDonnel Douglas DC10–30 und 40 (Langstreckenbereich)

Tragflächenspannweite: 49,17 m, Länge: 55,30 m, Höhe: 17,68 m.

Treibstoff-Fassungsvermögen: 138 740 Liter.

Maximales Startgewicht: 251 700 kg.

Maximale Sitzkplatzkapazität: 380.

Reichweite mit voller Ladung: 9670 km.

Reichweite voll aufgetankt / verbleibende Ladekapazität: 11 800 km.

Übliche Reiseflughöhen: 9300 bis 13 000 m.

Übliche Reisefluggeschwindigkeiten: 0,80 bis 0,85 Mach.

Triebwerke (3): DC 10–30 General Electric CF6–50C1 (23 625 kg Schub); DC 10–40 Pratt und Whitney JT9D–59A (23 850 kg Schub).

Abkürzungen

a. c.	(Alternating current)	Wechselstrom
ADF	(Automatic direction finder)	Radiokompaß
ADI	(Attitude director indicator)	Fluglagenanzeiger
AGNIS	(Azimuth guidance for nose-in stand)	Anzeigegerät zum Einparken am Flugsteig
AH	(Artificial horizon)	künstlicher Horizont
AIDS	(Airborne integrated data system)	integriertes Datensystem nach dem Abheben
Airep	(Airborne weather reports)	Wetterberichte nach dem Start
ALT	(Altimeter)	Höhenmesser
AM	(Amplitude modulated)	amplitudenmoduliert
A/P	(Autopilot)	Autopilot
APU	(Auxiliary power unit)	Außenstromaggregat/Hilfsturbine
ASI	(Airspeed indicator)	Fahrtmesser
A/T	(Autothrottle)	Betätigung der Gashebel durch Autopilot
ATA	(Actual time of arrival)	tatsächliche Ankunftszeit
ATC	(Air traffic control)	Flugverkehrskontrolle
ATCC	(Air traffic control centre)	Flugverkehrskontrollzentrum
ATIS	(Automatic terminal information service)	automatischer Ansagedienst im Bereich des Flughafens
ATPL	(Airline transport pilots' licence (UK))	Verkehrspilotenlizenz (Großbritannien/BR Deutschland)
ATR	(Airline transport rating (Canada/USA)	Flugtransportberechtigung (Kanada, USA)
C	(Compass)	Kompaß/Celsius
°C	(Degrees centigrade or degrees compass)	Grad Celsius oder Grad Kompaß
CAA	(Civil Aviation Authority (UK))	Civil Aviation Authority (Großbritannien)
CAB	(Civil Aeronautics Board (USA))	Civil Aeronautics Board (USA)
CAT	(Clear air turbulence)	Clear Air Turbulenz
CAVOK	(Ceiling and visibility OK)	Wolkenuntergrenze und Sicht ok
Cb	(Cumulonimbus cloud)	Cumulonimbus Wolke

ch	(VOR associated DME channel number (e. g. Ch 56))	eine einem VOR zugeordnete DME-Kanalzahl (z. B. CH 56)
CO_2	(Carbon dioxide)	Kohlendioxid
C of G	(Centre of gravity)	Schwerpunkt
CP	(Critical point or equal time point)	Druckpunkt
CPL	(Commercial pilots' licence)	Verkehrspilotenlizenz
CRT	(Cathode ray tube)	Kathodenstrahlröhre
CSD	(Constant speed drive)	Drehzahlregler
CTA	(Control area)	Kontrollbezirk
CTR oder CTZ	(Control zone)	Kontrollzone
Cu	(Cumulus cloud)	Cumulus Wolke
CVR	(Cockpit voice recorder)	Cockpit-Gesprächsaufzeichnungsgerät
CW	(Carrier wave)	Trägerwelle/Dauerstrichbereich
d. c.	(Direct current)	Gleichstrom
DDM	(Dispatch deviation manual)	Abfertigungs-Abweich-Handbuch
DG	(Directional gyro)	Kurskreisel
DME	(Distance measuring equipment)	Entfernungsmesser
EGT	(Exhaust gas temperature)	Abgastemperatur
EpndB	(Equivalent perceived noise decibels)	Äquivalent wahrnehmbarer Geräuschpegel in dB
E/O	(Engineer Officer)	Flugingenieur
EPR	(Engine pressure ratio)	Verdichter-Druckverhältnis
EPRL	(Engine pressure ratio limit)	Verdichter-Druckverhältnis-Grenzwert
ETA	(Estimated time of arrival)	vorausberechnete Ankunftszeit
ETD	(Estimated time of departure)	vorausberechnete Abflugzeit
ETP	(Equal time point or critical point)	Halbzeitpunkt oder kritischer Umkehrpunkt
$°_F$	(Degrees Fahrenheit)	Grad Fahrenheit
FAA	(Federal Aviation Authority (USA))	US-Luftfahrtbehörde
FCU	(Fuel control unit)	Kraftstoffregler
F/D	(Flight director)	Flugkommandoanlage
FDR	(Flight data recorder)	Flugdatenaufzeichner (Flugschreiber)

287

FF	(Fuel Flow)	Treibstoffdurchfluß
FFCC	(Forward facing crew cockpit)	nach vorne gerichtetes Crew-Cockpit
FIR	(Flight information region)	Fluginformationsgebiet
FL	(Flight level)	Flugfläche
FM	(Frequency modulation)	Frequenzmodulation
FMA	(Flight mode annunciator)	Flugkommandoanzeige
FMS	(Flight management system)	Flug-Management-System
F/O	(First Officer)	Copilot
g	(Force of gravity)	Schwerkraft-Einheit
°C	(Degrees grid)	Grad Gitternetz
CGA	(Ground control approach)	CGA-Anflugverfahren
G/E	(Ground engineer)	Bodeningenieur
GMT	(Greenwich mean time)	Greenwich-Zeit
G/P	(Glide platz (same as glide slope))	Gleitpfad
Gradu	(Gradually)	allmählich, stufenweise
G/S	(Glide slope)	Gleitpfad
HDG	(Heading)	Steuerkurs
HF	(High frequency)	Kurzwelle
HP	(High pressure or horse power)	Hochdruck oder Pferdestärken (PS)
HSI	(Horizontal situation indicator)	Fluglagegerät
Hz	(Hertz)	Hertz
IAS	(Indicated airspeed)	angezeigte Fluggeschwindigkeit
IAT	(International atomic time)	Internationale Atomzeit
IATA	(International Air Transport Association)	International Air Transport Association
ICAO	(International Civil Aviation Organisation)	Internationale Zivilluftfahrt Organisation
IFR	(Instrument flight rules)	Instrumentenflugregeln
IGS	(Instrument guidance system)	Instrumentenleitsystem
ILS	(Instrument landing system)	Instrumentenlandesystem
IMC	(Instrument meteorological conditions)	Instrumentenflugbedingungen
Imp	(Imperial)	englisches Maßsystem
IR	(Instrument rating)	Instrumentenflugberechtigung
INS	(Inertial navigation system)	Trägheitsnavigationssystem
ISA	(International standard atmosphere)	internationale Standardatmosphäre

ITCZ	(Inter-tropical convergence zone)	intertropische Konvergenzzone
kg	(Kilogram)	Kilogramm
kg/h	(Kilograms per hour)	Kilogramm pro Stunde
KHz		Kilohertz
km	(Kilometre)	Kilometer
km/h	(Kilometre per hour)	Kilometer pro Stunde
lbs	(Pounds)	englische Maßeinheit (1 pound = 454 Gramm)
LE	(Leading edge)	Tragflächenvorderkante
LF	(Low frequency)	Langwelle
LMT	(Local mean time)	mittlere Ortszeit (MOZ)
Loc	(Localiser)	Landekurssender
LOM	(Locator outer marker)	Platzfunkfeuer
LP	(Low pressure)	Niederdruck
LSB	(Lower side band)	unteres Seitenband
LW	(Long wave)	Langwelle
m	(Minute or metre)	Minute oder Meter
°M	(Degrees magnetic)	Grad magnetisch
mb	(Millibar)	Millibar, jetzt ausgedrückt in hPa = Hektopaskal
Met	(Meteorology)	Meteorologie
MF	(Medium frequency)	Mittelwelle
MHz	(MegaHertz)	Megahertz
mph	(Miles per hour)	englische Meilen pro Stunde
MSL	(Mean sea level)	Meeresspiegelhöhe (NN)
MW	(Medium wave)	Mittelwelle
N	(Compressor spool)	Kompressorstufe
NAV	(Navigation)	Navigation
NC	(Compass north)	Kompaß Nord
NDB	(Non-directional beacon)	ungerichtetes Funkfeuer
NG	(Grid north)	Gitternetz Nord
n. m.	(Nautical mile)	nautische Meile (1 n. m. = 1,852 km)
NM	(Magnetic north)	magnetische Nord
Ns	(Nimbostratus)	Nimbostratus
NT	(True north)	geographisch Nord
Nosig	(No significant change)	keine bemerkenswerte Änderung

OAT	(Outside air temperature)	Außentemperatur
OCA	(Ocean control area)	Kontrollbezirk Ozean
OM	(Outer marker)	Voreinflugzeichen
OSV	(Ocean station vessel)	Funkstation an Bord eines im Ozean stationierten Feuerschiffs
PA	(Public address)	Lautsprecheranlage
PAPA	(Parallax aircraft parking aid)	Parallax-Flugzeugparkhilfe
PAPI	(Percision approach position indicator)	Präzisionsanflug-Lageanzeiger
PAR	(Precision approach radar)	Präzisions-Anflugradar
Pax	(Passengers)	Passagiere
PCU	(Power control unit)	Kraftsteuerung/Servolenkung
PNdB	(Preceived noise decibels)	wahrnehmbarer Geräuschpegel (Dezibel)
PNR	(Point of no return)	Punkt ohne Wiederkehr
PPI	(Plan position indicator)	Panoramaanzeige (Radar)
Prob	(Probability)	Wahrscheinlichkeit
p. s. i.	(Pounds per square inch)	Pfund pro Quadratzoll
QFE	(Airport elevation, altimeter pressure setting)	Höhenmessereinstellung bezogen auf Flugplatzhöhe
QNH	(Mean sea level altimeter pressure setting)	Höhenmessereinstellung bezogen auf Meeresspiegel
°R	(Degrees radial)	Grad radial
RA	(Radio altimeter)	Funkhöhenmesser
RMI	(Radio magnetic indicator)	Funkpeiltochterkompaß
ROC	(Rate of climb)	Steiggeschwindigkeit
ROD	(Rate of descent)	Sinkgeschwindigkeit
rpm	(Revolutions per minute)	Umdrehungen pro Minute
R/T	(Radiotelephony)	Funksprechverkehr
RTOW	(Regulated take-off weight)	reguliertes Startgewicht
RVR	(Runway visual range)	Start- und Landebahn-Sichtweite
s	(Second)	Sekunde
SAT	(Saturated air temperature)	Taupunkttemperatur
Sc	(Stratocumulus cloud)	Stratocumulus-Wolken
S/E/O	(Senior Engineer Officer)	Senior-Flugingenieur
S/F/O	(Senior First Officer)	Senior-Copilot
Sigmet	(Significant meteorological broadcast)	Informationen, die von Flugwetterüberwachungsstellen im Klartext bestimmte Wettererscheinungen enthalten

SHP	(Shaft horse power)	Wellenleistung
SHF	(Super high frequency)	Höchstfrequenz (Zentimeterwellen)
SID	(Standard instrument departure)	Standardinstrumenten-Abflugverfahren
s. m.	(Statute mile)	englische Landmeile (1,61 km)
S/O	(Second officer)	zweiter Copilot
SP	(Special performance)	besonders leistungsfähig
SSA	(Sector safe altitude)	Sektor Sicherheitshöhe
SSB	(Single side band)	Einseitenband
SSR	(Secondary surveillance radar)	Rundsicht-Sekundärradar
SST	(Super sonic transport)	Überschallverkehrsflugzeug
STAR	(Standard terminal arrival routes)	Standard-Anflugrouten (örtlich)
SW	(Short wave)	Kurzwelle
°T	(Degrees true)	Grad rechtweisend
TA	(Transition altitude)	Übergangshöhe
TAF	(Terminal area forecast)	Wettervorhersage am Flughafen
TAS	(True airspeed)	wahre Eigengeschwindigkeit
TAT	(Total air temperature)	gesamte Lufttemperatur
TE	(Trailing edge)	Tragflügelhinterkante
TL	(Transition level)	Übergangsfläche
TMA oder TCA	(Terminal control area)	Nahverkehrsbereich
TOW	(Take-off weight)	Startgewicht
TRU	(Transformer rectifier unit)	Transformator-Gleichrichtereinheit
T & S	(Turn and slip)	Kurven und Schieben
TURB	(Turbulence)	Turbulenz
UHF	(Ultra high frequency)	Dezimeterwellen
UIR	(Upper flight information region)	Oberes Fluginformationsgebiet
U/S	(Unserviceable)	unbrauchbar/ausgefallen
USB	(Upper side band)	oberes Seitenband
UTA	(Upper control area)	oberer Kontrollbezirk
VASI	(Vertical approach slope indicator)	Gleitwinkelanzeigegerät (Lampen und Balken am Flugplatz)
V1	(Go or no-go decision speed)	Entscheidungsgeschwindigkeit
VR	(Rotation speed)	Abhebegeschwindigkeit
V2	(Take-off safety speed)	Sicherheitsstartgeschwindigkeit

VFR	(Visual flight rules)	Sichtflugregeln
VHF	(Very high frequency)	Ultrakurzwellen
VLF	(Very low frequency)	Längstwellenfrequenz
VMC	(Visual meteorological conditions)	Sichtwetterbedingungen
VMCG	(Minimum speed for control on the ground)	minimale Steuergeschwindigkeit am Boden
Volmet	(Plain language weather broadcast)	Wetterinformation für Flugzeuge im Flug
VOR	(Very high frequency omni-directional radio range)	UKW-Drehfunkfeuer
VOT	(VOR test facility)	VOR-Prüfeinrichtung
V/S	(Vertical speed)	Steig- und Sinkgeschwindigkeit
VSI	(Vertical speed indicator)	Variometer
W/V	(Wind velocity)	Windgeschwindigkeit
Wx	(Weather)	Wetter
ZFW	(Zero fuel weight)	Trockengewicht
Zulu time	(Military G.M.T.)	vom Militär für mittlere Greenwich-Zeit benutzt

Register

SPITZENTITEL ...

...aus einem führenden Programm »Luftfahrt«

Green u. a.
Passagierflugzeuge
Ein reich bebildertes Nachschlagewerk über Verkehrsflugzeuge und Fluggesellschaften heute. Alle wichtigen Maschinen werden mit ihren technischen Daten großformatig präsentiert. Besondere Kapitel beschreiben die Technik von Cockpit, Kabine, Zelle und Triebwerk.
208 Seiten, 275 Farbabb., Zeichnungen, Tabellen, geb., 69,–

Ernst Peter
Der Weg ins All
Meilensteine der bemannten Raumfahrt, von den Raketenflugzeugen über die Apollo- und Sojus-Projekte bis zu den Allstationen der Zukunft.
304 Seiten, 233 Abb., geb., 49,–

Penner/Plath
Airbus international
Der Airbus, Europas Verkehrsflugzeug der Spitzenklasse, wird von den beiden Autoren genau unter die Lupe genommen. Helmut Penner beschreibt Planung und Technik. Dietmar Plath illustrierte die große Airbus-Geschichte mit phantastischen Fotos.
208 Seiten, 153 Abb., davon 70 farbig, geb., 69,–

Walter/Plath
Transall—Engel der Lüfte
Überall, wo in den letzten Jahren humanitäre Hilfe gebraucht wurde, war die Transall C 160 zur Stelle. Dietmar Plath hat das Militärflugzeug im Dienste der Menschlichkeit begleitet und hervorragende Bilder gemacht; Horst Walter schrieb den informativen Text.
120 Seiten, 30 s/w- und 36 Farbabbildungen, geb., 59,–

Erich H. Heimann
Die Flugzeuge der Deutschen Lufthansa 1926 bis heute
Der lückenlose Überblick über die Flugzeuge der alten wie auch der neuen Lufthansa. Der Bogen spannt sich von den wenig bekannten Oldtimern der Anfangsjahre bis zu den Airbus- und Boeing-Typen. Das Buch erschien 1986 zum 60jährigen Lufthansa-Jubiläum in einer überarbeiteten Neuauflage.
368 Seiten, 388 Abb., davon 35 farbig, geb., 69,–

Fred Gütschow
Das Luftschiff
Die Luftschiffahrt erlebte ihre Blütezeit mit den deutschen Zeppelinen, die 1936 mit dem Unglück von Lakehurst endete. Fred Gütschow dokumentiert hier Entwicklung, Technik, Einsatz und Zukunft des Luftschiffes. Viele bisher unveröffentlichte Fotos ergänzen diese Chronik des Luftschiffbaus.
232 Seiten, 200 Abb., geb., 56,–

Motorbuch Verlag

Der Verlag für Luftfahrtbücher
Postfach 10 37 43 · 7000 Stuttgart 10

Änderungen vorbehalten!

Faszination Fliegen

Wer sich für Luft- und Raumfahrt interessiert und dazu noch aktuell und lückenlos informiert sein will, findet in der FLUG REVUE die richtige Zeitschrift für ein faszinierendes Thema.

Die FLUG REVUE berichtet über alles Wissenswerte aus den Bereichen Zivil-und Militärluftfahrt, Geschäfts- und Privatfliegerei, Raumfahrt, Forschung, Technik, Entwicklung und Historie.

Die FLUG REVUE – Deutschlands größte Zeitschrift für Luft- und Raumfahrt. Jeden Monat neu.

FLUG REVUE flugwelt International

Überall im Zeitschriftenhandel erhältlich